Springer-Lehrbuch

Max Koecher · Aloys Krieg

Ebene Geometrie

Dritte, neu bearbeitete und erweiterte Auflage

Mit 109 Abbildungen

 Springer

Prof. Dr. Max Koecher †

Prof. Dr. Aloys Krieg
Lehrstuhl A für Mathematik
Rheinisch-Westfälische Technische Hochschule Aachen
Templergraben 55
52062 Aachen
krieg@mathA.rwth-aachen.de
http://www.mathA.rwth-aachen.de

Korrigierter Nachdruck 2009

ISBN 978-3-540-49327-3   e-ISBN 978-3-540-49328-0

DOI 10.1007/978-3-540-49328-0

Springer-Lehrbuch ISSN 0937-7433

Bibliografische Information der Deutschen Nationalbibliothek
Die Deutsche Nationalbibliothek verzeichnet diese Publikation in der Deutschen Nationalbibliografie; detaillierte
bibliografische Daten sind im Internet über http://dnb.d-nb.de abrufbar.

Mathematics Subject Classification (2000): 51-01, 51AXX, 51M04, 51NXX, 15-01

Satz: Datenerstellung durch den Autor unter Verwendung eines Springer TeX-Makropakets
Herstellung: le-tex publishing services oHG, Leipzig
Einbandgestaltung: WMXDesign GmbH, Heidelberg

Gedruckt auf säurefreiem Papier

9 8 7 6 5 4 3 2 1

springer.de

Vorwort zur dritten Auflage

In der vorliegenden dritten Auflage wurden im Wesentlichen einige Ergänzungen vorgenommen. Neben dem Satz von CONNES aus dem Jahre 1998 mit der Anwendung auf das MORLEY-Dreieck sowie einer Beschreibung der Inversion am Kreis ist insbesondere ein Paragraph über die komplexe Zahlenebene hinzugekommen.

Die dynamischen Geometrieprogramme haben weitere Fortschritte gemacht. Wir verwenden nun das frei verfügbare Programm GEONEXT als Weiterentwicklung von GEONET. Dazu sei auf die Homepage

http://did.math.uni-bayreuth.de

von Prof. Dr. P. BAPTIST verwiesen.

Die Zeichnungen dieses Buches sowie Hinweise auf Geometrieseiten im Internet findet man unter

http:// www.mathA.rwth-aachen.de/geometrie

Mein Dank gilt Herrn S. MAYER für die Erstellung der Zeichnungen sowie Frau B. MORTON für die sorgfältige TEX-Erfassung.

Aachen, im Januar 2007   A. KRIEG

Vorwort zur zweiten Auflage

In der vorliegenden zweiten Auflage wurde das Buch gründlich überarbeitet. Auf vielfachen Wunsch wurde das Kapitel VI über die Grundlagen der ebenen projektiven Geometrie hinzugefügt, das weitgehend unabhängig von den Kapiteln II bis V ist und nur Kenntnisse aus der Axiomatik in Kapitel I voraussetzt. Weitere Ergänzungen betreffen die Beschreibung der Automorphismengruppe in I.2.8, die stereographische Projektion in IV.1.7 sowie eine Reihe neuer Aufgaben. Darüber hinaus wird nun die neue Rechtschreibung verwendet.

Die Zeichenprogramme haben seit der Erstauflage beträchtliche Fortschritte gemacht. Aus diesem Grund sind alle Abbildungen des Buches im Internet verfügbar unter

http://www.mathA.rwth-aachen.de/geometrie

Dort wird das dynamische Geometrieprogramm GEONET verwendet, das von Prof. Dr. P. BAPTIST (Bayreuth) entwickelt und dankenswerter Weise zur Verfügung gestellt wurde. Der Nutzer kann die Zeichnungen auf seinen eigenen PC herunterladen und durch Verwendung der Dynamik, etwa Verschiebung der Punkte, „neue" Zeichnungen erstellen. Die Dynamik erlaubt es bereits Gymnasiasten, z.B. die Existenz der EULER-Geraden experimentell zu finden, wie es an der RWTH Aachen im Rahmen von Schülerpraktika schon mehrfach erprobt wurde. Für weitere Informationen über GEONET sei auf die Homepage

http://did.mat.uni-bayreuth.de/geonet/

und das GEONET-Buch von W. NEIDHARDT und T. OETTERER (2000) verwiesen.

Mein Dank gilt Prof. Dr. J. ELSTRODT (Münster) und Prof. Dr. H. LANG (Münster) für eine Reihe von Hinweisen, Herrn I. KLÖCKER für die Erstellung der Zeichnungen sowie Frau A. SEVES für die sorgfältige TEX-Erfassung.

Aachen, im Juni 2000   A. KRIEG

Vorwort zur ersten Auflage

Der vorliegende Text war die Grundlage für die beiden Vorlesungen (i) *Geometrie der Ebene* (dreistündig, zuzüglich 1 Übungsstunde) und (ii) *Ergänzungen zur Geometrie der Ebene* (einstündig), die ich im Sommersemester 1988 an der Universität Münster gehalten habe.

In der Hauptvorlesung (i) habe ich die Kapitel II–V mit Ausnahme der durch einen Stern * gekennzeichneten Paragraphen bzw. Abschnitte besprochen, wobei in jedem Falle die reellen Zahlen als Grundkörper angenommen wurden.

Dieser Text nimmt teilweise auf frühere Vorlesungen, Unterrichtsbriefe der Fern-Universität Hagen aus dem Jahre 1981 und auf das Kapitel 4 meiner *Linearen Algebra und analytischen Geometrie* Bezug. Der Ergänzungsvorlesung (ii) war dann ein Abriss des Kapitels I, der Grundlagen der ebenen euklidischen Geometrie, vorbehalten.

Herrn AOR Dr. G. CLAUS danke ich für stete Mitarbeit und Unterstützung und Herrn B. BRAUCKMANN für kritische Durchsicht von Teilen des Manuskripts.

Münster, im Sommer 1988 M. KOECHER

Das vorliegende Buch wendet sich in erster Linie an Studierende der Mathematik und Mathematiklehrer an weiterführenden Schulen. Es ist unser Ziel, die klassischen Sätze der ebenen euklidischen Geometrie mit den Methoden der Linearen Algebra herzuleiten. Daher eignet sich dieser Text besonders als Grundlage für fachdidaktische Veranstaltungen sowie für Ergänzungen und Proseminare zur Linearen Algebra. Dazu sei ausdrücklich darauf hingewiesen, dass die Kapitel II bis V unabhängig von der Axiomatik in Kapitel I gelesen werden können.

Dieses Buch ist aus der Ausarbeitung der oben erwähnten Vorlesungen von Herrn KOECHER entstanden. Nach seinem Tod hatte ich die Aufgabe übernommen, das Manuskript im KOECHERschen Stil zu überarbeiten und zu ergänzen. Herrn Dr. G. CLAUS danke ich für viele wertvolle Hinweise, Herrn F. BUDDE für die Unterstützung bei den Zeichnungen, Frau G. WECKERMANN für die Erstellung der druckfertigen TEX-Vorlage und schließlich dem Verlag für sein Entgegenkommen.

Münster, im Januar 1993 A. KRIEG

Inhaltsverzeichnis

Prolog

Die Elemente des Euklid

1. Euklid (EUKLEIDES) studierte unter PLATON (ca. 429–348 v.Chr.) in Athen und lebte später, um 300 v.Chr., in Alexandria. Von seinen Werken, in welchen fast das gesamte damalige mathematische Wissen enthalten und streng begründet war, gelten die „Stoicheia", d.h. *Elemente der reinen Mathematik* (Arithmetik, Analysis, Geometrie) in 13 Büchern, noch bis Ende des 19. Jahrhunderts als Muster und Vorbild eines Lehrbuches. Nach MEYERs Hand-Lexikon von 1883 wurde er auch „Vater der Geometrie" genannt. Außer vagen Lebensdaten ist über EUKLID selbst nichts weiter bekannt. Man vergleiche dazu die EUKLID-Biographie von P. SCHREIBER (1987).

Die *Elemente* wurden ein Vorbild für wissenschaftliche Bücher: NEWTONs *Principia* (1687), aber auch SPINOZAs *Ethica* (1677) sind nach ihrem Vorbild geschrieben worden. Noch 1903 schreibt J. TROPFKE in seiner *Geschichte der Elementar-Mathematik* (Band II, S. 3):

> Zwei Jahrtausende auf- und abwogender Geschichte haben an dem System der Elementargeometrie nicht zu rütteln vermocht. Was der Alexandriner EUKLID um 300 vor unserer Zeitrechnung schrieb, ist auch heute in Inhalt und Form der eiserne Bestand der Schulmathematik; ja, sein Lehrbuch wird noch zuweilen unmittelbar dem Unterricht untergelegt. Nur wenige Zustände und Fortsetzungen sind dem euklidischen System eingegliedert, mehreres Unnötige ausgeschieden worden. Stolzer als ein Denkmal von Stein, schärfer und reiner in der Linienführung als irgend ein Kunstwerk, hat es sich der Jetztzeit erhalten. Was der junge Grieche, der erwartungsvoll an die Thür mathematischer Weisheit klopfte, durchdenken, lernen und üben mußte, das arbeitet mit gleicher Andacht in der heutigen Zeit der strebsame Quartaner und Tertianer durch.

Die *Elemente* sind außer der Bibel das am meisten vervielfältigte Buch; allein im Druck sollen nach vorsichtigen Schätzungen über 1500 verschiedene Ausgaben existieren, von denen einige schwindelnd hohe Auflagen erreichten. So wurde z.B. eine lateinische EUKLID-Ausgabe von Christoph CLAVIUS (SCHLÜSSEL, 1537–1612, deutscher Mathematiker und Astronom) aus dem Jahre 1574 bis 1738 nicht weniger als 22–mal gedruckt. Arabische Übersetzungen oder besser Bearbeitungen der *Elemente* hat es ebenfalls in erheblicher Zahl gegeben.

2. Axiome. Die Elementar-Geometrie ist seit EUKLID eine axiomatische Wissenschaft. In der Tat, das erste Buch des EUKLID beginnt – wie man heute sagen würde – mit einer Axiomatik der ebenen Geometrie: Nach „Erklärungen" (die man heutzutage Definitionen nennen würde) von geometrischen Objekten wie Punkt, Linie, Fläche usw. kommen einfache Aufgaben und dann treten nach und nach immer mehr theoretische Überlegungen und Beweise in den Vordergrund. Hier werden Auszüge aus einer frühen EUKLID-Übersetzung von E.B. VON PIRCHENSTEIN, Wien 1744, mit dem Titel *Teutsch-Redender Euclides – Oder: Acht Bücher, Von denen Anfängen der Meß-Kunst* (S. 10) wiedergegeben. Die teilweise amüsanten Formulierungen dürfen nicht darüber hinwegtäuschen, dass der Übersetzer das Original erläutern wollte:

> Begehrungen.
> Postulata.
>
> Die Sach ist in sich selber klar, und bedarff keines Beweisses, man gesteht es gar gern, daß es seyn kan, nemlich:
> I.   Von einem gegebenen Punct, zu einem andern Punct, eine gerade Linie zu ziehen.
> II. Eine gerade Linie hinaus gerade fort zu verlängern.
> III. Aus einem gegebenen Mittel-Punct, und gegebener Weite einen Circkel zu beschreiben.

Zugleich wird eine korrekte Übersetzung von C. THAER aus OSTWALDs Klassikern von 1933 angegeben.

> Postulate.
>
> Gefordert soll sein:
> 1. Daß man von jedem Punkt nach jedem Punkt die Strecke ziehen kann,
> 2. Daß man eine begrenzte gerade Linie zusammenhängend gerade verlängern kann,
> 3. Daß man mit jedem Mittelpunkt und Abstand den Kreis zeichnen kann,
> 4. Daß alle rechten Winkel einander gleich sind,
> 5. Und daß, wenn eine gerade Linie beim Schnitt mit zwei geraden Linien bewirkt, daß innen auf derselben Seite entstehende Winkel zusammen kleiner als zwei Rechte werden, dann die zwei geraden Linien bei Verlängerung ins unendliche sich treffen auf der Seite, auf der die Winkel liegen, die zusammen kleiner als zwei Rechte sind.

In moderner Sprache bedeuten die Postulate 1 bis 5:

1. Je zwei verschiedene Punkte sind durch eine Gerade verbindbar.
2. Jede Gerade ist „unbegrenzt".
3. Man kann Abstände antragen.
4. Alle rechten Winkel sind gleich.
5. Zwei ebene nicht-parallele Geraden schneiden sich.

Diese Axiome 1, 2 und 5 werden in einer präzisen Form in I.1.1 nach dem Vorbild von HILBERT als Ausgangspunkt einer Axiomatik der so genannten „affinen Ebene" gewählt. Die Begriffe „Winkel" und „Abstand" werden dann erst wesentlich später eingeführt werden.

3. Über die Sprache der Geometrie. Wenn man Lehrbücher der Mathematik aus dem frühen 18. Jahrhundert, z.B. eine der zahlreichen Ausgaben der

Anfangsgründe aller Mathematischen Wissenschaften von Christian WOLFF (5. Aufl., Frankfurt und Leipzig 1734), oder Lehrbücher benachbarter Wissenschaften, z.B. *Anfangsgründe der Arithmetik und Geometrie* [für das] *Forstwesen* von J.F. VON OPPEN (Berlin 1792), studiert, fällt auf, dass sich die Geometrie auf einem relativ bedeutenden Niveau befindet, während sich die Arithmetik meist nur in den Niederungen der „Rechenkunst" bewegt. Man hat den Eindruck, dass die *Elemente* des EUKLID bis in diese Zeit wirken. Das Blatt wendet sich ganz entscheidend, nachdem die „Analysis" zu Beginn des 18. Jahrhunderts ihren Siegeslauf beginnt. TROPFKE schreibt dazu 1903 in Band II (S. 10) seiner *Geschichte der Elementar-Mathematik*:

> Im Gegensatz zu der Algebra ist die Ausdrucksweise, derer man sich in der Geometrie bedient, wenig ausgebildet; sie ist in der Periode stecken geblieben, in der sich die Algebra von der Zeit DIOPHANT'S bis zum Auftreten VIETA'S befand (vgl. Bd. I, S. 124–127). Die Beweise werden in mehr oder minder breiten Auseinandersetzungen vorgeführt, unter Benutzung abkürzender Zeichen, stellenweis unterbrochen von algebraähnlichen Rechungen. Das Ideal einer symbolischen Geometrie, das mannigfach angestrebt ist, wird sich kaum erreichen lassen. Die Algebra geht bei ihren Rechnungen immer wieder auf die wenigen Grundoperationen zurück, deren Anwendung fast stets ohne weitere Einschaltung eines begleitenden Textes aus den Rechnungsresultaten selbst klar ist; bei komplizierteren Operationen genügt die Anführung der gerade benutzten Formel. Anders in der Geometrie. Die Zusammenziehung vieler Schlüsse in eine Denk- oder Anschauungsoperation, die Formulierung von Lehrsätzen, die stete Berufung auf bereits bewiesene Sätze, die nicht in der durchsichtigen Gestalt einer Formel uns entgegentreten, machen es vielfach unmöglich, ohne erläuternden Wortlaut auszukommen. Die beigefügten Zeichnungen können zwar erheblich zur Kürzung des Beweises beitragen. Doch bedürfen auch sie zumeist einer Beschreibung, da verwickeltere Figuren über den Verlauf der vorgenommenen Konstruktion nur wenig unmittelbar verraten; hierin tritt aber der außerordentliche Vorteil algebraischer Formeln klar zu Tage.

Auch heute ist man von einer Algebraisierung der Elementar-Geometrie noch weit entfernt. Es ist nicht einmal klar, ob diese von den Fachleuten gewünscht wird!

Kapitel I

Grundlagen der ebenen euklidischen Geometrie

Einleitung. Im 19. Jahrhundert erwachte das Bedürfnis nach mehr Strenge in der Elementar-Geometrie. Nach 2000-jährigem Gebrauch der euklidischen Axiome der Ebene und des Raumes wollte man die Grundlagen genauer fassen und ihre gegenseitige logische Abhängigkeit studieren.

Im Jahre 1899 erschien nach Vorarbeiten von A.-M. LEGENDRE (1752–1833) und M. PASCH (1843–1930) das noch heute fundamentale Werk *Grundlagen der Geometrie* (Festschrift zur Feier der Enthüllung des GAUSS-WEBER-Denkmals in Göttingen, Teubner, Leipzig) von D. HILBERT (1862–1943) mit der

Einleitung.

Die Geometrie bedarf – ebenso wie die Arithmetik – zu ihrem folgerichtigen Aufbau nur weniger und einfacher Grundsätze. Die Grundsätze heißen *Axiome* der Geometrie. Die Aufstellung der Axiome der Geometrie und die Erforschung ihres Zusammenhanges ist eine Aufgabe, die seit EUKLID in zahlreichen vortrefflichen Abhandlungen der mathematischen Literatur sich erörtert findet. Die bezeichnete Aufgabe läuft auf die logische Analyse unserer räumlichen Anschauung hinaus.
Die vorliegende Untersuchung ist ein neuer Versuch, für die Geometrie ein *vollständiges* und *möglichst einfaches* System von Axiomen aufzustellen und aus denselben die wichtigsten geometrischen Sätze in der Weise abzuleiten, daß dabei die Bedeutung der verschiedenen Axiomgruppen und die Tragweite der aus den einzelnen Axiomen zu ziehenden Folgerungen klar zutage tritt.

Im ersten Kapitel entwickelt HILBERT dann die folgenden fünf Axiomgruppen:

    I. Axiome der Verknüpfung,

   II. Axiome der Anordnung,

 III. Axiome der Kongruenz,

 IV. Axiome der Parallelen,

   V. Axiome der Stetigkeit.

Dabei werden in I lediglich die Inzidenzaxiome ohne das Parallelenaxiom formuliert. In Kapitel III, §15, wird als Koordinatensatz die so genannte *Streckenrechnung* auf der Basis des Satzes von PAPPUS (bei HILBERT heißt es noch PASCAL) eingeführt. Nach einem Exkurs über Flächenberechnung wird in Kapitel V erneut *Streckenrechnung*, diesmal mit Hilfe des Satzes von DESARGUES, erklärt. Nach kurzer Einleitung beginnt HILBERT:

> Wir denken drei verschiedene Systeme von Dingen: die Dinge des *ersten* Systems nennen wir *Punkte*, ..., die Dinge des *zweiten* Systems nennen wir *Geraden*, ..., die Dinge des *dritten* Systems nennen wir *Ebenen* .... . Wir denken die Punkte, Geraden, Ebenen in gewisser gegenseitiger Beziehung und bezeichnen die Beziehungen durch Worte wie „liegen", „zwischen" ...; die genaue und vollständige Beschreibung dieser Beziehungen erfolgt durch die *Axiome der Geometrie*.

Diese Axiome wurden nicht sofort uneingeschränkt akzeptiert, denn was Punkte sind und z.B. „zwischen" bedeuten soll, wird erst durch die Axiome implizit festgelegt: HILBERTs Axiomensystem ist ein Gleichungssystem mit vielen Unbekannten, das man nicht lösen kann. G. FREGE (1848–1925) polemisiert 1903 (Jahresber. Dtsch. Math.-Ver. **12**, 319–324, 368–375) gegen die Formulierung der HILBERTschen Erklärungen:

> Von altersher nennt man Axiom einen Gedanken, dessen Wahrheit feststeht,... Wenn wir die Frage beantworten wollen, ob ein Gegenstand – z.B. meine Taschenuhr – ein Punkt ist, stossen wir gleich beim ersten Axiome auf die Schwierigkeit, daß da von zwei Punkten die Rede ist.

FREGE parodiert HILBERT:

> *Erklärung.* Wir denken uns Gegenstände, die wir Götter nennen.
> Axiom 1. Jeder Gott ist allmächtig.
> Axiom 2. Es gibt wenigstens einen Gott.

Die euklidische Geometrie ist ein logisch recht kompliziertes Gebilde. Ein vollständiges Axiomensystem für sie aufzustellen, konnte daher keine Kleinigkeit sein, solange man noch nicht im modernen, axiomatischen Denken geübt war. Alle erwähnten Schwierigkeiten verschwinden, wenn man hypermodern definiert: Ein n-Tupel $(P, G, E, =, \|, \ldots)$ heißt eine *ebene Geometrie*, wenn P, G, E nicht-leere Mengen und „$=$", „$\|$", ... Relationen sind, die den folgenden Axiomen genügen ... .

Im vorliegenden ersten Kapitel werden die Grundlagen der „ebenen" Geometrie zunächst nach HILBERTs Vorbild in der Form von „affinen Ebenen" entwickelt. Dann folgen wir jedoch einem Vorschlag von Emil ARTIN (1898–1962) und ersetzen die „Streckenrechnung" durch den mehr algebraisch definierten so genannten „Multiplikatoren-Schiefkörper" (oder wie ARTIN ihn nennt, „field of trace preserving endomorphisms"). Dieser Ansatz von ARTIN stammt aus dem Jahre 1940 (*Collected Papers I*, 505–510) und ist in seiner *Geometric algebra* (1957) eingehend dargestellt. Es muss erwähnt werden, dass dieser Gedankengang bereits 1919 von W. SCHWAN (Math. Z. **3**, 11–28) skizziert wurde.

An Stelle von Anordnung, Kongruenz und Stetigkeit wird in §5 gefordert, dass die zugrunde liegende Ebene ein vollständiger metrischer Raum ist, bei dem affine und metrische Eigenschaften in anschaulicher Weise harmonieren.

David HILBERT (geb. 1862 in Königsberg, gest. 1943 in Göttingen) studierte und promovierte in Königsberg, wurde 1892 dort a.o. Professor und kam 1895 als ordentlicher Professor nach Göttingen. Er arbeitete über Invarianten-Theorie (1890–1893), über Grundlagen der Geometrie (1893–1899) und über algebraische Zahlentheorie: Sein berühmter *Zahlbericht* erschien 1897, als er gerade 35 Jahre alt war! Auf dem Internationalen Mathematiker Kongress 1900 in Paris formulierte HILBERT 23 Probleme als mathematische Ziele des 20. Jahrhunderts. Zwischen 1904 und 1906 untersuchte er das so genannte DIRICHLET-Problem und beschäftigte sich mit Variationsrechnung. Um 1909 begründete er die Theorie der nach ihm benannten HILBERT-Räume und beschäftigte sich ab 1910 hauptsächlich mit Grundlagenfragen der Mathematischen Logik. Er wurde 1930 emeritiert. Unzweifelhaft war HILBERT einer der größten Mathematiker der ersten Hälfte des 20. Jahrhunderts.

Literatur: C. REID, *Hilbert* (1996).

§ 1 Affine Ebenen

1. Inzidenz-Axiome. Es sei $\mathbb{P}$ eine nicht-leere Menge und $\mathbb{G}$ eine nicht-leere Menge von Teilmengen von $\mathbb{P}$. Die Elemente $a, b, \ldots, x, y$ von $\mathbb{P}$ heißen *Punkte*, die Elemente $F, G, H \ldots$ von $\mathbb{G}$ heißen *Geraden*. Ist a ein Punkt und G eine Gerade, dann sagt man im Fall $a \in G$ auch, dass a *auf G liegt* oder dass G *durch a geht*. Ein $a \in \mathbb{P}$ heißt *Schnittpunkt* der Geraden G, H usw., wenn a auf G und H usw. liegt. Eine Teilmenge $M \neq \emptyset$ von $\mathbb{P}$ heißt *kollinear*, wenn es eine Gerade G gibt mit $M \subset G$. Drei Punkte a, b, c heißen *in allgemeiner Lage* oder ein *Dreieck*, wenn sie nicht kollinear sind, wenn sie also nicht auf einer Geraden liegen. Zwei Geraden G, H heißen *parallel* oder *Parallelen*, wenn sie *entweder gleich sind* oder keinen Schnittpunkt haben, d.h., wenn gilt

$$(1) \qquad\qquad G \cap H \neq \emptyset \quad \Longrightarrow \quad G = H\,.$$

Sind G und H parallel, so schreibt man $G \parallel H$, andernfalls $G \nparallel H$.

Ein Paar $(\mathbb{P}, \mathbb{G})$ heißt eine *affine Ebene*, wenn die folgenden *Inzidenz-Axiome* erfüllt sind:

(I.1) Auf jeder Geraden liegen mindestens zwei Punkte.

(I.2) Sind a, b verschiedene Punkte, dann gibt es genau eine Gerade G durch a und b.

(I.3) (*Parallelen-Axiom*) Ist a ein Punkt und G eine Gerade, dann gibt es genau eine Gerade H mit $G \parallel H$ und $a \in H$.

(I.4) Es gibt drei Punkte in allgemeiner Lage.

Ein erstes Beispiel einer affinen Ebene wird durch $(\mathbb{P}, \mathbb{G})$ gegeben mit

$$\mathbb{P} := \{a, b, c, d\} \quad \text{und} \quad \mathbb{G} := \Big\{ \{a, b\}, \{a, c\}, \{a, d\}, \{b, c\}, \{b, d\}, \{c, d\} \Big\}.$$

Anschaulich erhält man die folgenden Bilder:

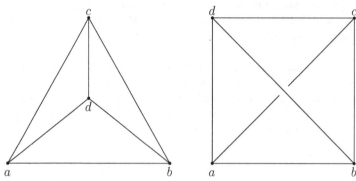

Abb. 1: Affine Ebene mit 4 Punkten

Die nach (I.2) eindeutig bestimmte Gerade G durch a und b nennt man die *Verbindungsgerade* von a und b, man schreibt $a \vee b = b \vee a := G$. Die Eindeutigkeit der Verbindungsgeraden ergibt für $a, b, c \in \mathbb{P}$, $a \neq b$ und $a \neq c$:

(2) $c \in a \vee b \quad \Longleftrightarrow \quad a \vee b = a \vee c.$

Die nach (I.3) eindeutig bestimmte Gerade H heißt die *Parallele zu G durch a*.

Proposition. *Sind die Geraden G, H einer affinen Ebene nicht parallel, dann haben G und H einen eindeutig bestimmten Schnittpunkt.*

Es gibt also genau ein $a \in \mathbb{P}$ mit $G \cap H = \{a\}$. Man schreibt dafür abkürzend und unmissverständlich $G \wedge H := a$, also

(3) $G \cap H = \{G \wedge H\}$, falls $G \nparallel H.$

Beweis. Nach Definition gilt also $G \neq H$ und $G \cap H \neq \emptyset$. Würde es aber $a, b \in G \cap H$ mit $a \neq b$ gegeben, dann gilt sowohl $a, b \in G$ als auch $a, b \in H$. Nach (I.2) würde dann $G = a \vee b = H$ folgen.   □

Eine weitere Charakterisierung betrifft die Gleichheit von Geraden.

Lemma. *Seien F, G Geraden einer affinen Ebene. Aus $F \subset G$ folgt dann bereits $F = G$.*

Beweis. Seien $a, b \in F$, $a \neq b$, gemäß (I.1). Wegen $a, b \in G$ folgt dann $F = a \vee b = G$ aus (I.2).   □

Das Standardbeispiel einer affinen Ebene ist die so genannte *affine Koordinaten-ebene*. Dazu sei K ein Körper und

$$\mathbb{P} := K^2 := \left\{ a = \begin{pmatrix} a_1 \\ a_2 \end{pmatrix} : a_1, a_2 \in K \right\}$$

der K-Vektorraum der Spaltenvektoren. Eine Teilmenge G von $\mathbb{P}$ heißt eine *Gerade*, wenn es $a, u \in \mathbb{P}$, $u \neq 0$, gibt mit

$$G = G_{a,u} := a + Ku = \{a + \alpha u : \alpha \in K\}.$$

Die Geraden sind somit genau die eindimensionalen affinen Unterräume des K^2. Sei $\mathbb{G} := \{G_{a,u} : a, u \in \mathbb{P}, u \neq 0\}$. Dann erhält man leicht für $a, b, u, v \in \mathbb{P}$ mit $u \neq 0$ und $v \neq 0$:

(4) $\qquad\qquad G_{a,u} \parallel G_{b,v} \quad \Longleftrightarrow \quad u, v$ linear abhängig.

(5) $\quad G_{a,u} = G_{b,v} \quad \Longleftrightarrow \quad$ es gibt $\alpha, \beta \in K$, $\beta \neq 0$, mit $b = a + \alpha u$, $v = \beta u$.

Damit verifiziert man die Inzidenz-Axiome leicht. $\mathbb{A}_2(K) := (\mathbb{P}, \mathbb{G})$ heißt *affine Koordinatenebene zum Körper K.*

Aufgaben. a) Man verifiziere (4), (5) und die Inzidenz-Axiome für $\mathbb{A}_2(K)$.
b) Sei $(\mathbb{P}, \mathbb{G})$ eine affine Ebene. Seien $a, b \in \mathbb{P}$, $a \neq b$. Dann gibt es ein $c \in \mathbb{P}$, so dass a, b, c in allgemeiner Lage sind.
c) Durch jeden Punkt einer affinen Ebene gehen mindestens drei Geraden.
d) Man zeige, dass es keine affine Ebene $(\mathbb{P}, \mathbb{G})$ mit $\sharp\mathbb{P} = 3$ oder $\sharp\mathbb{P} = 5$ gibt.
e) Sei $\mathbb{P}$ eine Menge, die mindestens 5 Elemente enthält. Definiert man jetzt $\mathbb{G} := \{G \subset \mathbb{P} : \sharp G = 2\}$, so erfüllt $(\mathbb{P}, \mathbb{G})$ die Axiome (I.1), (I.2), (I.4), aber nicht (I.3).
f) Sei $\mathbb{P} = \{(x_1, x_2) \in \mathbb{R} \times \mathbb{R} : x_2 \geq 0\}$ die *obere Halbebene* und

$$\mathbb{G} = \left\{ \{(x_1, x_2) \in \mathbb{P} : (x_1 - \mu)^2 + x_2^2 = \rho^2\} : \mu, \rho \in \mathbb{R}, \rho > 0 \right\}$$
$$\cup \left\{ \{(\mu, x_2) : x_2 \in \mathbb{R}, x_2 \geq 0\} : \mu \in \mathbb{R} \right\}$$

die Menge der in $\mathbb{P}$ gelegenen Teile euklidischer Kreise mit Mittelpunkt auf der x_1-Achse bzw. euklidischer Geraden senkrecht zur x_1-Achse. Dann erfüllt $(\mathbb{P}, \mathbb{G})$ die Axiome (I.1), (I.2), (I.4), aber nicht (I.3).
g) Ist $(\mathbb{Z}^2; \mathbb{G})$ mit $\mathbb{G} = \{a + \mathbb{Z}u : a, u \in \mathbb{Z}^2, u \neq 0\}$ eine affine Ebene?

2. Richtungen. Sei $(\mathbb{P}, \mathbb{G})$ stets eine affine Ebene. Man hat zunächst ein

Lemma. *Parallelität ist eine Äquivalenzrelation auf $\mathbb{G}$.*

Beweis. Natürlich gilt $G \parallel G$ für jede Gerade und $G \parallel H$ impliziert $H \parallel G$. Seien nun $F, G, H \in \mathbb{G}$ mit $F \parallel G$ und $G \parallel H$ gegeben. Man unterscheidet 2 Fälle:
a) $F \cap H = \emptyset$: Definitionsgemäß gilt dann $F \parallel H$.
b) $F \cap H \neq \emptyset$: Sei $a \in F \cap H$. Dann ist F die Parallele zu G durch a und H die Parallele zu G durch a. Aus (I.3) folgt $F = H$, also auch $F \parallel H$. $\qquad\square$

Eine Äquivalenzklasse in $\mathbb{G}$ bezüglich der Relation „parallel" nennt man eine *Richtung* oder ein *Parallelenbüschel* von $\mathbb{G}$ und schreibt sie in der Form

$$[G] := \{H \in \mathbb{G} : H \parallel G\}.$$

Analog nennt man für $p \in \mathbb{P}$ die Menge aller Geraden durch p

$$[p] := \{G \in \mathbb{G} : p \in G\}$$

das *Geradenbüschel* durch p.

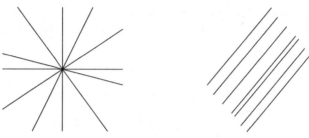

Abb. 2: Geraden- und Parallelenbüschel

Proposition. *Seien $a, b, c \in \mathbb{P}$ in allgemeiner Lage. Dann sind die drei Richtungen $[a \vee b]$, $[b \vee c]$, $[c \vee a]$ paarweise verschieden.*

Beweis. Wäre z.B. $[a \vee b] = [b \vee c]$, würde also $a \vee b \parallel b \vee c$ gelten, dann würde $b \in (a \vee b) \cap (b \vee c)$ schon $a \vee b = b \vee c$ nach sich ziehen. Dann ergibt $c \in a \vee b$ aber einen Widerspruch dazu, dass a, b, c in allgemeiner Lage sind. $\qquad\square$

Die Inzidenz-Axiome garantieren bereits, dass alle Geraden die gleiche Mächtigkeit haben.

Satz. a) *Sind G und H nicht parallele Geraden, dann ist die Abbildung*

$$\Phi : [H] \longrightarrow G, \ F \longmapsto F \wedge G,$$

von der Menge der zu H parallelen Geraden auf die Menge der Punkte von G eine Bijektion.
b) *Je zwei Geraden können bijektiv aufeinander abgebildet werden.*

Beweis. a) Nach dem Lemma sind zunächst $F \in [H]$ und G nicht parallel, besitzen also nach Proposition 1 einen eindeutig bestimmten Schnittpunkt $F \wedge G$. Damit ist die Abbildung Φ wohldefiniert. Zu $a \in G$ gibt es nach (I.3) eine eindeutig bestimmte Parallele F_a zu H durch a. Damit ist die Abbildung

$$\Psi : G \to [H], \ \Psi(a) := F_a,$$

wohldefiniert. Für $F \in [H]$ ist $(\Psi \circ \Phi)(F) = \Psi(F \wedge G)$ die Gerade durch $F \wedge G$, die zu H parallel ist, also gleich F. Damit ist $\Psi \circ \Phi$ die Identität. Für $a \in G$ ist

$$(\Phi \circ \Psi)(a) = \Phi(F_a) = F_a \wedge G = a.$$

Also ist auch $\Phi \circ \Psi$ die Identität. Demnach ist Φ bijektiv.

b) Seien F und G zwei verschiedene Geraden. Dann gibt es nach Lemma 1 ein $a \in F$ mit $a \notin G$ und ein $b \in G$ mit $b \notin F$. Sei $H := a \vee b$ die Verbindungsgerade. Wegen $F \!\!\not\parallel\! H$ und $G \!\!\not\parallel\! H$ kann a) zweimal angewendet werden und ergibt Bijektionen $[H] \to G$ und $[H] \to F$, also auch eine Bijektion $G \to F$. $\qquad\square$

Bemerkung. Ist $a \in \mathbb{P}$ und $G \in \mathbb{G}$, so bezeichne man die Parallele zu G durch den Punkt a mit aG. Man erhält dann eine „Operation" von $\mathbb{P}$ auf $\mathbb{G}$ mittels $\mathbb{P} \times \mathbb{G} \longrightarrow \mathbb{G}$, $(a, G) \longmapsto aG$. Aus dem Lemma ergibt sich leicht

$$G \parallel H \quad \Longleftrightarrow \quad aG = aH \quad \text{für alle } a \in \mathbb{P}.$$

Aufgaben. a) Seien $a, b, c, d \in \mathbb{P}$. Für $a \neq b$ und $c \neq d$ sind äquivalent: (i) $c(a \vee b) = d(a \vee b)$. (ii) $a \vee b \parallel c \vee d$. (iii) $a(c \vee d) = d(c \vee d)$.

b) Sei $\mathbb{A}_2(K)$ die affine Koordinatenebene aus 1. Für $a, u \in K^2$, $u \neq 0$, gilt

$$[Ku] = [G_{a,u}] = \{ G_{b,u} : b \in K^2 \} , \quad [a] = \{ G_{a,v} : v \in K^2, v \neq 0 \}.$$

c) Zwei Geraden F und G sind genau dann nicht parallel, wenn $F \cap G$ aus einem Punkt besteht.

d) Parallelität ist keine Äquivalenzrelation für die Paare $(\mathbb{P}, \mathbb{G})$ aus den Aufgaben 1e) und 1f).

3. Ordnung. Sei $(\mathbb{P}, \mathbb{G})$ eine affine Ebene. Nach Satz 2b) sind alle Geraden gleichmächtig. Man definiert die *Ordnung* der affinen Ebene $(\mathbb{P}, \mathbb{G})$ durch

$$\mathrm{Ord}(\mathbb{P}, \mathbb{G}) := \begin{cases} \sharp G , & \text{falls } G \in \mathbb{G} \text{ und } \sharp G \text{ endlich,} \\ \infty , & \text{sonst.} \end{cases}$$

Aus (I.1) folgt $\mathrm{Ord}(\mathbb{P}, \mathbb{G}) \geq 2$. Ein Beispiel einer affinen Ebene der Ordnung 2 wurde in 1 angegeben.

Lemma. a) *Zu jedem $G \in \mathbb{G}$ gibt es ein $a \in \mathbb{P}$ mit $a \notin G$.*

b) *Zu jedem $a \in \mathbb{P}$ gibt es ein $G \in \mathbb{G}$ mit $a \notin G$.*

c) *Für paarweise verschiedene $a, b, c \in \mathbb{P}$ mit $c \notin a \vee b$ sind a, b, c in allgemeiner Lage.*

Beweis. a) Andernfalls wäre $G = \mathbb{P}$ eine Gerade, was (I.4) widerspricht.

b) Man wählt $b \in \mathbb{P}$, $b \neq a$, und $c \in \mathbb{P}$, $c \notin a \vee b$ nach a). Dann gilt $a \notin b \vee c$ nach 1(2).

c) Man verwende (I.2) und 1(2). $\qquad\square$

Die Bedeutung der Ordnung wird klar in dem folgenden

Satz. *Ist $(\mathbb{P}, \mathbb{G})$ eine affine Ebene der Ordnung n, dann gilt:*

a) $\sharp\mathbb{P} = n^2$.

b) $\sharp\mathbb{G} = n(n+1)$.

c) *Jedes Geradenbüschel besteht aus $n+1$ Geraden, d.h., durch jeden Punkt gehen $n+1$ Geraden.*

d) *Es gibt $n+1$ Richtungen.*

e) *Jedes Parallelenbüschel besteht aus n Geraden, d.h., zu jeder Geraden gibt es n Parallelen.*

Beweis. Der folgende Text ist im Fall $n = \infty$ in offensichtlicher Weise zu interpretieren.

c) Seien $a \in \mathbb{P}$ und $G \in \mathbb{G}$ mit $a \notin G$ nach dem Lemma gegeben. Sei H eine beliebige Gerade durch a. Gilt $H \parallel G$, so ist H als Parallele zu G durch a eindeutig bestimmt. Gilt $H \nparallel G$, so ist H nach Proposition 1 durch den Schnittpunkt $H \wedge G$ eindeutig bestimmt, nämlich $H = (H \wedge G) \vee a$ nach (I.2). Damit gehen $\sharp G + 1$ Geraden durch a.

d) Bei gegebenem Punkt a gibt es nach (I.3) in jeder Richtung genau eine Gerade durch a. Umgekehrt legt jede Gerade durch a eine Richtung fest. Damit gibt es so viele Richtungen wie Geraden durch einen Punkt.

e) Man verwende Satz 2a).

b) Man schreibe $\mathbb{G}$ nach Lemma 2 als disjunkte Vereinigung der Richtungen. Aus d) und e) folgt $\sharp \mathbb{G} = n(n+1)$.

a) Sei $G \in \mathbb{G}$. Nach Lemma 2 und dem Parallelenaxiom (I.3) ist $\mathbb{P}$ die disjunkte Vereinigung aller Geraden in $[G]$. Aus $\sharp G = n$ und e) folgt dann $\sharp \mathbb{P} = n^2$. $\square$

Aufgaben. a) Sei $\mathbb{A}_2(K)$ die affine Koordinatenebene über dem Körper K aus 1. Dann stimmt die Ordnung von $\mathbb{A}_2(K)$ mit der Ordnung von K überein.

b) Zu jeder Primzahl p und jeder positiven ganzen Zahl n gibt es eine affine Ebene der Ordnung p^n.

c) Man zeige (eventuell mit Hilfe eines Computers oder mit dem Hinweis in 3.5), dass es keine affine Ebene der Ordnung 6 gibt.

4. Beispiele. a) Die *Anschauungsebene* ist die affine Koordinatenebene $\mathbb{A}_2(\mathbb{R})$ zum Körper $\mathbb{R}$ der reellen Zahlen. Man wiederhole die Ergebnisse aus 1. Die Ordnung dieser affinen Ebene ist ∞.

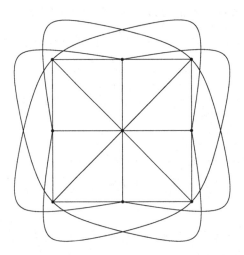

Abb. 3: Eine affine Ebene der Ordnung 3 mit 9 Punkten und 12 Geraden

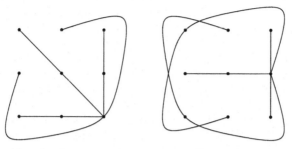

Abb. 4: Geraden durch einen Punkt in einer affinen Ebene der Ordnung 3

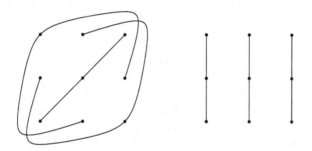

Abb. 5: Eine Richtung in einer affinen Ebene der Ordnung 3

b) *Ordnung 3*. Der Nachweis, dass es sich bei der obigen Figur um eine affine Ebene der Ordnung 3 handelt, ist etwas mühsam. Eine einfache Begründung folgt in Bemerkung 5.

c) MOULTON-*Ebene*. In der Anschauungsebene $\mathbb{P} = \mathbb{R}^2$ werden die so genannten MOULTON-*Geraden* $M_{\alpha,\beta,\gamma}$ für $\alpha, \beta, \gamma \in \mathbb{R}$, $\alpha^2 + \beta^2 > 0$ definiert durch

$$M_{\alpha,\beta,\gamma} := \{x \in \mathbb{P} \,:\, \alpha x_1 + \beta x_2 = \gamma\} \,,\ \text{falls } \alpha\beta \geq 0 \,,$$

bzw.

$$M_{\alpha,\beta,\gamma} := M'_{\alpha,\beta,\gamma} \cup M''_{\alpha,\beta,\gamma} \,,\ \text{falls } \alpha\beta < 0 \,,$$

wobei

$$\begin{aligned} M'_{\alpha,\beta,\gamma} &:= \{x \in \mathbb{P} \,:\, \alpha x_1 + \beta x_2 = \gamma \,,\, x_2 \leq 0\} \,, \\ M''_{\alpha,\beta,\gamma} &:= \{x \in \mathbb{P} \,:\, \alpha x_1 + 2\beta x_2 = \gamma \,,\, x_2 \geq 0\} \,. \end{aligned}$$

Im Fall $\alpha\beta \geq 0$ handelt es sich also um gewöhnliche euklidische Geraden, im Fall $\alpha\beta < 0$ sind es „Geraden", die an der x_1-Achse geknickt sind. $\mathbb{R}^2$ ist zusammen mit allen MOULTON-Geraden eine affine Ebene, die so genannte MOULTON-*Ebene* (F.R. MOULTON, Trans. Am. Math. Soc. **3**, 192–195 (1902)).

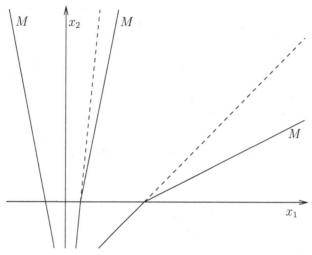

Abb. 6: Die MOULTON-Ebene

Aufgaben. a) Weisen Sie die Inzidenz-Axiome für die MOULTON-Ebene nach.
b) Zwei MOULTON-Geraden $M_{\alpha,\beta,\gamma}$ und $M_{\alpha',\beta',\gamma'}$ sind genau dann parallel, wenn (α,β) und (α',β') linear abhängig sind.
c) Sei $\mathbb{A}_2(\mathbb{Q})$ die affine Koordinatenebene über $\mathbb{Q}$. Ist $(\mathbb{Z}^2,\mathbb{G})$ eine affine Ebene, wobei $\mathbb{G} := \{(a + \mathbb{Q}u) \cap \mathbb{Z}^2 : a, u \in \mathbb{Z}^2, u \neq 0\}$?

5. Affine Isomorphismen. Wie überall in der modernen Mathematik spielen auch in der Geometrie die „Struktur erhaltenden" Abbildungen eine zentrale Rolle. Gegeben seien zwei affine Ebenen $\mathbb{A} = (\mathbb{P}, \mathbb{G})$ und $\mathbb{A}' = (\mathbb{P}', \mathbb{G}')$. Eine bijektive Abbildung $\varphi : \mathbb{P} \to \mathbb{P}'$ heißt ein *affiner Isomorphismus*, wenn gilt:

$$(1) \qquad\qquad \varphi(G) \in \mathbb{G}' \quad \text{für alle} \quad G \in \mathbb{G}\,.$$

$\mathbb{A}$ und $\mathbb{A}'$ nennt man dann *affin isomorph*. Im Fall $\mathbb{A} = \mathbb{A}'$ heißt φ ein *Automorphismus* der affinen Ebene.

Proposition. *Für jeden affinen Isomorphismus* $\varphi : \mathbb{P} \to \mathbb{P}'$ *gilt*

$$\varphi(\mathbb{G}) := \{\varphi(G) : G \in \mathbb{G}\} = \mathbb{G}'\,.$$

Beweis. Für $a, b \in \mathbb{P}$, $a \neq b$, gilt $\varphi(a) \neq \varphi(b)$ und $\varphi(a \vee b) = \varphi(a) \vee \varphi(b)$ aufgrund von (1).   □

Damit bilden die Automorphismen von $\mathbb{A} = (\mathbb{P}, \mathbb{G})$ eine Gruppe bei Hintereinanderausführung, die so genannte *Automorphismengruppe* Aut $\mathbb{A}$.

Lemma. *Sind G und H parallele Geraden in $\mathbb{A}$ und ist φ ein affiner Isomorphismus, dann sind $\varphi(G)$ und $\varphi(H)$ parallel in $\mathbb{A}'$.*

Beweis. Aus $\varphi(G) \cap \varphi(H) = \varphi(G \cap H) \neq \emptyset$ folgt $G \cap H \neq \emptyset$, also $G = H$ und damit $\varphi(G) = \varphi(H)$.   □

Bemerkung. Die als erstes Beispiel in 1 sowie in 4b) angegebenen affinen Ebenen sind affin isomorph zu den affinen Koordinatenebenen $\mathbb{A}_2(K)$, wobei K ein Körper mit 2 bzw. 3 Elementen ist.

Aufgaben. a) Sei $(\mathbb{P}, \mathbb{G})$ eine affine Ebene und $\varphi : \mathbb{P} \to \mathbb{P}'$ eine bijektive Abbildung. Dann ist auch $(\mathbb{P}', \varphi(\mathbb{G}))$ eine affine Ebene.

b) Seien $\mathbb{A}, \mathbb{A}'$ affine Ebenen. Sei $\varphi : \mathbb{P} \to \mathbb{P}'$ eine bijektive Abbildung mit der Eigenschaft: a, b, c kollinear $\Longleftrightarrow \varphi(a), \varphi(b), \varphi(c)$ kollinear. Dann ist φ ein affiner Isomorphismus.

c) Alle affinen Ebenen der Ordnung 2 sind affin isomorph zur affinen Koordinatenebene $\mathbb{A}_2(K)$, $K = \mathbb{Z}/2\mathbb{Z}$.

d) Sei $\mathbb{A} = (\mathbb{P}, \mathbb{G})$ eine affine Ebene der Ordnung 2. Dann ist $\operatorname{Aut} \mathbb{A}$ isomorph zur Permutationsgruppe S_4.

e) Sei K ein Körper und $\alpha \mapsto \overline{\alpha}$ ein Körperautomorphismus von K. Man definiert nun $\overline{a} := \left(\begin{smallmatrix}\overline{a}_1\\ \overline{a}_2\end{smallmatrix}\right)$ für $a = \left(\begin{smallmatrix}a_1\\ a_2\end{smallmatrix}\right) \in K^2$. Für $M \in \operatorname{GL}(2; K)$ und $q \in K^2$ ist die Abbildung $\varphi : K^2 \longrightarrow K^2$, $x \longmapsto M\overline{x} + q$, ein Automorphismus von $\mathbb{A}_2(K)$ mit der Eigenschaft $\varphi(G_{a,u}) = G_{\varphi(a), M\overline{u}}$.

f) Affin isomorphe affine Ebenen besitzen isomorphe Automorphismengruppen.

g) Sei $\mathbb{A}$ eine affine Ebene und $\varphi \in \operatorname{Aut} \mathbb{A}$. Sind $a, b \in \mathbb{P}$ *Fixpunkte* von φ, d.h. $\varphi(a) = a$ und $\varphi(b) = b$, so ist $a \vee b$ eine *Fixgerade* von φ, d.h. $\varphi(a \vee b) = a \vee b$. Gilt darüber hinaus auch $\varphi(x) = x$ für alle $x \in a \vee b$?

h) Affine Isomorphismen bilden Geradenbüschel auf Geradenbüschel und Parallelenbüschel auf Parallelenbüschel ab.

6*. Über das Parallelen-Axiom von EUKLID bis GAUSS.

Das 5. Postulat des 1. Buches der *Elemente* sagt aus, dass zwei Geraden, die von einer dritten so geschnitten werden, dass die beiden an einer Seite liegenden Winkel zusammen kleiner als zwei Rechte sind, sich auf derselben Seite schneiden (vgl. Prolog). Diese Formulierung weicht wegen der Verwendung von „Winkeln" wesentlich von dem Inzidenz-Axiom (I.3) ab, ist aber zusammen mit den anderen Axiomen bei EUKLID mit diesem äquivalent.

Zu allen Zeiten hat es Gelehrte gegeben, die sich mit dem Versuch abquälten, dieses Axiom aus den anderen Axiomen abzuleiten. Es beginnt wohl mit PTOLEMÄUS (ca. 100–160 n.Chr.) und endet mit A.-M. LEGENDRE (1752–1833). TROPFKE schreibt hierzu (loc. cit., S. 26):

> Schon das Altertum (PROKLUS) hatte den inneren Zusammenhang des elften Axioms mit dem Satze von der Winkelsumme im Dreiecke erkannt. Hierauf baute LEGENDRE weiter und wies unanfechtbar nach, daß die Winkelsumme nicht größer als 180° sein kann, und daß, wenn die Winkelsumme bei einem Dreiecke 180° beträgt, dies dann bei jedem der Fall sei. Der fehlende Nachweis, daß die Winkelsumme auch nicht kleiner als 180° sein könne, mißlang ihm ebenso, wie allen seinen Vorgängern.
>
> Man hatte einen Ausweg aus der schwierigen Lage darin zu finden gesucht, daß man das Parallelaxiom fallen ließ und andere Forderungen dafür aufstellte, ein Mittel, durch das man indes nichts besserte, sondern nur die Schwierigkeit auf ein anderes Gebiet übertrug.

Nach A.P. JUSCHKEWITSCH, *Geschichte der Mathematik im Mittelalter* (1964), S. 277 f., hatte die Forschung, die dem 5. Postulat des EUKLID gewidmet war, auch in den islamischen Ländern eine hervorragende Bedeutung. Sie begann bereits kurz nach der Übersetzung der *Elemente* ins Arabische.

Alle Versuche, das Parallelen-Axiom zu beweisen, schlugen fehl. Erst durch C.F. GAUSS (Brief von GAUSS an W. BOLYAI, 1799 [*Werke 8*]; Anzeige von GAUSS, 1816 [*Werke IV*, S. 364 f.], Briefe an BESSEL (ab 1829) und SCHUMACHER (ab 1831)) und nach ihm durch N. LOBATSCHEFSKIJ (1793–1856) und J. BOLYAI (1802–1860) wurde klar, dass es Geometrien gibt, in denen durch jeden Punkt zwei Parallelen möglich sind. Aus der Habilitationsschrift *Hypothesen, welche der Geometrie zu Grunde liegen* von B. RIEMANN (1826–1866) aus dem Jahre 1854 ergibt sich, dass die Annahme, dass es keine Parallelen gibt, ebenfalls zu keinem Widerspruch zu den Axiomen führt.

Literatur: F. ENGEL und P. STÄCKEL, *Die Theorie der Parallelenlinien von EUKLID bis auf GAUSS*, Teubner, Leipzig 1895; Reprint, Johnson, New York-London 1968.
K. MAINZER, *Geschichte der Geometrie* (1980).

§ 2 Translationsebenen

Es sei $\mathbf{A} = (\mathbb{P}, \mathbb{G})$ stets eine affine Ebene.

1. Dilatationen. Wie in Bemerkung 1.2 schreibt man für eine Gerade G und einen Punkt a abkürzend

$$(1) \qquad\qquad aG := \text{Parallele zu } G \text{ durch } a.$$

Weiter wird der Schnittpunkt zweier nicht paralleler Geraden G und H wie in 1.1(3) mit $G \wedge H$ bezeichnet. Eine bijektive Abbildung $\sigma : \mathbb{P} \to \mathbb{P}$ heißt eine *Dilatation* von $\mathbf{A}$, wenn gilt

$$(2) \qquad\quad \sigma(a) \vee \sigma(b) \,\|\, a \vee b \qquad \text{für alle } a, b \in \mathbb{P} \text{ mit } a \neq b.$$

Mit σ ist natürlich auch die Umkehrabbildung σ^{-1} eine Dilatation. Mit zwei Dilatationen ist die zusammengesetzte Abbildung nach Lemma 1.2 eine Dilatation. Die Dilatationen von $\mathbf{A}$ bilden daher eine Gruppe Dilat $\mathbf{A}$.

Proposition. *Jede Dilatation von $\mathbf{A}$ ist ein Automorphismus von $\mathbf{A}$.*

Beweis. Ist G eine Gerade, dann schreibe man $G = a \vee b$. Für $x \in G$ mit $x \neq a$ und $x \neq b$ gilt $a \vee x = a \vee b$, also

$$\sigma(a) \vee \sigma(x) \,\|\, a \vee x \quad \text{und} \quad \sigma(a) \vee \sigma(b) \,\|\, a \vee b.$$

Aus Lemma 1.2 folgt $\sigma(a) \vee \sigma(x) \,\|\, \sigma(a) \vee \sigma(b)$. Weil $\sigma(a)$ auf beiden Geraden liegt, ergibt sich $\sigma(a) \vee \sigma(x) = \sigma(a) \vee \sigma(b)$, also $\sigma(x) \in \sigma(a) \vee \sigma(b)$. Damit ist

$\sigma(a \vee b) \subset \sigma(a) \vee \sigma(b)$ bewiesen. Die Gleichheit folgt, wenn man σ durch σ^{-1} ersetzt. Also ist σ ein Automorphismus von **A**. □

Man hat demnach

(3) $\mathrm{Dilat}\,\mathbf{A} \subset \mathrm{Aut}\,\mathbf{A}.$

Aus Lemma 1.5 folgt speziell für $G, H \in \mathbb{G}$ und $\sigma \in \mathrm{Dilat}\,\mathbf{A}$

(4) $\sigma(G) \parallel \sigma(H) \iff G \parallel H.$

Zusammen mit (1) erhält man für $a \in \mathbb{P}$ und $G \in \mathbb{G}$

(5) $\sigma(aG) = bH$, wobei $b := \sigma(a)$ und $H := \sigma(G)$.

Andererseits folgt aus (3) und Proposition 1.5 auch

(6) $\sigma(a \vee b) = \sigma(a) \vee \sigma(b)$ für $a \neq b$ und $\sigma \in \mathrm{Dilat}\,\mathbf{A}$.

Lemma. *Sei σ eine Dilatation von* **A** *und seien $a, b \in \mathbb{P}$ verschiedene Punkte. Für jedes $x \in \mathbb{P}$, das nicht auf $a \vee b$ liegt, gilt*

(7) $\sigma(x) = \sigma(a)(a \vee x) \wedge \sigma(b)(b \vee x).$

Beweis. Nach (2) ist $\sigma(a) \vee \sigma(x)$ parallel zu $a \vee x$ und geht durch $\sigma(a)$. Aus (I.3) folgt $\sigma(a) \vee \sigma(x) = \sigma(a)(a \vee x)$. Analog folgt $\sigma(b) \vee \sigma(x) = \sigma(b)(b \vee x)$. Da $a \vee x$ und $b \vee x$ durch x gehen und x nicht auf $a \vee b$ liegt, sind $a \vee x$ und $b \vee x$ nicht parallel. Nach (2) sind $\sigma(a) \vee \sigma(x)$ und $\sigma(b) \vee \sigma(x)$ nicht parallel und haben $\sigma(x)$ als Schnittpunkt. □

Die Identität (7) reicht schon aus, um σ vollständig zu beschreiben.

Satz. *Eine Dilatation σ ist durch die Bilder zweier verschiedener Punkte eindeutig bestimmt.*

Beweis. Seien a und b verschiedene Punkte und $\sigma(a)$, $\sigma(b) \in \mathbb{P}$ gegeben. Für Punkte x, die nicht auf $a \vee b$ liegen, ist $\sigma(x)$ durch (7) gegeben. Liegt x auf $a \vee b$, $x \neq a$, so wählt man nach Lemma 1.3 ein $c \in \mathbb{P}$, das nicht auf $a \vee b$ liegt. Dann ist $\sigma(x)$ wieder nach (7) durch $a, c, \sigma(a)$ und $\sigma(c)$ eindeutig bestimmt. Weil $\sigma(c)$ bereits durch (7) gegeben ist, ist σ durch $\sigma(a)$ und $\sigma(b)$ eindeutig festgelegt. □

Natürlich nennt man $a \in \mathbb{P}$ einen *Fixpunkt* einer Abbildung $\varphi : \mathbb{P} \to \mathbb{P}$, wenn $\varphi(a) = a$ gilt. Der Satz impliziert sofort das

Korollar. *Hat eine Dilatation σ zwei Fixpunkte, dann ist σ die Identität.*

Aufgaben. a) Sei K ein Körper. Für $0 \neq \lambda \in K$ und $q \in K^2$ ist die Abbildung $\sigma : K^2 \longrightarrow K^2$, $x \longmapsto \lambda x + q$, eine Dilatation von $\mathbf{A}_2(K)$.
b) **A** habe die Ordnung 2. Dann ist die $\mathrm{Dilat}\,\mathbf{A}$ isomorph zu $\mathbb{Z}/2\mathbb{Z} \times \mathbb{Z}/2\mathbb{Z}$.
c) Für welche $M \in \mathrm{GL}\,(2; \mathbb{R})$ und $q \in \mathbb{R}^2$ ist $\sigma : \mathbb{R}^2 \longrightarrow \mathbb{R}^2$, $x \longmapsto Mx + q$,

eine Dilatation der MOULTON-Ebene 1.4c)?

d) Sei $\mathbf{A}' = (\mathbb{P}', \mathbb{G}')$ eine weitere affine Ebene und $\varphi : \mathbb{P} \to \mathbb{P}'$ ein affiner Isomorphismus. Ist $\sigma : \mathbb{P} \to \mathbb{P}$ eine Dilatation von $\mathbf{A}$, dann ist $\varphi \circ \sigma \circ \varphi^{-1}$ eine Dilatation von $\mathbf{A}'$. Insbesondere ist Dilat $\mathbf{A}$ ein Normalteiler in Aut $\mathbf{A}$.

2. Fixgeraden. Eine Gerade $G \in \mathbb{G}$ heißt *Fixgerade* einer Dilatation σ, wenn $\sigma(G) = G$ gilt. Eine einfache Beschreibung liefert die

Proposition. *Ist σ eine Dilatation und $G \in \mathbb{G}$, dann sind äquivalent:*

(i) $\sigma(G) \cap G \neq \emptyset$.

(ii) $\sigma(G) \subset G$.

(iii) G *ist eine Fixgerade von σ.*

Beweis. (i) $\Longrightarrow$ (iii): Nach 1(2) und 1(6) gilt $\sigma(G) \parallel G$. Aus $\sigma(G) \cap G \neq \emptyset$ folgt dann bereits $\sigma(G) = G$.

(iii) $\Longrightarrow$ (ii) $\Longrightarrow$ (i): Trivial. $\square$

Wir ziehen noch ein paar einfache, aber wichtige Folgerungen.

Korollar A. *Jede Dilatation σ besitzt Fixgeraden: Ist $a \in \mathbb{P}$ mit $\sigma(a) \neq a$, so ist $a \vee \sigma(a)$ eine Fixgerade durch a.*

Beweis. Für $\sigma = \mathrm{id}$ ist die Behauptung klar. Ist $\sigma \neq \mathrm{id}$, so exisitiert ein $a \in \mathbb{P}$ mit $\sigma(a) \neq a$. Für $G := a \vee \sigma(a)$ gilt $\sigma(a) \in G \cap \sigma(G)$. $\square$

Korollar B. *Sind F und G zwei nicht parallele Fixgeraden einer Dilatation σ, dann ist $F \wedge G$ ein Fixpunkt von σ.*

Beweis: Für $a := F \wedge G$ gilt $\sigma(a) \in \sigma(F) = F$ und $\sigma(a) \in \sigma(G) = G$, also $\sigma(a) = F \wedge G = a$. $\square$

Damit erhält man den

Satz. *Ist $\sigma \neq \mathrm{id}$ eine Dilatation, dann tritt genau einer der beiden folgenden Fälle ein:*

(i) σ *hat keinen Fixpunkt. Dann sind die Fixgeraden von σ genau die Geraden einer Richtung, d.h. einer Äquivalenzklasse paralleler Geraden.*

(ii) σ *hat einen Fixpunkt p. Dann sind die Fixgeraden von σ genau die Geraden durch p.*

Die Fixgeraden von σ bilden also entweder ein Parallelenbüschel oder ein Geradenbüschel.

Beweis. Man unterscheidet zwei Fälle:

(i) σ *hat keinen Fixpunkt:* Nach Korollar A und B sind dann alle Fixgeraden parallel zu einer Fixgeraden F. Sei jetzt H eine beliebige zu F parallele Gerade und $b \in H$. Die Gerade $G := b \vee \sigma^{-1}(b)$ erfüllt $b \in G \cap \sigma(G)$. Aufgrund der Proposition ist G eine Fixgerade von σ und daher gilt $G \parallel F$. Wegen $H \parallel F$ und $b \in G \cap H$ folgt $H = G$.

(ii) σ *hat einen Fixpunkt*: Dieser Fixpunkt p ist nach Korollar 1 eindeutig bestimmt, denn sonst wäre σ die Identität. Ist F eine Gerade durch p, dann gilt
$p \in F \cap \sigma(F)$ und F ist nach der Proposition eine Fixgerade. Ist G eine Fixgerade, also $\sigma(G) = G$, dann gilt $G = a \vee \sigma(a)$ für jedes $a \in G$, $a \neq p$. Da aber
$p \vee a$ eine Fixgerade ist, folgt $\sigma(a) \in p \vee a$, also $G = p \vee a$.   □

Korollar C. *Ist $\sigma \neq$ id eine Dilatation und $a \in \mathbb{P}$ mit $\sigma(a) \neq a$, so gibt es
genau eine Fixgerade von σ durch a, nämlich $a \vee \sigma(a)$.*

Aufgaben. a) Welche der in den Aufgaben 1a)–c) angegebenen Dilatationen
besitzen Fixpunkte? Man bestimme die zugehörigen Fixgeraden.
b) Beschreiben Sie alle Dilatationen von $\mathbb{A}$, wenn $\mathbb{A}$ die affine Ebene über dem
Körper $\mathbb{Z}/3\mathbb{Z}$ ist.

3. Translationen. Eine Dilatation τ heißt *Translation*, wenn τ die Identität
ist oder keinen Fixpunkt hat. Nach Satz 2(i) gilt die

Proposition. *Ist $\tau \neq$ id eine Translation, dann bilden die Fixgeraden von τ
eine Richtung, d.h., sie bilden eine Äquivalenzklasse paralleler Geraden.*

Diese Richtung nennt man die *Richtung* von τ. Speziell gibt es nach (I.3) oder
Korollar 2C durch jeden Punkt genau eine Fixgerade von τ.

Satz. *Eine Translation τ ist durch das Bild eines Punktes eindeutig bestimmt.
Für $\tau \neq$ id und $a \in \mathbb{P}$ gilt $b := \tau(a) \neq a$. Für alle $x \in \mathbb{P}$, $x \notin a \vee b$, gilt:*

$$(1) \qquad\qquad \tau(x) = x(a \vee b) \wedge b(a \vee x).$$

Beweis. Man darf $\tau \neq$ id annehmen. Da τ dann keinen Fixpunkt hat, gilt
$b \neq a$. Sei F die nach Korollar 2C eindeutig bestimmte Fixgerade durch a, also
$F = a \vee b$. Da τ eine Dilatation ist, folgt $\tau(a) \vee \tau(x) \parallel a \vee x$ für $x \notin a \vee b$, also
$\tau(a) \vee \tau(x) = b(a \vee x)$ und $\tau(x) \in b(a \vee x)$. Andererseits ist xF die Fixgerade
durch x, so dass $\tau(x) \in xF$ folgt. Man erhält $\tau(x) = xF \wedge b(a \vee x)$ wegen
$a \vee b \nparallel a \vee x$, also (1). Da es mindestens einen Punkt x gibt, der nicht auf $a \vee b$
liegt, ist τ nun durch $\tau(a)$ und $\tau(x)$ nach Satz 1 eindeutig bestimmt.   □

Eine algebraische Beziehung zwischen Translationen und Dilatationen beschreibt
das

Lemma. *Die Menge* Trans$\mathbb{A}$ *aller Translationen von $\mathbb{A}$ ist ein Normalteiler in*
Dilat$\mathbb{A}$. *Die Translationen $\tau \neq$ id und $\sigma \circ \tau \circ \sigma^{-1}$, $\sigma \in$ Dilat$\mathbb{A}$, haben die gleichen
Richtungen.*

Beweis. a) Trans$\mathbb{A}$ *ist Untergruppe:* Mit τ ist τ^{-1} natürlich eine Translation.
Seien τ_1 und τ_2 von der Identität verschiedene Translationen und $\tau := \tau_1 \circ \tau_2$.
Gibt es ein $a \in \mathbb{P}$ mit $\tau(a) = a$, dann gilt $\tau_2(a) = \tau_1^{-1}(a)$ und der Satz ergibt
$\tau_2 = \tau_1^{-1}$, also $\tau =$ id. Andernfalls hat τ keinen Fixpunkt und ist somit ebenfalls
eine Translation.
b) Sei σ eine Dilatation, τ eine Translation und $\rho := \sigma \circ \tau \circ \sigma^{-1}$. Hat ρ einen

Fixpunkt a, dann gilt $\tau(b) = b$ für $b := \sigma^{-1}(a)$ und es folgt $\tau = $ id. Damit gilt $\rho = $ id. Wenn ρ keinen Fixpunkt hat, folgt $\rho \in $ Trans$\mathbf{A}$.

c) Sei F die Fixgerade von $\tau \neq $ id durch a und G die Fixgerade von $\rho := \sigma \circ \tau \circ \sigma^{-1}$ durch a. Also gilt $F = a \vee \tau(a)$ und $G = a \vee \rho(a)$ nach Korollar 2C. Dann ist

$$H := \sigma^{-1}(G) = \sigma^{-1}(a) \vee \tau \circ \sigma^{-1}(a)$$

parallel zu G, denn σ ist eine Dilatation. Andererseits ist

$$H = b \vee \tau(b) \,, \quad b := \sigma^{-1}(a),$$

nach Korollar 2C eine Fixgerade von τ. Damit ist H, also auch G, aufgrund der Proposition parallel zu F. $\square$

Korollar. *Ist G eine Gerade, so ist $\{\tau \in $ Trans$\mathbf{A}$: $\tau(G) = G\}$ eine Untergruppe von* Trans$\mathbf{A}$. *Speziell haben die Translationen $\tau \neq $ id und τ^{-1} die gleichen Richtungen.*

Aufgaben. a) Sei K ein Körper und $\mathbf{A}_2(K)$ die zugehörige affine Koordinatenebene. Für $q \in K^2$ ist die Abbildung $\tau_q : K^2 \to K^2$, $x \mapsto x + q$, eine Translation von $\mathbf{A}_2(K)$ und es gilt Trans$\mathbf{A}_2(K) = \{\tau_q : q \in K^2\}$.

b) Sei $(\mathbb{R}^2, \mathbb{G})$ die MOULTON-Ebene 1.4c). Für welche $q \in \mathbb{R}^2$ ist die Abbildung $\mathbb{R}^2 \to \mathbb{R}^2$, $x \mapsto x + q$, eine Translation von $(\mathbb{R}^2, \mathbb{G})$?

c) Seien $\alpha, \beta \in $ Dilat$\mathbf{A}$ *Spiegelungen* an a bzw. $b \in \mathbb{P}$, $a \neq b$, d.h. $\alpha, \beta \neq $ id, $\alpha \circ \alpha = \beta \circ \beta = $ id , $\alpha(a) = a$, $\beta(b) = b$. Dann gilt $\alpha \circ \beta \in $ Trans$\mathbf{A}$.

d) Trans$\mathbf{A}$ ist ein Normalteiler in Aut $\mathbf{A}$. Stimmen die Richtungen von $\tau \neq $ id in Trans$\mathbf{A}$ und $\varphi \circ \tau \circ \varphi^{-1}$, $\varphi \in $ Aut $\mathbf{A}$, überein?

4. Translations-Axiom. *Sind a, b zwei Punkte von $\mathbb{P}$, dann gibt es eine Translation τ mit $\tau(a) = b$.*

Nach Satz 3 ist diese Translation dann durch $a, b \in \mathbb{P}$ eindeutig bestimmt. Man schreibt $\tau = \tau_{ab}$ und hat

(1) $\tau_{ab}(a) = b \quad$ für $a, b \in \mathbb{P}$.

Für $a \neq b$ ist $[a \vee b]$ nach Korollar 2C und Proposition 3 die Richtung von τ_{ab}.

Eine affine Ebene $\mathbf{A} = (\mathbb{P}, \mathbb{G})$, in der das Translations-Axiom gilt, nennt man eine *Translationsebene*. Eine Translationsebene ist also dadurch charakterisiert, dass die Gruppe Trans$\mathbf{A}$ transitiv auf $\mathbb{P}$ operiert.

Lemma. *Ist $\mathbf{A}$ eine Translationsebene, dann ist die Gruppe* Trans$\mathbf{A}$ *aller Translationen von $\mathbf{A}$ abelsch.*

Beweis. Es seien τ_1 und τ_2 zwei von der Identität verschiedene Translationen von $\mathbf{A}$. Man unterscheidet zwei Fälle:

a) τ_1 *und* τ_2 *haben verschiedene Richtungen.* Man verwendet Lemma 3 und Korollar 3. Im Falle $\tau_1 \circ (\tau_2 \circ \tau_1^{-1} \circ \tau_2^{-1}) \neq $ id hätten danach τ_1 und τ_1^{-1}, also auch τ_1 und $\tau_2 \circ \tau_1^{-1} \circ \tau_2^{-1}$, und damit auch τ_1 und $\tau_1 \circ (\tau_2 \circ \tau_1^{-1} \circ \tau_2^{-1})$ die gleiche

Richtung. Analog hätten τ_2 und $\tau_1 \circ \tau_2 \circ \tau_1^{-1}$, also auch τ_2 und $(\tau_1 \circ \tau_2 \circ \tau_1^{-1}) \circ \tau_2^{-1}$ die gleiche Richtung im Widerspruch zur Annahme. Es folgt

$$\tau_1 \circ \tau_2 \circ \tau_1^{-1} \circ \tau_2^{-1} = \mathrm{id}, \quad \text{also} \quad \tau_1 \circ \tau_2 = \tau_2 \circ \tau_1.$$

b) *τ_1 und τ_2 haben die gleiche Richtung.* Nach Lemma 1.3, Proposition 1.2 und dem Translations-Axiom gibt es eine Translation τ, so dass τ und τ_1 bzw. τ_2 verschiedene Richtungen haben. Nach Teil a) gilt $\tau_1 \circ \tau = \tau \circ \tau_1$ und $\tau_2 \circ \tau = \tau \circ \tau_2$. Hätten τ_1 und $\tau_2 \circ \tau$ die gleiche Richtung, so würden τ_2 und $\tau_2 \circ \tau$, also τ_2 und $\tau = \tau_2^{-1} \circ (\tau_2 \circ \tau)$ nach Korollar 3 die gleiche Richtung haben. Damit haben τ_1 und $\tau_2 \circ \tau$ verschiedene Richtungen und Teil a) ergibt $\tau_1 \circ (\tau_2 \circ \tau) = (\tau_2 \circ \tau) \circ \tau_1$. Zusammen folgt

$$\tau_1 \circ \tau_2 \circ \tau = \tau_2 \circ \tau \circ \tau_1 = \tau_2 \circ \tau_1 \circ \tau, \quad \text{also} \quad \tau_1 \circ \tau_2 = \tau_2 \circ \tau_1. \qquad \square$$

Das Translations-Axiom ermöglicht aber auch eine erste geometrische Aussage.

Satz. *Es sei* $\mathbb{A} = (\mathbb{P}, \mathbb{G})$ *eine Translationsebene. Seien* F, G, H *paarweise verschiedene, parallele Geraden aus* $\mathbb{G}$ *und seien Punkte* $a, a' \in F$ *sowie* $b, b' \in G$ *und* $c, c' \in H$ *gegeben. Gilt dann*

(2) $\qquad\qquad a \vee b \,\|\, a' \vee b' \quad und \quad a \vee c \,\|\, a' \vee c',$

so gilt auch

(3) $\qquad\qquad\qquad b \vee c \,\|\, b' \vee c'.$

Beweis. Da $a' = a$ schon $b' = b$ und $c' = c$ impliziert, darf man ohne Einschränkung $a' \neq a$ annehmen. Sei $\tau = \tau_{aa'}$ die Translation mit $\tau(a) = a'$. Wegen $F = a \vee a' = a \vee \tau(a)$ ist F nach Korollar 2C eine Fixgerade von τ. Nach Proposition 3 sind dann auch G und H Fixgeraden von τ, so dass $\tau(b) \in G$ und $\tau(c) \in H$ folgt. 1(2) impliziert nun $a \vee b \,\|\, \tau(a) \vee \tau(b)$, also

$$a \vee b \,\|\, a' \vee \tau(b).$$

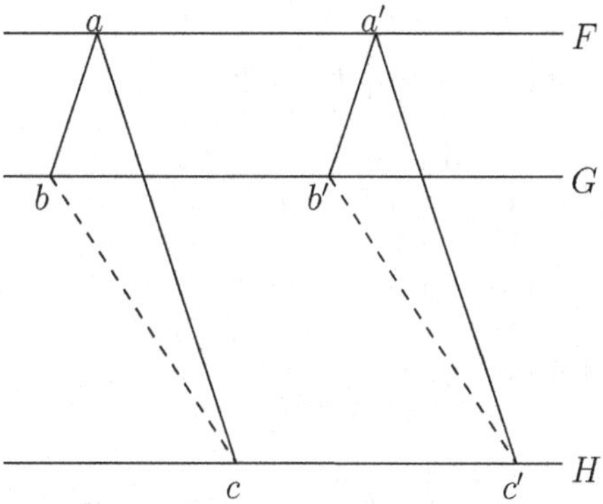

Abb. 7: Kleiner Satz von DESARGUES

Aus $F \,\|\, G$ folgt $G \!\!\not\!\| a \vee b$. Damit gilt

$$\tau(b) = G \wedge a'(a \vee b) = b'.$$

Analog folgt $\tau(c) = c'$. Nach 1(2) ist $b' \vee c' = \tau(b) \vee \tau(c)$ parallel zu $b \vee c$. $\qquad \square$

Bemerkungen. a) Die Behauptung des Satzes, also die Gültigkeit von (3) als Folge von (2) und der angegebenen anderen Voraussetzung, nennt man auch den *Kleinen Satz von* DE-SARGUES.

b) Man kann mit einigem Aufwand zeigen, dass die Gültigkeit dieses Kleinen Satzes von DESARGUES bereits impliziert, dass $\mathbb{A}$ eine Translationsebene ist (vgl. E. ARTIN (1957), Theorem 2.17).

c) Die MOULTON-Ebene aus 1.4c) ist keine Translationsebene, weil dort der Kleine Satz von DESARGUES nicht gilt, wie die nebenstehende Abbildung veranschaulicht.

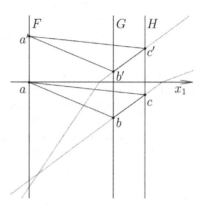

Abb. 8: Der Kleine Satz von DESARGUES gilt nicht in der MOULTON-Ebene

Beispiel. Man betrachte die einfachste affine Ebene mit 4 Punkten und 3 Richtungen. Von den 24 Permutationen der Punkte a, b, c, d haben nur die folgenden 9 keinen Fixpunkt:

τ	a	b	c	d	$p \vee q \parallel \tau(p) \vee \tau(q)$
α	b	a	d	c	
	b	c	d	a	$a \vee b \nparallel b \vee c$
	b	d	a	c	$a \vee b \nparallel b \vee d$
	c	a	d	b	$a \vee b \nparallel c \vee a$
	c	d	b	a	$a \vee d \nparallel c \vee a$
β	c	d	a	b	
	d	a	b	c	$a \vee d \nparallel d \vee c$
	d	c	a	b	$a \vee d \nparallel d \vee b$
γ	d	c	b	a	

Abb. 9: Affine Ebene mit 3 Richtungen

Die Gruppe der Translationen besteht aus den Permutationen $\mathrm{id}, \alpha, \beta, \gamma$ mit den Relationen $\alpha^2 = \beta^2 = \gamma^2 = \mathrm{id}$ und $\alpha \circ \beta = \gamma = \beta \circ \alpha$. Offenbar handelt es sich um eine Translationsebene. Trans$\mathbb{A}$ ist eine KLEINsche Vierergruppe, die natürlich zu $(\mathbb{Z}/2\mathbb{Z})^2$ isomorph ist. Dieses Ergebnis erhält man natürlich auch aus Aufgabe 3a) für $K = \mathbb{Z}/2\mathbb{Z}$.

Aufgaben. a) Sei K ein Körper. Dann ist $\mathbb{A}_2(K)$ eine Translationsebene.

b) Sei $\mathbb{A}' = (\mathbb{P}', \mathbb{G}')$ eine weitere affine Ebene und $\varphi : \mathbb{P} \to \mathbb{P}'$ ein affiner Isomorphismus. Mit $\mathbb{A}$ ist dann auch $\mathbb{A}'$ eine Translationsebene. Die Gruppen Trans$\mathbb{A}$ und Trans$\mathbb{A}'$ sind isomorph.

c) In einer affinen Ebene kommutieren zwei von der Identität verschiedene Translationen, wenn sie verschiedene Richtungen haben.

5. $\mathbb{P}$ als additive Gruppe. Es sei $\mathbb{A} = (\mathbb{P}, \mathbb{G})$ eine Translationsebene und o ein willkürlich, aber fest gewählter Punkt von $\mathbb{P}$. Zu jedem $a \in \mathbb{P}$ gibt es nach 4(1) genau eine Translation τ_a mit

$$(1) \qquad\qquad\qquad a = \tau_a(o).$$

Nun wird auf $\mathbb{P}$ eine Addition erklärt durch

$$(2) \qquad a + b := \tau_a \circ \tau_b(o) = \tau_a(b) = \tau_b(a) \quad \text{für } a, b \in \mathbb{P}.$$

Wegen Lemma 4 stimmen hier alle Terme überein und die Addition ist kommutativ. Weiter ist o das Nullelement, denn es gilt $\tau_O = \mathrm{id}$ nach (1).

Lemma. *Sei $\mathbb{A} = (\mathbb{P}, \mathbb{G})$ eine Translationsebene. Mit der Addition (2) ist $\mathbb{P}$ eine abelsche Gruppe mit Nullelement o und die Abbildung*

$$\mathbb{P} \longrightarrow \text{Trans}\mathbb{A} \, , \ a \longmapsto \tau_a,$$

ist ein Isomorphismus der Gruppen. Es gilt darüber hinaus

$(3) \quad a + b = a(o \vee b) \wedge b(o \vee a), \quad \textit{falls } o, a \textit{ und } b \textit{ nicht kollinear sind,}$

$(4) \qquad\qquad\qquad \tau_a(x) = x + a \quad \textit{für } a, x \in \mathbb{P}.$

Für $a \neq o$ ist $o \vee a$ die Fixgerade von τ_a durch o, d.h., τ_a hat die Richtung $[o \vee a]$.

Beweis. Nach (1) gilt $\tau_{a+b}(o) = a + b$, es folgt daher $\tau_{a+b} = \tau_a \circ \tau_b$ für $a, b \in \mathbb{P}$ aus (2). Ist $\tau \in \text{Trans}\mathbb{A}$, so ist natürlich $\tau = \tau_a$ mit $a := \tau(o)$ nach Satz 3. Damit ist $a \mapsto \tau_a$ aber eine bijektive Abbildung von $\mathbb{P}$ auf Trans$\mathbb{A}$. Also ist $\mathbb{P}$ eine zu Trans$\mathbb{A}$ isomorphe Gruppe.

Zum Nachweis von (3) verwende man $a + b = \tau_b(a)$ nach (2). Dann folgt die Identität aus 3(1) mit o an Stelle von a. Die fehlende Behauptung (4) ergibt sich aus (2), für die Fixgerade verwende man Korollar 2C. $\qquad\qquad \square$

Da jede Translation eine Dilatation ist, ergibt 1(2) sofort das

Korollar A. *Für $a, b \in \mathbb{P}$ mit $a \neq b$ gilt $a \vee b \parallel o \vee (b - a)$.*

Weil $o \vee a$ für alle $x \in o \vee a$ eine Fixgerade von τ_x ist, folgt das

Korollar B. *Für $o \neq a \in \mathbb{P}$ ist $o \vee a = o \vee (-a)$ eine Untergruppe von $(\mathbb{P}; +)$.*

Wie in 1(1) bezeichne aG die Parallele zu $G \in \mathbb{G}$ durch a.

Korollar C. *Für $a, b, c \in \mathbb{P}$ mit $b \neq c$ gilt $a(b \vee c) = a \vee (a + b - c)$.*

Beweis. Korollar A und B liefern

$$b \vee c \parallel o \vee (b - c) \quad \text{und} \quad a \vee (a + b - c) \parallel o \vee (b - c). \qquad \square$$

Damit kann die Addition durch Parallelität gekennzeichnet werden:

Parallelogramm-Satz. *Es sei*
$\mathbb{A} = (\mathbb{P}, \mathbb{G})$ *eine Translations-*
ebene. Für paarweise verschie-
dene, nicht-kollineare $a, b, c, d \in$
$\mathbb{P}$ *sind äquivalent:*
(i) $a + c = b + d.$
(ii) $a \vee b \parallel c \vee d$ *und* $a \vee d \parallel b \vee c.$
Beweis. (i) $\Longrightarrow$ (ii): Nach Ko-
rollar A ist $a \vee b \parallel o \vee (b - a)$,
also $a \vee b \parallel o \vee (c - d)$ und daher
$a \vee b \parallel c \vee d$. Analog erhält man
$a \vee d \parallel b \vee c$.
(ii) $\Longrightarrow$ (i): Nach Voraussetzung
und nach Korollar C liegt b auf

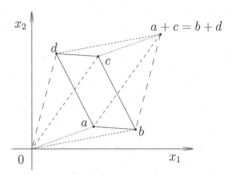

Abb. 10: Parallelogramm-Satz

$$a \vee b = a(c \vee d) = a \vee (a + c - d) \quad \text{und} \quad b \vee c = c(a \vee d) = c \vee (a + c - d).$$

Da a, b, c, d nicht kollinear sind, sind auch a, b, c wegen (ii) nicht kollinear. Also
gilt $a \vee b \neq b \vee c$. Es folgt

$$b = (a \vee b) \wedge (b \vee c) = (a \vee (a + c - d)) \wedge (c \vee (a + c - d)) = a + c - d. \quad \square$$

Im weiteren Verlauf dieses Paragraphen sei o ein fest gewählter Punkt von $\mathbb{P}$.
Die durch o gemäß (2) auf $\mathbb{P}$ induzierte Addition wird stets mit $a + b$ bezeichnet.
Man schreibt auch $\mathbb{P} = (\mathbb{P}; +)$.

Bemerkungen. a) Die Addition in $\mathbb{P}$ hängt natürlich auch von der Wahl des
„Basispunktes" o ab. Man geht also eigentlich von einer „affinen Ebene mit Basispunkt" aus und konstruiert dazu eine Gruppe.
b) Die Änderung der Gruppenstruktur, die bei Änderung des Basispunktes ein-
tritt, lässt sich leicht übersehen: Ist o' ein weiterer Basispunkt und ist τ_a' die
Translation mit $a = \tau_a'(o')$, dann ist die neue Addition durch $a \boxplus b := \tau_a' \circ \tau_b'(o')$
definiert. Man wählt $\tau \in \text{Trans}\,\mathbb{A}$ mit $o = \tau(o')$ und hat $a = \tau_a(o) = \tau_a \circ \tau(o')$,
also $\tau_a' = \tau_a \circ \tau$. Mit $p := \tau(o)$ folgt dann

$$\begin{aligned} a \boxplus b &= \tau_a' \circ \tau_b'(o') = \tau_a \circ \tau \circ \tau_b \circ \tau(o') \\ &= \tau_a \circ \tau \circ \tau_b(o) = \tau_a \circ \tau_b(p) = a + b + p \,. \end{aligned}$$

Definiert man nun $\varphi : \mathbb{P} \to \mathbb{P}$ durch $\varphi(a) := a + p$, dann erhält man

$$\varphi(a \boxplus b) = \varphi(a) + \varphi(b).$$

Damit folgt $p = -o'$ und φ ist ein Isomorphismus der Gruppen.

Aufgaben. a) Sei $A_2(K) = (\mathbb{P}, \mathbb{G})$ die affine Koordinatenebene über dem Körper K aus 1.1 und $o = \binom{0}{0}$. Dann stimmt die hier definierte Addition auf $\mathbb{P}$ mit der Addition des K-Vektorraums $\mathbb{P}$ überein.

b) (*Kleiner Scherensatz*) Sei A eine Translationsebene. Gegeben seien zwei verschiedene, parallele Geraden F und G sowie paarweise verschiedene Punkte $a, c, a', c' \in F$ und $b, d, b', d' \in G$. Aus $a \vee b \,\|\, a' \vee b'$, $b \vee c \,\|\, b' \vee c'$ und $c \vee d \,\|\, c' \vee d'$ folgt $a \vee d \,\|\, a' \vee d'$.

c) (*Kleiner Satz von* PAPPUS) Sei A eine Translationsebene. Gegeben seien zwei verschiedene, parallele Geraden F und G sowie Punkte $a, a', a'' \in F$ und $b, b', b'' \in G$. Aus $a \vee b' \,\|\, a' \vee b''$ und $a' \vee b \,\|\, a'' \vee b'$ folgt $a \vee b \,\|\, a'' \vee b''$.

6. Multiplikatoren-Schiefkörper. Sei $A = (\mathbb{P}, \mathbb{G})$ eine Translationsebene, $o \in \mathbb{P}$ fest. Nach Lemma 5 ist $\mathbb{P} = (\mathbb{P}; +)$ eine abelsche Gruppe. Es bezeichne End $\mathbb{P}$ die Menge der Endomorphismen von $(\mathbb{P}; +)$, also die Menge der Selbstabbildungen $\alpha : \mathbb{P} \to \mathbb{P}$ mit der Eigenschaft

$$(1) \qquad \alpha(a + b) = \alpha(a) + \alpha(b) \quad \text{für alle } a, b \in \mathbb{P}.$$

Man hat hier natürlich $\alpha(o) = o$ und $\alpha(-a) = -\alpha(a)$ für alle $a \in \mathbb{P}$. Bezüglich der Verknüpfungen

$$(2) \qquad (\alpha, \beta) \longmapsto \alpha + \beta \;\; \text{mit} \;\; (\alpha + \beta)(a) := \alpha(a) + \beta(a) \quad \text{für } a \in \mathbb{P},$$

$$(3) \qquad (\alpha, \beta) \longmapsto \alpha \circ \beta \;\; \text{mit} \;\; (\alpha \circ \beta)(a) := \alpha(\beta(a)) \quad \text{für } a \in \mathbb{P}$$

ist End $\mathbb{P}$ ein unitärer (assoziativer) Ring, der *Endomorphismenring der abelschen Gruppe* $\mathbb{P}$. Dabei ist das Nullelement $\mathcal{O}$ von End $\mathbb{P}$ durch $\mathcal{O}(a) := o$ für alle $a \in \mathbb{P}$ und das Einselement $\mathbb{1}$ von End $\mathbb{P}$ durch die identische Abbildung $\mathbb{1}(a) := a$ für alle $a \in \mathbb{P}$ gegeben.

Ein Endomorphismus α von $\mathbb{P}$ heißt ein *Multiplikator* von A, wenn gilt:

$$(4) \qquad \alpha(a) \in o \vee a \quad \text{für alle } a \in \mathbb{P} , \; a \neq o.$$

Die Menge aller Multiplikatoren von A wird mit $K(A)$ bezeichnet. Offenbar gehören $\mathcal{O}$ und $\mathbb{1}$ zu $K(A)$, also nach Korollar 5B auch alle „Vielfach-Abbildungen" $a \mapsto na$, $n \in \mathbb{Z}$. Aus (4) folgt direkt

$$(5) \qquad o \vee \alpha(a) = o \vee a \quad \text{für } a \in \mathbb{P} , \; \alpha \in K(A), \; \alpha(a) \neq o.$$

Das überraschende Ergebnis, dass jeder von Null verschiedene Multiplikator eine bijektive Abbildung ist, folgt speziell aus dem

Lemma A. End $\mathbb{P} \cap \text{Dilat}\,A = K(A) \setminus \{\mathcal{O}\}$.

Beweis. a) Ist der Endomorphismus $\alpha : \mathbb{P} \to \mathbb{P}$ zugleich eine Dilatation, dann gilt $\alpha(o) \vee \alpha(a) \,\|\, o \vee a$ für alle $a \in \mathbb{P}$, $a \neq o$. Wegen $\alpha(o) = o$ gilt $o \vee \alpha(a) \,\|\, o \vee a$, also $o \vee \alpha(a) = o \vee a$ und damit (4). Die linke Seite ist demnach in der rechten Seite enthalten.

b) *Jeder von Null verschiedene Multiplikator ist eine Dilatation.* Sei $\alpha \in K(\mathbb{A})$ und $o \neq a \in \mathbb{P}$ mit $\alpha(a) = o$. Für $b \in \mathbb{P}$, $b \notin o \vee a$, gilt zunächst einmal $\alpha(b) \in o \vee b$ aufgrund von (4). Weil aber α ein Endomorphismus von $\mathbb{P}$ ist, folgt auch $\alpha(b) = \alpha(b - a) \in o \vee (b - a)$. Damit ist $\alpha(b)$ gleich dem Schnittpunkt von $o \vee b$ und $o \vee (b - a)$, also gleich o. Für alle $b \in \mathbb{P}$, $b \notin o \vee a$, gilt $\alpha(b) = o$. Ersetzt man nun b durch a, so folgt auch $\alpha(x) = o$ für $x \in o \vee a$, also $\alpha = \mathcal{O}$. Sei nun $\mathcal{O} \neq \alpha \in K(\mathbb{A})$. Es folgt $\alpha(a) \neq o$ für alle $o \neq a \in \mathbb{P}$, d.h., α ist injektiv. Für $a, b \in \mathbb{P}$, $a \neq b$, folgt $\alpha(a) \vee \alpha(b) \parallel o \vee (\alpha(b) - \alpha(a))$ aus Korollar 5A. Weil α ein Endomorphismus ist, gilt $\alpha(a) \vee \alpha(b) \parallel o \vee \alpha(b - a)$, also $\alpha(a) \vee \alpha(b) \parallel o \vee (b - a)$ nach (5) und damit

$$(*) \qquad\qquad \alpha(a) \vee \alpha(b) \parallel a \vee b \quad \text{für } a \neq b.$$

Zu zeigen bleibt die Surjektivität von α. Zu $c \in \mathbb{P}$, $c \neq o$, wählt man ein $a \in \mathbb{P}$ mit $a \notin o \vee c$. Dann definiert man $G := \alpha(a) \vee c$, $H := aG$. Wegen $c \notin o \vee a$ gilt $G \nparallel o \vee c$ aufgrund von (5). Sei also $b := H \wedge (o \vee c)$. Wegen $a \notin o \vee c$ gilt $b \neq a$ und folglich $H = a \vee b$. Aus $G \parallel H$ folgt $G = \alpha(a)H$ und $(*)$ ergibt $G = \alpha(a) \vee \alpha(b)$, also $\alpha(b) \in G$. Da α ein Multiplikator ist, hat man $\alpha(b) \in o \vee b = o \vee c$ und $\alpha(b) = G \wedge (o \vee c) = c$. Damit ist α bijektiv und daher wegen $(*)$ eine Dilatation. $\qquad\square$

$K(\mathbb{A})$ ist aber auch gegenüber Addition und Produkt in End $\mathbb{P}$ abgeschlossen.

Lemma B. $K(\mathbb{A})$ *ist ein Unterring von* End $\mathbb{P}$.

Beweis. Seien $\alpha, \beta \in K(\mathbb{A})$. Man erhält $(\alpha - \beta)(a) = \alpha(a) - \beta(a) \in o \vee a$ für $a \in \mathbb{P}$, $a \neq o$, also $\alpha - \beta \in K(\mathbb{A})$, wenn man Korollar 5B ausnutzt. Zum Nachweis von $\alpha \circ \beta \in K(\mathbb{A})$ sei ohne Einschränkung $\alpha \circ \beta \neq \mathcal{O}$. Für $a \in \mathbb{P}$ mit $a \neq o$ folgt dann $\alpha(\beta(a)) \in o \vee \beta(a) = o \vee a$ nach (5), also $\alpha \circ \beta \in K(\mathbb{A})$. $\qquad\square$

In einem *Schiefkörper* gelten die üblichen Axiome eines Körpers bis auf die Forderung, dass die Multiplikation kommutativ ist. Man vergleiche dazu K. Meyberg (1978), 3.2.

Satz. *Ist* $\mathbb{A}$ *eine Translationsebene, dann ist* $K(\mathbb{A})$ *ein Schiefkörper.*

Beweis. Wegen Lemma A und Lemma B genügt es, $\alpha^{-1} \in K(\mathbb{A})$ für alle $\mathcal{O} \neq \alpha \in K(\mathbb{A})$ zu zeigen. Das folgt aber direkt aus (5) und (4). $\qquad\square$

$K(\mathbb{A})$ heißt *Multiplikatoren-Schiefkörper* zur Translationsebene $\mathbb{A}$:

Bemerkung. Wegen (4) gilt also $\alpha(a) \in o \vee a$ für alle $\alpha \in K(\mathbb{A})$. Man kann jedoch nicht schließen, dass sich jedes $b \in o \vee a$ in der Form $b = \alpha(a)$ mit einem $\alpha \in K(\mathbb{A})$ schreiben lässt. Dazu vergleiche man 3.1.

Aufgaben. a) Sei $\mathbb{A} = (\mathbb{P}, \mathbb{G})$ eine affine Ebene der Ordnung 2. Dann gilt $K(\mathbb{A}) = \{\mathcal{O}, \mathbb{1}\}$.
b) Sei K ein Körper, $\mathbb{A} = \mathbb{A}_2(K)$ die zugehörige affine Koordinatenebene und $o = \binom{0}{0}$. Dann ist $K(\mathbb{A})$ isomorph zu K.

7. Beschreibung der Dilatationen. *Sei* $\mathbf{A} = (\mathbb{P}, \mathbb{G})$ *eine Translationsebene,* $o \in \mathbb{P}$ *fest. Eine Abbildung* $\sigma : \mathbb{P} \to \mathbb{P}$ *ist genau dann eine Dilatation von* $\mathbf{A}$, *wenn es ein* $a \in \mathbb{P}$ *und ein* $\mathcal{O} \neq \alpha \in K(\mathbf{A})$ *gibt mit*

$$(1) \qquad \sigma(x) = \alpha(x) + a \quad \text{für alle } x \in \mathbb{P}.$$

Beweis. a) Sei $\sigma : \mathbb{P} \to \mathbb{P}$ eine Dilatation und $b \in \mathbb{P}$, $b \neq o$, gegeben. Dann definiert $\tau_b(x) := x + b$ eine Translation τ_b. Nach Lemma 3 ist auch $\sigma \circ \tau_b \circ \sigma^{-1}$ eine Translation, deren Richtung mit der Richtung von τ_b übereinstimmt. Aufgrund von Lemma 5 gibt es ein $b^* \in \mathbb{P}$, $b^* \neq o$, mit

$$(2) \qquad \sigma \circ \tau_b \circ \sigma^{-1} = \tau_{b^*} \quad \text{und} \quad o \vee b = o \vee b^*.$$

In (2) trägt man $\sigma(y)$ für $y \in \mathbb{P}$ ein und bekommt

$$(3) \qquad \sigma(y + b) = \sigma(y) + b^* \quad \text{für alle } b, y \in \mathbb{P},$$

wenn man natürlich $o^* = o$ setzt. Aus (3) entnimmt man

$$(b + c)^* = \sigma(y + b + c) - \sigma(y) = \sigma(y + b) + c^* - \sigma(y) = b^* + c^* \quad \text{für } b, c \in \mathbb{P},$$

so dass $b \mapsto b^*$ ein Endomorphismus von $\mathbb{P}$ ist. In (3) setzt man nun $y := o$, $a := \sigma(o)$, $b := x$ und erhält

$$(4) \qquad \sigma(x) = x^* + a , \quad \text{d.h.} \quad x^* = \tau_{-a} \circ \sigma(x).$$

Demnach ist $x \mapsto x^*$ eine Dilatation, es gilt also $o^* \vee x^* \parallel o \vee x$ für $x \neq o$ aufgrund von 1(2). Wegen $o^* = o$ folgt $o \vee x^* = o \vee x$, d.h. $x^* \in o \vee x$, und $\alpha(x) := x^*$ ist ein von $\mathcal{O}$ verschiedener Multiplikator. Aus (4) folgt (1).
b) Wegen Lemma 3 ist nur zu zeigen, dass $\mathcal{O} \neq \alpha \in K(\mathbf{A})$ eine Dilatation ist. Das folgt aber aus Lemma 6A. $\qquad \square$

Bemerkungen. a) Die Multiplikatoren ungleich $\mathcal{O}$ von $\mathbf{A}$ sind damit genau die Dilatationen mit Fixpunkt o.
b) Nach (1) sind α und a durch σ eindeutig bestimmt. Es gibt daher eine Bijektion

$$(K(\mathbf{A}) \setminus \{\mathcal{O}\}) \times \mathbb{P} \longrightarrow \text{Dilat}\,\mathbf{A} , \quad (\alpha, a) \longmapsto \sigma_{\alpha,a} ,$$

wobei $\sigma_{\alpha,a}$ durch (1) definiert ist. Eine Verifikation ergibt

$$\sigma_{\alpha,a} \circ \sigma_{\beta,b} = \sigma_{\gamma,c} \quad \text{mit} \quad \gamma := \alpha \circ \beta \quad \text{und} \quad c := \alpha(b) + a .$$

Man sagt dafür auch, dass Dilat $\mathbf{A}$ das semi-direkte Produkt der multiplikativen Gruppe $K(\mathbf{A}) \setminus \{\mathcal{O}\}$ und der additiven Gruppe $(\mathbb{P}; +)$ ist und schreibt

$$\text{Dilat}\,\mathbf{A} = K(\mathbf{A}) \setminus \{0\} \ltimes \mathbb{P}$$

(vgl. G. FISCHER, R. SACHER (1983), I.1.6.2).

Aufgaben. a) Sei K ein Körper. Dann besteht $\text{Dilat}\,\mathbb{A}_2(K)$ genau aus den Abbildungen $x \mapsto \lambda x + q$, $0 \neq \lambda \in K$, $q \in K^2$.

b) Sei $\mathbb{A}$ eine Translationsebene und $a \in \mathbb{P}$. Dann ist $\{\sigma \in \text{Dilat}\,\mathbb{A} : \sigma(a) = a\}$ eine zu $K(\mathbb{A}) \setminus \{0\}$ isomorphe Gruppe

c) Seien $\mathbb{A}$ und $\mathbb{A}'$ affin isomorphe Translationsebenen. Dann sind die zugehörigen Multiplikatoren-Schiefkörper $K(\mathbb{A})$ und $K(\mathbb{A}')$ isomorph.

d) Sei $\mathbb{A}$ eine Translationsebene und $\text{char}\, K(\mathbb{A}) \neq 2$. Zu jedem $a \in \mathbb{P}$ gibt es genau eine *Spiegelung* σ an a, d.h. $\text{id} \neq \sigma \in \text{Dilat}\,\mathbb{A}$ mit $\sigma \circ \sigma = \text{id}$ und $\sigma(a) = a$, nämlich $\sigma(x) = 2a - x$.

8. Automorphismen. Nach 1.5(1) ist eine bijektive Abbildung $\varphi : \mathbb{P} \to \mathbb{P}$ genau dann ein Automorphismus von $\mathbb{A} = (\mathbb{P}, \mathbb{G})$, wenn gilt

(1) $$\varphi(G) \in \mathbb{G} \quad \text{für alle} \ \ G \in \mathbb{G}.$$

Da jede Gerade durch zwei verschiedene Punkte eindeutig bestimmt ist, ist (1) äquivalent zu der Aussage:

(2) $$\text{Für alle} \ a \neq b \ \text{gilt} \ \varphi(a \vee b) = \varphi(a) \vee \varphi(b).$$

Nach Lemma 1.5 hat man speziell für $\varphi \in \text{Aut}\,\mathbb{A}$:

(3) $$\text{Aus} \ G \parallel H \ \text{folgt} \ \varphi(G) \parallel \varphi(H).$$

Ist $\mathbb{A}$ eine Translationsebene, dann gibt es zu jedem $\varphi \in \text{Aut}\,\mathbb{A}$ natürlich eine Translation τ mit $\psi := \tau \circ \varphi \in \text{Aut}\,\mathbb{A}$ und $\psi(o) = o$.

Lemma. *Sei* $\mathbb{A} = (\mathbb{P}, \mathbb{G})$ *eine Translationsebene. Dann ist jedes* $\varphi \in \text{Aut}\,\mathbb{A}$ *mit* $\varphi(o) = o$ *ein Endomorphismus von* $\mathbb{P}$.

Beweis. Seien $a, b \in \mathbb{P}$ gegeben, so dass o, a, b nicht kollinear sind. Dann sind auch $o, \varphi(a), \varphi(b)$ in allgemeiner Lage. Nach Korollar 5A und (3) gilt dann

$$o \vee a \parallel b \vee (a + b) \,, \ \text{also} \ o \vee \varphi(a) \parallel \varphi(b) \vee \varphi(a + b) \,,$$

d.h. $\varphi(a + b) \in \varphi(b)(o \vee \varphi(a))$. Eine Vertauschung von a, b ergibt

$$\varphi(a + b) = \varphi(b)(o \vee \varphi(a)) \wedge \varphi(a)(o \vee \varphi(b)) \,,$$

denn $o \vee \varphi(a)$ und $o \vee \varphi(b)$ sind nicht parallel. Andererseits gilt

$$o \vee \varphi(a) \parallel \varphi(b) \vee (\varphi(a) + \varphi(b)) \,, \ \text{also} \ \varphi(a) + \varphi(b) \in \varphi(b)(o \vee \varphi(a)),$$

und aus Symmetriegründen folgt

$$\varphi(a) + \varphi(b) = \varphi(b)(o \vee \varphi(a)) \wedge \varphi(a)(o \vee \varphi(b)) = \varphi(a + b) \,.$$

Seien $a, b \in \mathbb{P}$ von Null verschieden, so dass o, a, b kollinear sind. Nach Lemma 1.3 gibt es ein $c \in \mathbb{P}$, das nicht auf der Geraden durch o, a und b liegt. Dann sind $o, a + b, c$ und $o, a, b + c$ sowie o, b, c jeweils in allgemeiner Lage. Aus dem bereits bewiesenen Teil folgt

$$\varphi(a+b)+\varphi(c)=\varphi(a+b+c)=\varphi(a)+\varphi(b+c)=\varphi(a)+\varphi(b)+\varphi(c)\,,$$

also

$$\varphi(a+b)=\varphi(a)+\varphi(b)\,.$$

Demnach ist φ ein Endomorphismus von $(\mathbb{P},+)$. $\qquad\qquad\qquad\qquad\square$

Wir benutzen diese Ergebnisse, um die affine Koordinatenebene $\mathbb{A}_2(K)$ über einem Körper K näher zu untersuchen. Für einen Körperautomorphismus σ von K sei dann

$$\tilde\sigma:K^2\to K^2,\quad x=\begin{pmatrix}x_1\\x_2\end{pmatrix}\mapsto\begin{pmatrix}\sigma(x_1)\\\sigma(x_2)\end{pmatrix}.$$

Satz. *Sei K ein Körper. Dann sind die Automorphismen der affinen Koordinatenebene $\mathbb{A}_2(K)$ genau die Abbildungen*

$$K^2\to K^2,\ x\mapsto M\tilde\sigma(x)+q,$$

wobei $M\in GL(2;K)$, $q\in K^2$ und σ alle Körperautomorphismen von K durchläuft.

Beweis. Die angegebenen Abbildungen sind bijektiv und bilden eine Gerade $a+Ku$, $a,u\in K^2$, $u\neq0$, ab auf

$$b+Kv,\quad b=M\tilde\sigma(a)+q,\quad v=M\tilde\sigma(u).$$

Sie sind also Automorphismen.

Sei nun $\varphi\in\operatorname{Aut}\mathbb{A}_2(K)$ beliebig. Nach Abänderung durch eine Translation darf man $\varphi(o)=o$ annehmen, $o=\begin{pmatrix}0\\0\end{pmatrix}$. Aufgrund des Lemmas ist φ ein Endomorphismus von $(K^2,+)$. Da mit o, $e_1=\begin{pmatrix}1\\0\end{pmatrix}$, $e_2=\begin{pmatrix}0\\1\end{pmatrix}$ auch $o,\varphi(e_1),\varphi(e_2)$ nicht kollinear sind, darf man nach Abänderung durch einen Automorphismus ohne Einschränkung $\varphi(o)=o$, $\varphi(e_1)=e_1$, $\varphi(e_2)=e_2$ annehmen. Es folgt

$$\varphi(Ke_1)=Ke_1,\quad\varphi(Ke_2)=Ke_2,\quad\varphi(K(e_1+e_2))=K(e_1+e_2).$$

Aus den beiden ersten Gleichungen erhält man die Existenz von Abbildungen $\sigma_1,\sigma_2:K\to K$ mit $\varphi(\begin{pmatrix}\alpha\\0\end{pmatrix})=\begin{pmatrix}\sigma_1(\alpha)\\0\end{pmatrix},\varphi(\begin{pmatrix}0\\\beta\end{pmatrix})=\begin{pmatrix}0\\\sigma_2(\beta)\end{pmatrix}$, also

$$\varphi(\begin{pmatrix}\alpha\\\beta\end{pmatrix})=\varphi(\begin{pmatrix}\alpha\\0\end{pmatrix})+\varphi(\begin{pmatrix}0\\\beta\end{pmatrix})=\begin{pmatrix}\sigma_1(\alpha)\\\sigma_2(\beta)\end{pmatrix}\qquad\text{für alle }\alpha,\beta\in K.$$

Nun gilt

$$\begin{pmatrix}\sigma_1(\alpha)\\\sigma_2(\alpha)\end{pmatrix}=\varphi(\alpha\begin{pmatrix}1\\1\end{pmatrix})\in K\begin{pmatrix}1\\1\end{pmatrix}\qquad\text{für alle }\alpha\in K,$$

also $\sigma_1=\sigma_2=:\sigma$. Mit φ ist σ ein Endomorphismus von $(K,+)$ und bijektiv. Weiterhin gilt für alle $\alpha,\beta\in K$

$$\begin{pmatrix}\sigma(\alpha\beta)\\\sigma(\alpha)\end{pmatrix}=\varphi(\begin{pmatrix}\alpha\beta\\\alpha\end{pmatrix})=\varphi(\alpha\begin{pmatrix}\beta\\1\end{pmatrix})\in\varphi(K\begin{pmatrix}\beta\\1\end{pmatrix})=K\begin{pmatrix}\sigma(\beta)\\1\end{pmatrix},$$

also $\sigma(\alpha\beta) = \sigma(\alpha)\sigma(\beta)$. Demnach ist σ ein Körperautomorphismus und $\varphi = \tilde{\sigma}$. $\square$

Es ist bekannt, dass die Identität der einzige Körperautomorphismus von $\mathbb{R}$ ist (vgl. *Zahlen* (1992), 2.5.3). Damit folgt das

Korollar. *Die Automorphismen der affinen Koordinatenebene* $\mathbb{A}_2(\mathbb{R})$ *sind genau die Abbildungen*

$$\mathbb{R}^2 \to \mathbb{R}^2, \quad x \mapsto Mx + q, \quad M \in GL(2;\mathbb{R}), \quad q \in \mathbb{R}^2.$$

Es gilt also

$$\text{Aut } \mathbb{A}_2(\mathbb{R}) \cong GL(2;\mathbb{R}) \ltimes \mathbb{R}^2.$$

Aufgaben. a) Sei K ein Primkörper, d.h. $K \cong \mathbb{Q}$ oder $K \cong \mathbb{Z}/p\mathbb{Z}$, p Primzahl. Dann besteht Aut $\mathbb{A}_2(K)$ genau aus den Abbildungen

$$x \longmapsto Mx + q, \ M \in GL(2;K), \ q \in K^2.$$

b) Ist jeder bijektive Endomorphismus einer Translationsebene auch ein Automorphismus der affinen Ebene?

§3 Affine Koordinatenebenen

Es sei $\mathbb{A} = (\mathbb{P}, \mathbb{G})$ stets eine affine Ebene.

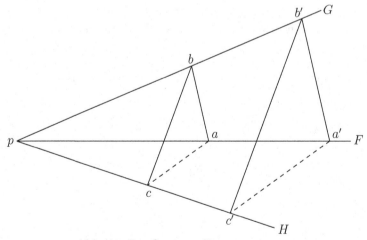

Abb. 11: Der Satz von DESARGUES

1. Satz von DESARGUES. *Seien* F, G, H *drei paarweise verschiedene Geraden, die sich im Punkt* p *schneiden. Sind* $a, a' \in F$, $b, b' \in G$ *und* $c, c' \in H$ *von* p *verschiedene Punkte mit den Eigenschaften*

(1) $$a \vee b \, \| \, a' \vee b' \quad \text{und} \quad b \vee c \, \| \, b' \vee c',$$

dann gilt auch

(2) $$a \vee c \, \| \, a' \vee c'.$$

Diese Aussage ist ein weiteres Axiom für affine Ebenen und steht in Analogie zum so genannten *Kleinen Satz von* DESARGUES (vgl. Bemerkung 2.4a)). Girard DESARGUES (1591–1661, französischer Geometer) war ein Zeitgenosse von DESCARTES (1596–1650).

Lemma. *Für eine Translationsebene* $\mathbb{A} = (\mathbb{P}, \mathbb{G})$ *sind äquivalent:*

(i) *Es gilt der Satz von* DESARGUES.

(ii) *Sind* o, a, a' *drei paarweise verschiedene, kollineare Punkte, dann gibt es ein* $\alpha \in K(\mathbb{A})$ *mit* $\alpha(a) = a'$.

(iii) *Sind* a, b, c *drei paarweise verschiedene, kollineare Punkte, dann gibt es eine Dilatation* σ *von* $\mathbb{A}$ *mit* $\sigma(a) = b$ *und* $\sigma(c) = c$.

Beweis. (i) $\Longrightarrow$ (ii): Seien o, a, a' paarweise verschieden und kollinear. Aufgrund von Lemma 1.3 gibt es ein $b \in \mathbb{P}$, so dass o, a, b in allgemeiner Lage sind. Nach dem Vorbild von Lemma 2.1 definiert man Abbildungen σ_1 und σ_2 durch

$$\sigma_1(x) := (o \vee x) \wedge a'(a \vee x) \quad \text{für} \quad x \notin o \vee a \,,$$
$$\sigma_2(x) := (o \vee x) \wedge b'(b \vee x) \quad \text{für} \quad x \notin o \vee b$$

und $x \in \mathbb{P}$. Dabei ist $b' := \sigma_1(b)$. Aus der Gültigkeit des Satzes von DESARGUES schließt man mit obiger Figur und $c = x$, dass $c' = \sigma_1(x) = \sigma_2(x)$ für alle Punkte $x \notin (o \vee a) \cup (o \vee b)$ gilt. Man setzt nun

$$\sigma(x) = \left\{ \begin{array}{ll} \sigma_1(x), & \text{falls} \quad x \notin o \vee a, \\ \sigma_2(x), & \text{falls} \quad x \notin o \vee b, \\ o, & \text{falls} \quad x = o. \end{array} \right.$$

Damit wird $\sigma(a) = \sigma_2(a) = (o \vee a) \wedge b'(b \vee a) = a'$. Aus $\sigma(x) = o$ folgt nun $x = o$. Sind von o verschiedene $x, y \in \mathbb{P}$ gegeben, so wählt man ein $c \in \mathbb{P}$, $c \neq o$, so dass x, y nicht auf $o \vee c$ liegen. Mit $c' = \sigma(c)$ schließt man analog

$$\sigma(z) = (o \vee z) \wedge c'(c \vee z), \; z = (o \vee \sigma(z)) \wedge c(c' \vee \sigma(z)) \quad \text{für} \; z \notin o \vee c \,.$$

Mit dieser Beschreibung folgert man aus $\sigma(x) = \sigma(y)$ schon $x = y$. Die Definition von σ liefert $o \vee x = o \vee \sigma(x)$ und $o \vee y = o \vee \sigma(y)$. Für $x \neq y$ schließt man daraus mit dem Satz von DESARGUES $\sigma(x) \vee \sigma(y) \, \| \, x \vee y$. Ist $d \in \mathbb{P}$, $d \notin o \vee c$, so erhält man $\sigma(x) = d$ für $x := (o \vee d) \wedge c(c' \vee d)$. Damit ist σ eine Dilatation von $\mathbb{A}$, die o fest lässt und a auf a' abbildet. Nach 2.7 ist dann σ aber ein Multiplikator $\neq \mathcal{O}$.

(ii) $\Longrightarrow$ (iii): Man setzt $\tau(x) := x - c$ und wählt einen Multiplikator $\alpha \neq \mathcal{O}$ mit $\alpha(\tau(a)) = \tau(b)$. Dann ist $\sigma := \tau^{-1} \circ \alpha \circ \tau$ eine Dilatation mit $\sigma(c) = c$ und $\sigma(a) = b$.

(iii) $\Longrightarrow$ (i): Es seien a, b, c und a', b', c' wie in (1) gegeben. Man wählt eine

Dilatation σ mit $\sigma(p) = p$ und $\sigma(b) = b'$. Nach Lemma 2.1 gilt dann

$$\sigma(x) = (p \vee x) \wedge b'(b \vee x) \quad \text{für } x \notin p \vee b \ .$$

Aus (1) folgt $\sigma(a) = a'$ und $\sigma(c) = c'$, also $a' \vee c' = \sigma(a) \vee \sigma(c) \parallel a \vee c$.   □

Bemerkungen. a) Beispiele zeigen, dass die Aussage (2) nicht schon für Translationsebenen gültig ist. Ein erstes Beispiel einer affinen Ebene, in der der Satz von DESARGUES *nicht gilt*, wurde bereits 1899 von D. HILBERT in der 1. Auflage seiner *Grundlagen der Geometrie* angegeben. Als Standardbeispiel betrachtet man heute eine MOULTON-Ebene (vgl. 1.4c)), wie die nebenstehende Abbildung zeigt.

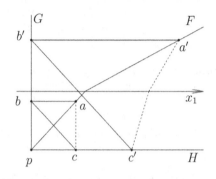

Abb. 12: Der Satz von DESARGUES gilt nicht in der MOULTON-Ebene

b) Es gibt Beispiele von Translationsebenen, in denen der Satz von DESARGUES *nicht* gilt. Diese Beispiele sind jedoch wesentlich komplizierter, sie benötigen den Begriff eines so genannten „Fastkörpers" zur Erklärung. Echte Fastkörper wurden erstmals von L.E. DICKSON angegeben (Nachr. Kgl. Ges. Wiss. Gött., Math.-Phys. Kl., 358–393 (1905)). Man vergleiche auch R. LINGENBERG (1978).

c) Die Voraussetzungen des Kleinen Satzes von DESARGUES 2.4 bzw. des Satzes von DESARGUES besagen, dass F, G, H paarweise verschiedene Geraden eines Parallelen- bzw. eines Geradenbüschels sind.

Aufgaben. a) Sei K ein Körper. In der affinen Koordinatenebene $\mathbb{A}_2(K)$ mit $o = \binom{0}{0}$ gilt der Satz von DESARGUES.

b) (*Scherensatz*) Sei $\mathbb{A}$ eine Translationsebene, in der der Satz von DESARGUES gilt. Gegeben seien Geraden F und G sowie paarweise verschiedene Punkte $a, c, a', c' \in F \setminus G$ und $b, d, b', d' \in G \setminus F$. Aus $a \vee b \parallel a' \vee b'$, $b \vee c \parallel b' \vee c'$ und $c \vee d \parallel c' \vee d'$ folgt $a \vee d \parallel a' \vee d'$.

2. DESARGUES-Ebenen. Eine Translationsebene $\mathbb{A} = (\mathbb{P}, \mathbb{G})$, für die eine (und damit jede) Aussage von Lemma 1 gilt, heißt eine DESARGUES-*Ebene*.

Proposition. *Ist* $\mathbb{A} = (\mathbb{P}, \mathbb{G})$ *eine* DESARGUES-*Ebene und sind* $a, b \in \mathbb{P}$ *verschieden, dann gilt*

$$(1) \qquad\qquad a \vee b = \{a + \alpha(b - a) : \alpha \in K(\mathbb{A})\}.$$

Speziell ist für $a \neq o$

$$(2) \qquad\qquad o \vee a = \{\alpha(a) : \alpha \in K(\mathbb{A})\}.$$

Beweis. Nach 2.6(4) gilt $\alpha(a) \in o \vee a$ für alle $\alpha \in K(\mathbf{A})$. Wegen Lemma 1 gibt es zu $a' \in o \vee a$ ein $\alpha \in K(\mathbf{A})$ mit $a' = \alpha(a)$. Also folgt (2). Mit $\tau(x) := x + a$ gilt nun

$$a \vee b = \tau(o) \vee \tau(b - a) = \tau(o \vee (b - a)) = \{a + \alpha(b - a) \,:\, \alpha \in K(\mathbf{A})\}\,,$$

wenn man 2.1(6) beachtet. □

Man erhält auch eine Darstellung aller Punkte durch die Werte von Multiplikatoren auf zwei Punkten.

Satz. *Sei* $\mathbf{A} = (\mathbb{P}, \mathbb{G})$ *eine* DESARGUES-*Ebene. Sind* $o, p, q \in \mathbb{P}$ *in allgemeiner Lage, dann gibt es zu jedem* $x \in \mathbb{P}$ *eindeutig bestimmte* $\alpha, \beta \in K(\mathbf{A})$ *mit*

$$(3) \qquad\qquad x = \alpha(p) + \beta(q).$$

Beweis. Wegen (2) darf man für die Existenz ohne Einschränkung annehmen, dass $x \notin (o \vee p) \cup (o \vee q)$. Wegen (2) gibt es $\alpha, \beta \in K(\mathbf{A})$ mit

$$(*) \qquad (o \vee p) \wedge x(o \vee q) = \alpha(p) \quad \text{und} \quad (o \vee q) \wedge x(o \vee p) = \beta(q).$$

Nach der Voraussetzung an x sind $o, \alpha(p), \beta(q)$ in allgemeiner Lage. Aus 2.5(3) und 2.6(5) folgt dann

$$(**) \qquad\qquad \alpha(p) + \beta(q) = \alpha(p)(o \vee q) \wedge \beta(q)(o \vee p).$$

Nun erhält man (3) aus $(**)$, denn nach $(*)$ gilt

$$\alpha(p)(o \vee q) = x(o \vee q) \quad \text{und} \quad \beta(q)(o \vee p) = x(o \vee p)\,.$$

Zum Nachweis der Eindeutigkeit der Darstellung (3) seien $\alpha, \beta \in K(\mathbf{A})$ mit $\alpha(p) + \beta(q) = o$ gegeben. Im Falle $\beta \neq \mathcal{O}$ folgt $\beta(q) = -\alpha(p)$, also $q = \gamma(p)$ mit einem $\gamma \in K(\mathbf{A})$ nach Satz 2.6. Aus 2.6(5) erhält man aber $q \in o \vee p$ im Widerspruch zur Annahme. Es folgt $\beta = \mathcal{O}$. Analog schließt man $\alpha = \mathcal{O}$. Gilt nun $x = \alpha(p) + \beta(q) = \alpha'(p) + \beta'(q)$, so folgt $o = (\alpha - \alpha')(p) + (\beta - \beta')(q)$, also die Eindeutigkeit in (3). □

Für $a, u \in \mathbb{P}$, $u \neq o$, setzt man

$$(4) \qquad\qquad G_{a,u} := \{a + \alpha(u) \,:\, \alpha \in K(\mathbf{A})\}.$$

Falls $\mathbf{A}$ eine DESARGUES-Ebene ist, erhält man alle Geraden in der Form (4), denn wegen (1) gilt

$$(5) \qquad\qquad G_{a,u} = a \vee (a + u).$$

Lemma. *Sei* $\mathbf{A}$ *eine* DESARGUES-*Ebene. Sind* $G_{a,u}$ *und* $G_{b,v}$ *,* $u \neq o$ *,* $v \neq o$ *, zwei Geraden in* $\mathbb{G}$ *, dann sind äquivalent:*
(i) $G_{a,u} \parallel G_{b,v}$.
(ii) o, u, v *sind kollinear.*
(iii) *Es gibt* $\alpha \in K(\mathbf{A})$ *mit* $v = \alpha(u)$.

Beweis. (i) $\implies$ (ii): Die beiden Geraden schneiden sich offenbar genau dann, wenn es $\alpha, \beta \in K(\mathbb{A})$ gibt mit $a + \alpha(u) = b + \beta(v)$, also mit

$$(6) \qquad\qquad \alpha(u) - \beta(v) = b - a.$$

Wären o, u, v in allgemeiner Lage, so besitzt (6) nach dem Satz eindeutige Lösungen α, β, d.h., die Geraden sind nicht parallel. Also sind o, u, v kollinear. (ii) $\implies$ (iii): Man verwende Lemma 1. (iii) $\implies$ (i): Aus (5) und Korollar 2.5A folgt $G_{a,u} \parallel o \vee u$, $G_{b,v} \parallel o \vee v$. Da $v \neq o$ schon $\alpha \neq \mathcal{O}$ impliziert, liefert 2.6(5) bereits $o \vee u = o \vee v$. $\square$

Wegen (5) hat man das

Korollar. *Sind $a, b, c, d \in \mathbb{P}$ paarweise verschieden, dann sind äquivalent:*
(i) $a \vee b \parallel c \vee d$.
(ii) *Es gibt ein $\alpha \in K(\mathbb{A})$ mit $d - c = \alpha(b - a)$.*

Aufgabe. Sei $\mathbb{A}$ eine DESARGUES-Ebene.
a) Für $a, b, u, v \in \mathbb{P}$, $u \neq o$, $v \neq o$, sind äquivalent:
(i) $G_{a,u} = G_{b,v}$.
(ii) Es gibt $\alpha, \beta \in K(\mathbb{A})$ mit $b = a + \alpha(u)$, $v = \beta(u)$.
b) Für $p, q \in \mathbb{P}$, $p \neq q$, gilt

$$p \vee q = \{\alpha(p) + \beta(q) : \alpha, \beta \in K(\mathbb{A}), \, \alpha + \beta = \mathbb{1}\}.$$

3. Affine Koordinatenebenen. Es sei K ein Schiefkörper. Analog zum Fall eines kommutativen Körpers in 1.1 soll die „affine Ebene der Spaltenvektoren über K" konstruiert werden: Man definiert zunächst eine Menge von *Punkten*

$$(1) \qquad\qquad \mathbb{P} := K^2 = \left\{ a = \begin{pmatrix} a_1 \\ a_2 \end{pmatrix} : a_1, a_2 \in K \right\}$$

und erklärt eine *Addition*

$$(2) \qquad\qquad a + b := \begin{pmatrix} a_1 + b_1 \\ a_2 + b_2 \end{pmatrix} \quad \text{für } a, b \in \mathbb{P}$$

sowie eine *skalare Multiplikation*

$$(3) \qquad\qquad \alpha a := \begin{pmatrix} \alpha a_1 \\ \alpha a_2 \end{pmatrix} \quad \text{für } a \in \mathbb{P} \text{ und } \alpha \in K.$$

Eine leichte Verifikation ergibt:

(4) $(\mathbb{P}; +)$ ist eine abelsche Gruppe mit Nullelement $o = \begin{pmatrix} 0 \\ 0 \end{pmatrix}$.

(5) Für $a, b \in \mathbb{P}$ und $\alpha, \beta \in K$ gelten die Regeln

$$(\alpha + \beta)a = \alpha a + \beta a , \ \alpha(a + b) = \alpha a + \alpha b , \ (\alpha\beta)a = \alpha(\beta a) , \ 1a = a .$$

Damit wird $\mathbb{P}$ zu einem Linksvektorraum über dem Schiefkörper K.

Zwei Elemente $a, b \in \mathbb{P}$ heißen *linear unabhängig*, wenn aus $\alpha a + \beta b = o$ mit $\alpha, \beta \in K$ stets $\alpha = \beta = 0$ folgt; andernfalls heißen sie *linear abhängig*.

Proposition A. *Seien $p, q \in \mathbb{P}$ linear unabhängig. Dann gibt es zu jedem $x \in \mathbb{P}$ eindeutig bestimmte $\alpha, \beta \in K$ mit $x - \alpha p + \beta q$.*

Beweis. Zunächst bedeutet $x = \alpha p + \beta q$ nach (2) und (3) die Gültigkeit der Gleichungen

$$(*) \qquad \alpha p_1 + \beta q_1 = x_1 \quad \text{und} \quad \alpha p_2 + \beta q_2 = x_2$$

in K. Nach evtl. Änderungen der Bezeichnungen darf $q_2 \neq 0$ angenommen werden. Dann ist $(*)$ äquivalent zu

$$(**) \qquad \beta = (x_2 - \alpha p_2) q_2^{-1} \quad \text{und} \quad \alpha(p_1 - p_2 q_2^{-1} q_1) = x_1 - x_2 q_2^{-1} q_1.$$

Wegen

$$p - p_2 q_2^{-1} \cdot q = \begin{pmatrix} p_1 - p_2 q_2^{-1} q_1 \\ 0 \end{pmatrix}$$

folgt $p_1 - p_2 q_2^{-1} q_1 \neq 0$ und $(**)$ ist eindeutig nach α, β lösbar. $\qquad \square$

Die Mengen

$$(6) \qquad G_{a,u} := \{a + \alpha u : \alpha \in K\}, \ u \neq o,$$

nennt man *Geraden* und setzt

$$(7) \qquad \mathbb{G} := \{G_{a,u} : a, u \in \mathbb{P}, \ u \neq o\}.$$

Man beachte, dass sich $G_{a,u}$ nicht ändert, wenn man

$$(8) \qquad u \text{ durch } \beta u \text{ mit einem } 0 \neq \beta \in K,$$

$$(9) \qquad a \text{ durch } a + \alpha u \text{ mit einem } \alpha \in K$$

ersetzt.

Proposition B. *Sind $p, q \in \mathbb{P}$ verschieden, dann gibt es genau eine Gerade durch p und q, nämlich $G_{p,q-p}$.*

Beweis. Man sucht also a und $u \neq o$, so dass p und q auf $G_{a,u}$ liegen, so dass also $a + \alpha u = p$ und $a + \beta u = q$ mit $\alpha, \beta \in K$ lösbar sind. Da sicher $\gamma := \beta - \alpha \neq 0$ gilt, folgt $\gamma u = q - p$ und man darf nach (8) annehmen, dass $u = q - p$ und $\beta = \alpha + 1$ gilt. Mit (9) folgt $G_{a,u} = G_{a,q-p} = G_{p,q-p}$. $\qquad \square$

Analog zum Beweis von Lemma 2 erhält man die

Proposition C. *Zwei Geraden $G_{a,u}$ und $G_{b,v}$ sind genau dann parallel, wenn u, v linear abhängig sind.*

Damit erhält man schließlich die

Proposition D. *Die Gerade $G_{b,u}$ ist parallel zu $G_{a,u}$ und geht durch b.*

Da die Punkte $o = \binom{0}{0}$, $\binom{1}{0}$ und $\binom{0}{1}$ in allgemeiner Lage sind, ergibt ein Vergleich mit 1.1 das

Lemma. *Definiert man $\mathbb{P}$ bzw. $\mathbb{G}$ durch (1) bzw. (7), so ist $\mathbb{A}_2(K) := (\mathbb{P}, \mathbb{G})$ eine affine Ebene.*

Man nennt $\mathbb{A}_2(K)$ die *affine Koordinatenebene* zum Schiefkörper K.

Bemerkungen. a) Im Falle eines Körpers, also eines kommutativen Schiefkörpers, ist $\mathbb{P}$ der 2-dimensionale K-Vektorraum der Spaltenvektoren (vgl. 1.1).
b) Es gibt wenigstens ein Beispiel eines echten Schiefkörpers, dessen Kenntnis zur mathematischen Allgemeinbildung gehört: Der so genannte *Quaternionen-Schiefkörper* $\mathbb{H} = \mathbb{R} + \mathbb{R}i + \mathbb{R}j + \mathbb{R}ij$ ist eine vierdimensionale Algebra über den reellen Zahlen mit den definierenden Relationen $i^2 = j^2 = -1$ und $ij = -ji$. Man vergleiche *Zahlen* (1992), Kap. 7.

Aufgaben. Sei K ein Schiefkörper.
a) Die Geraden in $\mathbb{A}_2(K)$ sind genau die Mengen

$$M_{\alpha,\beta,\gamma} = \{x \in K^2 : x_1\alpha + x_2\beta = \gamma\} \ , \ \alpha, \beta, \gamma \in K \ , \ (\alpha, \beta) \neq (0, 0).$$

b) Unter welcher Bedingung an (α, β, γ), $(\alpha', \beta', \gamma')$ sind zwei Geraden $M_{\alpha,\beta,\gamma}$ und $M_{\alpha',\beta',\gamma'}$ in a) parallel?

4. Koordinatenebenen als DESARGUES-Ebenen. Es sei $\mathbb{A}_2(K) = (\mathbb{P}, \mathbb{G})$ die affine Koordinatenebene zum Schiefkörper K. Für $c \in \mathbb{P}$ definiert man

(1) $\tau_c : \mathbb{P} \longrightarrow \mathbb{P} \ , \ x \longmapsto \tau_c(x) := x + c.$

Proposition. *Die Abbildungen τ_c , $c \in \mathbb{P}$, sind genau die Translationen von $\mathbb{A}_2(K)$ und $\mathbb{A}_2(K)$ ist eine Translationsebene.*

Beweis. Nach 3(6) gilt $\tau_c(G_{a,u}) = G_{a+c,u}$ und $G_{a+c,u} \parallel G_{a,u}$ folgt aus Proposition 3C. Damit sind alle τ_c , $c \in \mathbb{P}$, Dilatationen von $\mathbb{A}_2(K)$. Für $c \neq o$ hat τ_c keinen Fixpunkt, so dass τ_c eine Translation ist. Ist nun τ eine beliebige Translation, so ist $\tau' := \tau_{-c} \circ \tau$, $c := \tau(o)$, eine Translation mit Fixpunkt o, also $\tau' = \mathrm{id}$, d.h. $\tau = \tau_c$.   □

Man wählt nun den Punkt $o = \binom{0}{0}$ als Basispunkt von $\mathbb{A}_2(K)$ und sieht wegen (1), dass die nach 2.5(2) erklärte Addition von $\mathbb{P}$ mit der bereits definierten Addition 3(2) übereinstimmt.

Lemma. *Für einen Endomorphismus φ von $(\mathbb{P}; +)$ sind äquivalent:*
(i) *φ ist ein Multiplikator.*
(ii) *Es gibt $\alpha \in K$ mit $\varphi(a) = \alpha a$ für alle $a \in \mathbb{P}$.*

Beweis. Ein Endomorphismus φ von $\mathbb{P}$ ist nach 2.6(4) genau dann ein Multiplikator von $\mathbb{A}_2(K)$, wenn $\varphi(a) \in o \vee a$ für alle $a \in \mathbb{P}$, $a \neq o$, gilt.

(i) $\implies$ (ii): Nach Proposition 3B bedeutet dies $\varphi(a) \in G_{o,a}$ für $a \in \mathbb{P}$, $a \neq o$. Nun zeigt 3(3), dass es zu jedem $a \in \mathbb{P}$ ein $\alpha_a \in K$ mit $\varphi(a) = \alpha_a \cdot a$ gibt. Für $a, b \in \mathbb{P}$ folgt dann $\alpha_{a+b} \cdot (a+b) = \varphi(a+b) = \varphi(a) + \varphi(b) = \alpha_a \cdot a + \alpha_b \cdot b$. Sind a, b linear unabhängig, so erhält man $\alpha_a = \alpha_{a+b} = \alpha_b$. Damit hängt α_a nicht von a ab.

(ii) $\implies$ (i): Natürlich gilt $\alpha a \in o \vee a$ für $a \neq o$. $\qquad\qquad\square$

Wegen (ii) ist Lemma 1(ii) erfüllt und man bekommt den

Satz A. *Die affine Koordinatenebene zu einem Schiefkörper K ist eine* DESAR-GUES-*Ebene.*

Umgekehrt kann man von einer DESARGUES-Ebene $\mathbb{A}' = (\mathbb{P}', \mathbb{G}')$ ausgehen, den Schiefkörper K' der Multiplikatoren (vgl. Satz 2.6) bilden und dazu die affine Koordinatenebene $\mathbb{A}_2(K')$ definieren. Aufgrund von Satz 2 kann man nach geeigneter Wahl von Punkten p und q in $\mathbb{P}'$ jedes $x' \in \mathbb{P}'$ eindeutig in der Form $x' = \alpha(p) + \beta(q)$ schreiben. Damit erhält man eine bijektive Abbildung $\mathbb{P}' \rightarrow K'^2$, $x' \mapsto \binom{\alpha}{\beta}$. Ein Vergleich von Proposition 2 mit 3(7) zeigt, dass es sich um einen affinen Isomorphismus handelt. Man hat damit den

Satz B. *Ist $\mathbb{A}$ eine* DESARGUES-*Ebene mit zugehörigem Multiplikatoren-Schiefkörper $K = K(\mathbb{A})$, dann ist $\mathbb{A}$ affin isomorph zur affinen Koordinatenebene über dem Schiefkörper K.*

Aufgaben. a) In einer DESARGUES-Ebene seien drei verschiedene parallele Geraden F, G, H und Punkte $a, a' \in F$, $b, b' \in G$, $c, c' \in H$ gegeben. Wenn die Schnittpunkte $(a \vee b) \wedge (a' \vee b')$, $(b \vee c) \wedge (b' \vee c')$ und $(c \vee a) \wedge (c' \vee a')$ existieren, sind sie kollinear.

b) Seien K und K' Schiefkörper. Die affinen Koordinatenebenen $\mathbb{A}_2(K)$ und $\mathbb{A}_2(K')$ sind genau dann affin isomorph, wenn K und K' isomorph sind.

c) Für eine DESARGUES-Ebene $\mathbb{A}$ sind äquivalent:
(i) $\tau \circ \tau = \mathbb{1}$ für jedes τ in Trans $\mathbb{A}$. (ii) char $K(\mathbb{A}) = 2$.

d) Sei $\mathbb{A}$ eine DESARGUES-Ebene. Sind $a, b, c \in \mathbb{P}$ in allgemeiner Lage, so besitzt jedes $x \in \mathbb{P}$ eine eindeutige Darstellung in der Form

$$x = \alpha(a) + \beta(b) + \gamma(c) \text{ mit } \alpha, \beta, \gamma \in K(\mathbb{A}), \alpha + \beta + \gamma = \mathbb{1}.$$

e) Man bestimme die Menge Dilat $\mathbb{A}_2(K)$ für einen Schiefkörper K.

f) Beweisen Sie das Analogon von Satz 2.8 für einen Schiefkörper K.

5*. Ausblicke. Die Beschreibung von DESARGUES-Ebenen durch Koordinaten eines Schiefkörpers (Satz 4B) wurde durch M. HALL (1910–1990) im Jahre 1943 auf beliebige affine Ebenen verallgemeinert (Trans. Am. Math. Soc. **54**, 229–277). An die Stelle eines Schiefkörpers tritt eine komplizierte algebraische Struktur: ein so genannter *Ternärkörper*. Man kann sich hierüber in dem klassischen Buch *Finite geometries* von P. DEMBOWSKI (1968) orientieren, in dem man Vieles findet, was man bis etwa 1968 über endliche affine oder projektive Ebenen wusste. Eine Konstruktion einer projektiven Ebene aus einer affinen Ebene wird in VI.1.3 beschrieben.

Alle bis heute bekannten Beispiele von endlichen affinen Ebenen haben als Ordnung eine Potenz einer Primzahl. Nach R.H. BRUCK und H.J. RYSER (Can. J. Math. **1**, 88–93 (1949)) können endliche affine Ebenen der Ordnung n im Falle $n \equiv 1 \pmod 4$ oder $n \equiv 2 \pmod 4$ nur existieren, wenn n Summe zweier Quadrate ganzer Zahlen ist. Damit gibt es keine endlichen affinen Ebenen der Ordnung $6, 14$ oder 21. Einen einfachen Beweis des Satzes von BRUCK-RYSER findet man bei H. LENZ (1965), Satz VII.9.1. Damit ist 10 unter den Nicht-Primzahlpotenzen die kleinste Zahl, die als Ordnung einer affinen Ebene möglich wäre: Mit langjährigen Computerrechnungen gelang 1989 der Nachweis, dass es keine affine Ebene der Ordnung 10 gibt. Man vergleiche C.W. LAM (Am. Math. Mon. **98**, 305–318 (1991)).

§4 PAPPUS-Ebenen

1. Satz von PAPPUS. In seiner *Geometric algebra* (1957) schreibt E. ARTIN (1898–1962) im Zusammenhang mit der Frage, unter welchen Voraussetzungen der Multiplikatoren-Schiefkörper einer DESARGUES-Ebene kommutativ ist:

> One of the simple but fascinating results in foundations of geometry is the fact that one can find a simple geometric configuration which is equivalent with the commutative law for multiplication of our field k.

Diese „einfache geometrische Konfiguration" nennt man nach dem lateinisierten Namen des PAPPOS von Alexandria (Griechischer Mathematiker, um 300 n.Chr.) den

Satz von PAPPUS. *Seien F und G zwei Geraden einer affinen Ebene und seien $a, a', a'' \in F \setminus G$ und $b, b', b'' \in G \setminus F$ paarweise verschiedene Punkte. Gilt dann*

$$a \vee b' \parallel a' \vee b'' \qquad und \qquad a' \vee b \parallel a'' \vee b',$$

so ist auch

$$a \vee b \parallel a'' \vee b''.$$

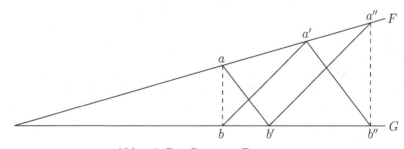

Abb. 13: Der Satz von PAPPUS

In der älteren Literatur wird der Satz auch nach PASCAL benannt. Mit der obigen Formulierung soll nicht behauptet werden, dass der Satz von PAPPUS

in jeder affinen Ebene gültig ist. Wie beim Satz von Desargues ist der obige
Satz – wie Hilbert zuerst bemerkte – ein zusätzliches Axiom. Man nennt eine
Translationsebene $\mathbf{A} = (\mathbb{P}, \mathbb{G})$ eine Pappus-*Ebene*, wenn in $\mathbf{A}$ der Satz von
Pappus gilt.

Aufgaben. a) Sei $\mathbb{H}$ der Quaternionen-Schiefkörper über $\mathbb{R}$. Der Satz von Pappus gilt in $\mathbf{A}_2(\mathbb{H})$ nicht.
b) Sei K ein (kommutativer) Körper. Dann ist die affine Koordinatenebene
$\mathbf{A}_2(K)$ eine Pappus-Ebene.

2. Dreimal Pappus ist Desargues. Kurz nach Erscheinen der ersten Auflage von Hilberts *Grundlagen der Geometrie* (1899) bemerkte G. Hessenberg
(Math. Ann. **61**, 161–172 (1905)), dass die Sätze von Desargues und Pappus
als Axiome nicht unabhängig sind:

Satz von Hessenberg. *Ist $\mathbf{A}$ eine affine Ebene, in welcher der Satz von
Pappus gilt, dann gilt in $\mathbf{A}$ auch der Satz von Desargues.*

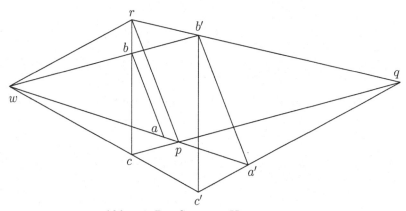

Abb. 14: Der Satz von Hessenberg

Zum *Beweis* hat man den Satz von Pappus dreimal anzuwenden und betrachtet
dazu die obige Konfiguration.

Dabei seien die Voraussetzungen

(1) $a \vee b \parallel a' \vee b'$ und $b \vee c \parallel b' \vee c'$

des Satzes von Desargues 3.1 erfüllt, die Punkte seien paarweise verschieden
und w sei der gemeinsame Schnittpunkt der paarweise verschiedenen Geraden
$a \vee a'$, $b \vee b'$ und $c \vee c'$.
Im Falle $b \vee b' \parallel a \vee c$ und $b \vee b' \parallel a' \vee c'$ gilt $a \vee c \parallel a' \vee c'$, also die Aussage des
Satzes von Desargues. Nach eventueller Vertauschung von F und G darf man
ohne Einschränkung

(2) $b \vee b' \nparallel a' \vee c'$

annehmen und kann die Punkte p, q, w durch

(3) $p := c(b \vee b') \wedge (a \vee a')$, $q := c(b \vee b') \wedge (a' \vee c')$, $w = (b \vee b') \wedge (a \vee a')$

definieren. Würde $q = b'$ gelten, so erhält man $c \in b \vee b'$ als Widerspruch. Aus $q = c'$ bekommt man $c \vee c' \parallel b \vee b'$ als Widerspruch. Nimmt man zunächst an, dass $b \vee c$ und $q \vee b'$ parallel sind, so folgt mit (1) bereits $q \in b' \vee c'$. Nach (3) gilt $q \in a' \vee c'$. Also sind dann a', b', c' kollinear und (1) impliziert, dass a, b, c auf einer zu $a' \vee c'$ parallelen Gerade liegen. Also gilt dann insbesondere auch der Satz von DESARGUES $a \vee c \parallel a' \vee c'$.

Daher können wir annehmen, dass der Schnittpunkt

(4) $r := (b \vee c) \wedge (q \vee b')$

existiert. Nun wendet man den Satz von PAPPUS an auf die Punkte

(i) w, c, c' und r, b', q: Wegen (1) gilt $r \vee c \parallel b' \vee c'$, wegen (3) gilt $w \vee b' \parallel c \vee q$. Es folgt

(5) $r \vee w \parallel c' \vee q$.

(ii) r, q, b' und p, w, a': Wegen (5) und (3) ist $r \vee w \parallel a' \vee q$, wegen (3) hat man dann $b' \vee w \parallel q \vee p$. Es folgt mit (1)

(6) $p \vee r \parallel a' \vee b' \parallel a \vee b$.

(iii) w, p, a und r, b, c: Wegen (6) ist $p \vee r \parallel a \vee b$, wegen (3) gilt $c \vee p \parallel b \vee w$. Es folgt

(7) $r \vee w \parallel a \vee c$.

Aus (7), (5) und (3) erhält man

$$a \vee c \parallel a' \vee c'. \qquad \square$$

3. Äquivalenzsatz. *Ist* $\mathbb{A} = (\mathbb{P}, \mathbb{G})$ *eine* DESARGUES-*Ebene mit Multiplikatoren-Schiefkörper* $K(\mathbb{A})$, *dann sind äquivalent:*
(i)   *In* $\mathbb{A}$ *gilt der Satz von* PAPPUS.
(ii) $K(\mathbb{A})$ *ist kommutativ.*

Zum *Beweis* geht man von einer PAPPUS-Konfiguration aus, bei der o, a, b in allgemeiner Lage sind und bei der man wegen Proposition 3.2 die sechs Punkte gleich in der angegebenen Art wählen kann.

Behauptung A. *Die Voraussetzungen des Satzes von* PAPPUS *in Abb. 15 bedeuten gerade*

$$\beta^{-1} = \gamma \quad und \quad \delta^{-1} = \alpha.$$

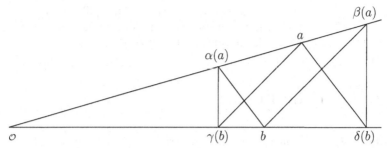

Abb. 15: Pappus-Konfiguration in einer Desargues-Ebene

Beweis. Die Voraussetzungen bedeuten $\alpha(a) \vee b \parallel a \vee \delta(b)$ und $\gamma(b) \vee a \parallel b \vee \beta(a)$. Nach Korollar 3.2 ist das äquivalent mit der Existenz von $\varphi, \psi \in K(\mathbb{A})$, so dass $a - \delta(b) = \varphi(\alpha(a) - b)$ und $b - \beta(a) = \psi(\gamma(b) - a)$. Da o, a, b in allgemeiner Lage sind, ist dies wegen Satz 3.2 gleichwertig mit

$$\varphi \circ \alpha = \mathbb{1} \,, \ \delta = \varphi \,, \ \psi \circ \gamma = \mathbb{1} \,, \ \psi = \beta \qquad \qquad \Box$$

Behauptung B. *Die Behauptung des Satzes von* Pappus *in Abb. 15 bedeutet genau*

$$\alpha \circ \beta^{-1} = \gamma \circ \delta^{-1}.$$

Beweis. Die Behauptung $\alpha(a) \vee \gamma(b) \parallel \beta(a) \vee \delta(b)$ ist wieder gleichwertig mit der Existenz eines $\varphi \in K(\mathbb{A})$ mit $\alpha(a) - \gamma(b) = \varphi(\beta(a) - \delta(b))$, also mit $\alpha = \varphi \circ \beta$ und $\gamma = \varphi \circ \delta$, d.h. mit $\alpha \circ \beta^{-1} = \gamma \circ \delta^{-1}$. $\qquad \Box$

Ein Vergleich beider Behauptungen vollendet den Beweis, fürwahr ein Mirakel. $\Box\Box$

Damit können nun die Sätze A und B aus 3.4 umformuliert werden als

Satz A. *Jede affine Koordinatenebene über einem Körper K ist eine* Pappus-*Ebene.*

Satz B. *Ist* $\mathbb{A}$ *eine* Pappus-*Ebene mit Multiplikatoren-Körper $K = K(\mathbb{A})$, dann ist* $\mathbb{A}$ *affin isomorph zur affinen Koordinatenebene über K.*

4. Satz von Wedderburn. *Jeder endliche Schiefkörper ist kommutativ, also ein Körper.*

Dieser berühmte algebraische Satz wurde von J.H.M. Wedderburn (1882–1948) im Jahre 1905 bewiesen (*A theorem on finite algebras*, Trans. Am. Math. Soc. **6**, 349–352). Einen modernen Beweis findet man bei E. Artin (1957), Theorem 1.14. Kombiniert man diesen Satz mit dem Äquivalenzsatz 3, so erhält man den folgenden rein geometrischen

Satz. *In jeder endlichen* Desargues-*Ebene gilt der Satz von* Pappus.

Denn in einer endlichen Ebene ist natürlich auch der Multiplikatoren-Schiefkörper nach Satz 3.2 endlich. Ein rein geometrischer Beweis dieses Satzes stammt von H. TECKLENBURG (J. Geom. **30**, 172–181 (1987)).

§ 5   Euklidische Ebenen

1. Einleitung. Die affinen Ebenen, die ursprünglich in 1.1 durch die Inzidenz-Axiome eingeführt und an die im Verlauf dieses Kapitels weitere Forderungen wie Transitivität der Translationsgruppe und Gültigkeit von geometrischen Sätzen (DESARGUES bzw. PAPPUS) gestellt wurden, sollen nun durch metrische Eigenschaften weiter eingeschränkt werden. Aber auch ohne diese Einschränkung kann man in Koordinatenebenen über beliebigen Körpern interessante „Geometrie" betreiben. Einfachste Beispiele werden im Kapitel II behandelt. In allen diesen Geometrien kann man weder Längen noch Entfernungen von Punkten noch Größen von Flächen messen. Dazu braucht man in irgendeiner Form die reellen Zahlen (oder allgemeiner einen reell-abgeschlossenen Körper).

Die hier verwendete Vorgehensweise unterscheidet sich von der in der Literatur üblichen: Meist prägt man den Geraden einer DESARGUES-Ebene oder einer PAPPUS-Ebene mit Hilfe von Anordnungs- und Vollständigkeits-Axiomen die Struktur der reellen Zahlen auf, ohne von den reellen Zahlen selbst Gebrauch zu machen: Die reellen Zahlen werden durch die Geometrie neu geschaffen! Der vorliegende Text fordert dagegen die Existenz einer vollständigen Metrik auf der Menge $\mathbb{P}$ der Punkte, die mit der affinen Struktur verträglich ist.

2. Normierte Gruppen. Ein Paar $(X; \| \cdot \|)$ heißt eine *normierte Gruppe*, wenn $X = (X; +)$ eine additiv geschriebene abelsche Gruppe und die Abbildung $X \to \mathbb{R}$, $x \mapsto \|x\|$, eine *Norm* von X in dem folgenden üblichen Sinne ist: Für alle $x, y \in X$ gilt

(N.1) $\|x\| \geq 0$ und $\|x\| = 0$ genau dann, wenn $x = 0$,
(N.2) $\| -x \| = \|x\|$,
(N.3) $\|x + y\| \leq \|x\| + \|y\|$.

Ist $(X; \| \cdot \|)$ eine normierte Gruppe, dann ist

$$\pi : X \times X \longrightarrow \mathbb{R} , \ \pi(x, y) := \|x - y\| ,$$

eine *Metrik* von X und $(X; \pi)$ ein *metrischer Raum*. Man kann die metrischen Begriffe auf die Norm beziehen: Eine Folge $(x_k)_{k \geq 1}$ in X heißt *konvergent*, wenn es ein $a \in X$ gibt mit $\|a - x_k\| \to 0$ für $k \to \infty$. Der *Limes* a ist eindeutig bestimmt und man schreibt $\lim_{k \to \infty} x_k := a$. Eine Teilmenge Y von X heißt *abgeschlossen*, wenn für jede konvergente Folge $(x_k)_{k \geq 1}$ in Y auch der Limes zu Y gehört. Eine Folge $(x_k)_{k \geq 1}$ in X heißt CAUCHY-*Folge*, wenn es zu jedem $\varepsilon > 0$ ein $N \in \mathbb{N}$ gibt mit $\|x_k - x_l\| < \varepsilon$ für alle $k, l \geq N$. Die normierte Gruppe $(X; \| \cdot \|)$ heißt *vollständig*, wenn jede CAUCHY-Folge in X konvergiert.

Ist X überdies ein Vektorraum über $\mathbb{R}$, dann nennt man $x \mapsto \|x\|$ eine *Vektor-norm*, wenn zusätzlich

(N.3*) $\|\alpha x\| = |\alpha| \cdot \|x\|$ für $\alpha \in \mathbb{R}$ und $x \in X$

gilt. Wir nennen $(X; \|\cdot\|)$ eine *normierte Gruppe mit Parallelogramm-Gesetz*, wenn in der normierten Gruppe $(X; \|\cdot\|)$ das

Parallelogramm-Gesetz: $\|x + y\|^2 + \|x - y\|^2 = 2\|x\|^2 + 2\|y\|^2$

für alle $x, y \in X$ gilt.

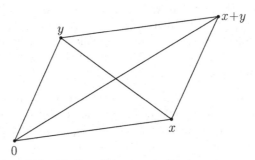

Abb. 16: Parallelogramm-Gesetz

Lemma. *Ist* $(X; \|\cdot\|)$ *eine normierte Gruppe mit Parallelogramm-Gesetz und definiert man die symmetrische Abbildung*

(1) $\sigma : X \times X \longrightarrow \mathbb{R}$, $\sigma(x, y) := \frac{1}{4}(\|x + y\|^2 - \|x - y\|^2)$ *für* $x, y \in X$,

dann gelten die folgenden Beziehungen für $x, y, z \in X$:

(2) $\sigma(x + y, z) = \sigma(x, z) + \sigma(y, z)$,

(3) $\sigma(x, x) = \|x\|^2$,

(4) $\sigma(mx, ny) = mn \cdot \sigma(x, y)$ *für* $m, n \in \mathbb{Z}$.

Beweis. σ ist wegen (N.2) symmetrisch und erfüllt $\sigma(0, y) = 0$ für alle $y \in \mathbb{P}$. Ersetzt man im Parallelogramm-Gesetz x durch $z \pm y$ und y durch $x \pm y$, so folgt

$$\|x + z + 2y\|^2 + \|z - x\|^2 = 2\|z + y\|^2 + 2\|x + y\|^2$$

und

$$\|x + z - 2y\|^2 + \|z - x\|^2 = 2\|z - y\|^2 + 2\|x - y\|^2 .$$

Eine Subtraktion ergibt

(*) $\sigma(x + z, 2y) = 2 \cdot \sigma(z, y) + 2 \cdot \sigma(x, y)$.

Für $z = 0$ erhält man $\sigma(x, 2y) = 2 \cdot \sigma(x, y)$ und (2) folgt aus (∗). Nun setzt man $y = x$ im Parallelogramm-Gesetz und in (1). Man erhält (3). Wegen (1) und (N.2) gilt zunächst $\sigma(-x, y) = \sigma(x, -y) = -\sigma(x, y)$ und eine Induktion über m ergibt $\sigma(mx, y) = m \cdot \sigma(x, y)$ für $m \in \mathbb{N}$. Zusammen erhält man (4).   □

Aus $\sigma(mx, mx) = m^2 \|x\|^2$ und (N.1) folgt das

Korollar. *Eine normierte Gruppe mit Parallelogramm-Gesetz hat keine Torsion, d.h., für $0 \neq m \in \mathbb{Z}$ und $0 \neq x \in X$ gilt $mx \neq 0$.*

Bemerkungen. a) An Stelle einer normierten Gruppe kann man – scheinbar allgemeiner – von einer Gruppe X mit translationsinvarianter Metrik sprechen.
b) Das Lemma geht auf eine Arbeit von J. VON NEUMANN (1903–1957) und P. JORDAN (1902–1980) aus dem Jahre 1935 (Ann. Math. (2) **36**, 719–723) zurück, in der mit dem Parallelogramm-Gesetz diejenigen normierten Vektorräume charakterisiert werden, in denen die Norm durch ein geeignetes Skalarprodukt definiert werden kann.

Aufgaben. a) Sei X eine endliche abelsche Gruppe. Dann existiert eine Norm auf X, aber X ist keine normierte Gruppe mit Parallelogramm-Gesetz.
b) $(\mathbb{Z}, \|\cdot\|)$ ist genau dann eine normierte Gruppe mit Parallelogramm-Gesetz, wenn es ein $\alpha \in \mathbb{R}$, $\alpha > 0$, gibt mit $\|x\| = \alpha|x|$ für alle $x \in \mathbb{Z}$.
c) Die Maximumsnorm $\|x\| = \max\{|x_1|, |x_2|\}$ auf $\mathbb{R}^2$ erfüllt nicht das Parallelogramm-Gesetz.

3. Metrische Translationsebenen. Ein Tripel $\mathbb{A} = (\mathbb{P}, \mathbb{G}; \|\cdot\|)$ heißt eine *metrische Translationsebene*, wenn die Axiome (MT.1) bis (MT.3) gelten:

(MT.1) $(\mathbb{P}, \mathbb{G})$ ist eine Translationsebene.

Mit der Wahl eines festen Punktes o wird $\mathbb{P}$ zu einer additiven Gruppe. Es sei $K(\mathbb{A}) = K(\mathbb{P}, \mathbb{G})$ der zugehörige Multiplikatoren-Schiefkörper nach 2.6.

(MT.2) $(\mathbb{P}; \|\cdot\|)$ ist eine vollständige normierte Gruppe mit Parallelogramm-Gesetz.

(MT.3)   Die Geraden $G \in \mathbb{G}$ sind abgeschlossene Teilmengen von $\mathbb{P}$.

Fordert man zusätzlich die Gültigkeit des Satzes von DESARGUES bzw. PAPPUS, so spricht man natürlich von einer *metrischen* DESARGUES-*Ebene* bzw. von einer *metrischen* PAPPUS-*Ebene*.

Sind $\mathbb{A} = (\mathbb{P}, \mathbb{G}; \|\cdot\|)$ und $\mathbb{A}' = (\mathbb{P}', \mathbb{G}'; \|\cdot\|')$ zwei metrische Translationsebenen, so heißt ein affiner Isomorphismus $\varphi : \mathbb{A} \to \mathbb{A}'$, der $\|x\| = \|\varphi(x)\|'$ für alle $x \in \mathbb{P}$ erfüllt, ein *metrischer affiner Isomorphismus*. Dann nennt man $\mathbb{A}$ und $\mathbb{A}'$ natürlich auch *metrisch affin isomorph*.

Nun sei $\mathbb{A} = (\mathbb{P}, \mathbb{G}; \|\cdot\|)$ eine metrische Translationsebene. Man beachte, dass die Endomorphismen $x \mapsto mx$, $m \in \mathbb{Z}$, von $\mathbb{P}$ zu $K(\mathbb{A})$ gehören. Aus (MT.2) und Korollar 2 erhält man daher die

Proposition. *Ist* $\mathbb{A} = (\mathbb{P}, \mathbb{G}; \|\cdot\|)$ *eine metrische Translationsebene, dann hat der Multiplikatoren-Schiefkörper* $K(\mathbb{A})$ *die Charakteristik Null.*

Der Körper $\mathbb{Q}$ der rationalen Zahlen kann dann mittels $r \mapsto r \cdot \mathbb{1}$ ins Zentrum von $K(\mathbb{A})$ eingebettet werden. Damit kann $K(\mathbb{A})$ als $\mathbb{Q}$-Vektorraum aufgefasst werden. Lemma 2 entnimmt man daher das

Lemma. *Sei* $\mathbb{A} = (\mathbb{P}, \mathbb{G}; \|\cdot\|)$ *eine metrische Translationsebene. Durch*

$$(1) \qquad \sigma(x,y) := \tfrac{1}{4}(\|x+y\|^2 - \|x-y\|^2) \quad \text{für } x, y \in \mathbb{P}$$

ist eine symmetrische positiv definite Bilinearform des $\mathbb{Q}$-*Vektorraums* $\mathbb{P}$ *definiert. Es gilt*

$$(2) \qquad \sigma(x,x) = \|x\|^2 \quad \text{für } x \in \mathbb{P}$$

und speziell

$$(3) \qquad \|rx\| = |r| \cdot \|x\| \quad \text{für } r \in \mathbb{Q} \text{ und } x \in \mathbb{P}.$$

Bis jetzt wurde nicht verwendet, dass die Norm $x \mapsto \|x\|$ nach (MT.2) einen vollständigen metrischen Raum definiert.

Satz. *Ist* $\mathbb{A} = (\mathbb{P}, \mathbb{G}; \|\cdot\|)$ *eine metrische Translationsebene, so enthält das Zentrum von* $K(\mathbb{A})$ *einen zu* $\mathbb{R}$ *isomorphen Teilkörper. Genauer gibt es einen injektiven Homomorphismus* $r \mapsto \alpha_r$ *von* $\mathbb{R}$ *in das Zentrum von* $K(\mathbb{A})$ *mit den Eigenschaften*

$$(4) \qquad \sigma(\alpha_r(x), y) = r \cdot \sigma(x,y) \quad \text{und} \quad \|\alpha_r(x)\| = |r| \cdot \|x\|$$

für alle $x, y \in \mathbb{P}$ *und* $r \in \mathbb{R}$. *Mit der Skalarmultiplikation*

$$(5) \qquad (r,x) \mapsto r \cdot x := \alpha_r(x) \quad \text{für } r \in \mathbb{R} \text{ und } x \in \mathbb{P}$$

wird $\mathbb{P}$ *zu einem Vektorraum über* $\mathbb{R}$ *und* $\sigma : \mathbb{P} \times \mathbb{P} \to \mathbb{R}$ *zu einer positiv definiten Bilinearform des* $\mathbb{R}$-*Vektorraums* $\mathbb{P}$.

Beweis. Für $r \in \mathbb{R}$ sei $(r_k)_{k\geq 1}$ eine konvergente Folge aus $\mathbb{Q}$ mit Limes r. Wegen (3) gilt $\|r_k x - r_l x\| = |r_k - r_l| \cdot \|x\|$ für $k, l \in \mathbb{N}$ und $x \in \mathbb{P}$. Damit ist $(r_k x)_{k\geq 1}$ eine CAUCHY-Folge in $\mathbb{P}$. Nach (MT.2) gibt es ein $\alpha_r(x) \in \mathbb{P}$ mit

$$(*) \qquad \lim_{k \to \infty} r_k x = \alpha_r(x).$$

Offenbar definiert $x \mapsto \alpha_r(x)$, $x \in \mathbb{P}$, einen Endomorphismus α_r von $\mathbb{P}$. Für $o \neq x \in \mathbb{P}$ gilt natürlich $r_k x \in o \vee x$. (MT.3) liefert $\alpha_r(x) \in o \vee x$. Aus 2.6(4) ergibt sich $\alpha_r \in K(\mathbb{A})$. Dann folgt (4) aus $(*)$ und (1). Mit $r_k \cdot \mathbb{1}$, $k \in \mathbb{N}$, liegt auch α_r im Zentrum von $K(\mathbb{A})$. Die fehlenden Aussagen über die skalare Multiplikation folgen wieder aus $(*)$. $\qquad\square$

Aufgabe. Für welche der folgenden Normen $\|\cdot\|$ ist $(\mathbb{A}_2(\mathbb{R}); \|\cdot\|)$ eine metrische Translationsebene? Wie sieht die zugehörige Bilinearform aus?
(i) $\|x\| = |x_1| + |x_2|$, (ii) $\|x\| = \sqrt{x_1^2 + x_1 x_2 + x_2^2}$, (iii) $\|x\| = \sqrt{2x_1^2 + 3x_2^2}$.

4. Euklidische Ebenen. Es sei $\mathbb{A} = (\mathbb{P}, \mathbb{G}; \|\cdot\|)$ eine metrische DESARGUES-Ebene, also eine metrische Translationsebene, für die $(\mathbb{P}, \mathbb{G})$ eine DESARGUES-Ebene ist. Nach 3.2(4) erhält man die Geraden von $\mathbb{G}$ genau in der Form

(1) $\qquad G_{a,u} := \{a + \alpha(u) : \alpha \in K(\mathbb{A})\} \, , \, a, u \in \mathbb{P} \, , \, u \neq o,$

wobei $K = K(\mathbb{A})$ der Multiplikatoren-Schiefkörper der DESARGUES-Ebene ist. Nach Satz 3 kann nun außerdem angenommen werden:

(2) $\mathbb{R} \cdot \mathbb{1}$ ist ein Unterkörper von K.

(3) $\mathbb{P}$ ist ein Vektorraum über $\mathbb{R}$.

(4) Durch $\sigma(x,y) := \frac{1}{4}(\|x+y\|^2 - \|x-y\|^2)$ für $x, y \in \mathbb{P}$ ist eine symmetrische, positiv definite Bilinearform auf $\mathbb{P}$ erklärt.

(5) $\sigma(x,x) = \|x\|^2$ für $x \in \mathbb{P}$.

Man betrachte die folgende Konfiguration, wobei G, G' parallele Geraden sind und wobei sich $a \vee a'$ und $b \vee b'$ in einem Punkt p schneiden. Der **Strahlensatz** der klassischen Geometrie würde dann

$$\frac{\|a' - p\|}{\|a - p\|} = \frac{\|b' - p\|}{\|b - p\|} = \frac{\|a' - b'\|}{\|a - b\|}$$

bedeuten. Wegen (1) und Lemma 3.2 ist dies schon der Fall, wenn

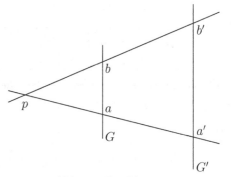

Abb. 17: Strahlensatz

(S) $\qquad \dfrac{\|\alpha(x)\|}{\|x\|} = \dfrac{\|\alpha(y)\|}{\|y\|}$ für alle $x, y \in \mathbb{P} \setminus \{o\}$ und $\alpha \in K(\mathbb{A})$.

Eine metrische PAPPUS-Ebene $\mathbb{A}$, in welcher der Strahlensatz (S) gilt, soll eine *euklidische Ebene* genannt werden.

Lemma. *Sei $\mathbb{A}$ eine euklidische Ebene mit Multiplikatoren-Körper K. Dann gibt es eine Abbildung $K \to \mathbb{R}$, $\alpha \mapsto |\alpha|$, mit folgenden Eigenschaften:*
a) *$\alpha \mapsto |\alpha|$ ist eine Norm von K, die $|\alpha\beta| = |\alpha| \cdot |\beta|$ für $\alpha, \beta \in K$ erfüllt.*
b) *Für $r \in \mathbb{R}$ stimmt $|r \cdot \mathbb{1}|$ mit dem gewöhnlichen Betrag der reellen Zahl r überein.*
c) *Es gibt eine symmetrische, positiv definite Bilinearform $\tau : K \times K \to \mathbb{R}$ des $\mathbb{R}$-Vektorraums K mit der Eigenschaft $|\alpha|^2 = \tau(\alpha, \alpha)$ für $\alpha \in K$.*
d) *Für $x, y \in \mathbb{P}$ und $\alpha \in K$ gilt $\sigma(\alpha(x), \alpha(y)) = \tau(\alpha, \alpha) \cdot \sigma(x, y)$.*

Wegen Teil a) nennt man $\alpha \mapsto |\alpha|$ auch *reelle Bewertung von K*. Da K den Körper $\mathbb{R} \cdot \mathbb{1}$ enthält, kann K in Teil c) als Vektorraum über $\mathbb{R}$ aufgefasst werden.

Beweis. Nach (S) ist

$$(*) \qquad\qquad |\alpha| := \frac{\|\alpha(x)\|}{\|x\|} \ , \ x \neq o,$$

unabhängig von $x \in \mathbb{P}$. Wegen (4) hängt dann aber auch

$$(**) \qquad \tau(\alpha, \beta) := \frac{\sigma(\alpha(x), \beta(x))}{\sigma(x, x)} = \frac{1}{4} \left(|\alpha + \beta|^2 - |\alpha - \beta|^2 \right)$$

nicht von $o \neq x \in \mathbb{P}$ ab. Damit ist τ eine positiv definite Bilinearform auf K und die Teile c) und d) sind bewiesen. Wegen $(*)$ bekommt man Teil a) für $\beta \neq \mathcal{O}$ aus

$$|\alpha\beta| = \frac{\|\alpha\beta(x)\|}{\|x\|} = \frac{\|\alpha\beta(x)\|}{\|\beta(x)\|} \cdot \frac{\|\beta(x)\|}{\|x\|} = |\alpha| \cdot |\beta|$$

und Teil b) aus (4). $\qquad\qquad\qquad\qquad\qquad\qquad\qquad\qquad\qquad\qquad\qquad$ □

Damit erhält man nun den finalen

Satz. *Ist* **A** *eine euklidische Ebene, dann gilt* $K = \mathbb{R} \cdot \mathbb{1}$ *oder* $K \cong \mathbb{C} \cdot \mathbb{1}$.

Beweis. Es sei $\tau : K \times K \to \mathbb{R}$ die symmetrische, positiv definite Bilinearform mit $|\alpha|^2 = \tau(\alpha, \alpha)$, $\alpha \in K$, nach Teil c) des Lemmas. Aufgrund von Teil a) des Lemmas gilt also

$$(*) \qquad\qquad \tau(\alpha\beta, \alpha\beta) = \tau(\alpha, \alpha) \cdot \tau(\beta, \beta) \quad \text{für } \alpha, \beta \in K.$$

Hier wird nun „linearisiert", d.h., man ersetzt α durch $\alpha + \gamma$, β durch $\beta + \delta$ mit $\alpha, \beta, \gamma, \delta \in K$ und vergleicht die in $\alpha, \beta, \gamma, \delta$ linearen Terme. Es folgt

$$(**) \qquad\qquad \tau(\alpha\beta, \gamma\delta) + \tau(\gamma\beta, \alpha\delta) = 2 \cdot \tau(\alpha, \gamma) \cdot \tau(\beta, \delta).$$

Für $\gamma = \alpha$, $\delta = \mathbb{1}$ bzw. $\beta = \alpha$, $\gamma = \mathbb{1}$ erhält man

$$\tau(\alpha\beta, \alpha) = \tau(\alpha, \alpha) \cdot \tau(\beta, \mathbb{1})$$

bzw.

$$\tau(\alpha^2, \delta) + \tau(\alpha, \alpha\delta) = 2 \cdot \tau(\alpha, \mathbb{1}) \cdot \tau(\alpha, \delta) .$$

Nun trägt man die erste Gleichung (für $\beta = \delta$) in die zweite ein und bekommt

$$\tau(\alpha^2 - 2\tau(\alpha, \mathbb{1}) \cdot \alpha + \tau(\alpha, \alpha) \cdot \mathbb{1}, \delta) = 0 \quad \text{für alle } \alpha, \delta \in K .$$

Da τ nicht-ausgeartet ist, folgt

$$(***) \qquad \alpha^2 - 2\tau(\alpha, \mathbb{1}) \cdot \alpha + \tau(\alpha, \alpha) \cdot \mathbb{1} = \mathcal{O} \quad \text{für alle } \alpha \in K.$$

Im Falle $K \neq \mathbb{R} \cdot \mathbb{1}$ wählt man ein $\alpha \in K \setminus \mathbb{R} \cdot \mathbb{1}$. Der Unterkörper L von K, der von $\mathbb{R} \cdot \mathbb{1}$ und α erzeugt wird, hat nach $(***)$ den Grad 2. Für beliebiges $\beta \in K$

ist aber der Grad von $L(\beta)$ über K ebenfalls 2 und die Gradrelation ergibt $\beta \in L$, also $K = L$. Da $\mathbb{C}$ bis auf Isomorphie die einzige Körpererweiterung von $\mathbb{R}$ vom Grad 2 ist, folgt $K \cong \mathbb{C}$.   □

Bemerkungen. a) Beim Beweis des Satzes wurde nur ausgenutzt, dass K wegen (∗) eine so genannte *Kompositionsalgebra über* $\mathbb{R}$ mit Einselement ist. Ein analoger, aber technisch aufwändigerer Beweis wird in der Theorie der Kompositionsalgebren geführt. Man vergleiche *Zahlen* (1992), 10.1.3.
b) Nach Teil a) des Lemmas ist K durch die Norm $\alpha \mapsto |\alpha|$ bewertet. Wenn man den Satz von OSTROWSKI (*Zahlen* (1992), 8.4.6) verwendet, wonach jede bewertete kommutative $\mathbb{R}$-Algebra mit Eins zu $\mathbb{R}$ oder $\mathbb{C}$ isomorph ist, dann kann man auf den Beweis des Satzes verzichten.

Aufgaben. a) Man gebe ein Beispiel einer metrischen Translationsebene an, in der der Strahlensatz (S) nicht gilt.
b) Sei $K = \mathbb{R}, \mathbb{C}$ und $\|x\| := \sqrt{\bar{x}^t x}$ für $x \in K^2$. Dann ist $(\mathbf{A}_2(K); \|\cdot\|)$ eine euklidische Ebene.

5. Hauptsatz für euklidische Ebenen. *Sei* $\mathbf{A} = (\mathbb{P}, \mathbb{G}; \|\cdot\|)$ *eine euklidische Ebene. Dann ist* $\mathbf{A}$ *metrisch affin isomorph*

entweder *zur*

(I) *affinen Koordinatenebene* $\mathbb{R}^2$ *über* $\mathbb{R}$, *wobei die Norm durch das gewöhnliche Skalarprodukt* $(x, y) \mapsto \langle x, y \rangle := x^t y$ *des Vektorraums* $\mathbb{R}^2$ *gegeben ist,*

oder *zur*

(II) *affinen Koordinatenebene* $\mathbb{C}^2$ *über* $\mathbb{C}$, *wobei die Norm durch die symmetrische positiv definite Bilinearform* $(x, y) \mapsto \langle \operatorname{Re} x, \operatorname{Re} y \rangle + \langle \operatorname{Im} x, \operatorname{Im} y \rangle$, *falls* $x = \operatorname{Re} x + i\operatorname{Im} x$, *des* $\mathbb{R}$-*Vektorraums* $\mathbb{C}^2$ *gegeben ist.*

Umgekehrt wird sowohl durch (I) *als auch durch* (II) *eine euklidische Ebene gegeben.*

Beweis. Man kombiniere Satz 4.3B mit Satz 4 und Lemma 4. Dann ist $\mathbf{A}$ metrisch affin isomorph zur affinen Koordinatenebene K^2, $K = \mathbb{R}, \mathbb{C}$, wobei die Norm durch eine symmetrische, positiv definite Bilinearform σ des $\mathbb{R}$-Vektorraums K^2 gegeben ist, die $\sigma(\rho x, \rho y) = |\rho|^2 \cdot \sigma(x, y)$ für alle $x, y \in K^2$ und $\rho \in K$ erfüllt. Aus der Existenz von Orthonormalbasen (vgl. M. KOECHER (1997), 5.2.3) folgt für $K = \mathbb{R}$, dass es ein $M \in \mathrm{GL}(2; \mathbb{R})$ gibt mit $\sigma(Mx, My) = \langle x, y \rangle$.
Sei also $K = \mathbb{C}$ und e_1, e_2 die kanonische Basis von $\mathbb{R}^2$. Dann ist e_1, ie_1, e_2, ie_2 eine Basis des $\mathbb{R}$-Vektorraums $\mathbb{C}^2$. Bezüglich dieser Basis hat die Matrix von σ die Gestalt

$$\begin{pmatrix} \hat{\alpha} & \hat{\beta} \\ \hat{\bar{\beta}} & \hat{\gamma} \end{pmatrix}, \ \alpha = \sigma(e_1, e_1), \ \gamma = \sigma(e_2, e_2), \ \beta = \sigma(e_1, e_2) + i\sigma(ie_1, e_2).$$

Dabei ist

$$\hat{\alpha} = \begin{pmatrix} \alpha_1 & -\alpha_2 \\ \alpha_2 & \alpha_1 \end{pmatrix} \quad \text{für} \quad \alpha = \alpha_1 + i\alpha_2 \in \mathbb{C}$$

die übliche Matrixdarstellung (vgl. *Zahlen* (1992), 3.2.5). Da $\left(\begin{smallmatrix} \alpha & \beta \\ \beta & \gamma \end{smallmatrix}\right)$ positiv definit ist, gibt es ein $M \in \mathrm{GL}(2;\mathbb{C})$ mit $\overline{M}^t \left(\begin{smallmatrix} \alpha & \beta \\ \beta & \gamma \end{smallmatrix}\right) M = E$. Dann hat man

$$\sigma(Mx, My) = \langle \operatorname{Re} x, \operatorname{Re} y \rangle + \langle \operatorname{Im} x, \operatorname{Im} y \rangle .$$

Also ist in beiden Fällen $x \mapsto Mx$ der gesuchte metrische affine Isomorphismus. Wegen $K(\mathbf{A}) = \mathbb{R}, \mathbb{C}$ sind die Koordinatenebenen in (I) und (II) nicht affin isomorph.
Für die Umkehrung hat man lediglich Parallelogramm-Gesetz und Strahlensatz (vgl. III.2.1) zu verifizieren. $\square$

Im Fall (I) wird man von der *reellen euklidischen Ebene*, im Fall (II) von der *komplexen euklidischen Ebene* sprechen.

Bemerkung. Im Fall $K = \mathbb{C}$ darf die Bilinearform σ nach (II) nicht mit der üblichen hermiteschen Form $(x, y) \mapsto \overline{x}^t y$ verwechselt werden, denn diese ist nicht reellwertig. Es gilt jedoch $\overline{x}^t x = \|x\|^2$ für $x \in \mathbb{C}^2$.

Aufgabe. Sei $\mathbb{H}$ der Quaternionen-Schiefkörper über $\mathbb{R}$. Dann ist $(A(\mathbb{H}); \|\cdot\|)$ mit $\|x\| := \sqrt{\overline{x}^t x}$ eine metrische DESARGUES-Ebene, in der der Strahlensatz gilt.

Kapitel II

Affine Geometrie in Koordinatenebenen

Einleitung. Bei einer systematischen Darstellung der ebenen euklidischen Geometrie beginnt man meist mit einfachen geometrischen Sachverhalten in einer affinen Koordinatenebene und stellt dabei fest, dass manche grundlegenden Beziehungen auch in Koordinatenebenen über beliebigen Körpern gültig bleiben. Dabei soll wie in I.3.3 unter einer Koordinatenebene zu einem Körper K der zwei-dimensionale K-Vektorraum K^2 der Spaltenvektoren mit Elementen aus K verstanden werden. In einer solchen Koordinatenebene sind in kanonischer Weise die Geraden als Mengen $a + Ku$ mit $a, u \in K^2$, $u \neq 0$, erklärt. Aussagen über Punkte und deren Verbindungsgeraden sowie über Geraden und deren Schnittpunkte sind Teile einer *Geometrie der Lage*, d.h. der *affinen Geometrie*.

Es ist durchaus von Interesse zu sehen, dass z.B. der Satz von PASCAL über das Geradensechseck oder die Sätze von MENELAOS und CEVA nicht davon abhängen, dass man die reellen Zahlen als Grundkörper nimmt. Ferner gibt es geometrische Sätze, deren Gültigkeit mit dem Ausschluss einer gewissen Charakteristik des Grundkörpers äquivalent sind.

Wer sich allerdings vorwiegend für die ebene euklidische Geometrie interessiert, der denke sich in diesem Kapitel für K stets den Körper $\mathbb{R}$ der reellen Zahlen und interpretiere dann $K^2 = \mathbb{R}^2$ als die anschauliche euklidische Ebene. Dabei vergesse man jede Erwähnung der Charakteristik des Grundkörpers. In diesem Kapitel werden dann eben nur diejenigen geometrischen Sätze besprochen, bei denen Längen- und bzw. oder Winkelmessungen keine Rolle spielen.

Für das Folgende bleibt der erste Paragraph in jedem Falle grundlegend. Er stellt die Hilfsmittel bereit, die sich aus der konsequenten Anwendung der Begriffe der Linearen Algebra für die Beschreibung von Geraden und deren Schnittpunkte ergeben. Es ist dann nicht verwunderlich, wenn die Determinantenfunktion $[x, y] := \det(x, y)$ für $x, y \in K^2$ *die* zentrale Rolle spielt.

Dieses Kapitel (und die folgenden) können ohne Kenntnis von Kapitel I gelesen werden. Dazu werden die bereits in Kapitel I gebrachten Definitionen und Ergebnisse über Koordinatenebenen wiederholt, so dass keine Verweise in Kapitel I erforderlich sind.

Wie bisher sind Abschnitte bzw. ganze Paragraphen mit einem $*$ gekennzeichnet. Bei der ersten Lektüre können und sollen diese Abschnitte weggelassen werden.

§1 Schnittpunkte von Geraden

1. Erinnerung an die Lineare Algebra. Es sei K zunächst ein beliebiger Körper und K^2 der 2-dimensionale K-Vektorraum der Spaltenvektoren mit Komponenten aus K. Beim Rechnen mit den „Punkten" $x = \binom{x_1}{x_2}$ des K^2, dem transponierten Zeilenvektor $x^t = (x_1, x_2)$ und mit 2×2 Matrizen über K wird konsequent die Matrizenrechnung angewendet. Wenn es aus dem Zusammenhang nicht anders hervorgeht, bedeuten $a, b, \ldots, x, y, z$ usw. stets beliebige Elemente des K^2. Dabei wird vereinbart, dass die Komponenten jeweils mit dem entsprechend indizierten Buchstaben bezeichnet werden, dass also

$$(1) \qquad a = \binom{a_1}{a_2}, \; b = \binom{b_1}{b_2}, \; \ldots, \; x = \binom{x_1}{x_2}, \; y = \binom{y_1}{y_2}, \; z = \binom{z_1}{z_2}$$

geschrieben wird. 0 steht immer für Nullvektor. Unter Weglassung der Indizes schreibt man die Elemente von $\mathrm{Mat}(2; K)$ meist in der Form

$$(2) \qquad M = \begin{pmatrix} \alpha & \beta \\ \gamma & \delta \end{pmatrix} \quad \text{mit} \quad \alpha, \beta, \gamma, \delta \in K$$

und hat dann *Determinante* und *Spur* von M als

$$(3) \qquad \det M = \alpha\delta - \beta\gamma \, , \; \mathrm{Spur}\, M = \alpha + \delta.$$

M^t steht für das *Transponierte* von M. Bezeichnet

$$(4) \qquad M^\sharp := \begin{pmatrix} \delta & -\beta \\ -\gamma & \alpha \end{pmatrix} = (\mathrm{Spur}\, M) \cdot E - M,$$

die *adjungierte Matrix zu* M, so gilt

$$(5) \qquad M M^\sharp = M^\sharp M = (\det M) \cdot E$$

und

$$(6) \qquad M^{-1} = \frac{1}{\det M} \cdot M^\sharp, \quad \text{falls } \det M \neq 0.$$

Dabei steht E natürlich für die 2×2 Einheitsmatrix. Die Gruppe der invertierbaren 2×2 Matrizen über K wird mit $\mathrm{GL}(2; K)$ bezeichnet. Die Gleichungen

(4) und (5) ergeben dann den *Satz von* CAYLEY:

(7) $$M^2 - (\text{Spur } M) \cdot M + (\det M) \cdot E = 0.$$

Eine weitere Spezialität der 2×2 Matrizen ist die Gleichung

(8) $$M^t J M = (\det M) \cdot J,$$

wobei

(9) $$J := \begin{pmatrix} 0 & -1 \\ 1 & 0 \end{pmatrix}$$

gesetzt ist. Man verifiziert

(10) $$M^\sharp = J^{-1} M^t J.$$

Aufgaben. a) Für $A, B \in \text{Mat}(2; K)$ gilt:
(i) $\sigma(A, B) := \text{Spur}(A^\sharp B) = \text{Spur}(AB^\sharp) = (\text{Spur } A) \cdot (\text{Spur } B) - \text{Spur}(AB)$.
(ii) $AB + BA - (\text{Spur } A) \cdot B - (\text{Spur } B) \cdot A + \sigma(A, B) \cdot E = 0$.
(iii) $\det(A + B) = \det A + \sigma(A, B) + \det B$.
b) Für $A, B, C \in \text{Mat}(2; K)$ mit $\text{Spur } A = \text{Spur } B = \text{Spur } C = 0$ gilt

$$2ABC = (\text{Spur } AB) \cdot C + (\text{Spur } BC) \cdot A - (\text{Spur } AC) \cdot B + (\text{Spur } ABC) \cdot E.$$

Man rechne nicht in Komponenten! Gibt es eine analoge Gleichung ohne die Spurbedingungen?
c) Für $a, b, c, d \in K^2$ gilt $\det(ab^t + cd^t) = \det(a, c) \cdot \det(b, d)$.
d) Zu $A \in \text{Mat}(2; K)$, $A \notin KE$, gibt es ein $W \in GL(2; K)$ mit

$$W^{-1} A W = \begin{pmatrix} 0 & -\delta \\ 1 & \sigma \end{pmatrix}, \quad \delta = \det A, \quad \sigma = \text{Spur } A.$$

e) Jede Matrix $A \in \text{Mat}(2; K)$ lässt sich als Produkt von zwei symmetrischen Matrizen über K darstellen.

2. Determinantenfunktion. Die Abbildung

(1) $\quad K^2 \times K^2 \to K$, $(x, y) \mapsto [x, y] := \det(x, y) = x_1 y_2 - x_2 y_1 = y^t J x$,

in der Bezeichnung 1(9) ist offenbar

(2) *schiefsymmetrisch*, d.h. $[x, y] = -[y, x]$,

(3) *bilinear*, d.h. in jedem Argument K-linear,

(4) *nicht-ausgeartet*, d.h., aus $[x, y] = 0$ für alle $y \in K^2$ folgt $x = 0$.

Wegen (1) gilt weiter

(5) $x, y \in K^2$ sind linear unabhängig $\Longleftrightarrow [x, y] \neq 0$,

(6) $[Mx, My] = (\det M) \cdot [x, y]$ für $M \in \text{Mat}(2; K)$.

Darüber hinaus verifiziert man mit (1) leicht die

Proposition. *Für* $x, y \in K^2$, $x \neq 0$, *sind äquivalent:*
(i) $[x, y] = 0$.
(ii) *Es gibt ein* $\alpha \in K$ *mit* $y = \alpha x$.

Die Tatsache, dass je drei Vektoren im K^2 linear abhängig sind, kann geschrieben werden als

Dreier-Identität. *Für* $x, y, z \in K^2$ *gilt*

$$[x, y]z + [y, z]x + [z, x]y = 0.$$

Beweis. Da die Behauptung nach (2), (3) und (5) offensichtlich gilt, wenn x und y linear abhängig sind, kann man sich auf den Fall beschränken, dass x und y linear unabhängig sind. Es gibt dann $\alpha, \beta \in K$ mit $z = \alpha x + \beta y$ und (1) ergibt $[y, z] = -\alpha[x, y]$ sowie $[z, x] = -\beta[x, y]$.   □

Die Dreier-Identität liefert genau dann eine nicht-triviale Darstellung der 0, wenn es unter x, y, z mindestens ein linear unabhängiges Paar gibt, d.h., wenn $\{x, y, z\}$ den Rang 2 hat. Dann liefert die Dreier-Identität sofort das

Korollar. *Sind* $x, y \in K^2$ *linear unabhängig, dann gilt für alle* $z \in K^2$

$$(7) \qquad\qquad z = \frac{1}{[x, y]}([z, y]x - [z, x]y).$$

Aufgaben. a) Für $a, b, c, d \in K^2$ gilt $[a, b] \cdot [c, d] + [b, c] \cdot [a, d] + [c, a] \cdot [b, d] = 0$.
b) Zu jeder linearen Abbildung $\lambda : K^2 \to K$ gibt es ein eindeutig bestimmtes $c \in K^2$ mit $\lambda(x) = [c, x]$. Für je zwei linear unabhängige Vektoren $a, b \in K^2$ gilt hier $c = \frac{1}{[a,b]}(\lambda(b) \cdot a - \lambda(a) \cdot b)$.
c) Seien $a, b, c \in K^2$, $b \neq 0$. Aus $[a, b] = [b, c] = 0$ folgt $[a, c] = 0$.
d) Für $a, b \in K^2$ und $\alpha \in K$ gilt

$$\det \begin{pmatrix} aa^t & b \\ b^t & \alpha \end{pmatrix} = -[a, b]^2 \ .$$

3. Geraden. Eine Teilmenge G des K^2 heißt eine *Gerade*, wenn G ein eindimensionaler affiner Unterraum von K^2 ist, wenn es also Vektoren $a, u \in K^2$, $u \neq 0$, gibt mit

$$(1) \qquad\qquad G = G_{a,u} := \{a + \alpha u \ : \ \alpha \in K\} =: a + Ku.$$

Man nennt (1) eine *Parameterdarstellung* der Geraden und u bzw. Ku die *Richtung* von G. Eine Übersicht über alle Parameterdarstellungen einer Geraden beinhaltet der folgende

Hilfssatz. *Für* $a, b, u, v \in K^2$ *mit* $u \neq 0$ *und* $v \neq 0$ *sind äquivalent:*
(i) $G_{a,u} \subset G_{b,v}$.
(ii) $G_{a,u} = G_{b,v}$.
(iii) *Es gibt* $\beta, \gamma \in K$ *mit* $v = \gamma u$, $b = a + \beta u$.

Beweis. (i) $\implies$ (iii): Es gibt also zu jedem $\alpha \in K$ ein $\beta_\alpha \in K$ mit $a + \alpha u = b + \beta_\alpha v$. Für $\alpha = 0$ folgt $b = a - \beta_0 v$ und $\alpha = 1$ ergibt dann $v = \frac{1}{(\beta_1 - \beta_0)} \cdot u$.
(iii) $\implies$ (ii): Man setze (iii) in (1) ein.
(ii) $\implies$ (i): Klar. $\square$

Man sagt, dass eine Gerade G *durch ein* $p \in K^2$ *geht* oder dass p *auf G liegt*, wenn $p \in G$ gilt. Ein Punkt, der auf mehreren Geraden liegt, heißt ein *Schnittpunkt* der betreffenden Geraden. Liegen p und q auf einer Geraden G und gilt $p \neq q$, so nennt man G *die Verbindungsgerade* von p und q. Dass diese Verbindungsgerade durch p und q eindeutig bestimmt ist, entnimmt man speziell dem folgenden

Lemma. *Ist G eine Gerade des K^2 und sind p, q zwei verschiedene Punkte von G, dann gilt:*
a) $G = G_{p,q-p}$.
b) $G = \{\alpha p + \beta q : \alpha, \beta \in K \, , \, \alpha + \beta = 1\}$.

Beweis. a) Definitionsgemäß gibt es $a, u \in K^2$, $u \neq 0$, mit $G = G_{a,u}$, also $p = a + \alpha u$, $q = a + \beta u$ für geeignete $\alpha, \beta \in K$. Da p und q verschieden sind, folgt $\alpha \neq \beta$. Damit ergibt sich $u = \frac{1}{\beta - \alpha} \cdot (q - p)$ und daher

$$G = G_{a,u} = G_{p-\alpha u, u} = G_{p,u} = G_{p,q-p}$$

nach dem Hilfssatz.
b) Nach a) und (1) gilt $G = G_{p,q-p} = \{(1 - \beta)p + \beta q : \beta \in K\}$. $\square$

Sind umgekehrt p, q zwei verschiedene Punkte von K^2, dann ist die eindeutig bestimmte Verbindungsgerade gegeben durch

$$(2) \qquad p \vee q := G_{p,q-p} = \{\alpha p + \beta q : \alpha, \beta \in K \, , \, \alpha + \beta = 1\}.$$

Korollar A. *Drei Punkte p, q, r liegen genau dann auf einer Geraden, wenn es $\alpha, \beta, \gamma \in K$ gibt mit*

$$(3) \qquad \alpha p + \beta q + \gamma r = 0 \, , \, \alpha + \beta + \gamma = 0 \quad und \quad (\alpha, \beta, \gamma) \neq (0, 0, 0).$$

Beweis. Gilt $p = q$, so folgt (3) mit $\alpha = 1$, $\beta = -1$, $\gamma = 0$. Sei $p \neq q$. Liegt r auf der Geraden durch p und q, so gibt es nach (2) und (1) ein $\beta \in K$ mit $r = p + \beta(q - p)$, also folgt (3). Gilt umgekehrt (3), so darf man ohne Einschränkung $\gamma \neq 0$ und nach Normierung $\gamma = -1$ annehmen. Dann folgt $r \in p \vee q$ aus (2). $\square$

Korollar B. *Drei Punkte p, q, r liegen genau dann auf einer Geraden, wenn*

$$(4) \qquad \det \begin{pmatrix} 1 & 1 & 1 \\ p & q & r \end{pmatrix} = 0.$$

Beweis. Die Existenz einer Lösung (α, β, γ) von (3) ist äquivalent zu (4). $\square$

Man nennt Punkte $p, q, r, \ldots$ *kollinear*, wenn sie auf einer Geraden liegen. Geraden können auch durch Gleichungen gegeben werden:

Proposition. a) *Sind $a, u \in K^2$, $u \neq 0$, so gilt für $x \in G_{a,u}$ stets $[x, u] = \omega$, wenn man $\omega := [a, u]$ setzt.*
b) *Ist $\omega \in K$ und $u \in K^2$, $u \neq 0$, so folgt für $x \in K^2$ aus $[x, u] = \omega$ stets $x \in G_{a,u}$, wenn man $a \in K^2$ so wählt, dass $\omega = [a, u]$ gilt. Speziell gilt also*

$$(5) \qquad G_{a,u} = \{x \in K^2 : [x, u] = [a, u]\} = \{x \in K^2 : [x - a, u] = 0\}.$$

Beweis. a) Man verwende (1) und 2(1).
b) Es gilt $[x - a, u] = 0$ und die Behauptung folgt aus Proposition 2. $\qquad \square$

Man nennt

$$(6) \qquad\qquad\qquad\qquad [x, u] = [a, u]$$

eine *Gleichung der Geraden $G_{a,u}$*. Zwei Geraden $G := G_{a,u}$ und $H := G_{b,v}$ heißen *parallel* oder *Parallelen*, wenn u und v linear abhängig sind, wenn also $[u, v] = 0$ gilt. Man schreibt dann auch $G \parallel H$, andernfalls $G \nparallel H$. Aus $F \parallel G$ und $G \parallel H$ folgt natürlich $F \parallel H$. Offenbar ist die Parallelität eine Äquivalenzrelation auf der Menge der Geraden in K^2.

Bemerkung. Die Definition einer Richtung ist nicht konsistent mit I.1.2. Jedoch kann man Ku als kanonischen Vertreter der Äquivalenzklasse $[Ku] = \{G_{b,u} : b \in K^2\}$ der zu $G_{a,u}$ parallelen Geraden ansehen. Diese Äquivalenzklasse nennt man auch (vgl. I.1.2) das *Parallelenbüschel* zu $G_{a,u}$. Analog nennt man für $a \in K^2$ die Menge

$$[a] := \{G_{a,v} : v \in K^2, v \neq 0\}$$

aller Geraden durch a das *Geradenbüschel* durch a.

Aufgaben. a) Zeigen Sie explizit, dass Parallelität eine Äquivalenzrelation auf der Menge der Geraden in K^2 ist.
b) Ist G eine Gerade und $p \in K^2$, so gibt es genau eine Gerade, die parallel zu G ist und durch p geht.
c) Seien $a, b, c \in K^2$ nicht kollinear. Zu jedem $p \in K^2$ gibt es eindeutig bestimmte $\alpha, \beta, \gamma \in K$ mit $p = \alpha a + \beta b + \gamma c$ und $\alpha + \beta + \gamma = 1$.
d) n Punkte $a_1, \ldots, a_n$ in K^2 liegen genau dann auf einer Geraden, wenn

$$\text{Rang} \begin{pmatrix} 1 & 1 & & 1 \\ a_1 & a_2 & \cdots & a_n \end{pmatrix} \leq 2 \,.$$

e) Sei K ein endlicher Körper mit q Elementen. Dann besteht jede Gerade aus q Punkten und es gibt $q(q + 1)$ Geraden in K^2. Zu jeder Geraden existieren q parallele Geraden. Durch jeden Punkt gehen $q + 1$ Geraden.
f) Sei G eine Gerade, die nicht durch 0 geht. Dann sind je zwei verschiedene Punkte von G linear unabhängig.

4. Schnittpunkte. Will man einen Schnittpunkt zweier Geraden $G_{a,u}$ und $G_{b,v}$ bestimmen, so hat man zu diskutieren, ob es $\alpha, \beta \in K$ gibt mit

$$(1) \qquad\qquad s := a + \alpha u = b + \beta v.$$

Proposition. *Zwei parallele Geraden sind entweder gleich oder haben keinen Schnittpunkt.*

Beweis. Wegen $u \neq 0$ und $v \neq 0$ kann man nach Hilfssatz 3 bereits $v = u$ annehmen. Die Existenz eines Schnittpunktes (1) bedeutet $b = a + (\alpha - \beta)u$, also $G_{b,v} = G_{b,u} = G_{a,u}$ nach Hilfssatz 3. $\qquad\qquad\square$

Für nicht-parallele Geraden erhält man das

Lemma. *Zwei nicht-parallele Geraden schneiden sich in genau einem Punkt. Genauer gilt die Schnittpunktformel:*

$$(2) \qquad\qquad G_{a,u} \cap G_{b,v} = \frac{1}{[u,v]}([b,v]u - [a,u]v).$$

Beweis. Nach Voraussetzung gilt $[u,v] \neq 0$ und man könnte nun das Gleichungssystem (1) diskutieren. Eleganter geht man wie folgt vor: Da u, v linear unabhängig sind, setzt man die Schnittpunkte in der Form $s = \xi u + \eta v$ mit $\xi, \eta \in K$ an. Aus Proposition 3 entnimmt man dann

$$s \in G_{a,u} \iff [a,u] = [s,u] = \eta[v,u],$$
$$s \in G_{b,v} \iff [b,v] = [s,v] = \xi[u,v].$$

Das ist aber (2). $\qquad\qquad\square$

Zur Bequemlichkeit schreibt man (2) nun in der Form

$$(3) \qquad (a \vee b) \cap (c \vee d) = \frac{1}{[b-a,d-c]}([c,d](b-a) - [a,b](d-c)),$$

falls $b - a$ und $d - c$ linear unabhängig sind. Hieraus erhält man leicht den Spezialfall

$$(4) \qquad (\alpha a \vee \beta b) \cap (\gamma a \vee \delta b) = \frac{1}{\alpha\delta - \beta\gamma}\Big(\alpha\delta(\gamma a + \beta b) - \beta\gamma(\alpha a + \delta b)\Big)$$

für linear unabhängige $a, b \in K^2$ und $\alpha, \beta, \gamma, \delta \in K$ mit $\alpha\delta \neq \beta\gamma$. Der fragliche Schnittpunkt liegt also auch auf der Geraden $(\alpha a + \delta b) \vee (\gamma a + \beta b)$.

Bemerkungen. a) Vergleicht man dies mit I.1.1, so sieht man, dass die hier und dort auf verschiedene Weise definierten Begriffe in Wahrheit übereinstimmen.

b) Die Tatsache, dass man auf der rechten Seite von (2) die eigentlich erforderlichen Mengenklammern weglässt, mag als „lässliche Sünde" betrachtet werden.

Aufgaben. a) Es seien G und H zwei nicht-parallele Geraden und p der Schnittpunkt von G und H. Ist dann $\varphi(x) = 0$ bzw. $\psi(x) = 0$ eine Gleichung von G

bzw. H nach 3(6), so erhält man alle Geraden durch p genau in der Form

$$\{x \in K^2 : \alpha \cdot \varphi(x) + \beta \cdot \psi(x) = 0\} \quad \text{mit } \alpha, \beta \in K , \ (\alpha, \beta) \neq (0,0).$$

b) Es seien F, G, H drei Geraden, die nicht alle parallel sind, mit den Gleichungen $\varphi(x) = 0$, $\psi(x) = 0$ und $\chi(x) = 0$, gemäß 3(6). Genau dann schneiden sich F, G, H in einem Punkt, wenn es $\alpha, \beta, \gamma \in K$, $(\alpha, \beta, \gamma) \neq (0,0,0)$, gibt, so dass $\alpha\varphi + \beta\psi + \gamma\chi$ identisch Null ist.

c) Betrachten Sie die Geraden $\binom{1}{0} \vee \binom{0}{1}$ und $\binom{2}{1} \vee \binom{1}{\alpha}$, $\alpha \in K$. Für welche $\alpha \in K$ sind die Geraden nicht parallel? Berechnen Sie in diesem Fall den Schnittpunkt.

5. Die affine Gruppe. Eine Abbildung der Form

$$(1) \qquad K^2 \to K^2 , \ x \mapsto f(x) = Mx + q , \ \text{mit } M \in GL(2; K) \text{ und } q \in K^2$$

nennt man eine *affine Abbildung (oder Affinität)* des K^2. Da die Hintereinanderausführung zweier affiner Abbildungen wieder eine affine Abbildung ist und da die inverse Abbildung

$$(2) \qquad\qquad K^2 \to K^2 , \ y \mapsto f^{-1}(y) = M^{-1}y - M^{-1}q,$$

von (1) wieder affin ist, bilden die affinen Abbildungen des K^2 eine Gruppe, die *affine Gruppe* $\mathrm{Aff}(2; K)$. Offenbar ist $GL(2; K)$ und die Teilmenge der *Translationen*

$$K^2 \longrightarrow K^2 , \ x \longmapsto x + q , \ q \in K^2 ,$$

jeweils eine Untergruppe von $\mathrm{Aff}(2; K)$. Algebraisch gesehen handelt es sich um das semi-direkte Produkt $GL(2; K) \ltimes K^2$ der multiplikativen Gruppe $GL(2; K)$ mit der additiven Gruppe K^2 (vgl. G. FISCHER, R. SACHER (1983), I.1.6.2). Für f von der Form (1) und $a, u \in K^2, u \neq o$, berechnet man

$$(3) \qquad\qquad f(G_{a,u}) = \{M(a + \alpha u) + q : \alpha \in K\} = G_{f(a), Mu}.$$

Also bildet f sich schneidende bzw. parallele Geraden auf sich schneidende bzw. parallele Geraden ab.

Warnung: Bilder von linear unabhängigen Vektoren unter affinen Abbildungen können linear abhängig werden.

Bemerkung. Die affine Gruppe ist nach Satz I.2.8 eine Untergruppe der Automorphismengruppe der affinen Koordinatenebene $\mathbb{A}_2(K)$. Für $K = \mathbb{R}$ oder einen Primkörper K stimmen die beiden Gruppen sogar überein (vgl. I.2.8).

Aufgaben. a) Sind G, H Geraden und $f \in \mathrm{Aff}(2; K)$, so gilt: $G \parallel H \iff f(G) \parallel f(H)$.

b) $\mathrm{Aff}(2; K)$ operiert jeweils transitiv auf der Menge der Punkte und der Menge der Geraden in K^2.

c) Sei f von der Form (1) mit $\det M - \mathrm{Spur} M + 1 \neq 0$. Dann besitzt f genau einen Fixpunkt, d.h. ein $x \in K^2$ mit $f(x) = x$.

d) Die Translationen sind ein Normalteiler von $\mathrm{Aff}(2; K)$.

e) Ist K ein endlicher Körper mit q Elementen, so hat $\mathrm{Aff}(2; K)$ die Ordnung $q^3(q-1)(q^2-1)$.

f) Seien F, G zwei nicht-parallele Geraden, $p = F \cap G$. Seien $a, a' \in F \setminus \{p\}$, $a \neq a'$, und H bzw. H' Geraden durch a bzw. a', die jeweils von F verschieden und nicht parallel zu G sind. H und H' sind genau dann parallel, wenn es ein $f \in \mathrm{Aff}(2; K)$ gibt mit $f(p) = p$, $H \cap G = f(a)$ und $H' \cap G = f(a')$.

g) Man beschreibe alle $f \in \mathrm{Aff}(2; K)$ mit $f \circ f = \mathrm{id}$ und die zugehörigen Fixpunktmengen $\{x \in K^2 : f(x) = x\}$.

h) $\mathcal{G} = \{f \in \mathrm{Aff}(2; K) : f(G) \parallel G$ für jede Gerade $G\}$ ist eine Untergruppe von $\mathrm{Aff}(2; K)$. Ein $f \in \mathrm{Aff}(2; K)$ gehört genau dann zu $\mathcal{G}$, wenn es $0 \neq \lambda \in K$ und $q \in K^2$ gibt und $f(x) = \lambda x + q$ für alle $x \in K^2$.

6. Die alternierende Funktion $[x, y, z]$. Für $x, y, z \in K^2$ wird $[x, y, z] \in K$ definiert durch

$$(1) \qquad [x, y, z] := [x - z, y - z] = [x, y] + [y, z] + [z, x] = \det(x - z, y - z).$$

Ersichtlich ändert sich (1) nicht, wenn man

(2) x, y, z zyklisch vertauscht, d.h. $[x, y, z] = [y, z, x] = [z, x, y]$,

(3) einen Vektor $q \in K^2$ zu x, y und z addiert, d.h. $[x+q, y+q, z+q] = [x, y, z]$.

Hingegen ändert (1) sein Vorzeichen, wenn man zwei Argumente vertauscht. Damit ist (1) also „alternierend" in dem folgenden Sinne:

Proposition. *Sind $a, b, c \in K^2$ und ist π eine Permutation von a, b, c, so gilt*

$$[\pi(a), \pi(b), \pi(c)] = \mathrm{Signum}\ \pi \cdot [a, b, c]\ .$$

Weiter gilt

$$(4) \qquad\qquad [f(x), f(y), f(z)] = \det M \cdot [x, y, z]$$

für jede affine Abbildung $f(x) = Mx + q$ und

$$(5) \qquad\qquad \det \begin{pmatrix} 1 & 1 & 1 \\ x & y & z \end{pmatrix} = [x, y, z] \quad \text{für } x, y, z \in K^2,$$

wenn man die 3×3 Determinante nach der ersten Zeile entwickelt. Ein Vergleich mit Korollar 3B ergibt daher das handliche

Drei-Punkte-Kriterium. *Drei Punkte $a, b, c \in K^2$ liegen genau dann auf einer Geraden, sind also kollinear, wenn $[a, b, c] = 0$ gilt.*

Für einen erneuten direkten *Beweis* beachte man nur, dass $[a, b, c] = 0$ mit $\det(a - c, b - c) = 0$, also damit äquivalent ist, dass $a - c$ und $b - c$ linear abhängig sind. $\qquad\square$

Ein Vergleich mit 3(6) zeigt also:

(6) $p, q \in K^2$, $p \neq q \implies p \vee q = \{x \in K^2 : [p, q, x] = 0\}$.

Das folgende Lemma besagt, dass die affine Gruppe transitiv auf den nicht kollinearen Punkte-Tripeln operiert:

Lemma. *Sind a, b, c und a', b', c' jeweils nicht kollinear, gilt also $[a, b, c] \neq 0$ und $[a', b', c'] \neq 0$, so gibt es genau ein $f \in \mathrm{Aff}(2; K)$ mit*

$$a' = f(a) \, , \; b' = f(b) \quad und \quad c' = f(c).$$

Beweis. Man hat also $M \in GL(2; K)$ und $q \in K^2$ so zu bestimmen, dass

$$Ma + q = a' \, , \; Mb + q = b' \, , \; Mc + q = c'$$

gilt. Dies ist gleichwertig mit $M(a - c) = a' - c'$, $M(b - c) = b' - c'$, also mit

(7) $M(a - c, b - c) = (a' - c', b' - c')$.

Wegen $[a - c, b - c] = [a, b, c] \neq 0$ und $[a' - c', b' - c'] = [a', b', c'] \neq 0$ sind die 2×2 Matrizen $(a - c, b - c)$ und $(a' - c', b' - c')$ invertierbar. Also ist $M \in GL(2; K)$ durch (7) eindeutig festgelegt.   □

Analog zum Drei-Punkte-Kriterium gilt das

Drei-Geraden-Kriterium. *Für drei Geraden $G_{a,u}, G_{b,v}$ und $G_{c,w}$ in K^2 sind äquivalent:*
(i) *Die drei Geraden sind entweder alle parallel oder schneiden sich alle in einem Punkt.*
(ii) $[c, w] \cdot [u, v] + [a, u] \cdot [v, w] + [b, v] \cdot [w, u] = 0$.

Beweis. Sind alle drei Geraden parallel, so sind u, v, w paarweise linear abhängig. Dann folgt (ii) aus 2(5). Ohne Einschränkung seien $G_{a,u}$ und $G_{b,v}$ daher nicht parallel. Nach Lemma 4 schneiden sich $G_{a,u}$ und $G_{b,v}$ in einem Punkt s. Die drei Geraden schneiden sich genau dann in einem Punkt, wenn s auf $G_{c,w}$ liegt, wenn nach 3(5) also $[s, w] = [c, w]$ gilt. Nun trägt man für s die Schnittpunktformel 4(2) ein und sieht, dass $[s, w] = [c, w]$ mit (ii) äquivalent ist.   □

Schließlich sind die folgenden Identitäten manchmal nützlich: Ersetzt man in $[a, b, c] = [a, b] + [b, c] + [c, a]$ die Vektoren a, b, c durch $a - x, b - x, c - x$, so kommt man mit (1) und (3) auf

(8) $[a, b, c] = [a, b, x] + [b, c, x] + [c, a, x]$.

Analog erhält man

(9) $[a, b, c]x = [b, c, x]a + [c, a, x]b + [a, b, x]c$

aus $[a, b]c + [b, c]a + [c, a]b = 0$ (vgl. Dreier-Identität 2) und (8). Mit (1) ergibt eine Verifikation

(10) $[a + a', b + b', c + c'] = [a, b, c] + [a, b', c'] + [a', b, c'] + [a', b', c].$

Man kann auch den Schnittpunkt zweier Geraden mit diesem Symbol ausdrücken. Sind die Geraden $a \vee b$ und $c \vee d$ nicht parallel, so folgt aus 4(3) und der Dreier-Identität 2

(11) $(a \vee b) \cap (c \vee d) = \dfrac{1}{[b - a, d - c]}([a, b, d]c - [a, b, c]d).$

Bemerkung. Natürlich kann man Teil (i) des Drei-Geraden-Kriteriums auch formulieren als
(i)' *Die drei Geraden gehören zu einem Parallelen- oder Geradenbüschel.*

Aufgaben. a) Für $a, b, c, d \in K^2$ gilt $[b - a, d - c] = [a, b, d] - [a, b, c]$.
b) Sind $\alpha, \beta, \gamma \in K$ und werden zu $a, b, c \in K^2$ Punkte $a' = \alpha b + (1 - \alpha)c$,
$b' = \beta c + (1 - \beta)a$, $c' = \gamma a + (1 - \gamma)b$ definiert, dann gilt

$$[a', b', c'] = (1 - \alpha - \beta - \gamma + \alpha\beta + \beta\gamma + \gamma\alpha)[a, b, c] .$$

c) Sei $K = \mathbb{R}$ und $\langle x, y \rangle := x^t y$. Seien a, b, c und a', b', c' jeweils paarweise verschieden und $[a, b, c] = [a', b', c'] = 0$. Es gibt genau dann ein $f \in \mathrm{Aff}(2; \mathbb{R})$ mit der Eigenschaft $f(a) = a'$, $f(b) = b'$ und $f(c) = c'$, wenn

$$\langle b' - a', b' - a' \rangle \cdot \langle b - a, c - a \rangle = \langle b' - a', c' - a' \rangle \cdot \langle b - a, b - a \rangle .$$

d) Seien $a, b, c \in K^2$ nicht kollinear. Dann gibt es genau ein $f \in \mathrm{Aff}(2; K)$ mit der Eigenschaft $f(a) = a$, $f(b) = c$ und $f(c) = b$. Es gilt dann $f \circ f = \mathrm{id}$.
e) Seien $a, b, c \in K^2$ nicht kollinear. Man bestimme explizit ein $f \in \mathrm{Aff}(2; K)$ mit $f(0) = a$, $f(e_1) = b$ und $f(e_2) = c$.
f) Sei $a \in K^2$. Dann ist $\{f \in \mathrm{Aff}(2; K) : f(a) = a\}$ eine Untergruppe von $\mathrm{Aff}(2; K)$, die zu $GL(2; K)$ isomorph ist.
g) Seien G, H und G', H' jeweils nicht-parallele Geraden. Dann gibt es genau ein $f \in \mathrm{Aff}(2; K)$ mit $f(G) = G'$ und $f(H) = H'$.
h) Sei G eine Gerade in K^2. Dann sind $\{f \in \mathrm{Aff}(2; K) : f(G) = G\}$ und $\{g \in \mathrm{Aff}(2; K) : g(x) = x \text{ für alle } x \in G\}$ jeweils nicht-triviale Untergruppen von $\mathrm{Aff}(2; K)$.

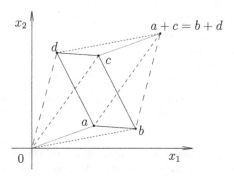

Abb. 18: Addition von Vektoren

7. Geometrische Interpretation der Addition. Sind $b, c \in K^2$ gegeben, so stellt sich die Frage, wie man den Punkt $b + c$ „geometrisch" beschreiben kann. Eine Antwort gibt die

Proposition. *Sind $a, b, c, d \in K^2$ paarweise verschieden und nicht kollinear, so sind äquivalent:*
(i) $a + c = b + d$
(ii) $a \vee b \,\|\, c \vee d$ *und* $a \vee d \,\|\, b \vee c$.

Beweis. Da beide Aussagen gegenüber Translationen invariant sind, darf man $a = 0$ annehmen. Nach 3 ist dann (ii) gleichwertig damit, dass $d - c$ und b sowie $c - b$ und d linear abhängig sind. Damit ist „(i) $\Longrightarrow$ (ii)" klar. Zum Beweis von „(ii) $\Longrightarrow$ (i)" kann man also annehmen, dass es $\alpha, \beta \in K$ gibt mit $d - c = \alpha b$ und $c - b = \beta d$. Weil a, b, c, d nicht auf einer Geraden liegen, sind b, d linear unabhängig, weil andernfalls alle 4 Punkte auf der Geraden $\mathbb{R}d$ liegen würden. Dann folgt $\alpha = -1$, $\beta = 1$ und $c = b + d$. □

Wie es der Anschauung entspricht, sagt man in der Situation der Proposition, dass a, b, c, d ein *Parallelogramm* bilden.

Damit erhält man sofort einen Beweis für den so genannten

Kleinen Satz von DESARGUES. *Seien F, G, H paarweise verschiedene, parallele Geraden und seien $a, a' \in F$, $b, b' \in G$ und $c, c' \in H$ gegeben. Gilt dann*

$$a \vee b \,\|\, a' \vee b' \quad \text{und} \quad b \vee c \,\|\, b' \vee c',$$

so ist auch

$$a \vee c \,\|\, a' \vee c'.$$

Beweis. Zunächst sei $a = a'$. Aus $a \vee b \,\|\, a \vee b'$ folgt dann $a \vee b = a \vee b'$. Also ist $b = b'$ der Schnittpunkt dieser Geraden mit G. Analog folgt auch $c = c'$ und die Behauptung ist in diesem Fall trivial. Nun nehmen wir $a \neq a'$ an. Dann sind a, a', b, b', c, c' paarweise verschieden. Wegen $F = a \vee a'$, $G = b \vee b'$, $H = c \vee c'$ impliziert die Proposition $a + b' = b + a'$ und $b + c' = c + b'$. Dann folgt $a - c = a' - c'$, also die Behauptung. □

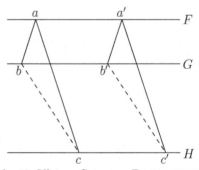

Abb. 19: Kleiner Satz von DESARGUES

Die Proposition erlaubt außerdem eine Veranschaulichung des Assoziativgesetzes der Addition in K^2. Man beachte, dass Abb. 20 eben und nicht räumlich zu sehen ist.

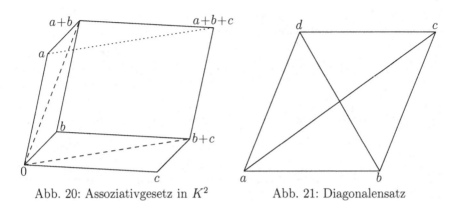

Abb. 20: Assoziativgesetz in K^2 Abb. 21: Diagonalensatz

Für den Augenblick wird angenommen, dass K nicht die Charakteristik 2 habe. Für je zwei Punkte $a, b \in K^2$ ist dann der

(1) $Mittelpunkt$ von $a, b := \frac{1}{2}(a + b)$

erklärt. Die Proposition ergibt daher sofort den

Diagonalensatz. *Sei* char $K \neq 2$. *Für paarweise verschiedene, nicht kollineare Punkte $a, b, c, d \in K^2$ sind äquivalent:*
(i) *Die Punkte bilden ein Parallelogramm, d.h. $a \vee b \parallel c \vee d$ und $a \vee d \parallel b \vee c$.*
(ii) *Die Diagonalen $a \vee c$ und $b \vee d$ des aus den Punkten gebildeten Vierecks schneiden sich im Mittelpunkt der Diagonalen.*

Aufgaben. a) Sei char $K \neq 2$. Seien $a, b, c, d \in K^2$ paarweise verschieden und nicht kollinear. Die Seitenmittelpunkte des Vierecks mit den Ecken a, b, c, d bilden ein Parallelogramm (T. SIMPSON, 1760).
b) Sei char $K \neq 2$. Seien $a, b, c, d \in K^2$ paarweise verschieden, so dass die Diagonalen $a \vee c$ und $b \vee d$ nicht parallel sind. Zeigen Sie, dass $a \vee b$ und $c \vee d$ genau dann parallel sind, wenn sich die Diagonalen und die Gerade durch die Seitenmittelpunkte von a, b bzw. c, d in genau einem Punkt schneiden. (In diesem Fall spricht man von einem *Trapez*.)
c) Sei char $K = 2$ und $a, b, c, d \in K^2$ ein Parallelogramm. Dann sind die Diagonalen parallel.
d) Sei a, b, c, d ein Parallelogramm in $(\mathbb{Z}/3\mathbb{Z})^2$. Zeigen Sie, dass es ein Parallelogramm a', b', c', d' ein $(\mathbb{Z}/3\mathbb{Z})^2$ gibt, so dass alle Eckpunkte paarweise verschieden sind.

§ 2 Erste Schnittpunktsätze

1. Strahlensätze. Sind $a, b \in K^2$ linear unabhängig, so betrachte man die folgende Konfiguration mit $\alpha, \beta, \gamma, \delta$ aus $K \setminus \{0\}$.

Einfacher Strahlensatz. *Die beiden folgenden Aussagen sind äquivalent:*
(i) *Die Verbindungsgeraden $\alpha a \vee \gamma b$ und $\beta a \vee \delta b$ sind parallel.*
(ii) $\alpha\delta = \beta\gamma$.
Beweis. Die Verbindungsgeraden sind nach Lemma 1.3 genau dann parallel, wenn $\alpha a - \gamma b$ und $\beta a - \delta b$ linear abhängig sind, wenn also $\frac{\alpha}{\beta} = \frac{\gamma}{\delta}$ gilt.   □

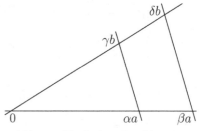

Abb. 22: Einfacher Strahlensatz

Will man die Aussage vom Nullpunkt lösen, so hat man die folgende Konfiguration zu betrachten.

Allgemeiner Strahlensatz. *Seien $p, a, b, c, d \in K^2$ paarweise verschieden und nicht kollinear, wobei p der Schnittpunkt der Geraden $a \vee b$ und $c \vee d$ sei. Dann sind äquivalent:*
(i) *Die Verbindungsgeraden $a \vee c$ und $b \vee d$ sind parallel.*
(ii) *Es gibt $\rho \in K$ mit $b - p = \rho(a - p)$ und $d - p = \rho(c - p)$.*

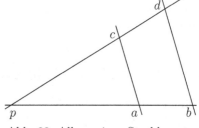

Abb. 23: Allgemeiner Strahlensatz

Beweis. Der Fall $p \in \{a, b, c, d\}$ erfüllt weder (i) noch (ii). Sei also auch p verschieden von a, b, c, d. Die Voraussetzungen und die Aussagen (i) und (ii) sind invariant unter affinen Abbildungen. Nach Lemma 1.6 darf man daher $p = 0$ annehmen und kann nun den oben formulierten Einfachen Strahlensatz anwenden.   □

Seien M, M' nicht-leere Teilmengen von K^2 und $p \in K^2$, $p \notin M$, $p \notin M'$. Man sagt, dass M' aus M durch *Zentralprojektion mit Zentrum p* entsteht, wenn für jedes $x \in M$ die Gerade $p \vee x$ mit M' genau einen Schnittpunkt hat und die Abbildung $M \longrightarrow M'$, $x \longmapsto (p \vee x) \cap M'$, eine Bijektion ist.

Aufgaben. a) Es gelten die Voraussetzungen des Allgemeinen Strahlensatzes. Man charakterisiere den Fall, dass $a \vee c \parallel b \vee d$ und $a \vee d \parallel b \vee c$ gilt.
b) Gegeben seien zwei Geraden F und G und ein Punkt p, der weder auf F noch auf G liegt. G entsteht genau dann aus F durch Zentralprojektion mit Zentrum p, wenn F und G parallel sind.

2. Satz von DESARGUES. *Sind F, G, H paarweise verschiedene Geraden, die sich in einem Punkt p schneiden und sind $a, a' \in F$, $b, b' \in G$ und $c, c' \in H$ von p verschiedene Punkte mit*

$$a \vee b \parallel a' \vee b' \quad und \quad b \vee c \parallel b' \vee c',$$

dann gilt auch

$$a \vee c \parallel a' \vee c'.$$

Beweis. Nach einer Translation darf man wieder $p = 0$ annehmen. Dann gilt $a' = \alpha a$, $b' = \beta b$ und $c' = \gamma c$ mit geeigneten $\alpha, \beta, \gamma \in K$. Die Voraussetzungen bzw. die Behauptung sind nach dem Einfachen Strahlensatz 1 aber gleichwertig mit $\beta = \alpha$, $\gamma = \beta$ bzw. $\gamma = \alpha$. $\qquad\square$

Der Fall, dass die drei Geraden parallel sind, also zu einem Parallelenbüschel gehören, war bereits in 1.7 abgehandelt. Im Satz von DESARGUES behandelt man dagegen den Fall eines Geradenbüschels. Eine Umformulierung des Satzes mit dem Begriff der Zentralprojektion beinhaltet die

Aufgabe. Das Dreieck a', b', c' in K^2 entstehe aus dem Dreieck a, b, c in K^2 durch Zentralprojektion mit Zentrum p. Aus $a \vee b \parallel a' \vee b'$ und $b \vee c \parallel b' \vee c'$ folgt $a \vee c \parallel a' \vee c'$.

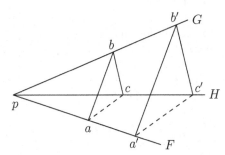
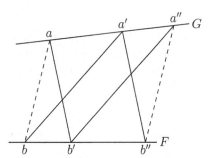

Abb. 24: Satz von DESARGUES   Abb. 25: Satz von PAPPUS

3. Satz von PAPPUS. *Seien F, G zwei Geraden und seien $a, a', a'' \in F \setminus G$ und $b, b', b'' \in G \setminus F$ jeweils paarweise verschieden. Gilt dann*

$$a \vee b' \parallel a' \vee b'' \quad und \quad a' \vee b \parallel a'' \vee b',$$

so folgt

$$a \vee b \parallel a'' \vee b''.$$

Beweis. 1. *Fall: F und G schneiden sich.* Ohne Einschränkung darf man annehmen, dass F und G sich in 0 schneiden. Dann sind a, b linear unabhängig und es gibt $\alpha, \beta, \gamma, \delta \in K$ mit $a' = \alpha a$, $a'' = \beta a$, $b' = \gamma b$, $b'' = \delta b$. Aus dem Einfachen Strahlensatz 1 folgt $\delta = \alpha\gamma$ und $\beta = \alpha\gamma$, also $\delta = \beta$. Dann gilt aber auch $a \vee b \parallel a'' \vee b''$.
2. *Fall: F und G sind parallel.* Aus Proposition 1.7 folgt $a + b'' = a' + b'$ und $b + a'' = a' + b'$, also $b + a'' = a + b''$, d.h. $a \vee b \parallel a'' \vee b''$. $\qquad\square$

4. Satz von PASCAL. *Seien F und G zwei nicht-parallele Geraden und seien $a, a', a'' \in F \setminus G$ und $b, b', b'' \in G \setminus F$ paarweise verschiedene Punkte, so dass die Schnittpunkte*

$$p := (a \vee b') \cap (a' \vee b) , \ q := (a' \vee b'') \cap (a'' \vee b') , \ r := (a \vee b'') \cap (a'' \vee b)$$

existieren. Dann liegen p, q und r auf einer Geraden.

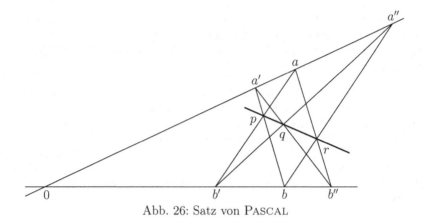

Abb. 26: Satz von PASCAL

Beweis. Da Voraussetzung und Behauptung affin invariant sind, darf man annehmen, dass sich F und G in 0 schneiden. Dann sind a, b linear unabhängig und es gibt $\alpha, \beta, \gamma, \delta \in K \setminus \{0, 1\}$ mit $a' = \alpha a$, $a'' = \beta a$, $b' = \gamma b$ und $b'' = \delta b$. Aus der Schnittpunktformel 1.4(4) erhält man mit $u := a + b$, $v := \alpha a + \gamma b$ und $w := \beta a + \delta b$ zunächst $\alpha \gamma - 1 \neq 0$, $\beta \delta - \alpha \delta \neq 0$, $1 - \beta \delta \neq 0$ und dann

$$
\begin{aligned}
p &= (\alpha a \vee b) \cap (a \vee \gamma b) &&= \frac{1}{\alpha \gamma - 1}(\alpha \gamma u - v)\,, \\
q &= (\beta a \vee \gamma b) \cap (\alpha a \cap \delta b) &&= \frac{1}{\beta \delta - \alpha \gamma}(\beta \delta v - \alpha \gamma w)\,, \\
r &= (a \vee \delta b) \cap (\beta a \vee b) &&= \frac{1}{1 - \beta \delta}(w - \beta \delta u)\,.
\end{aligned}
$$

Es folgt offenbar
$$
\beta \delta(\alpha \gamma - 1)p + (\beta \delta - \alpha \gamma)q + \alpha \gamma(1 - \beta \delta)r = 0,
$$
$$
\beta \delta(\alpha \gamma - 1) + (\beta \delta - \alpha \gamma) + \alpha \gamma(1 - \beta \delta) = 0
$$

und p, q, r sind nach Korollar 1.3A kollinear.   □

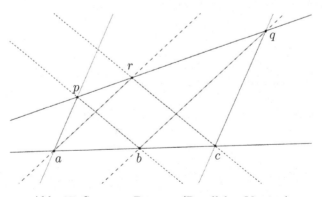

Abb. 27: Satz von PASCAL (Parallelen-Version)

Eine (projektiv äquivalente) Version des Satzes, bei der es sich um eine Umkehrung des Satzes von PAPPUS in 3 handelt, wird formuliert als

Satz von PASCAL (Parallelen-Version). *Liegen die Punkte $a, b, c \in K^2$ auf einer Geraden und sind $u, v, w \in K^2$ paarweise linear unabhängig, dann liegen auch die Punkte*

(1) $$p := G_{a,v} \cap G_{b,u} \,, \quad q := G_{b,w} \cap G_{c,v} \,, \quad r := G_{c,u} \cap G_{a,w}$$

auf einer Geraden.

Beweis. Gilt $a = b = c$, so folgt $p = q = r$. Nach einer affinen Abbildung darf man daher ohne Einschränkung $c = 0$, $a \neq 0$ und $b = \alpha a$, $\alpha \in K$, annehmen. Aus der Schnittpunktformel 1.4(2) erhält man dann

$$p = \frac{1}{[u,v]}([a,v]u - \alpha[a,u]v) \,, \quad q = \frac{\alpha}{[v,w]}[a,w]v \,, \quad r = \frac{1}{[w,u]}[w,a]u$$

und es folgt

(∗) $$[a,w][u,v] \cdot p + [a,u][v,w] \cdot q + [a,v][w,u] \cdot r = 0.$$

Nach der Dreier-Identität 1.2 ist hier die Summe der Koeffizienten von p, q, r Null. Da $u, v, w \in K^2$ paarweise linear unabhängig sind und $a \neq 0$ gilt, ist die Darstellung der Null in (∗) nach Proposition 1.2 nicht trivial. Nach Korollar 1.3A liegen p, q, r auf einer Geraden. □

Aufgaben. a) Man beweise den Satz von PASCAL in dem Fall, dass die Geraden F und G parallel sind.
b) Für $a, b, c \in K^2$ und paarweise linear unabhängige $u, v, w \in K^2$ seien p, q, r durch (1) geben. Dann gilt $[a, b, c] = [p, q, r]$.
c) (*Scherensatz*) Gegeben seien zwei verschiedene Geraden F, G sowie paarweise verschiedene Punkte $a, c, a', c' \in F \setminus G$ und $b, d, b', d' \in G \setminus F$. Aus $a \vee b \parallel a' \vee b'$, $b \vee c \parallel b' \vee c'$ und $c \vee d \parallel c' \vee d'$ folgt $a \vee d \parallel a' \vee d'$.

5∗. Vollständiges Vierseit. Es seien $a, b, c, d \in K^2$ vier Punkte „in allgemeiner Lage", d.h., keine drei Punkte seien kollinear und keine zwei der möglichen Verbindungsgeraden seien parallel. Man nennt dann die vier Punkte zusammen mit den Verbindungsgeraden ein *vollständiges Vierseit*. Es entstehen drei Schnittpunkte, die so genannten *Diagonalpunkte* des Vierseits:

(1) $$\begin{aligned} p &:= (d \vee a) \cap (b \vee c) \,, \\ q &:= (d \vee b) \cap (a \vee c) \,, \\ r &:= (d \vee c) \cap (a \vee b) \,. \end{aligned}$$

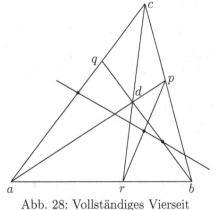

Abb. 28: Vollständiges Vierseit

Lemma. *Es sind äquivalent:*
(i)   *Es gibt ein vollständiges Vierseit in K^2 mit kollinearen Diagonalpunkten.*
(ii) *Jedes vollständige Vierseit in K^2 hat kollineare Diagonalpunkte.*
(iii) char$K = 2$.

Beweis. Da alle Aussagen affin invariant sind, kann man in einem Vierseit $d = 0$ annehmen. Dann gibt es $\alpha, \beta, \gamma \in K \setminus \{0\}$ mit $p = \alpha a$, $q = \beta b$, $r = \gamma c$. Die Schnittpunktformel 1.4(3) ergibt sofort

$$\alpha = \frac{[c,b]}{[a,b-c]} \ , \ \beta = \frac{[a,c]}{[b,c-a]} \ , \ \gamma = \frac{[b,a]}{[c,a-b]} \ .$$

Damit folgt

$$
\begin{aligned}
[p,q,r] &= \alpha\beta[a,b] + \beta\gamma[b,c] + \gamma\alpha[c,a] \\
&= -\alpha\beta\gamma([c,a-b] + [a,b-c] + [b,c-a]) = -2\alpha\beta\gamma[a,b,c]
\end{aligned}
$$

und man liest die Behauptung ab.   □

Nach dem italienischen Mathematiker G. FANO (1871–1952) wird die Eigenschaft, dass die drei Diagonalpunkte in einem vollständigen Vierseit nicht kollinear sind, manchmal FANO-*Postulat* genannt. Nach dem Lemma kann man das FANO-Postulat in einer beliebigen PAPPUS-Ebene (vgl. I.4.3) *nicht* beweisen.

In dem vollständigen Vierseit nennt man die Verbindungsgeraden $a \vee c$, $b \vee d$ und $p \vee r$ die *Diagonalen* des Vierseits. Aus dem Jahre 1810 (*Werke IV*, 391–392) stammt der

Satz von GAUSS. *Sei* char$K \neq 2$. *In einem vollständigen Vierseit in K^2 liegen die Mittelpunkte der Diagonalen auf einer Geraden, der so genannten* GAUSS-*Geraden.*

Beweis. Nach 1.6(10) gilt

$$4\left[\tfrac{1}{2}(a+c), \tfrac{1}{2}(b+d), \tfrac{1}{2}(r+p)\right] = [a,b,r] + [a,d,p] + [c,b,p] + [c,d,r] = 0 \ ,$$

wenn man das Drei-Punkte-Kriterium 1.6 und (1) beachtet.   □

Aufgaben. a) Alle durch Permutation der Eckpunkte eines vollständigen Vierseits in K^2 mit char$K \neq 2$ entstehenden GAUSS-Geraden schneiden sich in einem Punkt, nämlich in $\frac{1}{4}(a+b+c+d)$.
b) Es gibt genau dann ein vollständiges Vierseit in K^2, falls K ein Körper mit mehr als 4 Elementen ist.
c) Man bestimme die Anzahl der vollständigen Vierseite über einem endlichen Körper K.

6*. Allgemeiner Satz von DESARGUES. Es seien a,b,c bzw. a',b',c' zwei nicht-kollineare Tripel paarweise verschiedener Punkte aus K^2. Man betrachte die folgende Figur:

Zur Abkürzung setzt man

(1)
$$\begin{aligned}
\alpha &:= [c-b, c'-b'], \\
\beta &:= [a-c, a'-c'], \\
\gamma &:= [b-a, b'-a']
\end{aligned}$$

und nimmt an, dass $\alpha\beta\gamma \neq 0$ gilt, dass also die Schnittpunkte p, q, r existieren. Nach 1.6(11) gilt dann

(2)
$$\begin{aligned}
\gamma p &= [a,b,b']a' - [a,b,a']b', \\
\alpha q &= [b,c,c']b' - [b,c,b']c', \\
\beta r &= [c,a,a']c' - [c,a,c']a'.
\end{aligned}$$

Offenbar entsteht q bzw. r aus p bzw. aus q durch zyklische Vertauschung von a, b, c und a', b', c'.

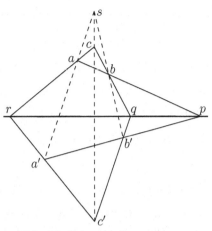

Abb. 29: Satz von DESARGUES

Proposition. a) *Der Ausdruck*

(3)
$$\lambda := \lambda^{a'b'c'}_{abc} := [a,a',x]\cdot[b'-b,c'-c] + [b,b',x]\cdot[c'-c,a'-a]$$
$$+[c,c',x]\cdot[a'-a,b'-b]$$

hängt nicht von $x \in K^2$ ab. Man hat speziell

(4) $\quad \lambda = [a,a']\cdot[b'-b,c'-c] + [b,b']\cdot[c'-c,a'-a] + [c,c']\cdot[a'-a,b'-b].$

b) *Es sind äquivalent:*
(i) *$a \vee a'$, $b \vee b'$ und $c \vee c'$ sind entweder alle parallel oder schneiden sich alle in einem Punkt.*
(ii) *$\lambda = 0$.*

Beweis. a) Wegen $[u,v,x] = [u,v] + [v-u,x]$ hat die rechte Seite von (3) die Form $\omega + [q,x]$ mit konstantem ω und

$$q = [b'-b, c'-c](a'-a) + \text{zyklische Vertauschung.}$$

Aus der Dreier-Identität 1.2 folgt daher $q = 0$. Nun erhält man (4) für $x = 0$.
b) Man wendet das Drei-Geraden-Kriterium 1.6 auf die Geraden $G_{a,a'-a}$, $G_{b,b'-b}$ und $G_{c,c'-c}$ an. $\qquad\square$

In der Bezeichnung (1), (2) und (4) gilt nun die

DESARGUES-Gleichung: $\alpha\beta\gamma \cdot [p,q,r] = \lambda \cdot [a,b,c] \cdot [a',b',c'].$

Aus der Proposition und dem Drei-Punkte-Kriterium 1.6 erhält man daher den

Satz von DESARGUES. *Seien a, b, c und a', b', c' aus K^2 jeweils nicht kollinear und paarweise verschieden. Wenn die Schnittpunkte*

$$p := (a \vee b) \cap (a' \vee b'), \quad q := (b \vee c) \cap (b' \vee c'), \quad r := (c \vee a) \cap (c' \vee a')$$

existieren, sind die beiden folgenden Aussagen äquivalent:

(i) $a \vee a'$, $b \vee b'$ und $c \vee c'$ sind entweder alle parallel oder schneiden sich alle in einem Punkt.

(ii) p, q und r sind kollinear.

Für den nicht ganz einfachen *Beweis* der behaupteten Gleichung benötigt man das

Lemma. *Es gilt*

(5) $\qquad \lambda \cdot [a, b, c] = [a, b, b'] \cdot [b, c, c'] \cdot [c, a, a'] + [a, c, c'] \cdot [b, a, a'] \cdot [c, b, b']$

und

(6) $\lambda \cdot [a, b, c] = \alpha \cdot [c, a, c'] \cdot [a, b, a'] + \beta \cdot [a, b, b'] \cdot [b, c, c'] + \gamma \cdot [b, c, c'] \cdot [c, a, c']$.

Beweis. Nach (3) ist klar, dass sich λ bei einer Translation aller Punkte nicht ändert. Zum Nachweis von (5) und (6) kann man daher ohne Einschränkung $c = 0$ annehmen. Nach (4) gilt dann für die linke Seite L_5 bzw. rechte Seite R_5 von (5)

$$L_5 = [a, b] \cdot ([a, a'] \cdot [b' - b, c'] + [b, b'] \cdot [c', a' - a])$$

bzw.

$$R_5 = [a, b, b'] \cdot [c', b] \cdot [a, a'] + [b, a, a'] \cdot [c', a] \cdot [b, b'] \, .$$

Es folgt

(∗) $\qquad\qquad\qquad L_5 - R_5 = \xi [a, a'] + \eta [b, b']$

mit

$$\xi := \quad [b, b'] \cdot [b, c'] + [[a, b] b' + [b', a] b, c'] \quad = \quad [b, b'] \cdot ([b, c'] - [a, c']) \, .$$
$$\eta := \quad [a, a'] \cdot [a, c'] + [[a', b] a + [b, a] a', c'] \quad = \quad [a, a'] \cdot ([a, c'] - [b, c']) \, ,$$

wenn man die Dreier-Identität 1.2 beachtet. Aus (∗) erhält man $L_5 = R_5$. Bezeichnet man die rechte Seite von (6) mit R_6, so ist zum Nachweis von (6) wegen (5) noch $R_5 = R_6$ zu zeigen. Für $c = 0$ ist R_6 aber gleich

$$-[b, c' - b'][c', a][b, a, a'] + [a, a' - c'][a, b, b'][c', b] + [b - a, b' - a'][c', b][a, c']$$
$$= \quad R_5 + [b, c'][a, c'][b, a, a'] - [a, c'][a, b, b'][c', b] + [b - a, b' - a'][c', b][a, c'] \, ,$$

also

$$R_6 = R_5 + [b, c'] \cdot [a, c'] Q \quad \text{mit} \quad Q := [b, a, a'] + [a, b, b'] - [b - a, b' - a'] = 0 \, .$$

Es folgt $R_6 = R_5$.   □

Zum *Beweis* der DESARGUES-Gleichung hat man nun

$$\alpha\beta\gamma \cdot [p, q, r] \quad = \quad \beta[[a, b, b'] a' - [a, b, a'] b', [b, c, c'] b' - [b, c, b'] c']$$
$$+ \text{ zyklische Vertauschung}$$
$$= \quad (\alpha [c, a, c'][a, b, a'] + \beta [a, b, b'][b, c, c'] + \gamma [b, c, c'][c, a, c']) [a', b']$$
$$+ \text{ zyklische Vertauschung}.$$

Nach (6) ist hier der Koeffizient von $[a', b']$ gleich $\lambda \cdot [a, b, c]$. Da sich dieser Ausdruck wegen (3) (oder wegen (5)) bei zyklischer Vertauschung nicht ändert, folgt

$$\alpha\beta\gamma \cdot [p, q, r] = \lambda \cdot [a, b, c] \cdot ([a', b'] + [b', c'] + [c', a'])$$

und das ist die Behauptung. □

Bemerkungen. a) Der angegebene Satz wird von J. STEINER (*Gesammelte Werke I*, S. 3) 1826 aus dem Archiv von J.D. GERGONNE (1771–1859) zitiert und in allgemeinerer Form bewiesen. Ein Hinweis auf DESARGUES findet sich dabei nicht.

b) Die von den Autoren nach DESARGUES benannte Gleichung kommt weder bei STEINER noch sonst in der Literatur vor.

c) Im Satz von DESARGUES kann man (i) wieder formulieren als

(i)' $a \vee a'$, $b \vee b'$, $c \vee c'$ *gehören zu einem Parallelen- oder Geradenbüschel.*

Aufgaben. a) Sei a, b, c ein Dreieck in K^2, $\lambda \in K \backslash \{0, 1\}$,

$$a_\lambda := b + \lambda(c - b), b_\lambda := c + \lambda(a - c), c_\lambda := a + \lambda(b - a).$$

Für welche $\lambda \in K$ gehören die Geraden $a \vee a_\lambda$, $b \vee b_\lambda$, $c \vee c_\lambda$ zu einem Geraden- bzw. Parallelenbüschel?

b) Seien $p, q \in K^2$ verschieden und u, u', u'', v, v', v'' in K^2 paarweise linear unabhängig sowie $a := G_{p,u} \cap G_{q,v'}$, $a' := G_{p,u'} \cap G_{q,v''}$, $b := G_{p,u'} \cap G_{q,v''}$, $b' := G_{p,u''} \cap G_{q,v'}$, $c := G_{p,u''} \cap G_{q,v}$, $c' := G_{p,u} \cap G_{q,v''}$. Dann gehören die Geraden $a \vee a'$, $b \vee b'$, $c \vee c'$ zu einem Parallelen- oder Geradenbüschel.

§ 3 Anfänge einer Dreiecksgeometrie

1. Dreiecke. Ein geordnetes Tripel a, b, c aus K^2 heißt ein *Dreieck*, wenn die *Ecken* oder *Eckpunkte* a, b, c nicht kollinear sind, wenn also

(1) $$[a, b, c] \neq 0$$

gilt. Man vergleiche mit dem Drei-Punkte-Kriterium 1.6. Die Geraden $a \vee b$, $b \vee c$ und $c \vee a$ nennt man die *Seiten* des Dreiecks. Mit a, b, c sind alle durch Permutation daraus entstehenden Tripel wieder Dreiecke. Wegen 1.6(4) gilt

(2) $$[f(a), f(b), f(c)] = \det M \cdot [a, b, c]$$

für jede affine Abbildung $x \mapsto f(x) := Mx + q$. Damit ist die Menge der *Dreiecke gegenüber affinen Abbildungen invariant.* Nach Lemma 1.6 gibt es zu zwei Dreiecken a, b, c und a', b', c' genau eine affine Abbildung f mit der Eigenschaft

$$f(a) = a' , \ f(b) = b' \text{ und } f(c) = c'.$$

Hat K nicht die Charakteristik 2, dann
sind die *Seitenmitten*

(3) $\quad a' = \frac{1}{2}(b+c)\,,\ b' = \frac{1}{2}(a+c)\,,$
$\quad\quad c' = \frac{1}{2}(a+b)$

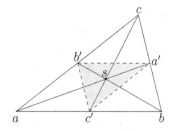

des Dreiecks a, b, c wohldefiniert. Wegen

$$[a', b', c'] = \tfrac{1}{4}[a, b, c]$$

ist a', b', c' wieder ein Dreieck, das so genannte *Mittendreieck* zu a, b, c.

Abb. 30: Schwerpunktsatz

Aufgaben. a) Sei $\operatorname{char} K \neq 2$ und a, b, c ein Dreieck in K^2. Man beschreibe
diejenige affine Abbildung, die das Dreieck a, b, c auf das Mittendreieck a', b', c'
abbildet.
b) Sei K ein endlicher Körper der Ordnung q. Dann gibt es in K^2 genau
$q^3(q-1)(q^2-1)$ Dreiecke.

2. Schwerpunktsatz. Es habe K nicht die Charakteristik 2. Die Verbindungsgerade eines Eckpunktes mit der „gegenüberliegenden" Seitenmitte eines Dreicks
a, b, c nennt man eine *Seitenhalbierende*. Die Seitenhalbierende durch a ist offenbar die Gerade

(1) $\qquad\qquad\qquad S_a := G_{a, \frac{1}{2}(b+c)-a} = G_{a, b+c-2a}.$

Nach Korollar 1.3A gilt hier $b + c - 2a \neq 0$.

Proposition. *Die drei Seitenhalbierenden eines Dreiecks sind paarweise verschieden.*

Beweis. Andernfalls würde etwa $S_a = S_b$, also $b \in S_a$ gelten. Das bedeutet
$b = a + \alpha(b + c - 2a)$ mit $\alpha \in K$ im Widerspruch zu Korollar 1.3A. $\quad\square$

Korollar. *Hat K die Charakteristik 3, so sind die drei Seitenhalbierenden in
jedem Dreieck parallel und paarweise verschieden.*

Beweis. Es gilt dann $-2a = a$. Also haben S_a, S_b und S_c jeweils die Richtung
$K(a + b + c)$. $\quad\square$

Gilt $\operatorname{char} K \neq 3$, so erhält man im Gegensatz zum Korollar den

Schwerpunktsatz. *Sei $\operatorname{char} K \neq 2, 3$. In jedem Dreieck $a, b, c \in K^2$ schneiden
sich die drei Seitenhalbierenden in genau einem Punkt, dem Schwerpunkt*

$$s := s_{abc} := \tfrac{1}{3}(a + b + c).$$

Beweis. Die Punkte von S_a haben die Form $a + \alpha(b + c - 2a)\,,\ \alpha \in K$. Mit
$\alpha = \frac{1}{3}$ folgt $s \in S_a$. Da sich s bei Permutation von a, b, c nicht ändert, gilt auch
$s \in S_b$ und $s \in S_c$. Mit der Proposition folgt die Behauptung. $\quad\square$

Wenn man die Proposition beachtet, erhält man zusammenfassend den

Äquivalenzsatz. *Für einen Körper K mit* $\operatorname{char} K \neq 2$ *sind äquivalent:*

(i) *Es gibt ein Dreieck aus K^2, in dem sich die drei Seitenhalbierenden in einem Punkt schneiden.*

(ii) *In jedem Dreieck aus K^2 schneiden sich die drei Seitenhalbierenden in einem Punkt.*

(iii) $\operatorname{char} K \neq 3$.

Bemerkung. ARCHIMEDES (ca. 287–212 v.Chr., Syrakus, Mathematiker, Physiker und Ingenieur) verwendete bereits den Schwerpunktsatz. Explizit formuliert wird er erstmals bei HERON (um 62 n.Chr., Alexandria, griechischer Mathematiker und Physiker).

Aufgaben. Sei $\operatorname{char} K \neq 2, 3$.

a) Seien $\alpha, \beta, \gamma \in K$ mit $\alpha + \beta + \gamma = 1$ gegeben. Zu jedem Dreieck $a, b, c \in K^2$ werden Punkte $\bar{a} := \alpha a + \beta b + \gamma c$, $\bar{b} := \alpha b + \beta c + \gamma a$, $\bar{c} := \alpha c + \beta a + \gamma b$ erklärt. Dann gilt $s_{\bar{a}\bar{b}\bar{c}} = s_{abc}$.

b) Ist $a, b, c \in K^2$ ein Dreieck und $f \in \operatorname{Aff}(2; K)$, so gilt $s_{f(a)f(b)f(c)} = f(s_{abc})$.

c) Sei $a, b, c \in K^2$ ein Dreieck. Als Verallgemeinerung der Seitenhalbierenden (1) betrachtet man für $\lambda \in K$ die Geraden

$$a \vee (\lambda b + (1 - \lambda)c), \; b \vee (\lambda c + (1 - \lambda)a), \; c \vee (\lambda a + (1 - \lambda)b).$$

Für welche λ schneiden sich die drei Geraden in genau einem Punkt? Für welche λ sind die drei Geraden alle parallel?

3*. Schwerpunkt von endlich vielen Punkten. Es sei $n \geq 3$ eine natürliche Zahl. Ist die Charakteristik von K kein Teiler von n und sind nicht-kollineare Punkte $a_1, \ldots, a_n \in K^2$ gegeben, dann nennt man

$$s := \frac{1}{n}(a_1 + \ldots + a_n)$$

den *Schwerpunkt* von $a_1, \ldots a_n$. Ist $\operatorname{char} K$ kein Teiler von $n - 1$, dann kann der Schwerpunkt von jeweils $n - 1$ Punkten

$$s_i := \frac{1}{n-1}(a_1 + \ldots + \hat{a}_i + \ldots a_n) \quad \text{für} \quad i = 1, \ldots, n$$

definiert werden. Dabei ist jeweils a_i in der Summe wegzulassen. Man betrachte analog zu 2(1) die Verbindungsgeraden von a_i mit s_i:

$$S_i := G_{a_i, s_i - a_i} \quad \text{für} \quad i = 1, \ldots, n.$$

Proposition. *Ist* $\operatorname{char} K$ *ein Teiler von n, dann sind die Geraden $S_1, S_2, \ldots, S_n$ alle parallel und haben keinen gemeinsamen Schnittpunkt.*

Beweis. Wegen

$$(*) \quad s_i - a_i = \frac{1}{n-1}(a_1 + \ldots + \hat{a}_i + \ldots + a_n - (n-1)a_i) = -(a_1 + \ldots + a_n)$$

sind alle S_i parallel. Hätten sie einen gemeinsamen Schnittpunkt, so wären sie alle gleich. Wegen $a_i \in S_i$ wären $a_1, \ldots, a_n$ dann kollinear. $\qquad\square$

Analog zu 2 erhält man nun den allgemeinen

Schwerpunktsatz. *Ist* char$K$ *kein Teiler von* $n(n-1)$, *so schneiden sich die Geraden* $S_i, i = 1, \ldots, n$, *im Schwerpunkt* s.

Zusammengefasst ergibt sich der

Äquivalenzsatz. *Für einen Körper K und eine natürliche Zahl $n \geq 3$, so dass* char$K$ *kein Teiler von $n-1$ ist, sind äquivalent:*
(i) *Es gibt n nicht-kollineare Punkte $a_1, \ldots, a_n \in K^2$, für welche sich die Geraden $S_i, i = 1, \ldots, n$, in einem Punkt schneiden.*
(ii) *Sind $a_1, \ldots, a_n \in K^2$ nicht-kollinear, dann schneiden sich die Geraden S_i, $i = 1, \ldots, n$, in einem Punkt.*
(iii) char$K$ *ist kein Teiler von n.*

Aufgaben. Seien $n \geq 3$, $a_1, \ldots, a_n \in K^2$ nicht kollinear und char$K$ kein Teiler von $n(n-1)$.
a) Die Schwerpunkte von $a_1, \ldots, a_n$ und von $s_1, \ldots, s_n$ stimmen überein.
b) Ist s der Schwerpunkt von $a_1, \ldots, a_n$ und $f \in \mathrm{Aff}(2; K)$, so ist $f(s)$ der Schwerpunkt von $f(a_1), \ldots, f(a_n)$.

4*. Das Analogon eines Flächenmaßes. Wenn man auch über einem beliebigen Körper eigentlich nicht von der Fläche eines Dreiecks a, b, c in K^2 sprechen kann, so kann man jedoch Funktionen studieren, welche die typischen Eigenschaften eines Flächenmaßes besitzen: Eine Abbildung

$$\varphi : K^2 \times K^2 \times K^2 \longrightarrow K$$

heißt ein *Flächenmaß*, wenn die folgenden Axiome für $a, b, c \in K^2$ gelten:

(F.1) $\varphi(a, b, c) = 0$, falls a, b, c kollinear.
(F.2) $\varphi(a, b, c) = -\varphi(b, a, c)$.
(F.3) $\varphi(a + \lambda(b - c), b, c) = \varphi(a, b, c)$ für $\lambda \in K$.
(F.4) $\varphi(\lambda a + (1 - \lambda)b, b, c) = \lambda \cdot \varphi(a, b, c)$ für $\lambda \in K$.
(F.5) $\varphi(a + p, b + p, c + p) = \varphi(a, b, c)$ für $p \in K^2$.

Wegen (F.5) hat ein Flächenmaß stets die Form

$$\varphi(a, b, c) = \psi(a - c, b - c)$$

mit einer Abbildung $\psi : K^2 \times K^2 \to K$. Die Axiome (F.1) bis (F.4) können dann äquivalent ersetzt werden durch die Axiome

(G.1) $\psi(u, v) = 0$, falls u, v linear abhängig.
(G.2) $\psi(u, v) = -\psi(v, u)$.
(G.3) $\psi(u + \lambda v, v) = \psi(u, v)$ für $\lambda \in K$.
(G.4) $\psi(\lambda u, v) = \lambda \cdot \psi(u, v)$ für $\lambda \in K$.

Wegen (G.2) gelten dann (G.3) und (G.4) auch bei Vertauschung der Argumente.

Lemma. *Eine Abbildung $\varphi : K^2 \times K^2 \times K^2 \to K$ ist genau dann ein Flächenmaß, wenn es ein $\alpha \in K$ gibt mit der Eigenschaft*

$$\varphi(a, b, c) = \alpha \cdot [a, b, c] \quad \textit{für alle } a, b, c \in K^2 .$$

Beweis. Die Axiome (G.1) bis (G.4) besagen, dass ψ eine so genannte Determinantenfunktion des K^2 ist. Aus der Linearen Algebra (vgl. M. KOECHER (1997), III, §1) folgt dann die Existenz eines $\alpha \in K$ mit $\psi(u, v) = \alpha \cdot \det(u, v) = \alpha[u, v]$ für $u, v \in K^2$. □

Aufgaben. a) Sei char$K \neq 2$ und a, b, c ein Dreieck in K^2. Für das zugehörige Mittendreieck gilt $\left[\frac{1}{2}(b + c) , \frac{1}{2}(c + a) , \frac{1}{2}(a + b)\right] = \frac{1}{4}[a, b, c]$.
b) Seien char$K \neq 3$, $a, b, c \in K^2$, $s = \frac{1}{3}(a + b + c)$. Dann gilt $[a, b, s] = [a, s, c] = [s, b, c] = \frac{1}{3}[a, b, c]$.
c) Sei K ein endlicher Körper der Ordnung q und sei $0 \neq \omega \in K$. Dann gibt es genau $q^3(q^2 - 1)$ Dreiecke a, b, c in K^2 mit dem Flächenmaß $[a, b, c] = \omega$.
d) Für $a, b, c, d \in K^2$ gilt $[a, b, c] + [a, c, d] = [a, b, d] + [b, c, d]$. Man deute dies am Viereck.

§ 4* Dreieckskoordinaten

1*. Definition. Es sei K ein beliebiger Körper und a, b, c ein Dreieck in K^2.

Lemma. *Zu jedem $x \in K^2$ gibt es eindeutig bestimmte $\alpha, \beta, \gamma \in K$ mit*

(1) $$x = \alpha a + \beta b + \gamma c$$

und

(2) $$\alpha + \beta + \gamma = 1 .$$

Genauer gilt hier

(3) $$\alpha = \frac{[x, b, c]}{[a, b, c]} , \quad \beta = \frac{[a, x, c]}{[a, b, c]} , \quad \gamma = \frac{[a, b, x]}{[a, b, c]} .$$

Beweis. Eine Darstellung (1) mit (2) und den Koeffizienten (3) hatte man bereits in 1.6(8) bzw. 1.6(9) nachgewiesen. Hat man eine weitere derartige Darstellung $x = \alpha' a + \beta' b + \gamma' c$ mit $\alpha' + \beta' + \gamma' = 1$ gegeben, so erhält man daraus sofort $(\alpha' - \alpha)a + (\beta' - \beta)b + (\gamma' - \gamma)c = 0$ und die Summe der Koeffizienten ist hier Null. Da a, b, c nicht kollinear sind, erhält man $\alpha' - \alpha = \beta' - \beta = \gamma' - \gamma = 0$ aus Korollar 1.3A. □

Das Tripel (α, β, γ) in (1) mit der Nebenbedingung (2) nennt man die (auf das Dreieck a, b, c bezogenen) *Dreieckskoordinaten* oder *baryzentrischen Koordinaten* des Punktes $x \in K^2$.

Bemerkungen. a) August Ferdinand MÖBIUS (1790–1868) führte 1827 in seinem Buch *Der baryzentrische Calcul* als erster homogene Koordinaten zur Beschreibung geometrischer Sachverhalte ein. Diese homogenen Koordinaten entsprechen genau den hier betrachteten Dreieckskoordinaten: An Stelle der Bedingung $\alpha + \beta + \gamma = 1$ betrachtet man bei homogenen Koordinaten nur die Verhältnisse $\alpha : \beta : \gamma$. Die Dreieckskoordinaten eignen sich besonders gut für gewisse Untersuchungen von „Kegelschnitten". Von MÖBIUS stammt weiter eine *Statik* (1837) und eine *Mechanik des Himmels* (1843) (*Gesammelte Werke I–IV*, Hirzel, Leipzig 1885).

b) Im Fall $c = 0$ erhält man aus dem Lemma genau Korollar 1.2 zurück.

c) Wegen $[x, b, c] = [b, c] + [x, b - c]$ usw. und der Dreier-Identität 1.2 kann man (1) auch in der Form

$$(4) \qquad [a, b, c]x = [x, b - c]a + [x, c - a]b + [x, a - b]c$$

schreiben. Dies ist aber *nicht* die Darstellung in Dreieckskoordinaten, denn die Summe der Koeffizienten ist nicht 1. Vielmehr hat man eine Darstellung

$$(5) \qquad x = \overline{\alpha}a + \overline{\beta}b + \overline{\gamma}c \quad \text{mit} \quad \overline{\alpha} + \overline{\beta} + \overline{\gamma} = 0.$$

Aufgaben. a) Sei $\omega \in K$ und a, b, c ein Dreieck in K^2. Dann besitzt jedes $x \in K^2$ eine eindeutige Darstellung $x = \alpha a + \beta b + \gamma c$ mit $\alpha + \beta + \gamma = \omega$.

b) Sei $\operatorname{char} K \neq 3$. Man stelle den Schwerpunkt s und die Eckpunkte des Dreicks a, b, c in der Form (5) dar.

2*. Geradengleichung. *Sei a, b, c ein Dreieck in K^2. Die Punkte einer beliebigen Geraden von K^2 erhält man in der Form*

$$(1) \qquad q(\tau) := (\overline{\alpha}\tau + \alpha)a + (\overline{\beta}\tau + \beta)b + (\overline{\gamma}\tau + \gamma)c \,, \quad \tau \in K,$$

mit $\alpha, \overline{\alpha}, \beta, \overline{\beta}, \gamma, \overline{\gamma} \in K$ und

$$(2) \qquad \overline{\alpha} + \overline{\beta} + \overline{\gamma} = 0 \,, \quad (\overline{\alpha}, \overline{\beta}, \overline{\gamma}) \neq (0, 0, 0) \,, \quad \alpha + \beta + \gamma = 1.$$

Dabei beschreibt (1) die Gerade durch $\alpha a + \beta b + \gamma c$ mit Richtung $\overline{\alpha}a + \overline{\beta}b + \overline{\gamma}c$.

Beweis. Offensichtlich erhält man durch (1) die Punkte der Geraden

$$G_{p,u} \quad \text{mit} \quad p := \alpha a + \beta b + \gamma c \quad \text{und} \quad u := \overline{\alpha}a + \overline{\beta}b + \overline{\gamma}c \,.$$

Wegen (2) und Korollar 1.3A ist hier u sicher nicht Null. Man erhält alle Geraden aufgrund von Lemma 1 und 1(5).   □

Natürlich sind in (1) die Parameter $\alpha, \ldots, \overline{\gamma}$ aus K durch die Gerade nicht eindeutig festgelegt: Man kann τ immer noch durch $\rho\tau + \sigma$ mit $\rho, \sigma \in K$, $\rho \neq 0$, ersetzen. Ohne Einschränkung kann man also z.B. $\overline{\gamma} = 1$ und $\gamma = 0$ annehmen. Die hierdurch entstehende Unsymmetrie schadet aber dieser Betrachtungsweise. Die Beschreibung

$$G = \{\alpha a + \beta b : \alpha, \beta \in K \,, \ \alpha + \beta = 1\} = \{\tau a + (-\tau + 1)b : \tau \in K\}$$

der Geraden durch a und b nach Lemma 1.3 ist natürlich ein Spezialfall von (1).

Aufgabe. Sei $\operatorname{char} K \neq 2$. Man stelle die Seiten und die Seitenhalbierenden eines Dreiecks a, b, c in K^2 in der Form (1) dar.

3*. Parabel durch drei Punkte. Sei a, b, c ein Dreieck in K^2. Für paarweise verschiedene $\xi, \eta, \zeta \in K$ betrachte man die Punkte

$$(1) \quad x(\tau) := \frac{(\tau - \eta)(\tau - \zeta)}{(\xi - \eta)(\xi - \zeta)} a + \frac{(\tau - \xi)(\tau - \zeta)}{(\eta - \xi)(\eta - \zeta)} b + \frac{(\tau - \xi)(\tau - \eta)}{(\zeta - \xi)(\zeta - \eta)} c \ , \ \tau \in K,$$

in K^2. Offenbar gilt

$$(2) \qquad x(\xi) = a \ , \ x(\eta) = b \ , \ x(\zeta) = c.$$

Proposition. *In* (1) *ist* $x(\tau)$ *in Dreieckskoordinaten gegeben.*

Beweis. Mit der Abkürzung $\Delta := (\xi - \eta)(\eta - \zeta)(\zeta - \xi)$ bildet man für die Koeffizienten α, β, γ von a, b, c in (1) das Polynom $\varphi(\tau) := \Delta(\alpha + \beta + \gamma) = (\zeta - \eta)(\tau - \eta)(\tau - \zeta) + (\xi - \zeta)(\tau - \xi)(\tau - \zeta) + (\eta - \xi)(\tau - \xi)(\tau - \eta)$ in τ vom Grad ≤ 2. Wegen $\varphi(\xi) = \varphi(\eta) = \varphi(\zeta) = \Delta$ gilt $\varphi(\tau) = \Delta$ für alle $\tau \in K$. □

Man setzt nun

$$(3) \qquad\qquad P := P_{abc}^{\xi\eta\zeta} := \{x(\tau) : \tau \in K\}$$

und nennt P eine *Parabel* durch a, b, c. Offenbar ändert sich P nicht, wenn man

$$(4) \qquad \xi, \eta, \zeta \quad \text{durch} \quad \rho\xi + \sigma \ , \ \rho\eta + \sigma \ , \ \rho\zeta + \sigma \ , \ \rho \neq 0,$$

ersetzt.

Lemma. *Ein Punkt* $\alpha a + \beta b + \gamma c \in K^2$ *mit* $\alpha + \beta + \gamma = 1$ *liegt genau dann auf* P, *wenn gilt*

$$(5) \qquad\qquad (\alpha\xi + \beta\eta + \gamma\zeta)^2 = \alpha\xi^2 + \beta\eta^2 + \gamma\zeta^2.$$

In diesem Fall hat man

$$(6) \qquad\qquad x(\tau) = \alpha a + \beta b + \gamma c \quad \text{für} \quad \tau = \alpha\xi + \beta\eta + \gamma\zeta.$$

Beweis. Wegen Lemma 1 ist $\alpha a + \beta b + \gamma c \in P$ äquivalent mit

$$(*) \qquad \begin{aligned} \tau^2 - (\eta + \zeta)\tau + \eta\zeta &= (\xi - \eta)(\xi - \zeta)\alpha \ , \\ \tau^2 - (\zeta + \xi)\tau + \xi\zeta &= (\eta - \zeta)(\eta - \xi)\beta \ , \\ \tau^2 - (\xi + \eta)\tau + \xi\eta &= (\zeta - \xi)(\zeta - \eta)\gamma \ . \end{aligned}$$

Die Differenz von je zwei dieser drei Gleichungen führt zu $\tau = \alpha\xi + \beta\eta + \gamma\zeta$. Man setzt dies in $(*)$ ein und erhält (5). □

Bemerkung. In (1) ist natürlich vorausgesetzt, dass K mindestens drei Elemente besitzt. Dann wird durch (3) eine Parabel beschrieben, die durch die Eckpunkte a, b, c des Dreiecks geht.

Aufgaben. a) Sei K ein endlicher Körper der Ordnung $q \geq 3$. Dann besteht die Parabel (3) aus q Punkten.

b) Sei $\operatorname{char} K \neq 3$ und $\operatorname{ord} K > 2$. Es gibt genau dann eine Parabel (3), die den Schwerpunkt des Dreiecks enthält, wenn die Gleichung $2(\lambda^2 - \lambda + 1) = 0$ eine Lösung λ in K hat.

c) Sei K ein Körper mit 4 Elementen. Dann besteht P aus dem Dreieck und dem zugehörigen Schwerpunkt.

d) Sei $\operatorname{char} K \neq 2$. Dann liegt auf der Parabel P keine Seitenmitte des Dreiecks a, b, c.

§ 5 Die Sätze von MENELAOS und CEVA

In diesem Paragraphen sei K ein Körper mit mehr als zwei Elementen.

1. Ein Geradenmaß. Sind $a, b, c \in K^2$ paarweise verschiedene, aber kollineare Punkte, dann liegt c auf der Verbindungsgeraden von a und b. Wegen Lemma 1.3 gibt es daher eindeutig bestimmte $\alpha, \beta \in K$ mit

$$(1) \qquad\qquad c = \alpha a + \beta b \quad \text{und} \quad \alpha + \beta = 1.$$

Nach Voraussetzung ist hier $\alpha \neq 0, 1$ und $\beta \neq 0, 1$. Man definiert nun ein Element $acb \in K$ vermöge

$$(2) \qquad\qquad acb := \frac{\alpha}{\beta}, \quad \text{falls } c \text{ durch (1) dargestellt wird.}$$

Mit der Abkürzung $\omega := acb$ bekommt man $\omega \neq 0$, $\omega \neq -1$, $\alpha = \frac{\omega}{1+\omega}$ und $\beta = \frac{1}{1+\omega}$ aus (2) und (1). Da (1) gleichwertig ist mit $a = \frac{1}{\alpha}c - \frac{\beta}{\alpha}b$ bzw. $b = \frac{1}{\beta}c - \frac{\alpha}{\beta}a$ erhält man die folgende Tabelle, die den Wert von acb bei Permutation von a, b, c angibt:

(3)

acb	bac	cba	cab	abc	bca
ω	$-\dfrac{1}{1+\omega}$	$-\dfrac{(1+\omega)}{\omega}$	$-(1+\omega)$	$-\dfrac{\omega}{1+\omega}$	$\dfrac{1}{\omega}$

Wie man sieht, wird $\{\xi \in K : \xi \neq 0, \xi \neq -1\}$ durch die Gruppe derjenigen Abbildungen bijektiv auf sich abgebildet, die ξ jeweils den Wert

$$\xi, \ \frac{1}{\xi}, \ -(1+\xi), \ -\frac{1}{1+\xi}, \ -\frac{1+\xi}{\xi}, \ -\frac{\xi}{1+\xi}$$

zuordnen.

Proposition. *Für jede affine Abbildung* $f \in \operatorname{Aff}(2; K)$ *gilt* $f(a)f(c)f(b) = acb$.

Beweis. Nach 1.5(1) hat man $f(x) = Mx + q$ mit $M \in GL(2; K)$ und $q \in K^2$. Aus (1) folgt aber $Mc + q = \alpha(Ma + q) + \beta(Mb + q)$. □

Wir geben noch eine weitere Darstellung.

Lemma. *Sind* p, q *verschiedene Punkte*
auf einer von $a \vee b$ *verschiedenen Gera-*
den durch c, *dann gilt*

$$acb = \frac{[b, p, q]}{[a, q, p]} \; .$$

Man beachte, dass der Fall $p = c$ oder
$q = c$ nicht ausgeschlossen ist!

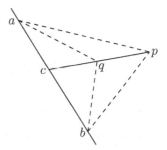

Abb. 31: Geradenmaß

Beweis. Nach der Proposition ist die linke Seite translationsinvariant, nach
1.6(3) gilt dies auch für die rechte Seite. Zum Beweis darf also $p = 0$ und
folglich $q = \gamma c$ mit $0 \neq \gamma \in K$ angenommen werden. Die rechte Seite wird dann
gleich $\frac{[q,b]}{[a,q]} = \frac{[c,b]}{[a,c]}$, das ist aber nach (1) und Korollar 1.2 auch die linke Seite. $\square$

Bemerkungen. a) Nach fester Wahl von a, b auf der Geraden G kann man
$\omega(x) := axb$ als *die* Koordinate des Punktes x von G auffassen. Geht man von
Punkten $x, y \in G \setminus \{a, b\}$ aus, so kann man fragen, ob es ein $z \in G \setminus \{a, b\}$ gibt
mit $\omega(z) = \omega(x) \cdot \omega(y)$. Diese Frage wird in 4 behandelt.
b) Wählt man die paarweise verschiedenen Punkte a, b, c auf der Geraden Ku,
also $a = \alpha u$, $b = \beta u$ und $c = \gamma u$, dann gilt $c = \frac{\gamma - \beta}{\alpha - \beta} a + \frac{\alpha - \gamma}{\alpha - \beta} b$ und man erhält

$$acb = \frac{\gamma - \beta}{\alpha - \gamma} = \frac{\beta - \gamma}{\gamma - \alpha} \; .$$

c) Sind $a, b, c \in K^2$ paarweise linear unabhängig, dann folgt aus dem Lemma
mit $q = c$ und $p = 0$:

$$acb = \frac{[c, b]}{[a, c]} \quad \text{für } c \in a \vee b, \; c \neq a, \; c \neq b \; .$$

d) Eine Deutung des Geradenmaßes (2) über $\mathbb{R}$ findet man in III.2.1(2).

Aufgaben. a) Seien $a, b \in K^2$, $a \neq b$. Dann ist die Abbildung

$$(a \vee b) \setminus \{a, b\} \longrightarrow K \setminus \{0, -1\}, \; x \longmapsto axb,$$

eine Bijektion.
b) Unter welcher Voraussetzung an K ist die durch (3) gegebene Gruppe von
Bijektionen von $K \setminus \{0, 1\}$ zur Permutationsgruppe S_3 isomorph?
c) Seien a, b, c und a', b', c' jeweils paarweise verschieden und kollineare Punkte
im K^2. Es gibt genau dann eine affine Abbildung $f \in \text{Aff}(2; K)$ mit $f(a) = a'$,
$f(b) = b'$ und $f(c) = c'$, wenn $acb = a'c'b'$.

2. Regula sex quantitatum. In einem Dreieck a, b, c in K^2 betrachte man
Punkte p, q, r auf den Seiten, aber verschieden von den Eckpunkten. Dabei liege
p auf der Verbindungsgeraden von a, b usw.

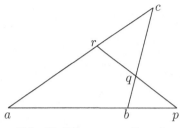
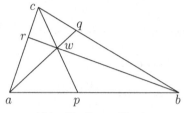

Abb. 32: MENELAOS-Gerade   Abb. 33: CEVA-Punkt

Spezielle und besonders interessante Situationen sind dann:

(1) Die Punkte p, q, r sind kollinear.

bzw.

(2) Die *Transversalen*, d.h. die Verbindungsgeraden der Ecken a, b, c mit den „gegenüberliegenden Punkten" q, r bzw. p, gehen durch einen Punkt.

Die Gerade in (1) heißt MENELAOS-*Gerade*, der Schnittpunkt in (2) heißt CEVA-*Punkt*.

Man definiert

(3) $\triangle := \triangle_{abc}^{pqr} := apb \cdot bqc \cdot cra.$

Nach Proposition 1 ist (3) invariant unter affinen Abbildungen.

Die *regula sex quantitatum*, also die „Regel von den sechs Größen", besteht nun aus den beiden folgenden Aussagen:

Satz von MENELAOS. *Die Punkte p, q, r liegen genau dann auf einer Geraden, wenn $\triangle = -1$ gilt.*

Satz von CEVA. *Die Transversalen schneiden sich genau dann in einem Punkt oder sind alle parallel, wenn $\triangle = 1$ gilt.*

Beweis. In beiden Fällen darf man ohne Einschränkung $a = 0$, also

(∗) $p = \rho b \,,\ r = \sigma c \,,\ q = \beta b + \gamma c$ mit $\beta, \gamma, \rho, \sigma \in K$ und $\beta + \gamma = 1$

annehmen. (3) erhält dann die Form

(∗∗) $\triangle = \dfrac{1-\rho}{\rho} \cdot \dfrac{\beta}{\gamma} \cdot \dfrac{\sigma}{1-\sigma}.$

MENELAOS-Behauptung. *Die Punkte p, q, r sind genau dann kollinear, wenn $(1 - \rho)\beta\sigma + \rho\gamma(1 - \sigma) = 0$ gilt.*

Beweis. Man verwendet das Drei-Punkte-Kriterium 1.6 und erhält mit (∗)

$[p, q, r] = (\sigma\beta + \rho\gamma - \sigma\rho)[b, c] = ((1 - \rho)\beta\sigma + \rho\gamma(1 - \sigma))\,[b, c]\,.$ □

CEVA-Behauptung. *Die Transversalen schneiden sich genau dann in einem Punkt oder sind alle parallel, wenn* $(1 - \rho)\beta\sigma = \rho\gamma(1 - \sigma)$ *gilt.*

Beweis. Unter der Annahme $a = 0$ gehen die Transversalen genau dann durch einen Punkt oder sind alle parallel, wenn die Geraden $G_{0,q}$, $G_{b,r-b}$ und $G_{c,p-c}$ durch einen Punkt gehen oder alle parallel sind. Nach dem Drei-Geraden-Kriterium 1.6 ist das genau der Fall, wenn

$$[c,p] \cdot [q, r - b] + [b, r] \cdot [p - c, q] = 0$$

gilt. Man trägt (∗) ein und erhält die Behauptung. □

Die beiden Sätze liest man nun aus (∗∗) und den Behauptungen ab. □□

Schneiden sich drei Transversalen, dann kann man den Schnittpunkt w wie folgt berechnen:

Satz von AUBEL. $pwc = bqc + arc$.

Beweis. Man verwendet Lemma 1 zum Nachweis von

$$bqc = \frac{[c, a, w]}{[b, w, a]} , \quad arc = \frac{[c, w, b]}{[a, b, w]} \quad \text{und} \quad pwc = \frac{[c, a, w]}{[p, w, a]} = \frac{[c, w, b]}{[p, b, w]} .$$

Wegen $[p, a, b] = 0$ gilt

$$[p, w, a] + [p, b, w] = [a, b, w]$$

nach 1.6(8). Da aber aus

$$\frac{\alpha}{\beta} = \frac{\gamma}{\delta} \quad \text{schon} \quad \frac{\alpha}{\beta} = \frac{\alpha + \gamma}{\beta + \delta}$$

folgt, erhält man die Behauptung. □

Literatur: H. DÖRRIE, *Mathematische Miniaturen* (1943), Nr. 69.

Aufgaben. a) Sei char$K \neq 2$ und a, b, c ein Dreieck in K^2. Dann gibt es eine Bijektion zwischen den beiden folgenden Mengen:
(i) Menge der MENELAOS-Geraden, auf der keine Seitenmitte von a, b, c liegt.
(ii) Menge aller parallelen Transversalen und aller CEVA-Punkte, die auf keiner Seitenhalbierenden von a, b, c liegen.
b) Berechnen Sie den Schnittpunkt im Satz von CEVA.

3. Historisches. Der Satz von MENELAOS (um 100 n.Chr., Alexandria) wurde lange Zeit PTOLEMAEUS (100–160 n.Chr., Alexandria) zugeschrieben, da er in dessen *Almagest* als Fundamentalsatz der Trigonometrie verwendet wurde. Erst Pater Marin MERSENNE (1588–1648) bemerkte im 17. Jahrhundert, dass dieser in der *Sphärik* des MENELAOS vorkommt. Im Mittelalter wird der Satz von MENELAOS häufig verwendet. Aus dieser Zeit stammt der Satz von Giovanni CEVA (1647–1734, italienischer Mathematiker). Beide Aussagen zusammen und ihre Verallgemeinerungen auf sphärische Dreiecke nannte man *regula sex quantitatum*. Die Beweise wurden früher meist mit Schwerpunktuntersuchungen geführt.

4*. Ein Produkt auf den Geraden. Den Satz von MENELAOS kann man dazu verwenden, um ein Produkt auf einer Geraden zu definieren. Man geht von einem Dreieck a, b, c und echten Zwischenpunkten p, q, r aus. In der folgenden „Konstruktion" sind $x, y \in a \vee b \setminus \{a, b\}$ gegeben. Wir setzen voraus, dass die folgenden Schnittpunkte existieren. Es ist

(1)
$$
\begin{aligned}
u &= (b \vee c) \cap (y \vee r), & v &= (a \vee c) \cap (u \vee p), \\
w &= (b \vee c) \cap (x \vee v), & z &= (a \vee b) \cap (w \vee r).
\end{aligned}
$$

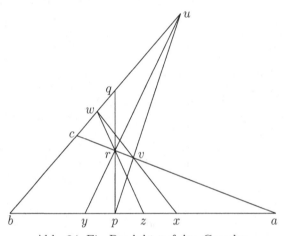

Abb. 34: Ein Produkt auf den Geraden

Hier kann man z als Produkt von x und y auffassen.

Lemma. *Wenn der Punkt z in (1) existiert, gilt*

$$apb \cdot azb = axb \cdot ayb.$$

Beweis. Nach dem Satz von MENELAOS in 2 sind

$$ayb \cdot buc \cdot cra, \quad apb \cdot buc \cdot cva, \quad axb \cdot bwc \cdot cva, \quad azb \cdot bwc \cdot cra$$

sämtlich gleich -1. Eliminiert man hier die von u, v, w abhängigen Größen, so folgt $azb \cdot apb = axb \cdot ayb$. $\square$

Korollar. *Wenn der Punkt z in (1) existiert, so hängt er weder von c noch von q oder r ab.*

Aufgabe. Unter welcher Bedingung an x, y und p kann man c, q, r so wählen, dass z in (1) existiert?

§ 6* Das Doppelverhältnis

In diesem Paragraphen habe der Körper K mehr als drei Elemente.

1*. Definition. Das Geradenmaß aus 5.1 erlaubt, das so genannte *Doppelverhältnis*

(1) $$D_{abcd} := \frac{cbd}{cad}$$

von vier paarweise verschiedenen kollinearen Punkten $a, b, c, d \in K^2$ zu definieren. Die 24 Permutationen der Punkte a, b, c, d geben nur 6 Werte für das Doppelverhältnis. Wegen 5.1(3) hat man zunächst:

(2) $$D_{bacd} = D_{abdc} = \frac{1}{D_{abcd}}.$$

Lemma. a) *Das Doppelverhältnis nimmt die Werte 0 und 1 nicht an.*
b) *Bei zyklischer Vertauschung gilt* $D_{bcda} = \frac{D_{abcd}}{D_{abcd}-1}$.

Beweis. b) Man schreibt $a = \alpha c + \beta d$, $b = \gamma c + \delta d$, $\alpha + \beta = \gamma + \delta = 1$ und erhält $D_{abcd} = \frac{\alpha\delta}{\beta\gamma}$ aus (1) und 5.1(2). Wegen

$$c = -\frac{\beta}{\alpha}d + \frac{1}{\alpha}a \ , \ b = \frac{\alpha\delta - \beta\gamma}{\alpha}d + \frac{\gamma}{\alpha}a$$

folgt

$$D_{bcda} = \frac{\beta\gamma}{\beta\gamma - \alpha\delta} = \frac{D_{abcd}}{D_{abcd} - 1}.$$

a) Sicher ist $D_{abcd} \neq 0$ und nach b) gilt $D_{abcd} \neq 1$.　　　　□

Eine Liste der Werte von D bei allen Permutationen von a, b, c, d beinhaltet die folgende Tabelle, die man mit (2), 5.1(3) und dem Lemma verifiziert.

(3)

abcd	badc	dcba	cdab	D
abdc	bacd	dcab	cdba	$\frac{1}{D}$
acbd	bdac	dbca	cadb	$1 - D$
acdb	bdca	dbac	cabd	$\frac{1}{1-D}$
adbc	bcad	dacb	cbda	$1 - \frac{1}{D}$
adcb	bcda	dabc	cbad	$\frac{D}{D-1}$

Die in (3) auftretenden Abbildungen

$$K\backslash\{0,1\} \to K\backslash\{0,1\}, \quad D \mapsto D, \quad \frac{1}{D}, \quad \frac{D}{D-1}, \quad 1-\frac{1}{D}, \quad \frac{1}{1-D} \quad \text{bzw.} \quad 1-D,$$

sind Bijektionen und bilden eine Gruppe bezüglich Komposition, die zur Permutationsgruppe S_3 isomorph ist, sofern K mehr als 5 Elemente enthält.

Die Proposition 5.1 ergibt schließlich die

Proposition. *Für jede affine Abbildung $f \in \mathrm{Aff}(2;K)$ und paarweise verschiedene kollineare $a,b,c,d \in K^2$ gilt*

$$D_{f(a)f(b)f(c)f(d)} = D_{abcd}.$$

Eine analoge Aussage gilt für die in 2.1 eingeführten Zentralprojektionen.

Korollar. *Sind a,b,c,d vier paarweise verschiedene Punkte auf der Geraden G und entstehen a',b',c',d' auf der Geraden G' daraus durch Zentralprojektion, so gilt*

$$D_{a'b'c'd'} = D_{abcd}$$

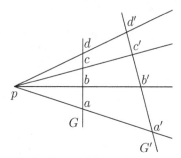

Abb. 35: Zentralprojektion

Beweis. Nach einer Translation darf man wegen der Proposition $p = 0$ annehmen. Dann gibt es $\gamma, \delta \in K \backslash \{0\}$ mit $c' = \gamma c$ und $d' = \delta d$. Nun berechnet man explizit $\delta \cdot cad = \gamma \cdot c'a'd'$ sowie $\delta \cdot cbd = \gamma \cdot c'b'd'$. Also folgt die Behauptung aus (1). $\square$

Bemerkungen. a) Wählt man die vier Punkte a,b,c,d auf einer Geraden Ku, also $a = \alpha u$, $b = \beta u$, $c = \gamma u$, $d = \delta u$, so folgt aus Bemerkung 5.1b) sofort

$$(4) \qquad\qquad D_{abcd} = \frac{\alpha - \gamma}{\alpha - \delta} : \frac{\beta - \gamma}{\beta - \delta}.$$

b) Für vier paarweise verschiedene Punkte in $\mathbb{C} \cong \mathbb{R}^2$ wird das komplexe Doppelverhältnis in V.5.2 eingeführt.

Aufgaben. a) Seien a,b,c paarweise verschiedene Punkte einer Geraden G in K^2. Dann ist die Abbildung

$$G \backslash \{a,b,c\} \longrightarrow K \backslash \{0,1,-abc\} , \quad x \longmapsto D_{abcx} ,$$

eine Bijektion.
b) Man beschreibe (3) in den Fällen, in denen K ein Körper mit 4 oder 5 Elementen ist.

2*. Harmonische Punkte. Man nennt vier paarweise verschiedene kollineare Punkte $a, b, c, d \in K^2$ *harmonisch*, wenn $D_{abcd} = -1$ gilt. Nach 1(3) hängt diese Eigenschaft nur von der Menge $\{\{a, b\}, \{c, d\}\}$ ab, d.h. nur von den Paaren $\{a, b\}$ und $\{c, d\}$ ohne Berücksichtigung der Reihenfolge.

Nach Proposition 1 gehen harmonische Punkte bei affinen Abbildungen wieder in harmonische Punkte über. Man sagt daher auch, dass die beiden Paare $\{a, b\}$ und $\{c, d\}$ sich *harmonisch trennen*.

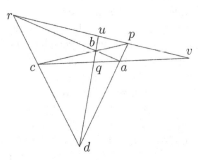

Abb. 36: Harmonische Punkte

Als Anwendung erhält man (vgl. 2.5) den

Satz. *Gegeben sei ein vollständiges Vierseit a, b, c, d in K^2 mit* char $K \neq 2$ *und Diagonalpunkten*

$$p := (a \vee d) \cap (b \vee c), \, q := (b \vee d) \cap (a \vee c), r := (c \vee d) \cap (a \vee b),$$

so dass auch die Diagonalschnittpunkte

$$u := (b \vee d) \cap (r \vee p) \quad und \quad v := (a \vee c) \cap (r \vee p)$$

existieren. Dann trennen sich zwei gegenüberliegende Ecken und die Schnittpunkte dieser Diagonalen mit den beiden anderen Diagonalen harmonisch, d.h., es gilt

$$D_{acqv} = D_{bdqu} = D_{rpuv} = -1 \, .$$

Beweis. Man projiziert a, c, q, v mit Zentrum b auf r, p, u, v (vgl. 2.1) und erhält $D_{acqv} = D_{rpuv}$ aus Korollar 1. Dann projiziert man r, p, u, v mit Zentrum d auf c, a, q, v und erhält $D_{rpuv} = D_{caqv}$, also $D_{acqv} = D_{caqv}$. Aus 1(2) folgt $D_{acqv}^2 = 1$, und Lemma 1 ergibt die Behauptung. □

In einer speziellen Situation hat man ein besonders handliches Kriterium:

Lemma. *Liegen die paarweise verschiedenen Punkte a, b, c, d auf einer nicht durch Null gehenden Geraden, dann gilt*

$$(1) \qquad D_{abcd} = \frac{[a, c] \cdot [b, d]}{[a, d] \cdot [b, c]}.$$

Insbesondere sind äquivalent:
(i) *a, b, c, d sind harmonisch.*
(ii) *$[a, d] \cdot [b, c] + [a, c] \cdot [b, d] = 0$.*

Beweis. Nach Bemerkung 5.1c) und nach Voraussetzung hat man $cxd = \frac{[x, d]}{[c, x]}$. Damit folgt (1) aus 1(1). □

Bemerkungen. a) Bereits die Pythagoräer nannten um 500 v.Chr. drei positive Zahlen ξ, η, ζ *harmonisch* oder η ist das *harmonische Mittel* zwischen ξ und ζ, wenn $\frac{1}{\xi}$, $\frac{1}{\eta}$, $\frac{1}{\zeta}$ gleiche Differenzen haben, wenn also $\frac{1}{\xi} - \frac{1}{\eta} = \frac{1}{\eta} - \frac{1}{\zeta}$ gilt. Liegen die vier paarweise verschiedenen Punkte a, b, c, d auf einer Geraden Ku, gilt also z.B. $a = 0$, $b = \beta u$, $c = \gamma u$, $d = \delta u$, so gilt $D_{abcd} = -1$ nach 1(4) genau dann, wenn $2\gamma\delta - \beta\gamma - \beta\delta = 0$, d.h., wenn $\frac{1}{\gamma} - \frac{1}{\beta} = \frac{1}{\beta} - \frac{1}{\delta}$ gilt.

b) Für harmonische Punkte a, b, c, d kommen nach 1(3) bei Permutation der Punkte nur die Werte $-1, \frac{1}{2}, 2$ für das Doppelverhältnis in Betracht. Als weitere Möglichkeit dafür, dass mehr als vier Permutationen das gleiche Doppelverhältnis ergeben, bleiben nach 1(3) wegen $D \neq 1$ nur die Möglichkeiten $D = \frac{1}{1-D}$ bzw. $D = 1 - \frac{1}{D}$, die aber nur eintreten können, wenn $D^2 - D + 1 = 0$ in K lösbar ist. Dann tritt dieser Fall auch ein. Man sagt dann, dass die Punkte *äquianharmonisch* liegen.

Aufgaben. a) Seien $a, b, c \in K^2$ kollinear und paarweise verschieden. Gilt char $K \neq 2$, so gibt es genau dann ein $d \in K^2$, so dass a, b, c, d harmonisch sind, wenn $acb \neq 1$. In diesem Fall ist d eindeutig bestimmt.

b) Gilt char $K = 3$, so sind vier paarweise verschiedene kollineare Punkte genau dann harmonisch, wenn sie äquianharmonisch sind.

§ 7* BROCARDsche Punkte

1*. Eine quadratische Form. Für $M \in \mathrm{Mat}(2; K)$ gilt

$$(1) \qquad\qquad [Mx, My] = (\det M) \cdot [x, y]$$

nach 1.2(6). Man linearisiert bezüglich M (oder verifiziert in Komponenten) und erhält

$$(2) \qquad [Mx, y] + [x, My] = (\mathrm{Spur}\, M) \cdot [x, y] \quad \text{für} \quad M \in \mathrm{Mat}(2; K).$$

Zu $M \in \mathrm{Mat}(2; K)$ wird nun die quadratische Form ω_M des K^2 erklärt durch

$$(3) \qquad\qquad \omega_M(x) := [x, Mx], \ x \in K^2.$$

Für die zugeordnete symmetrische Bilinearform erhält man dann

$$(4) \qquad \omega_M(x, y) := \omega_M(x + y) - \omega_M(x) - \omega_M(y) = [x, My] + [y, Mx],$$

also mit (2)

$$(5) \qquad\qquad \omega_M(x, y) = 2[x, My] - (\mathrm{Spur}\, M) \cdot [x, y].$$

Schließlich setzt man noch für $x, y, z \in K^2$

$$(6) \qquad\qquad \omega_M(x, y, z) := \omega_M(x - y) + \omega_M(y - z) + \omega_M(z - x).$$

Wegen (4) und (5) erhält man hierfür

(7)
$$\omega_M(x, y, z) - (\mathrm{Spur}\, M) \cdot [x, y, z]$$
$$= 2\left([x, Mx] + [y, My] + [z, Mz] - [x, My] - [y, Mz] - [z, Mx]\right).$$

Aufgrund von (3) gilt $\omega_{\lambda E + M}(x) = \omega_M(x)$ für alle $\lambda \in K$. Wegen (6) folgt dann

(8)
$$\omega_{\lambda E + M}(x, y, z) = \omega_M(x, y, z) \quad \text{für alle} \quad \lambda \in K.$$

Aufgaben. a) Sei $S = S_M \in \mathrm{Mat}(2; K)$, $S = S^t$, mit $\omega_M(x, y) = x^t S y$ für alle $x, y \in K^2$. Dann gilt $\det S = 4 \det M - (\mathrm{Spur}\, M)^2$.
b) Die symmetrische Bilinearform ω_M in (4) ist genau dann ausgeartet, wenn M im algebraischen Abschluss von K einen Eigenwert der Vielfachheit 2 besitzt.
c) Aus $\mathrm{char}\, K = 2$ folgt $\omega_M(\dot{x}, y) = (\mathrm{Spur}\, M) \cdot [x, y]$, insbesondere $\omega_M(x, x) = 0$.

2*. Der Ansatz von Brocard. Nach P.R.J.-B.H. Brocard (1845–1922) kann man die Frage stellen, ob man die Seiten eines Dreiecks so „gleichartig verdrehen" kann, dass sich die entstehenden Geraden in einem Punkt schneiden. Zur Präzisierung des Problems geht man von einem Dreieck a, b, c in K^2 und einer Matrix $M \in GL(2; K)$ aus und betrachtet als ersten Fall die mit M „gedrehten" Geraden

(1)
$$G_{a, M(b-a)}, G_{b, M(c-b)}, G_{c, M(a-c)}$$

durch die Ecken des Dreiecks. In der Bezeichnung 1(6) ergibt sich dann das

Lemma. *Sei* $\mathrm{char}\, K \neq 2$. *Für* $M \in GL(2; K)$ *gehen die Geraden* (1) *genau dann durch einen Punkt, wenn*

(2)
$$\omega_M(a, b, c) = (\mathrm{Spur}\, M) \cdot [a, b, c].$$

Beweis. Die Geraden (1) sind nicht parallel. Nach dem Drei-Geraden-Kriterium 1.6 gehen die Geraden (1) genau dann durch einen Punkt, wenn

$$[c, M(a - c)] \cdot [M(b - a), M(c - b)] + [a, M(b - a)] \cdot [M(c - b), M(a - c)]$$
$$+ [b, M(c - b)] \cdot [M(a - c), M(b - a)] = 0$$

gilt. Wegen 1(1) ist dies gleichwertig mit

$$[c, M(a - c)] + [a, M(b - a)] + [b, M(c - b)] = 0.$$

Aus 1(7) folgt nun die Äquivalenz mit (2). □

Die Bedingung (2) ist wegen 1(3) in M linear. Da sich die linke Seite nach 1(8) nicht ändert, wenn man M durch $\lambda E + M$, $\lambda \in K$, ersetzt, die rechte Seite aber den Summanden $2\lambda[a, b, c]$ aufnimmt, kann man (2) erzwingen, wenn man von $M \in GL(2; K)$ zu $\lambda E + M$ mit einem durch M wohlbestimmten $\lambda \in K$ übergeht.

Als Beispiel wähle man

(3)
$$M = \alpha E + \beta J, \quad J := \begin{pmatrix} 0 & -1 \\ 1 & 0 \end{pmatrix}, \quad \alpha^2 + \beta^2 \neq 0, \quad \beta \neq 0.$$

Hier wird

$$\omega_M(x) = \beta \cdot \omega(x) \quad \text{mit} \quad \omega(x) = x_1^2 + x_2^2 \,, \text{ falls } \quad x = \begin{pmatrix} x_1 \\ x_2 \end{pmatrix} \in K^2 \,,$$

und (2) bedeutet

(4) $\quad \dfrac{\alpha}{\beta} = \dfrac{\omega(a,b,c)}{2[a,b,c]} \quad \text{mit} \quad \omega(a,b,c) = \omega(a-b) + \omega(b-c) + \omega(c-a).$

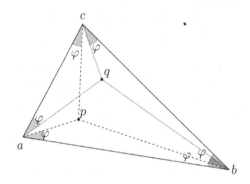

Abb. 37: BROCARDsche Punkte

Bemerkung. Über $K = \mathbb{R}$ ist M in (3) bis auf einen skalaren Faktor eine Drehung um einen Winkel φ und der Cotangens von φ ist durch (4) gegeben. Der Winkel φ heißt dann der BROCARD*sche Winkel* und der gemeinsame Schnittpunkt von (1) der BROCARD*sche Punkt* p des Dreiecks. Es gibt natürlich einen zweiten BROCARDschen Punkt q, wenn man die beschriebene Konstruktion auf das Dreieck a, c, b anwendet. Zur Herleitung vergleiche man IV.5.4.

Aufgaben. a) Sei char $K \neq 2$. Unter der Bedingung (2) wird der gemeinsame Schnittpunkt der Geraden (1) gegeben durch

$$\frac{1}{(\det M) \cdot [a,b,c]} ([b, M(b-c)]Ma + [c, M(c-a)]Mb + [a, M(a-b)]Mc).$$

b) Im Fall $K = \mathbb{R}$ bestimme man den BROCARDschen Winkel und die BRO-CARDschen Punkte für das Dreieck $\begin{pmatrix} 0 \\ 0 \end{pmatrix}$, $\begin{pmatrix} 1 \\ 0 \end{pmatrix}$, $\begin{pmatrix} 0 \\ 1 \end{pmatrix}$.

3*. Eine Verallgemeinerung. Man kann natürlich die Seiten auch um einen von den Eckpunkten verschiedenen Punkt „drehen": Dazu gehe man von einem Dreieck $a, b, c \in K^2$ aus, wähle $\lambda \in K$, $M \in GL(2; K)$ und betrachte die Geraden

(1) $\qquad G_{\lambda a + (1-\lambda)b, M(b-a)}$, $G_{\lambda b + (1-\lambda)c, M(c-b)}$, $G_{\lambda c + (1-\lambda)a, M(a-c)}$.

Lemma. *Sei* char$K \neq 2$. *Für* $M \in GL(2; K)$ *gehen die Geraden* (1) *genau dann durch einen Punkt, wenn*

$$(2) \qquad (2\lambda - 1)\omega_M(a, b, c) = (\text{Spur } M) \cdot [a, b, c].$$

Beweis. Die Geraden (1) sind nicht parallel. Nach dem Drei-Geraden-Kriterium 1.6 und 1(1) gehen die Geraden genau dann durch einen Punkt, wenn

$$[\lambda c + (1-\lambda)a, M(a-c)] + [\lambda a + (1-\lambda)b, M(b-a)] + [\lambda b + (1-\lambda)c, M(c-b)] = 0$$

gilt. Dies ist gleichwertig mit

$$\lambda\left([c, Ma] + [a, Mb] + [b, Mc] - [c, Mc] - [a, Ma] - [b, Mb]\right)$$
$$+(1-\lambda)\left([a, Ma] + [b, Mb] + [c, Mc] - [a, Mc] - [b, Ma] - [c, Mb]\right) = 0 \,.$$

Nach 1(7) ist die letzte Gleichung äquivalent zu

$$-\lambda(\omega_M(a, b, c) - (\text{Spur } M)[a, b, c]) + (1-\lambda)(\omega_M(a, c, b) - (\text{Spur } M)[a, c, b]) = 0.$$

Aus $\omega_M(a, b, c) = \omega_M(a, c, b)$ nach 1(6) erhält man (2). □

Bemerkungen. a) Für $\lambda = 1$ erhält man natürlich Lemma 2 zurück.
b) Im Fall $\lambda = \frac{1}{2}$ bedeutet (2) gerade Spur $M = 0$. Hierin ist (über $\mathbb{R}$) der Fall der Mittelsenkrechten enthalten (vgl. III.2.4).

Aufgabe. Sei char$K \neq 2$. Unter der Bedingung (2) wird der gemeinsame Schnittpunkt der Geraden (1) gegeben durch

$$\frac{1}{(\det M) \cdot [a, b, c]}([\lambda b + (1-\lambda)c, M(b-c)]Ma + [\lambda c + (1-\lambda)a, M(c-a)]Mb$$
$$+[\lambda a + (1-\lambda)b, M(a-b)]Mc) \,.$$

4*. Analoge Punkte. In analoger Weise kann man auch Geraden durch die Ecken eines Dreiecks betrachten, die aus den „gegenüberliegenden" Seiten durch „Verdrehung" entstehen

$$(1) \qquad G_{a, M(b-c)} \,, \ G_{b, M(c-a)} \,, \ G_{c, M(a-b)} \,,$$

wobei wieder $M \in GL(2; K)$ und a, b, c ein Dreieck in K^2 ist.

Lemma. *Für* $M \in GL(2; K)$ *gehen die Geraden* (1) *genau dann durch einen Punkt, wenn*

$$(2) \qquad \text{Spur } M = 0.$$

Beweis. Nach dem Drei-Geraden-Kriterium 1.6 gehen die Geraden genau dann durch einen Punkt, wenn – man beachte 1(1) –

$$[a, M(b-c)] + [b, M(c-a)] + [c, M(a-b)] = 0$$

gilt, d.h., wenn

$$[a, Mb] - [b, Ma] + [b, Mc] - [c, Mb] + [c, Ma] - [a, Mc] = 0$$

erfüllt ist. Wegen 1(2) ist dies mit (2) gleichwertig.   □

Bemerkung. Im Fall der euklidischen Geometrie über $\mathbb{R}$ erhält man auf diese Weise u.a. den Höhenschnittpunkt (vgl. III.2.5).

Aufgabe. Unter der Bedingung (2) wird der gemeinsame Schnittpunkt der Geraden (1) gegeben durch

$$\frac{1}{(\det M) \cdot [a, b, c]} ([a, M(b - c)]Ma + [b, M(c - a)]Mb + [c, M(a - b)]Mc).$$

Kapitel III

Analytische Geometrie in der euklidischen Ebene

Einleitung. In diesem Kapitel sollen die grundlegenden Sätze der ebenen euklidischen Geometrie dargestellt werden. Von den in II, §1 bereitgestellten Bezeichnungen und Hilfsmitteln wird dabei intensiv Gebrauch gemacht.

Als eine Art Anhang zum *Discours de la méthode pour bien conduire sa raison et chercher la verité dans les sciences* (Leyden 1637) erschien *La geométrie*, das bedeutendste mathematische Werk von René DESCARTES (Renatus CARTESIUS, geboren 1596 in der Touraine in Frankreich, normannischer Edelmann, Studium der Rechte in Poitiers; als „Besatzungssoldat" in Ulm versuchte er 1619 erstmals, mathematische Modelle in der Philosophie zu verwenden [cogito, ergo sum], lebte vorübergehend in Paris [1625–1628], dann zurückgezogen in den Niederlanden, erhielt 1649 eine Einladung der schwedischen Königin CHRISTINA zur Gründung einer Akademie in Stockholm und starb 1650 in Schweden).

Nach den philosophischen Abhandlungen im *Discours* schreibt er sinngemäß

> „Bisher war ich bestrebt, für jedermann verständlich zu sein, aber von diesem Werke fürchte ich, dass es nur von solchen wird gelesen werden können, die sich das, was in den Büchern über Geometrie enthalten ist, angeeignet haben; denn, da diese mehrere sehr gut bewiesene Wahrheiten enthalten, so schien es mir überflüssig, solche hier zu wiederholen, ich habe es aber darum nicht unterlassen, mich ihrer zu bedienen."
> (Nach R. DESCARTES, *Geometrie*, Deutsch herausgegeben von L. Schlesinger, Mayer & Müller, Leipzig 1923.)

In *La géometrie* löst DESCARTES unter Weiterführung von VIETAS (Francois VIÈTE, 1540–1603, französischer Kronjurist, Schöpfer der modernen Buchstabenrechnung [Vokale für unbekannte, Konsonanten für bekannte Größen]) Ansätzen die Geometrie von den konstruierbaren Objekten der Griechen und strebt ihre vollständige Algebraisierung an. Nach Wahl eines Ursprungs in der Ebene erscheinen die Koordinaten als das universelle Hilfsmittel, mit dem die Auflösung aller geometrischen Probleme möglich sein soll! Erst später wurde erkannt, dass Gleiches (oder mehr) von Pierre de FERMAT (1601–1665) angestrebt und entwickelt wurde und dass Ansätze bereits bei den Griechen zu finden sind. Die Konzeption von DESCARTES führt von einer Mathematik mit festen Größen zu einer Mathematik mit veränderlichen Größen.

Seit DESCARTES beschreibt man die Punkte der Ebene durch Paare von reellen Zahlen, also durch die Vektoren des $\mathbb{R}^2$. Bis zum Beginn des 19. Jahrhunderts hatte sich diese Beschreibung allgemein durchgesetzt, ohne dass man dabei die Vektorraumstruktur der betreffenden Räume wesentlich ins Spiel brachte: Der $\mathbb{R}^2$ wurde meist nur als „Zahlenebene" interpretiert, er war lediglich ein Hilfsmittel für geometrische Untersuchungen. So schreibt O. HESSE (1811–1874) in seinem 1861 erschienenen Buch *Vorlesungen über Analytische Geometrie des Raumes* (Teubner, Leipzig) in der Ersten Vorlesung:

> Die Aufgabe der analytischen Geometrie ist eine vierfache. Sie lehrt erstens, gegebene Figuren durch Gleichungen zu ersetzen, zweitens transformirt sie diese Gleichungen in Formen, die sich für die geometrische Deutung eignen, drittens vermittelt sie den Uebergang von den transformirten oder gegebenen Gleichungen zu den ihnen entsprechenden Figuren. Da die transformirten Gleichungen aber aus den durch die Figur gegebenen Gleichungen folgen, so ist auch das geometrische Bild der transformirten Gleichungen, das ist eine zweite Figur, eine Folge der gegebenen. Diese Folgerung einer zweiten Figur aus einer gegebenen nennt man einen geometrischen Satz. Sie lehrt also viertens, mit Hülfe des Calculs auch geometrische Sätze folgern.

Erst im letzten Jahrhundert verwendete man die neu entstandene Sprache der Vektorräume zur Darstellung der Geometrie. Aber noch bis zur Mitte des letzten Jahrhunderts wurden Lehrbücher der Analytischen Geometrie zum Gebrauch an Universitäten publiziert, in denen keine Rede von einem Vektorraum ist (z.B. K. KOMMERELL, *Vorlesungen über analytische Geometrie der Ebene*, 2. Aufl., Koehler, Leipzig 1949).

Gültigkeitsbereich*. Die nun zu entwickelnde analytische Geometrie der Ebene besteht weitgehend aus der geschickten Anwendung bzw. Manipulierung von Formeln bzw. Identitäten und deren geometrischer Interpretation, wie es bereits von O. HESSE 1861 (vgl. Einleitung) postuliert (aber nicht konsequent durchgehalten) wurde. Die zu diskutierenden Identitäten haben die Form $\Phi = 0$ oder $\Phi = \Psi$, wobei Φ und Ψ meist Polynome in den Komponenten von endlich vielen Punkten $a, b, \ldots, x, y, \ldots$ des $\mathbb{R}^2$ sind. Hier bedeuten $\Phi = 0$ bzw. $\Phi = \Psi$ geometrische Aussagen, die daher im zweiten Fall bei Gültigkeit der Identität äquivalent sind. Typische Fälle sind

- DESARGUES-Gleichung (II.2.6),
- Satz von CEVA-MENELAOS (III.2.1),
- Zwei-Sehnen-Satz und Sehnen-Tangenten-Satz (IV.1.3),
- BODENMILLER-Gleichung (IV.1.6),
- EULER-Gleichung (IV.2.3),
- FEUERBACH-Gleichung (IV.2.4),
- WALLACE-Gleichung (IV.2.7).

Treten in der Identität $\Phi = \Psi$ auch Beträge auf, so kann man die Identität oft rein algebraisch umwandeln und ist dann in der oben beschriebenen Situation.

Ein typischer Fall ist hier die PTOLEMAEUS-Gleichung IV.3.3, die zum Satz von PTOLEMAEUS führt.

Diese algebraischen Identitäten sind ihrer Herkunft nach fast ausnahmslos für einen beliebigen Grundkörper K an Stelle von $\mathbb{R}$ gültig, wenn man von eventuellen Ausnahmecharakteristiken absieht. Bei sinngemäßer „geometrischer" Interpretation hat man also zugleich eine **Geometrie über** K entwickelt. Dies allein rechtfertigt wohl schon den manchmal notwendigen Rechenaufwand. Darüber hinaus kann man noch

(i) das Skalarprodukt $\langle \cdot, \cdot \rangle$ durch eine beliebige, nicht-ausgeartete, symmetrische Bilinearform σ über K ersetzen: Die fundamentale Identität

$$\langle x, y \rangle^2 + [x, y]^2 = |x|^2 \cdot |y|^2 \qquad \text{für alle } x, y \in \mathbb{R}^2 \quad \text{(III.1.3(3))}$$

wird dann zur allgemein gültigen Identität

$$\sigma^2(x, y) + (\det \sigma) \cdot [x, y]^2 = \sigma(x, x) \cdot \sigma(y, y) \quad \text{für alle } x, y \in K^2 \,.$$

(ii) in Kapitel IV an Stelle von Kreisen Quadriken eines festen Typs verwenden: Ist τ eine gegebene, nicht-ausgeartete, symmetrische Bilinearform des $\mathbb{R}^2$, dann ersetzt man jeweils die euklidischen Kreise durch die *Eich-Quadriken*

$$Q_{m,\rho} := \{x \in \mathbb{R}^2 \ : \ \tau(x - m, x - m) = \rho^2\} \,,$$

wobei $m \in \mathbb{R}^2$ und $\rho > 0$.

(iii) die in (i) und (ii) beschriebenen Verallgemeinerungen kombinieren.

In allen diesen Fällen bleiben die Ergebnisse **cum grano salis** gültig.

Die Idee, aus dem vorliegenden Text eine **zwei-dimensionale Geometrie mit Eich-Quadrik über beliebigen Körpern** zu machen, wurde wegen der Unlesbarkeit für Anfänger sehr schnell wieder aufgegeben.

§ 1 Die reelle euklidische Ebene

1. Das Skalarprodukt. Es bezeichne $\mathbb{R}^2$ den zwei-dimensionalen $\mathbb{R}$-Vektorraum der Spaltenvektoren. Die Abbildung

(1) $$\mathbb{R}^2 \times \mathbb{R}^2 \to \mathbb{R} \,, \quad (x, y) \mapsto \langle x, y \rangle := x^t y = x_1 y_1 + x_2 y_2 \,,$$

ist offenbar

(2) *symmetrisch*, d.h. $\langle x, y \rangle = \langle y, x \rangle$,

(3) *bilinear*, d.h. in jedem Argument linear,

(4) *positiv definit*, d.h. $\langle x, x \rangle > 0$ für $x \neq 0$, und

(5) *nicht-ausgeartet*, d.h. aus $\langle x, y \rangle = 0$ für alle $y \in \mathbb{R}^2$ folgt $x = 0$.

Man nennt $\langle x, y \rangle = x^t y$ das *Skalarprodukt* von x und y. Im Folgenden werden die Schreibweisen $\langle x, y \rangle$ bzw. $x^t y$ je nach Zweckmäßigkeit gleichberechtigt verwendet.

Neben der Kombination $x^t y$ zweier Elemente des $\mathbb{R}^2$ hat auch xy^t einen Sinn: Nach den Regeln der Matrizenmultiplikation ist nämlich

$$xy^t = \begin{pmatrix} x_1 y_1 & x_1 y_2 \\ x_2 y_1 & x_2 y_2 \end{pmatrix}$$

eine 2×2 Matrix und es gilt

$$\text{Spur}\,(xy^t) = x^t y.$$

Zwei Vektoren $x, y \in \mathbb{R}^2$ heißen *orthogonal*, wenn $\langle x, y \rangle = 0$ gilt. Den $\mathbb{R}$-Vektorraum $\mathbb{R}^2$ zusammen mit dem Skalarprodukt $(x, y) \mapsto \langle x, y \rangle$ nennt man die *reelle euklidische Ebene* und schreibt dafür

$$\mathbb{E} := (\mathbb{R}^2; \langle ., . \rangle)$$

(vgl. I.5.5). An Stelle von $x \in \mathbb{R}^2$ wird dann auch $x \in \mathbb{E}$ geschrieben.

2. Die Abbildung $x \mapsto x^\perp$. Im weiteren Verlauf wird die lineare Abbildung

(1) $\mathbb{E} \longrightarrow \mathbb{E}$, $x \longmapsto x^\perp := Jx = \begin{pmatrix} -x_2 \\ x_1 \end{pmatrix}$,

mit $J = \begin{pmatrix} 0 & -1 \\ 1 & 0 \end{pmatrix} \in \text{Mat}(2; \mathbb{R})$ eine besondere Rolle spielen. Die Abbildung (1) beschreibt gerade die Drehung um $\frac{\pi}{2}$ gegen den Uhrzeigersinn.

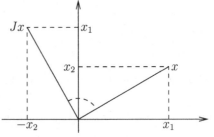

Abb. 38: Die Abbildung $x \mapsto x^\perp$

Man hat zunächst

(2) $\quad \langle x, x^\perp \rangle = 0$, $\langle x^\perp, y \rangle = -\langle x, y^\perp \rangle$, $\langle x^\perp, y^\perp \rangle = \langle x, y \rangle$, $(x^\perp)^\perp = -x$.

Damit sind x und $x^\perp$ also stets orthogonal. Ohne Schwierigkeiten beweist man den folgenden

Satz. *Für $0 \neq a \in \mathbb{E}$ ist $a, a^\perp$ stets eine Basis von $\mathbb{E}$.*

Die Darstellung eines $x \in \mathbb{E}$ durch diese Basis ist denkbar einfach zu gewinnen: In dem Ansatz $x = \alpha a + \beta a^\perp$ mit $\alpha, \beta \in \mathbb{R}$ und $a \neq 0$ bildet man das Skalarprodukt mit a bzw. $a^\perp$, verwendet (2) und erhält

(3) $$x = \frac{\langle a, x \rangle}{\langle a, a \rangle} a + \frac{\langle a^\perp, x \rangle}{\langle a, a \rangle} a^\perp , \quad a \neq 0 .$$

Man nennt (3) die $(a, a^\perp)$-*Darstellung* von x und entnimmt ihr das

Lemma. *Für* $0 \neq a \in \mathbb{E}$ *ist* $\langle a, x \rangle = 0$ *gleichwertig mit* $x \in \mathbb{R}a^{\perp}$.

Bemerkungen. a) Die Einführung der Basis $a, a^{\perp}$ an Stelle der kanonischen Basis von $\mathbb{E}$ bedeutet „geometrisch" den Übergang zu einem neuen Koordinatensystem.
b) Die Abbildung $x \mapsto x^{\perp}$ ist eine Spezialität des $\mathbb{R}^2$, die im Folgenden konsequent ausgenutzt wird. Im $\mathbb{R}^3$ spielt das Vektorprodukt eine ähnliche Rolle (vgl. M. KOECHER (1997), VII §1).

Aufgaben. a) Für $A \in \mathrm{Mat}(2; \mathbb{R})$ und $x \in \mathbb{E}$ gilt $(Ax)^{\perp} = A^{\sharp^t} x^{\perp}$, wobei $A^{\sharp}$ nach II.1.1(4) definiert ist.
b) Für $x, y \in \mathbb{E}$ gilt

$$(xy^t)^{\sharp} = y^{\perp}(x^{\perp})^t \, .$$

3. Der Zusammenhang zwischen $[x, y]$ und $\langle x, y \rangle$. In Kapitel II wurde die so genannte *Determinantenfunktion* (vgl. II.1.2)

$$(1) \qquad (x, y) \mapsto [x, y] = \det(x, y) = x_1 y_2 - x_2 y_1$$

für $x, y \in \mathbb{E}$ nutzbringend verwendet. Eine Verifikation ergibt

$$(2) \qquad [x, y^{\perp}] = -[x^{\perp}, y] = \langle x, y \rangle \quad \text{und} \quad \langle x^{\perp}, y \rangle = -\langle x, y^{\perp} \rangle = [x, y].$$

Die bekannte algebraische Identität

$$(x_1 y_1 + x_2 y_2)^2 + (x_1 y_2 - x_2 y_1)^2 = (x_1^2 + x_2^2) \cdot (y_1^2 + y_2^2) \quad \textit{(Zwei-Quadrate-Satz)}$$

ergibt

$$(3) \qquad \langle x, y \rangle^2 + [x, y]^2 = \langle x, x \rangle \cdot \langle y, y \rangle.$$

Eine direkte Folge ist die CAUCHY-SCHWARZ*sche Ungleichung:*

$$(4) \qquad \langle x, y \rangle^2 \leq \langle x, x \rangle \cdot \langle y, y \rangle.$$

Das Gleichheitszeichen steht genau dann, wenn $[x, y] = 0$ gilt, wenn also x und y linear abhängig sind (vgl. II.1.2(5)).

Aufgaben. a) Ist $0 \neq a \in \mathbb{E}$ gegeben, dann ist ein $x \in \mathbb{E}$ durch die Werte $\langle a, x \rangle$ und $[a, x]$ eindeutig bestimmt.
b) Für linear unabhängige Elemente $u, v \in \mathbb{E}$ definiere man

$$x \,\Box\, y := \langle x, y \rangle \cdot u + [x, y] \cdot v \quad \text{für } x, y \in \mathbb{E}$$

und fasse $\mathcal{A} = (\mathbb{E}; \Box)$ als $\mathbb{R}$-Algebra auf. Welche üblichen algebraischen Eigenschaften hat $\mathcal{A}$ (wie Existenz eines Einselementes, Assoziativität, Nullteiler, Divisionsalgebren usw.)?
c) Für $a, b, c \in \mathbb{E}$ gelten die Identitäten

$$[a, b] \cdot c^{\perp} = \langle a, c \rangle \cdot b - \langle b, c \rangle \cdot a,$$
$$[a, b, c] \cdot a^{\perp} = \langle a, c - b \rangle \cdot a + \langle a, a - c \rangle \cdot b + \langle a, b - a \rangle \cdot c.$$

4. Betrag und Abstand. Für $x \in \mathbb{E}$ definiert man den *Betrag* durch

$$|x| := \sqrt{\langle x, x \rangle} = \sqrt{x_1^2 + x_2^2}.$$

Man nennt $|x|$ auch die (euklidische) *Länge* des Vektors x. Vektoren der Länge 1 heißen *Einheitsvektoren*. Es gilt offenbar

$$|0| = 0 \,, \ |x| > 0 \quad \text{für } x \neq 0 \text{ und } |\alpha x| = |\alpha| \cdot |x| \quad \text{für } \alpha \in \mathbb{R} \,.$$

Ferner hat man $|x^{\perp}| = |x|$ und die Definition des Betrages ergibt sofort

$$(1) \qquad\qquad |x + y|^2 = |x|^2 + 2 \langle x, y \rangle + |y|^2.$$

Aus 3(4) folgert man für $x, y \in \mathbb{E}$ die

CAUCHY-SCHWARZsche Ungleichung: $|\langle x, y \rangle| \leq |x| \cdot |y|$.

Hier steht genau dann das Gleichheitszeichen, wenn x und y linear abhängig sind.

Die CAUCHY-SCHWARZsche Ungleichung führt auf die

Dreiecksungleichung für den Betrag: $|x + y| \leq |x| + |y|$.

Denn wegen (1) gilt $|x + y|^2 \leq |x|^2 + 2|x||y| + |y|^2 = (|x| + |y|)^2$. Die Gleichheit gilt genau dann, wenn es ein $\lambda \in \mathbb{R}$, $\lambda \geq 0$, gibt mit $x = \lambda y$ oder $y = \lambda x$.

Sind $x, y \in \mathbb{E}$, so wird der *Abstand* von x und y erklärt durch

$$d(x, y) := |x - y| = \sqrt{\langle x - y, x - y \rangle} = \sqrt{(x_1 - y_1)^2 + (x_2 - y_2)^2}.$$

Diese Abstandsfunktion $d : \mathbb{E} \times \mathbb{E} \mapsto \mathbb{R}$ ist symmetrisch, zwei verschiedene Punkte haben positiven Abstand und es gilt die

Dreiecksungleichung für den Abstand: $d(x, y) \leq d(x, z) + d(z, y)$,

denn $|x - y| = |x - z + z - y| \leq |x - z| + |z - y|$. Gilt die Gleichheit, so liegen x, y, z auf einer Geraden. Dies besagt geometrisch, dass in einem Dreieck die Länge jeder Seite kleiner als die Summe der Längen der anderen Seiten ist.

Aus (1) folgert man sofort den

Satz des PYTHAGORAS. *Die Vektoren $x, y \in \mathbb{E}$ sind genau dann orthogonal, wenn $|x + y|^2 = |x|^2 + |y|^2$.*

Für eine nicht-leere Menge $M \subset \mathbb{E}$ und $p \in \mathbb{E}$ wird der *Abstand* von p und M definiert durch

$$(2) \qquad\qquad d(p, M) := \inf\{|p - x| \ : \ x \in M\}.$$

Eine Identität. *Für $a, b, c \in \mathbb{E}$ gilt*

$$(3) \quad |a|^2 |b|^2 |c|^2 + 2 \langle a, b \rangle \langle b, c \rangle \langle c, a \rangle = \langle a, b \rangle^2 |c|^2 + \langle b, c \rangle^2 |a|^2 + \langle c, a \rangle^2 |b|^2 \,.$$

Beweis. Man betrachte die 2×3 Matrix $A = (a, b, c)$. Wegen Rang $A \leq 2$ folgt $\det A^t A = 0$ und das ist (3). $\qquad\square$

Andere – tiefer liegende – Identitäten findet man in IV.3.3.

Bemerkung. Der Betrag ist eine spezielle Vektornorm auf dem $\mathbb{R}^2$ im Sinne von I.5.2.

Aufgaben. Seien $a, b, c, d \in \mathbb{E}$ und $\alpha, \beta \in \mathbb{R}$.

a) $\left| \alpha |b|^2 a + \beta |a|^2 b \right| = |a| \cdot |b| \cdot |\beta a + \alpha b|$.

b) Man beweise

$$|a - c|^2 + |b - d|^2 + |(a + c) - (b + d)|^2$$
$$= |a - b|^2 + |b - c|^2 + |c - d|^2 + |d - a|^2$$

und deute dies am ebenen Viereck.

c) $\langle a, c \rangle \, [a, b] + |a|^2 [b, c] + \langle a, b \rangle \, [c, a] = 0$.

d) (*Satz von* MENELAOS) Sei a, b, c ein Dreieck in $\mathbb{E}$. Eine Gerade G schneide die Gerade $a \vee b$ in c', die Gerade $b \vee c$ in a' und die Gerade $c \vee a$ in b'. Dann gilt $|a - b'| \cdot |b - c'| \cdot |c - a'| = |a' - b| \cdot |b' - c| \cdot |c' - a|$.

e) Es gilt die HLAWKA-*Identität*

$$(|a| + |b| + |c| - |b + c| - |c + a| - |a + b| + |a + b + c|)(|a| + |b| + |c| + |a + b + c|)$$
$$= (|a| + |b| - |a + b|) \cdot (|c| - |a + b| + |a + b + c|)$$
$$+ (|b| + |c| - |b + c|) \cdot (|a| - |b + c| + |a + b + c|)$$
$$+ (|c| + |a| - |c + a|) \cdot (|b| - |c + a| + |a + b + c|)$$

und die HORNICH-HLAWKA*sche Ungleichung*

$$|a + b| + |b + c| + |c + a| \leq |a| + |b| + |c| + |a + b + c|.$$

5. Winkel. Es seien x und y von Null verschiedene Vektoren in $\mathbb{E}$. Nach der CAUCHY-SCHWARZschen Ungleichung in 4 liegt die reelle Zahl $\frac{\langle x, y \rangle}{|x||y|}$ zwischen -1 und 1. Da der Cosinus das abgeschlossene Intervall von 0 bis π bijektiv auf das abgeschlossene Intervall von -1 bis 1 abbildet, gibt es eine eindeutig bestimmte Zahl $\Theta = \Theta_{x,y}$ mit der Eigenschaft

(1) $\quad \langle x, y \rangle = |x||y| \cdot \cos \Theta$, $0 \leq \Theta \leq \pi$.

Man nennt $\Theta = \Theta_{x,y} = \Theta_{y,x}$ den *Winkel* zwischen x und y. Folgende Regeln liest man ab:

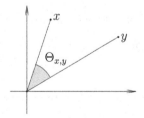

Abb. 39: Winkel

(2) $\qquad \Theta_{x,-y} = \pi - \Theta_{x,y}$,

(3) $\qquad \Theta_{\alpha x, \beta y} = \mathrm{sgn}(\alpha \cdot \beta) \Theta_{x,y} + \frac{1 - \mathrm{sgn}(\alpha\beta)}{2} \cdot \pi \quad$ für $\alpha, \beta \in \mathbb{R} \setminus \{0\}$,

(4) $\qquad x, y$ linear abhängig $\quad \Longleftrightarrow \quad \Theta_{x,y} = 0$ oder $\Theta_{x,y} = \pi$,

(5) $\qquad x, y$ orthogonal $\quad \Longleftrightarrow \quad \Theta_{x,y} = \frac{\pi}{2}$.

Aus 4(1) und (1) erhält man den

Cosinus-Satz. *Sind* $x, y \in \mathbb{E} \setminus \{0\}$, *so gilt*

$$|x - y|^2 = |x|^2 + |y|^2 - 2|x||y| \cdot \cos \Theta_{x,y} .$$

Jedes gängige Lehrbuch der Analysis enthält einen Beweis der folgenden

Proposition. *Sind* $\alpha, \beta \in \mathbb{R}$ *mit* $\alpha^2 + \beta^2 = 1$ *gegeben, dann gibt es ein eindeutig bestimmtes* $\varphi \in \mathbb{R}$ *mit*

$$\alpha = \cos \varphi , \ \beta = \sin \varphi , \ 0 \le \varphi < 2\pi .$$

Als Folgerung bekommt man das

Korollar. *Zu* $\alpha, \beta \in \mathbb{R}$ *gibt es* $\varphi \in \mathbb{R}$ *mit* $\alpha \cos \varphi + \beta \sin \varphi = 0$.

Beweis. Ohne Einschränkung sei $\alpha^2 + \beta^2 > 0$. Dann gilt

$$\gamma^2 + \delta^2 = 1 \quad \text{für} \quad \gamma = \frac{-\beta}{\sqrt{\alpha^2 + \beta^2}} , \ \delta := \frac{\alpha}{\sqrt{\alpha^2 + \beta^2}}.$$

Nach der Proposition gibt es ein $\varphi \in \mathbb{R}$ mit $\gamma = \cos \varphi$ und $\delta = \sin \varphi$.   □

Für $\varphi \in \mathbb{R}$ definiert man den Einheitsvektor

$$(6) \qquad\qquad e(\varphi) := \begin{pmatrix} \cos \varphi \\ \sin \varphi \end{pmatrix}.$$

Man hat offenbar

$$(7) \qquad\qquad e(\varphi)^\perp = e\left(\tfrac{\pi}{2} + \varphi\right).$$

Lemma *(Polarkoordinaten). Zu* $0 \neq x \in \mathbb{E}$ *gibt es ein eindeutig bestimmtes* $\varphi \in \mathbb{R}$ *mit*

$$x = |x| \cdot e(\varphi) , \ 0 \le \varphi < 2\pi.$$

Beweis. Man wendet die Proposition auf den Vektor $\begin{pmatrix} \alpha \\ \beta \end{pmatrix} := \frac{1}{|x|} \cdot x$ an.   □

Das Additionstheorem des Cosinus liefert sofort

$$(8) \qquad\qquad \langle e(\varphi), e(\psi) \rangle = \cos(\varphi - \psi) \quad \text{für } \varphi, \psi \in \mathbb{R}.$$

Ein Vergleich mit (1) ergibt daher

$$(9) \qquad \Theta_{e(\varphi),e(\psi)} - (\varphi - \psi) \in 2\pi\mathbb{Z} \quad \text{oder} \quad \Theta_{e(\varphi),e(\psi)} + (\varphi - \psi) \in 2\pi\mathbb{Z}.$$

Schließlich trägt man (1) in 3(3) ein und erhält mit der Proposition

$$(10) \qquad\qquad |[x, y]| = |x| \cdot |y| \cdot \sin \Theta,$$

wobei Θ wieder den Winkel zwischen x und y bezeichnet.

Aus (1) und (10) folgt daher

$$(11) \qquad \tan \Theta = \frac{|[x,y]|}{\langle x,y \rangle}, \quad \text{falls } \langle x,y \rangle \neq 0.$$

Ist nun a, b, c ein Dreieck in $\mathbb{E}$, d.h. $[a, b, c] \neq 0$, so definiert man den *Winkel bei* a bzw. b bzw. c durch $\alpha = \Theta_{b-a,c-a}$ bzw. $\beta = \Theta_{c-b,a-b}$ bzw. $\gamma = \Theta_{a-c,b-c}$. Dann heißen α, β, γ die *Winkel des Dreicks*. Obwohl die Seiten als Geraden definiert wurden, werden wir dem allgemeinen Sprachgebrauch folgend die Abstände der Eckpunkte $|a - b|$, $|b - c|$, $|c - a|$ als *Seitenlängen* des Dreiecks bezeichnen. Das Dreieck heißt *gleichseitig*, wenn alle drei Seitenlängen gleich sind, bzw. *gleichschenklig*, wenn zwei Seitenlängen übereinstimmen.

Winkelsummen-Satz. *Die Summe der Winkel in einem Dreieck in $\mathbb{E}$ ist π.*

Beweis. Wir verwenden obige Bezeichnungen und dürfen nach einer Translation $a = 0$ annehmen. Aus (1) und (10) folgt dann

$$\cos \alpha = \frac{\langle b,c \rangle}{|b| \cdot |c|} \quad, \quad \cos \beta = \frac{|b|^2 - \langle b,c \rangle}{|b| \cdot |b-c|} \quad, \quad \cos \gamma = \frac{|c|^2 - \langle b,c \rangle}{|c| \cdot |b-c|} \; ,$$

$$\sin \alpha = \frac{|[b,c]|}{|b| \cdot |c|} \quad, \quad \sin \beta = \frac{|[b,c]|}{|b| \cdot |b-c|} \quad, \quad \sin \gamma = \frac{|[b,c]|}{|c| \cdot |b-c|} \; .$$

Mit den Additionstheoremen und 3(3) folgt

$$\cos(\alpha + \beta) = \cos \alpha \cdot \cos \beta - \sin \alpha \cdot \sin \beta$$
$$= \frac{\langle b,c \rangle \, (|b|^2 - \langle b,c \rangle) - [b,c]^2}{|b|^2 \cdot |c| \cdot |b-c|} = \frac{\langle b,c \rangle - |c|^2}{|c| \cdot |b-c|} = -\cos \gamma = \cos(\pi - \gamma) \, ,$$

$$\sin(\alpha + \beta) = \sin \alpha \cdot \cos \beta + \cos \alpha \cdot \sin \beta = \frac{|[b,c]|}{|c| \cdot |b-c|} = \sin \gamma = \sin(\pi - \gamma) \, .$$

Wegen $0 < \alpha + \beta, \pi - \gamma < 2\pi$ erhält man aus der Proposition $\alpha + \beta = \pi - \gamma$. $\square$

Bemerkungen. a) Die Gleichung (2) bedeutet anschaulich, dass sich die Winkel zwischen x, y und $x, -y$ zu π ergänzen, also *Ergänzungswinkel* sind. Aus (3) ergibt sich $\Theta_{-x,-y} = \Theta_{x,y}$, d.h., so genannte *Gegenwinkel* sind gleich. Damit liefert die nebenstehende Zeichnung einen weiteren Beweis für den Winkelsummen-Satz.

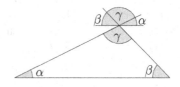

Abb. 40: Der Winkelsummen-Satz

b) Wegen (3) kann man $\Theta_{x,y}$ auch als den Winkel zwischen den *Halbstrahlen* $\mathbb{R}^+ x$ und $\mathbb{R}^+ y$ auffassen, wobei $\mathbb{R}^+ := \{\alpha \in \mathbb{R} : \alpha > 0\}$.

c) Der Winkel $\sphericalangle (G, H)$ zwischen zwei Geraden G und H wird durch

$$(12) \quad \sphericalangle (G, H) := \left\{ \begin{array}{ll} \Theta_{x,y} \, , & \text{falls } 0 \leq \Theta_{x,y} \leq \frac{\pi}{2} \\ \pi - \Theta_{x,y} \, , & \text{falls } \frac{\pi}{2} \leq \Theta_{x,y} \leq \pi \end{array} \right\} = \min\{\Theta_{x,y} \, , \, \Theta_{x,-y}\}$$

erklärt, falls $G = G_{a,x}$ und $H = G_{b,y}$. Wegen (2) und (3) hängt dieser Win-

kel nicht von der Wahl von x und y ab. G und H heißen *orthogonal*, wenn
$\sphericalangle(G, H) = \frac{\pi}{2}$ gilt.

Aufgaben. a) Man beschreibe eine nicht durch Null gehende Gerade in Polarkoordinaten.
b) Ein Parallelogramm mit den Seitenlängen 50 und 41 habe eine Diagonale der
Länge 89. Man berechne die Länge der zweiten Diagonalen und den Flächeninhalt.
c) Sind $\alpha, \beta, \gamma \in \mathbb{R}$ mit $0 < \alpha, \beta, \gamma < \pi$ und $\alpha + \beta + \gamma = \pi$, so gibt es ein Dreieck
mit den Winkeln α, β, γ.
d) Es gibt kein gleichseitiges Dreieck mit Eckpunkten in $\mathbb{Z}^2$.
e) Ein Dreieck ist genau dann gleichschenklig, wenn zwei seiner Winkel gleich
sind.

6. Die orthogonale Gruppe. Die Gruppe der reellen *orthogonalen* 2×2
Matrizen wird mit $O(2)$ bezeichnet, also

(1) $O(2) := \{T \in \text{Mat}(2; \mathbb{R}) : T^t T = E\}.$

Äquivalenz-Satz für orthogonale Matrizen. *Für eine reelle 2×2 Matrix
T sind äquivalent:*

(i)   *T ist orthogonal.*
(ii) *T^t ist orthogonal.*
(iii) *T ist invertierbar und es gilt $T^{-1} = T^t$.*
(iv) *$T = (a, b)$ mit $a, b \in \mathbb{E}$ und $|a| = |b| = 1$, $\langle a, b \rangle = 0$.*
(v)   *$|Tx| = |x|$ für alle $x \in \mathbb{E}$.*
(vi) *$\langle Tx, Ty \rangle = \langle x, y \rangle$ für alle $x, y \in \mathbb{E}$.*

Ist dies der Fall, dann gilt $\det T = \pm 1$.

Beweis. Ist T orthogonal, gilt also $T^t T = E$, so folgt $1 = \det(T^t T) = (\det T)^2$
und damit $\det T = \pm 1$. Jede orthogonale Matrix ist also invertierbar.
(i) $\Longrightarrow$ (ii): In $T^t T = E$ geht man zum Inversen über, $T^{-1}(T^t)^{-1} = E$, und
multipliziert von links mit T und von rechts mit T^t. Es folgt

$$E = TT^t = (T^t)^t T^t, \quad \text{d.h., } T^t \text{ ist orthogonal.}$$

(ii) $\Longrightarrow$ (i): Mit T^t ist nach dem bereits Bewiesenen auch $(T^t)^t = T$ orthogonal.
Da die Äquivalenz von (ii) und (iii) offensichtlich ist, zeigen wir gleich
(i) $\Longleftrightarrow$ (iv): Man schreibt $T = (a, b)$ mit $a, b \in \mathbb{E}$ und hat nach den Regeln der
Matrizenrechnung

$$T^t T = \binom{a^t}{b^t}(a, b) = \begin{pmatrix} a^t a & a^t b \\ b^t a & b^t b \end{pmatrix} = \begin{pmatrix} |a|^2 & \langle a, b \rangle \\ \langle a, b \rangle & |b|^2 \end{pmatrix} .$$

(i) $\Longrightarrow$ (v): Dies ist wegen $|x|^2 = x^t x$ und $|Tx|^2 = (Tx)^t(Tx) = x^t T^t T x$ klar.

(v) $\implies$ (vi): Man nutzt

$$|Tx|^2 + 2 < Tx, Ty > + |Ty|^2 = |T(x+y)|^2 = |x+y|^2 = |x|^2 + 2 < x, y > + |y|^2$$

aus.

(vi) $\implies$ (i): Man setzt in (vi) die kanonischen Einheitsvektoren des $\mathbb{R}^2$ ein. $\quad\square$

Für $\varphi \in \mathbb{R}$ definiert man

(2) $\qquad T(\varphi) := \begin{pmatrix} \cos\varphi & -\sin\varphi \\ \sin\varphi & \cos\varphi \end{pmatrix}$, $S(\varphi) := \begin{pmatrix} \cos\varphi & \sin\varphi \\ \sin\varphi & -\cos\varphi \end{pmatrix}$

und hat bekanntlich

(3) $\qquad T \in O(2)$, $\det T = 1 \iff T = T(\varphi)$ für ein $\varphi \in \mathbb{R}$,

(4) $\qquad T \in O(2)$, $\det T = -1 \iff T = S(\varphi)$ für ein $\varphi \in \mathbb{R}$.

Die Additionstheoreme von Sinus und Cosinus ergeben

(5) $\qquad \begin{cases} T(\varphi)e(\psi) &=& e(\varphi+\psi) &,& S(\varphi)e(\psi) &=& e(\varphi-\psi), \\ T(\varphi)T(\psi) &=& T(\varphi+\psi) &,& S(\varphi)S(\psi) &=& T(\varphi-\psi), \\ T(\varphi)S(\psi) &=& S(\varphi+\psi) &,& S(\varphi)T(\psi) &=& S(\varphi-\psi). \end{cases}$

Damit beschreibt die Abbildung

(6) $\quad \mathbb{E} \to \mathbb{E}$, $x \mapsto T(\varphi)x$, eine *Drehung* um den Nullpunkt um den Winkel φ,

(7) $\qquad \mathbb{E} \to \mathbb{E}$, $x \mapsto S(\varphi)x$, eine *Spiegelung* an der Geraden $\mathbb{R}e\left(\frac{\varphi}{2}\right)$,

wie man (5) entnimmt. Insbesondere gilt

$$T\left(\tfrac{\pi}{2}\right) = \begin{pmatrix} 0 & -1 \\ 1 & 0 \end{pmatrix} = J \quad \text{und} \quad T\left(\tfrac{\pi}{2}\right)x = x^\perp.$$

Manchmal ist die Untergruppe

(8) $\qquad SO(2) := \{T \in O(2) : \det T = 1\} : \{T(\varphi) : \varphi \in \mathbb{R}\}$

von $O(2)$ von Interesse. Man nennt $SO(2)$ die *spezielle orthogonale Gruppe*. Nach (5) ist $SO(2)$ eine abelsche Gruppe, die zu $\mathbb{R}/2\pi\mathbb{Z}$ isomorph ist. Nach (3) besteht $SO(2)$ genau aus den Drehungen $T(\varphi)$. Aufgrund von II.1.6(4) erfüllen alle $T \in O(2)$ die Identität

(9) $\qquad [Tx, Ty, Tz] = \det T \cdot [x, y, z]$.

Aufgaben. a) Eine Matrix $T \in \text{Mat}(2; \mathbb{R})$ ist genau dann orthogonal, wenn mit jeder Orthonormalbasis u, v von $\mathbb{E}$ auch Tu, Tv eine Orthonormalbasis ist.
b) Für reelle 2×2 Matrizen T kann man Teil (iv) des Äquivalenzsatzes wie folgt formulieren: T orthogonal $\iff T = (a, \varepsilon a^\perp)$, $|a| = 1$, $\varepsilon = \det T = \pm 1$.
c) Ist T orthogonal, $x \in \mathbb{E}$, so gilt $(Tx)^\perp = (\det T) \cdot Tx^\perp$ und $JT = (\det T) \cdot TJ$.
d) $SO(2)$ ist ein abelscher Normalteiler von $O(2)$ vom Index 2.
e) Für $\alpha, \beta \in \mathbb{R}$ mit $\alpha^2 + \beta^2 > 0$ gilt

$$\frac{1}{\alpha^2 + \beta^2} \begin{pmatrix} \alpha^2 - \beta^2 & -2\alpha\beta \\ 2\alpha\beta & \alpha^2 - \beta^2 \end{pmatrix} \in SO(2).$$

f) Die (komplexen) Eigenwerte von $T(\varphi)$ sind $e^{\pm i\varphi}$, die Eigenwerte von $S(\varphi)$ sind ± 1.

g) Für $a \in \mathbb{E}$ mit $|a| = 1$ wird die 2×2 Matrix $S_a := E - 2aa^t$ definiert. Es gilt:
   (i) $S_a \in O(2)$, $\det S_a = -1$, $S_a^2 = E$.
   (ii) Jedes $T \in SO(2)$ erhält man in der Form $T = S_a S_b$ mit geeigneten $a, b \in \mathbb{E}$, $|a| = |b| = 1$.
   (iii) Für jedes $x \in \mathbb{E}$ gilt $\langle x, S_a S_b x \rangle = |x|^2 (2 \langle a, b \rangle^2 - 1)$.

h) Zu $a, b \in \mathbb{E} \setminus \{0\}$ gibt es genau dann ein $T \in SO(2)$ mit $Ta = b$, wenn $|a| = |b|$. Dann ist T auch eindeutig bestimmt.

7. Die Bewegungen der Ebene. Aussagen über geometrische Konfigurationen oder geometrische Objekte bestehen meist darin, dass Aussagen über Lage von Punkten oder über Längen, Abstände oder Winkel gemacht werden. Man interessiert sich daher für diejenigen (nicht notwendig linearen) Abbildungen $f : \mathbb{E} \to \mathbb{E}$, die den Abstand zwischen zwei beliebigen Punkten von $\mathbb{E}$ invariant lassen, d.h., für welche

(1) $|f(x) - f(y)| = |x - y|$ für alle $x, y \in \mathbb{E}$

erfüllt ist. Eine solche Abbildung nennt man eine *Bewegung* oder *euklidische Bewegung*. Es gilt nun der grundlegende

Satz. *Die Bewegungen von $\mathbb{E}$ sind genau die Abbildungen*

(2) $\mathbb{E} \to \mathbb{E}$, $x \mapsto Tx + q$,   *mit $T \in O(2)$ und $q \in \mathbb{E}$.*

Danach sind die Bewegungen aus Translationen und Drehungen oder Spiegelungen zusammengesetzt. In Bezug auf die Komposition von Abbildungen ist die Menge der Bewegungen eine Gruppe.

Beweis. Zunächst ist nach Teil (v) des Äquivalenz-Satzes für orthogonale Matrizen in 6 klar, dass die Abbildungen der angegebenen Form Bewegungen sind. Nun sei $f : \mathbb{E} \to \mathbb{E}$ eine Bewegung, von der man ohne Einschränkung annehmen darf, dass $f(0) = 0$ gilt. Dann folgt aus (1)

(3) $|f(x)| = |x|$ und $\langle f(x), f(y) \rangle = \langle x, y \rangle$.

Damit berechnet man $|f(x+y) - f(x) - f(y)|^2 = 0$ und erhält somit $f(x+y) = f(x) + f(y)$. Analog folgt $f(\alpha x) = \alpha f(x)$. Also ist $f : \mathbb{E} \to \mathbb{E}$ ein Homomorphismus der Vektorräume, es gibt daher eine 2×2 Matrix T mit $f(x) = Tx$. Aus (3) folgt $|Tx| = |x|$ für alle $x \in \mathbb{E}$ und der Äquivalenz-Satz 6 zeigt, dass T orthogonal ist. $\square$

Korollar A. *Eine Bewegung lässt Winkel zwischen Geraden invariant.*

Man nennt eine Bewegung *eigentlich*, wenn sie die Form (2) mit $T \in SO(2)$

hat. Die eigentlichen Bewegungen der Ebene bilden einen Normalteiler in der Gruppe aller Bewegungen.

Korollar B. *Jede eigentliche Bewegung $x \mapsto Tx + q$, die keine Translation ist, besitzt genau einen Fixpunkt p, nämlich*

$$(4) \qquad\qquad p = (E - T)^{-1}\, q.$$

Die Bewegung beschreibt dann eine Drehung um den Punkt p.

Beweis. Man hat die Gleichung $Tp + q = p$ für $T = T(\varphi) \neq E$ zu lösen und bemerkt $\det(E - T) = 2(1 - \cos\varphi) \neq 0$. $\qquad\qquad$ $\square$

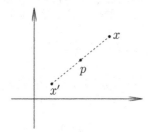
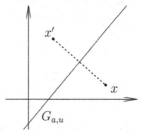

Abb. 41: Punktspiegelung $\qquad\qquad$ Abb. 42: Geradenspiegelung

Beispiele für Bewegungen sind als Spezialfall einer Drehung die *Punktspiegelung* an $p \in \mathbb{E}$, gegeben durch

$$(5) \qquad\qquad x \mapsto 2p - x, \quad T = -E, \quad q = 2p.$$

in (2), sowie die *Geradenspiegelung* an $G_{a,u}, a, u \in \mathbb{E}, u \neq 0$, gegeben durch

$$(6) \quad x \mapsto x - 2\frac{<x - a, u^\perp>}{<u,u>}u^\perp, \quad T = E - \frac{2}{<u,u>}u^\perp u^{\perp t}, \quad q = 2\frac{<a, u^\perp>}{<u,u>}u^\perp$$

in (2), die eine uneigentliche Bewegung ist und durch

$$x = a + \alpha u + \beta u^\perp \mapsto a + \alpha u - \beta u^\perp, \quad \alpha, \beta \in \mathbb{R},$$

beschrieben werden kann. Beide Arten von Spiegelungen φ erfüllen

$$\varphi \circ \varphi = \mathrm{id}_\mathbb{E}.$$

Korollar C. *Jede eigentliche Bewegung ist durch die Bilder zweier Punkte eindeutig bestimmt.*

Beweis. Sind f, g zwei eigentliche Bewegungen, deren Bilder in $a, b \in \mathbb{E}, a \neq b$, vorgegeben sind, so betrachtet man die eigentliche Bewegung

$$h = f \circ g^{-1}, \quad h(x) = T(\varphi)x + q, \quad h(a) = a, \quad h(b) = b.$$

Es folgt

$$a - b = h(a) - h(b) = T(\varphi) \cdot (a - b),$$

also $T(\varphi) = E$ aus $a - b \neq 0$.

$$a = h(a) = a + q$$

ergibt $q = 0$, also $h = \mathrm{id}_{\mathbb{E}}$ und somit $f = g$. $\square$

Korollar D. *Sei σ_G bzw. σ_H die Spiegelung an der Geraden G bzw. H. Dann ist die Komposition $\sigma_G \circ \sigma_H$*
(i) *eine Drehung um den Schnittpunkt von G und H, falls G und H nicht parallel sind,*
(ii) *eine Translation, falls G und H parallel sind.*

Beweis. (i) Sei p der Schnittpunkt von G und H. Dann ist p ein Fixpunkt von σ_G und σ_H, also der eigentlichen Bewegung $\sigma_G \circ \sigma_H$. Demnach folgt die Behauptung aus Korollar B.
(ii) Sei $H = G_{a,u}$ und $G = G_{b,u}$, $b = a + \sigma u^\perp$. Dann gilt für alle $x = a + \alpha u + \beta u^\perp$

$$
\begin{aligned}
(\sigma_G \circ \sigma_H)(x) &= \sigma_G(a + \alpha u - \beta u^\perp) &= \sigma_G(b + \alpha u - (\beta + \sigma)u^\perp) \\
&= b + \alpha u + (\beta + \sigma)u^\perp &= c + x, \quad c = 2\sigma u^\perp.
\end{aligned}
$$ $\square$

Bemerkungen. a) Bewegungen sind seit Mitte des 19. Jahrhunderts durch das berühmte Buch *A treatise on conic sections* von George SALMON (1819–1904) aus dem Jahre 1848 als Standardhilfsmittel in der analytischen Geometrie bekannt. In der deutschen Übersetzung von W. FIEDLER (*Analytische Geometrie der Kegelschnitte*, Teubner, Leipzig 1858) werden sie *Koordinatentransformationen* genannt. Dieser SALMON-FIEDLER ist ein Vorläufer der modernen Lehrbücher zur analytischen Geometrie.
b) Die Bewegungsgruppe ist eine Untergruppe der affinen Gruppe $\mathrm{Aff}(2; \mathbb{R})$ in II.1.5. Sie ist das semi-direkte Produkt $O(2) \ltimes \mathbb{R}^2$ der multiplikativen Gruppe $O(2)$ mit der additiven Gruppe $\mathbb{R}^2$.

Aufgaben. a) Man beschreibe die Spiegelungen an der Geraden $H_{c,\gamma}, c \in \mathbb{E}, c \neq 0, \gamma \in \mathbb{R}$, sowie die Spiegelung $S(d)$ aus 6(7) in der Form (6).
b) Zu $a, a', b, b' \in \mathbb{E}$ gibt es genau dann eine eigentliche Bewegung f mit $f(a) = a'$ und $f(b) = b'$, wenn $|a - b| = |a' - b'|$. Gilt $a \neq b$, so ist f eindeutig bestimmt.
c) Man beschreibe alle Bewegungen f mit $f \circ f = \mathrm{id}_{\mathbb{E}}$.
d) Sei $a \in \mathbb{E}$. Dann ist die Menge der Bewegungen f mit $f(a) = a$ eine zu $O(2)$ isomorphe Gruppe.
e) Gilt Korollar C für alle Bewegungen oder alle eigentlichen Ähnlichkeitsabbildungen?
f) Eine eigentliche Bewegung f ist genau dann eine Drehung um $p \in \mathbb{E}$, wenn $|f(x) - p| = |x - p|$ für alle $x \in \mathbb{E}$ gilt.
g) Besitzt eine uneigentliche Bewegung einen Fixpunkt, so ist die Menge ihrer Fixpunkte eine Gerade G und die Bewegung beschreibt die Spiegelung an G.

8. Kongruenz und Ähnlichkeit. In der Elementar-Geometrie heißen zwei

Dreiecke a, b, c und a', b', c' in $\mathbb{E}$ *kongruent*, wenn die entsprechenden Seitenlängen übereinstimmen, d.h.

(1) $\qquad |a - b| = |a' - b'|\ ,\ |b - c| = |b' - c'| \quad$ und $\quad |c - a| = |c' - a'|$.

Man beachte, dass in unserer Definition, die Dreiecke a, b, c und a, c, b nicht kongruent sind, wenn das Dreieck nicht gleichseitig ist.

Satz. *Für zwei Dreiecke a, b, c und a', b', c' in $\mathbb{E}$ sind äquivalent:*
(i) *a, b, c und a', b', c' sind kongruent.*
(ii) *Es gibt eine Bewegung f mit $f(a) = a'$, $f(b) = b'$ und $f(c) = c'$.*

Daher werden Bewegungen auch *Kongruenzabbildungen* genannt.

Beweis. (ii) $\Longrightarrow$ (i): Man verwende Satz 7 und Teil (v) des Äquivalenzsatzes 6.
(i) $\Longrightarrow$ (ii): Nach Lemma II.1.6 existiert ein $f \in \mathrm{Aff}(2; \mathbb{R})$ mit

$$f(a) = a'\ ,\ f(b) = b' \quad \text{und} \quad f(c) = c'.$$

Wegen II.1.5(1) gibt es ein $q \in \mathbb{R}^2$ und ein $T \in GL(2; \mathbb{R})$ mit $f(x) = Tx + q$ für $x \in \mathbb{R}^2$. Dann gilt $T(a - c) = a' - c'\ ,\ T(b - c) = b' - c'$. Nun ergibt (1)

(*) $\quad |Tu| = |u|\ ,\ |Tv| = |v|\ ,\ |Tu - Tv| = |u - v| \quad$ für $u = a - c\ ,\ v = b - c$.

Weil a, b, c ein Dreieck ist, ist u, v eine Basis von $\mathbb{R}^2$. Dann impliziert (*) bereits $|Tx| = |x|$ für alle $x \in \mathbb{R}^2$, also $T \in O(2)$ nach Teil (v) des Äquivalenz-Satzes 6. Daher ist f eine Bewegung. $\qquad \square$

Zwei Dreiecke heißen *ähnlich*, wenn sie bis auf eine *Streckung*, d.h. bis auf eine Abbildung der Form $x \mapsto \rho x\ ,\ \rho > 0$, kongruent sind. Jede *Ähnlichkeitsabbildung*, d.h., jede Abbildung $f : \mathbb{E} \to \mathbb{E}$, die ein beliebiges Dreieck in ein dazu ähnliches abbildet, hat daher die Form

$$f(x) = \rho \cdot Tx + q \quad \text{mit } 0 \neq \rho \in \mathbb{R}\ ,\ T \in O(2)\ ,\ q \in \mathbb{E}.$$

Bei Ähnlichkeitsabbildungen werden Winkel, aber nicht Abstände erhalten.

Wir benutzen den Satz für eine Charakterisierung von gleichseitigen Dreiecken.

Korollar. *Für ein Dreieck a, b, c in $\mathbb{E}$ sind äquivalent.*
(i) *a, b, c ist gleichseitig.*
(ii) *Für $T = T(2\pi/3)$ oder $T = T(-2\pi/3)$ gilt*

$$a + Tb + T^2 c = 0.$$

Beweis. Mit $T = \frac{1}{2} \begin{pmatrix} -1 & \pm\sqrt{3} \\ \mp\sqrt{3} & -1 \end{pmatrix}$ verifiziert man

(*) $\qquad\qquad\qquad E + T + T^2 = 0, \quad T^3 = E$

(i) $\Longrightarrow$ (ii): Man darf nach einer Bewegung

$$a = \begin{pmatrix} 0 \\ 0 \end{pmatrix}, \quad b = \begin{pmatrix} \rho \\ 0 \end{pmatrix}, \quad c = \begin{pmatrix} \alpha \\ \beta \end{pmatrix}, \quad \rho > 0$$

annehmen. Dann ist (i) äquivalent zu

$$\rho^2 = \alpha^2 + \beta^2 = (\alpha - \gamma)^2 + \beta^2,$$

also zu

$$a = \begin{pmatrix} 0 \\ 0 \end{pmatrix}, \quad b = \rho \begin{pmatrix} 1 \\ 0 \end{pmatrix}, \quad c = \rho \begin{pmatrix} 1/2 \\ \pm 1/2\sqrt{2} \end{pmatrix} = \rho e(\pm \pi/3)$$

Dann folgt (ii) aus 6(5).

(ii) $\Longrightarrow$ (i): Aus der Voraussetzung und (∗) erhält man

$$\begin{aligned} c - a &= c + Tb + T^2 c &= T(b - c), \\ a - b &= -Tb - T^2 c - b &= T^2(b - c), \end{aligned}$$

also wegen $T \in O(2)$

$$|a - b| = |b - c| = |c - a|. \qquad \square$$

Aufgaben. a) Eine Abbildung $f : \mathbb{E} \to \mathbb{E}$ ist genau dann eine Ähnlichkeitsabbildung, wenn es ein $\rho = \rho_f > 0$ gibt mit $|f(x) - f(y)| = \rho \cdot |x - y|$ für alle $x, y \in \mathbb{E}$.

b) Sind $a, a', b, b' \in \mathbb{E}$ mit $a \neq b$ und $a' \neq b'$, so gibt es eine Ähnlichkeitsabbildung f mit $f(a) = a'$ und $f(b) = b'$. Ist f eindeutig bestimmt?

c) Ein Dreieck a, b, c in $\mathbb{E}$ und das zugehörige Mittendreieck $\frac{1}{2}(b + c)$, $\frac{1}{2}(c + a)$, $\frac{1}{2}(a + b)$ sind ähnlich.

d) Die Dreiecke a, b, c und a', b', c' im Satz von DESARGUES II.2.3 sind im Fall $K = \mathbb{R}$ ähnlich.

9∗. Bewegungsinvarianten. Da eine Bewegung Dreiecke in Dreiecke abbildet, kann man nach der Beschaffenheit aller Funktionen ι fragen, die für Dreiecke der Ebene definiert und invariant gegenüber Bewegungen sind. Genauer betrachtet man die Menge

(1) $$\mathcal{D} := \{(a, b, c) \in \mathbb{E} \times \mathbb{E} \times \mathbb{E} : [a, b, c] \neq 0\}$$

aller Dreiecke und die Funktionen $\iota : \mathcal{D} \to \mathbb{R}$ mit der Eigenschaft

(2) $$\iota(f(a), f(b), f(c)) = \iota(a, b, c) \quad \text{für alle} \quad (a, b, c) \in \mathcal{D}$$

und für alle Bewegungen $f : \mathbb{E} \to \mathbb{E}$. Jede solche Funktion ι soll eine *Bewegungsinvariante* heißen. Die Abschwächung von (2) auf eigentliche Bewegungen kann sofort auf Bewegungsinvarianten reduziert werden.

Lemma. *Für eine Funktion $\iota : \mathcal{D} \to \mathbb{R}$ sind äquivalent:*
(i) *Die Gleichung (2) gilt für alle eigentlichen Bewegungen f.*
(ii) *Es gibt Bewegungsinvarianten ι_1 und ι_2 mit $\iota = \iota_1 + [\ ]\iota_2$.*

Hier ist $[\ ]:\mathcal{D}\to\mathbb{R}$ erklärt durch $[\ ](a,b,c):=[a,b,c]$.

Beweis. (ii) $\Longrightarrow$ (i): Nach 6(9) ist $[\ ]$ unter eigentlichen Bewegungen invariant. (i) $\Longrightarrow$ (ii): Man wählt ein $S\in O(2)$ mit $\det S=-1$ und setzt $\iota^*(a,b,c):=\iota(Sa,Sb,Sc)$. Dann ist ι^* ebenfalls unter eigentlichen Bewegungen invariant, da die eigentlichen Bewegungen einen Normalteiler in der Gruppe der Bewegungen bilden. Analog schließt man, dass sich ι und ι^* bei nicht-eigentlichen Bewegungen vertauschen. Demnach sind $\iota_1=\frac{1}{2}(\iota+\iota^*)$ und $\iota_2=\frac{1}{2[\ ]}(\iota-\iota^*)$ Bewegungsinvarianten. $\qquad\square$

Für Bewegungsinvarianten gilt nun der

Satz. *Eine Abbildung $\iota:\mathcal{D}\to\mathbb{R}$ ist genau dann eine Bewegungsinvariante, wenn sie eine Funktion von $|a-c|$, $|b-c|$ sowie $\langle a-c,\,b-c\rangle$ allein ist.*

Die Unsymmetrie hier ist nur scheinbar, denn es gilt z.B.

$$|a-b|^2=|a-c|^2-2\langle a-c,\,b-c\rangle+|b-c|^2.$$

Der *Beweis* des Satzes erfolgt in mehreren Schritten: Nach Satz 7 und dem Äquivalenz–Satz 6 sind $|a-c|,|b-c|$ und $\langle a-c,b-c\rangle$ invariant unter Bewegungen. Sei nun ι eine beliebige Bewegungsinvariante. Wählt man in (2) für f eine Translation, so folgt

$$(3)\qquad \iota(a,b,c)=\varphi(M)\,,\ M=(a-c,b-c)\in \mathrm{GL}(2;\mathbb{R}),$$

mit einer Funktion $\varphi:\mathrm{GL}(2;\mathbb{R})\to\mathbb{R}$ mit der Eigenschaft

$$(4)\qquad \varphi(TM)=\varphi(M)\quad\text{für alle }M\in\mathrm{GL}(2;\mathbb{R})\text{ und }T\in O(2).$$

Es bezeichne $\mathrm{Pos}(2;\mathbb{R})$ die Menge der symmetrischen, positiv definiten 2×2 Matrizen, also

$$(5)\qquad \mathrm{Pos}(2;\mathbb{R})=\left\{P=\begin{pmatrix}\alpha&\beta\\\beta&\gamma\end{pmatrix}\in\mathrm{Mat}(2;\mathbb{R})\ :\ \alpha>0\,,\ \alpha\gamma>\beta^2\right\}.$$

Proposition A. *Für $P\in\mathrm{Pos}(2;\mathbb{R})$ ist*

$$(6)\qquad Q_P:=\frac{1}{\omega(P)}\left(\sqrt{\det P}\cdot E+P\right),\ \omega(P):=\sqrt{2\sqrt{\det P}+\mathrm{Spur}\,P},$$

eine Quadratwurzel von P in $\mathrm{Pos}(2;\mathbb{R})$, d.h., es gilt $Q_P^2=P$.

Beweis. Nach dem Satz von CAYLEY gilt

$$\left(\sqrt{\det P}\cdot E+P\right)^2 = (\det P)\cdot E+2\sqrt{\det P}\cdot P+((\mathrm{Spur}\,P)\cdot P-(\det P)\cdot E)$$
$$= \left(2\sqrt{\det P}+\mathrm{Spur}\,P\right)P\,.$$

Als Summe positiv definiter Matrizen ist Q_P positiv definit. $\qquad\square$

Proposition B. *Zu $M\in\mathrm{GL}(2;\mathbb{R})$ gibt es ein $T\in O(2)$ mit $M=T\cdot Q_{M^tM}$.*

Beweis. Wegen $M^t M \in \mathrm{Pos}(2; \mathbb{R})$ ist $Q := Q_{M^t M}$ nach Proposition A wohldefiniert. Für $S := QM^{-1}$ folgt

$$S^t S = M^{t-1} Q^2 M^{-1} = M^{t-1}(M^t M) M^{-1} = E,$$

also $S \in O(2)$. Für $T := S^{-1}$ folgt die Behauptung. $\square$

Nun geht man zu (4) zurück. Man verwendet Proposition B und erhält eine Funktion $\psi : \mathrm{Pos}(2; \mathbb{R}) \to \mathbb{R}$, $\psi(P) := \varphi(Q_P)$, mit

(7) $\varphi(M) = \varphi(Q_{M^t M}) = \psi(M^t M).$

Für $M = (u, v)$ gilt aber

$$M^t M = \begin{pmatrix} |u|^2 & \langle u, v \rangle \\ \langle u, v \rangle & |v|^2 \end{pmatrix}.$$

Wegen (7) ist der Satz bewiesen. $\square\square$

Bemerkungen. a) In der Linearen Algebra wird gezeigt, dass ein $Q \in \mathrm{Pos}(2; \mathbb{R})$ durch $Q^2 = P$ eindeutig bestimmt ist.
b) Der Satz überträgt sich sinngemäß auf höhere Dimensionen. An die Stelle von Proposition A tritt ein allgemeiner Existenzsatz für Quadratwurzeln (vgl. M. KOECHER (1997), 6.3.4).

Aufgaben. a) Beschreiben Sie den Flächeninhalt, den Umfang und die Winkel eines Dreiecks explizit als Funktionen von $|a - c|$, $|b - c|$ und $\langle a - c, b - c \rangle$.
b) Für ein Dreieck a, b, c in $\mathbb{E}$ sei $s := \frac{1}{3}(a + b + c)$. Dann ist die Abbildung $(a, b, c) \longmapsto |s - a| + |s - b| + |s - c|$ eine Bewegungsinvariante.

§ 2 Das Dreieck

Einleitung. Unter einem *Dreieck* soll hier wie in II.3.1 ein geordnetes, nicht kollineares Tripel a, b, c aus $\mathbb{E}$ verstanden werden. Die Punkte a, b, c heißen die *Eckpunkte* oder *Ecken* des Dreiecks. Nach dem Drei-Punkte-Kriterium II.1.6 gilt dann stets $[a, b, c] \neq 0$. Man zeichnet ein Dreieck meist so, dass die Ecken a, b, c gegensinnig zum Uhrzeigersinn um einen inneren Punkt laufen. Dies ist genau dann der Fall, wenn $[a, b, c] > 0$. Man nennt die Geraden $a \vee b$, $b \vee c$ und $c \vee a$ die *Seiten* und $|b - a|$, $|c - b|$ und $|a - c|$ die *Seitenlängen* des Dreiecks.

Die Bezeichnung der Ecken eines Dreiecks mit Buchstaben ist uralt: Bei den Griechen hatte sich bereits diese Gewohnheit ausgebildet. Noch bei den Arabern und im Mittelalter, z.B. bei REGIOMONTANUS (1436–1476), wählte man häufig die Buchstaben in der Reihenfolge des griechischen Alphabets, z.B. a,b,g,d an Stelle von a, b, c, d. Die seit EULER übliche Bezeichnung der Ecken mit großen lateinischen Buchstaben kann hier nicht verwendet werden, denn Ecken sind Punkte von $\mathbb{E}$, und die Elemente von $\mathbb{E}$ werden konsequent mit kleinen lateinischen Buchstaben bezeichnet.

1. Erste metrische Sätze. Nach dem Schwerpunktsatz II.3.2 schneiden sich die drei Seitenhalbierenden eines Dreiecks a, b, c im *Schwerpunkt*

$$s = \tfrac{1}{3}(a + b + c).$$

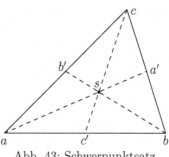

Abb. 43: Schwerpunktsatz

Proposition. *Der Schwerpunkt s teilt die drei Seitenhalbierenden im Verhältnis $2 : 1$, d.h.*

$$|a - s| : |s - a'| \;=\; |b - s| : |s - b'|$$
$$= |c - s| : |s - c'| \;=\; 2 : 1$$

Beweis. Man hat

$$|s - a| = \frac{1}{3}|b + c - 2a| \,, \quad |s - a'| = |s - \frac{1}{2}(b + c)| = \frac{1}{6}|2a - b - c| = \frac{1}{2}|s - a|.$$

Die anderen Rechnungen gelten aufgrund der Symmetrie. □

Man betrachte nun die folgende einfache Strahlenkonfiguration, bei der vorausgesetzt ist, dass $a - p, b - p \in \mathbb{E}$ linear unabhängig sind.

Strahlensatz. *Es sind äquivalent:*
(i) *G und G' sind parallel.*
(ii) *Es gibt $\rho \in \mathbb{R}$ mit $a' - p = \rho(a - p)$ und $b' - p = \rho(b - p)$).*
In diesem Fall gilt

$$(1) \quad \frac{|a' - p|}{|a - p|} = \frac{|b' - p|}{|b - p|} = \frac{|b' - a'|}{|b - a|}.$$

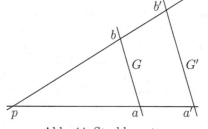

Abb. 44: Strahlensatz

Beweis. Die Äquivalenz von (i) und (ii) gilt nach dem Allgemeinen Strahlensatz II.2.1. Wegen (ii) sind in (1) alle Quotienten gleich $|\rho|$. □

Der Strahlensatz kann natürlich auch als Aussage über ähnliche Dreiecke aufgefasst werden.

Für einen Punkt c auf der Geraden durch a und b hat man eine Darstellung $c = \alpha a + \beta b = a + \beta(b - a) = b + \alpha(a - b)$. Man erhält für das Geradenmaß nach II.5.1(2)

$$(2)\; |acb| = |\frac{\alpha}{\beta}| = \frac{|b - c|}{|c - a|} \quad \text{für paarweise verschiedene, kollineare } a, b, c \in \mathbb{E}.$$

Das Geradenmaß acb enthält also als zusätzliche Information noch eine Aussage über die Lage von c in Bezug auf a, b. Man kann damit z.B. die Proposition formulieren als

$$a'sa = b'sb = c'sc = 2 \ , \ a' = \frac{1}{2}(b+c), \ b' = \frac{1}{2}(c+a) \ , \ c' = \frac{1}{2}(a+b)$$

und der Strahlensatz ist äquivalent zu

$$apa' = bpb'.$$

Eine weitere metrische Aussage erhält man aus (2) durch ein Abschwächung der Sätze von CEVA und MENELAOS aus II.5.2:

Satz von CEVA-MENELAOS. *Ist a, b, c ein Dreieck in $\mathbb{E}$ und sind die Punkte $c' \in a \vee b$, $a' \in b \vee c$, $b' \in c \vee a$ von den Eckpunkten verschieden, dann sind äquivalent:*

(i)   *Die Punkte a', b', c' sind kollinear oder die Transversalen $a \vee a'$, $b \vee b'$, $c \vee c'$ gehen durch einen Punkt oder die Transversalen sind alle parallel.*

(ii) $|b - c'| \cdot |c - a'| \cdot |a - b'| = |a - c'| \cdot |b - a'| \cdot |c - b'|.$

Natürlich besagt (i) wieder, dass die Punkte a', b', c' kollinear sind oder die Transversalen zu einem Geraden- oder Parallelenbüschel gehören.

Aufgaben. a) Gegeben seien paarweise verschiedene Punkte $a, a', b, b' \in \mathbb{E}$, so dass die Geraden $a \vee a'$ und $b \vee b'$ nicht orthogonal sind und sich im Punkt p schneiden. Aus (1) folgt dann die Parallelität der Geraden $a \vee b$ und $a' \vee b'$. Gilt die Aussage auch noch, wenn $a \vee a'$ und $b \vee b'$ orthogonal sind?
b) Seien $a, b, c, d \in \mathbb{E}$ paarweise verschieden und kollinear. a, b, c, d sind genau dann harmonisch (vgl. II.6.2), wenn $|d - a| \cdot |c - b| = |d - b| \cdot |c - a|$.
c) In einem Dreieck ist die Summe der Längen der Seitenhalbierenden $\geq \frac{3}{4}\sigma$ und $\leq \sigma$, wobei σ der Umfang des Dreiecks ist.
d) Seien $A, B, C \in \mathbb{R}$, $A \geq B \geq C$. Es gibt genau dann ein Dreieck in $\mathbb{E}$ mit Seitenlängen A, B, C, wenn $A < B + C$.

2. Geradengleichung. Wie in II.1.3 ist $G_{a,u} = \{a + \alpha u : \alpha \in \mathbb{R}\} = a + \mathbb{R}u$ für $a \in \mathbb{E}$ und $0 \neq u \in \mathbb{E}$ eine Gerade, nämlich *die* Gerade durch a in Richtung u bzw. $\mathbb{R}u$. Man betrachte

(1) $H_{c,\gamma} := \{x \in \mathbb{E} : \langle c, x \rangle = \gamma\}$ für $0 \neq c \in \mathbb{E}$ und $\gamma \in \mathbb{R}$.

Durch $G_{a,u}$ und $H_{c,\gamma}$ werden die gleichen geometrischen Objekte beschrieben:

Lemma. a) $H_{c,\gamma} = G_{a,u}$ *für $u := c^{\perp}$ und jedes $a \in H_{c,\gamma}$. Speziell ist $H_{c,\gamma}$ eine Gerade in Richtung $c^{\perp}$, also orthogonal zu c.*
b) $G_{a,u} = H_{c,\gamma}$ *für $c := u^{\perp}$ und $\gamma := \langle u^{\perp}, a \rangle$.*

Beweis. a) Für $a \in H_{c,\gamma}$ gilt $\langle c, a \rangle = \gamma$, also hat man nach Lemma 1.2

$$H_{c,\gamma} = \{x \in \mathbb{E} : \langle c, x - a \rangle = 0\} = G_{a,u}   \text{ mit } u = c^{\perp}.$$

b) Es ist $x \in G_{a,u}$ gleichwertig mit $x - a \in \mathbb{R}u$, also nach Lemma 1.2 mit

$$\langle x - a, u^{\perp} \rangle = 0. \qquad \qquad \square$$

Nach dem Lemma steht c senkrecht auf der Richtung von $H_{c,\gamma}$. Man nennt daher c oder $\mathbb{R}c$ auch eine *Normale* von $H_{c,\gamma}$.

Teil a) des Lemmas impliziert das

Korollar A. *Für $c, d \in \mathbb{E} \setminus \{0\}$ und $\gamma, \delta \in \mathbb{R}$ sind äquivalent:*
(i) $H_{c,\gamma} = H_{d,\delta}$.
(ii) *Es gibt $0 \neq \omega \in \mathbb{R}$ mit $d = \omega c$ und $\delta = \omega \gamma$.*

Als unmittelbare Folgerung erhält man

Korollar B. *Jede Gerade G in $\mathbb{E}$ besitzt eine Darstellung*

$$(2) \qquad G = H_{c,\gamma} \quad \text{mit} \quad c \in \mathbb{E}, \ |c| = 1 \text{ und } \gamma \in \mathbb{R}, \ \gamma \geq 0.$$

Dabei ist γ eindeutig bestimmt. Gilt $\gamma > 0$, so ist auch c eindeutig. Im Fall $\gamma = 0$ ist $\{\pm c\}$ eindeutig bestimmt.

Man nennt (2) die HESSE*sche Normalform der Geraden G.*

Da $G_{a,u}$ und $G_{b,v}$ genau dann parallel sind (vgl. II.1.3), wenn u und v linear abhängig sind, folgt das

Korollar C. *Die Geraden $H_{c,\gamma}$ und $H_{d,\delta}$ sind genau dann parallel, wenn c und d linear abhängig sind.*

Eine Darstellung einer Geraden G in der Form $G_{a,u}$ hatte man in II.1.3 eine *Parameterdarstellung* von G genannt. Beschreibt man G in der Form $H_{c,\gamma}$, so spricht man von einer *Geradengleichung*. Jede *Gleichung* von G hat dann die Form $\varphi(x) = \omega(\langle c, x \rangle - \gamma)$ mit einem $0 \neq \omega \in \mathbb{R}$.

In Lemma II.1.4 hatte man für zwei nicht-parallele Geraden die Schnittpunkt-formel

$$(3) \qquad G_{a,u} \cap G_{b,v} = \frac{1}{[u,v]}([b,v]u - [a,u]v)$$

hergeleitet. Nach dem Lemma überträgt sich dies in

$$(4) \qquad H_{c,\gamma} \cap H_{d,\delta} = \frac{1}{[c,d]}(\delta c^{\perp} - \gamma d^{\perp}).$$

Schließlich zeigt man mühelos

$$(5) \qquad G_{a,u} \cap H_{c,\gamma} = a + \frac{\gamma - \langle a, c \rangle}{\langle u, c \rangle} u.$$

Analog zu II.1.6 hat man auch ein

Drei-Geraden-Kriterium. *Für drei Geraden $H_{a,\alpha}, H_{b,\beta}$ und $H_{c,\gamma}$ in $\mathbb{E}$ sind äquivalent:*

(i) *Die Geraden sind entweder alle parallel oder schneiden sich alle in einem Punkt.*

(ii) *Die Vektoren $\binom{\alpha}{a}$, $\binom{\beta}{b}$, $\binom{\gamma}{c} \in \mathbb{R}^3$ sind linear abhängig.*

(iii) $\alpha[b, c] + \beta[c, a] + \gamma[a, b] = 0$.

Beweis. (i) $\Longrightarrow$ (ii): Sind die Geraden alle parallel, so sind a, b, c paarweise linear abhängig. Also gilt Rang$A \leq 2$ für

$$(*) \qquad\qquad A := \begin{pmatrix} \alpha & \beta & \gamma \\ a & b & c \end{pmatrix} \in \mathrm{Mat}(3; \mathbb{R}).$$

Gehen alle drei Geraden durch den Punkt $x \in \mathbb{E}$, so folgt $(-1, x^t)A = 0$, also wieder Rang $A \leq 2$ und damit (ii).

(ii) $\Longrightarrow$ (i): Es gibt $\xi \in \mathbb{R}$ und $x \in \mathbb{E}$ mit $(\xi, x^t)A = 0$ und $(\xi, x^t) \neq 0$. Gilt $\xi = 0$, so folgt $x \neq 0$ und $\langle x, a \rangle = \langle x, b \rangle = \langle x, c \rangle = 0$. Also sind die Geraden alle parallel. Gilt $\xi \neq 0$, so liegt $(-1/\xi)x$ auf allen drei Geraden.

(ii) $\Longleftrightarrow$ (iii): Beide Aussagen bedeuten $\det A = 0$ für A aus $(*)$. $\square$

2. Beweis. Man übertrage das Drei-Geraden-Kriterium II.1.6 mit Hilfe des Lemmas auf die vorliegenden Geraden. $\square$

Korollar D. *Drei Geraden in $\mathbb{E}$ seien durch die Gleichungen $\varphi(x) = 0$, $\psi(x) = 0$ und $\chi(x) = 0$ gegeben. Dann sind äquivalent:*

(i) *Die drei Geraden sind entweder alle parallel oder schneiden sich alle in einem Punkt.*

(ii) *Es gibt $A, B, C \in \mathbb{R}$, die nicht alle Null sind und für die $A\varphi + B\psi + C\chi$ identisch Null ist.*

Beweis. Das ist eine Umformulierung von (i) und (ii), denn man kann sofort $\varphi(x) = \langle a, x \rangle - \alpha$ usw. annehmen. $\square$

Die beiden obigen Bedingungen (i) besagen natürlich wieder, dass die drei Geraden zu einem Parallelen- oder Geradenbüschel gehören.

Aufgaben. a) Gegeben seien zwei nicht-parallele Geraden $x_2 = \mu x_1 + \nu$ und $x_2 = \mu' x_1 + \nu'$. Dann gilt:

(i) Die beiden Geraden schneiden sich unter einem Winkel φ mit

$$\cos \varphi = \frac{|1 + \mu\mu'|}{\sqrt{1 + \mu^2}\sqrt{1 + \mu'^2}}.$$

(ii) Die beiden Geraden sind genau dann orthogonal, wenn (das Produkt ihrer „Steigungen") $\mu\mu' = -1$ ist.

(iii) Im Fall $\varphi \neq \frac{\pi}{2}$ ist

$$\tan \varphi = \left| \frac{\mu - \mu'}{1 + \mu\mu'} \right|.$$

b) Für $a, b \in \mathbb{E}$ mit $a \neq b$ sei $M_{a,b} = \{x \in \mathbb{E} : \langle x - \frac{1}{2}(a + b), a - b \rangle = 0\}$. Man zeige:

(i) Für $x \in \mathbb{E}$ gilt: $x \in M_{a,b} \Longleftrightarrow |x - a| = |x - b|$.

(ii) $M_{a,b}$ hat eine Parameterdarstellung $\frac{1}{2}(a + b) + \mathbb{R}(b - a)^{\perp}$.

c) Sei $a, b, c \in \mathbb{E}$ ein Dreieck. Für $\lambda \in \mathbb{R}$ definiere man

(6)
$$
\begin{aligned}
a_\lambda &:= \tfrac{1}{2}(b + c) + \lambda(b - c)^{\perp}, \\
b_\lambda &:= \tfrac{1}{2}(c + a) + \lambda(c - a)^{\perp}, \\
c_\lambda &:= \tfrac{1}{2}(a + b) + \lambda(a - b)^{\perp}.
\end{aligned}
$$

Sind $a, b, c, a_\lambda, b_\lambda, c_\lambda$ paarweise verschieden, so sind die Geraden $a \vee a_\lambda, b \vee b_\lambda, c \vee c_\lambda$ alle parallel oder schneiden sich alle in einem Punkt.

3. Abstand eines Punktes von einer Geraden. Wie in 1.4(2) wird der *Abstand* eines Punktes $p \in \mathbb{E}$ von einer Geraden G in $\mathbb{E}$ erklärt durch

(1)
$$d(p, G) := \inf\{|p - x| : x \in G\}.$$

Eine Gerade $G_{p,u}$ steht nach Lemma 2a) genau dann senkrecht auf $H_{c,\gamma}$, wenn $\langle u, c^{\perp} \rangle = 0$ gilt, also wenn $u \in \mathbb{R}c$ nach Lemma 1.2. Folglich gibt es genau eine Gerade durch p, die auf einer Geraden G senkrecht steht. Diese wird das *Lot* von p auf G genannt. Es folgt:

(2)   *Das Lot von p auf $H_{c,\gamma}$ ist $G_{p,c}$.*

Den Schnittpunkt q des Lotes von p auf $H_{c,\gamma}$ mit $H_{c,\gamma}$ nennt man den *Fußpunkt* des Lotes. Setzt man q in der Form $p + \alpha c$ mit $\alpha \in \mathbb{R}$ an (oder verwendet man die Schnittpunktformel 2(5)), dann ist q durch $\langle q, c \rangle = \gamma$, also durch $\alpha = (\gamma - \langle p, c \rangle)/|c|^2$ gegeben. Es folgt

(3)   *Der Fußpunkt des Lotes von p auf $H_{c,\gamma}$ ist* $q := p + \dfrac{\gamma - \langle p, c \rangle}{|c|^2} \cdot c$.

Damit gilt:

(4)   *Der Abstand des Punktes p vom Fußpunkt q ist gleich*
$$|p - q| = \frac{|\langle p, c \rangle - \gamma|}{|c|}.$$

Da $p - q$ ein Vielfaches von c und $q - x$ für $x \in H_{c,\gamma}$ eine Vielfaches von $c^{\perp}$ ist, folgt $|p - x|^2 = |p - q|^2 + |q - x|^2 \geq |p - q|^2$ für $x \in H_{c,\gamma}$ aus dem Satz des PYTHAGORAS 1.4. Man erhält also:

(5)   *Der Abstand $d(p, G)$ des Punktes p von der Geraden $G = H_{c,\gamma}$ wird im Fußpunkt q des Lotes von p auf G angenommen und es gilt*
$$d(p, G) = |p - q| = \frac{|\langle c, p \rangle - \gamma|}{|c|}.$$

   Für $x \in G$, $x \neq q$ gilt $|p - x| > d(p, G)$.

Speziell folgt der

Satz über die HESSEsche Normalform. *Schreibt man eine Gerade* $H_{c,\gamma}$ *in HESSEscher Normalform*

$$\langle c, x \rangle = \gamma \quad mit \quad |c| = 1 \ und \ \gamma \geq 0,$$

dann ist der Abstand eines Punktes $p \in \mathbb{E}$ *von* $H_{c,\gamma}$ *gleich* $|\langle c, p \rangle - \gamma|$.

Im Fall $\gamma > 0$ ist c, aber im Fall $\gamma = 0$ ist nur $\{\pm c\}$ in der HESSEschen Normalform eindeutig bestimmt, was aber auf die Formel keinen Einfluss hat.

Damit erhält man eine geometrische Deutung der eindeutig bestimmten Konstanten γ in der Geradengleichung $H_{c,\gamma}$:

(6)   *Der Ursprung 0 hat von der Geraden* $H_{c,\gamma}$ *den Abstand* γ.

Ludwig Otto HESSE (geboren 1811 in Königsberg, studierte dort Mathematik [bei C.G.J. JACOBI (1804–1851)] und Naturwissenschaften, wurde 1845 Extraordinarius in Königsberg, 1855 Professor in Heidelberg, 1868 Professor in München und starb 1874 in München) arbeitete über algebraische Funktionen und Invarianten und benutzte unter dem Einfluss von JACOBI die neu entwickelte Determinantentheorie zur Herleitung geometrischer Sätze. In seinem ersten, viel gelesenen Lehrbuch *Vorlesung über die analytische Geometrie des Raumes* von 1861 verwendete er wohl erstmals die in allen modernen Lehrbüchern nach ihm benannte Normalform einer Ebene, an der man den Abstand eines Punktes von dieser Ebene direkt ablesen kann.

Ist eine Gerade in der Form $G_{a,u}$, $u \neq 0$, gegeben, dann ist offenbar

(7) $G_{p,v}$, $v := u^{\perp}$, *das Lot von* p *auf* $G_{a,u}$.

Zur Bestimmung des Abstandes

(8) $d(p, G_{a,u}) = \min\{|p - x| \ : \ x \in G_{a,u}\}$

von p und $G_{a,u}$ kann man auch die klassische Extremalmethode der Analysis verwenden. An Stelle von (8) kann man auch nach dem Minimum der Funktion

(9) $\varphi : \mathbb{R} \to \mathbb{R}$, $\varphi(\xi) := |p - (a + \xi u)|^2$,

fragen. Wegen

$$\varphi(\xi) = |p - a|^2 - 2\xi \langle p - a, u \rangle + \xi^2 |u|^2 \quad und \quad \varphi'(\xi) = 2(\xi|u|^2 - \langle p - a, u \rangle)$$

erhält man das Minimum von (9) für $\xi = \frac{\langle p-a,u \rangle}{|u|^2}$, also ist

(10) $a + \dfrac{\langle p - a, u \rangle}{|u|^2} \cdot u$ *der Fußpunkt des Lotes von* p *auf* $G_{a,u}$

und es gilt

$$\min\{\varphi(\xi) \ : \ \xi \in \mathbb{R}\} = |p - a|^2 - \frac{\langle p - a, u \rangle^2}{|u|^2} = \varphi\left(\frac{\langle p - a, u \rangle}{|u|^2}\right).$$

Mit 1.3(3) folgt also das

Lemma. *Der Abstand des Punktes $p \in \mathbb{E}$ von der Geraden $G_{a,u}$ ist gleich*

$$\frac{1}{|u|} |[p - a, u]|.$$

Mit Hilfe von Lemma 2 folgt dies natürlich auch unmittelbar aus (5).

Aus (10) folgert man direkt die

Proposition. *Der Fußpunkt des Lotes von p auf die Verbindungsgerade von a und b ist gegeben durch*

$$q_{ab}(p) := \frac{1}{|a - b|^2}\Big(\langle a - b, p - b\rangle\, a - \langle a - b, p - a\rangle\, b\Big).$$

Aufgaben. a) (i) Beschreiben Sie die folgenden Geraden durch eine Gleichung

$$\binom{2}{1} + \mathbb{R}\binom{1}{3}, \quad \binom{0}{1} + \mathbb{R}\binom{-1}{1}, \quad \binom{1}{0} + \mathbb{R}\binom{2}{-1}.$$

(ii) Geben Sie die Geraden unter (i) in HESSEscher Normalform an. Welchen Abstand haben die Geraden vom Nullpunkt?
(iii) Geben Sie für die Geraden $x_1 + 2x_2 = 1$ und $x_1 - 2x_2 = 3$ jeweils eine Parameterdarstellung an.
b) Man bestimme den Abstand des Schwerpunktes s von den Dreiecksseiten.
c) In einem Dreieck bestimme man den geometrischen Ort aller Diagonalen-schnittpunkte der einbeschriebenen Rechtecke, die eine Seite auf einer (festen) Dreiecksseite haben.
d) Für $a, b \in \mathbb{E}$, $a \neq b$, gilt

$$d(0, a \vee b) = \frac{|[a, b]|}{|a - b|}.$$

e) Sei $a, b, c \in \mathbb{E}$ ein Dreieck, $\sigma := |a - b| + |b - c| + |c - a|$ der Umfang und $p := \frac{1}{\sigma}(|b - c|a + |c - a|b + |a - b|c)$. Man berechne den Abstand von p zu den Seiten des Dreiecks.
f) Für ein Dreieck $a, b, c \in \mathbb{E}$ und $\alpha, \beta, \gamma \in \mathbb{R}$ mit $\alpha + \beta + \gamma = 1$ gilt

$$d(\alpha a + \beta b + \gamma c, \ a \vee b) = |\gamma| \cdot \frac{|[a, b, c]|}{|a - b|} = |\gamma| \cdot d(c, a \vee b).$$

g) In einem gleichseitigen Dreieck ist für alle Punkte im Inneren des Dreiecks die Summe der Abstände von den Dreieckseiten konstant.
h) Für welche Punkte $p \in \mathbb{E}$ ist die Summe der Abstände zu den Dreiecksseiten minimal?

4. Mittelsenkrechte im Dreieck. Gegeben sei ein Dreieck a, b, c in $\mathbb{E}$. Unter der *Mittelsenkrechten* von a und b versteht man natürlich die Gerade durch die Seitenmitte, die senkrecht auf der Seite $a \vee b$ steht, also

(1)
$$\begin{aligned} M_{a,b} &:= \{x \in \mathbb{E} : \langle x - \tfrac{1}{2}(a+b), a - b \rangle = 0\} \\ &= H_{a-b, \frac{1}{2}(|a|^2 - |b|^2)} = G_{\frac{1}{2}(a+b),(a-b)^\perp} . \end{aligned}$$

und analog $M_{b,c}$ sowie $M_{c,a}$. Als ersten Schnittpunkt-Satz erhalten wir den

Satz. *In einem Dreieck a, b, c in $\mathbb{E}$ schneiden sich die drei Mittelsenkrechten in einem Punkt m, der gegeben wird durch*

(2) $m_{abc} = m = \dfrac{1}{2[a, b, c]} \left((|b|^2 - |c|^2)a^\perp + (|c|^2 - |a|^2)b^\perp + (|a|^2 - |b|^2)c^\perp \right).$

Beweis. Man verwende (1) und 2(4) in

$$\begin{aligned} M_{a,c} \cap M_{b,c} &= H_{a-c, \frac{1}{2}(|a|^2 - |c|^2)} \cap H_{b-c, \frac{1}{2}(|b|^2 - |c|^2)} \\ &= \frac{1}{2[a - c, b - c]} \left((|b|^2 - |c|^2)(a^\perp - c^\perp) - (|a|^2 - |c|^2)(b^\perp - c^\perp) \right) \end{aligned}$$

und das ist genau (2). Da sich m bei zyklischer Vertauschung von a, b, c nicht ändert, liegt m auch auf $M_{a,b}$. $\square$

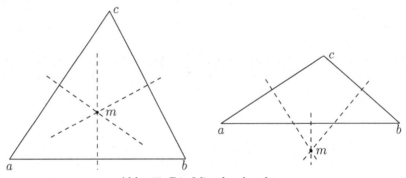

Abb. 45: Die Mittelsenkrechten

Bemerkungen. a) Ein reiner Existenzbeweis für m folgt direkt aus Lemma II.7.3 mit $\lambda = \tfrac{1}{2}$ und $M = J$.
b) Natürlich ist m der Mittelpunkt des Umkreises (vgl. IV.2.1).

Aufgaben. a) Für ein Dreieck a, b, c in $\mathbb{E}$ gilt

(3) $m = \dfrac{1}{2[a, b, c]^2} (\langle w, c - b \rangle \, a + \langle w, a - c \rangle \, b + \langle w, b - a \rangle \, c)$

mit $w := (|b|^2 - |c|^2)a + (|c|^2 - |a|^2)b + (|a|^2 - |b|^2)c$. Es gilt $w = -2[a, b, c]m^\perp$.
b) Ist a, b, c ein Dreieck in $\mathbb{E}$, so gilt $|m - a| = |m - b| = |m - c|$.

c) Ist das Dreieck a, b, c gleichseitig, d.h. $|a - b| = |b - c| = |c - a|$, so gilt

$$m = \frac{1}{[a, b, c]} \left(\langle a, b - c \rangle \, a^\perp + \langle b, c - a \rangle \, b^\perp + \langle c, a - b \rangle \, c^\perp \right).$$

d) (*Satz von* NAPOLEON) Sei a, b, c ein nicht-gleichseitiges Dreieck in $\mathbb{E}$. Für $\lambda \in \mathbb{R}$ seien $a_\lambda, b_\lambda, c_\lambda$ durch 2(6) definiert. Die Punkte $a_\lambda, b_\lambda, c_\lambda$ bilden genau dann ein gleichseitiges Dreieck, wenn $12\lambda^2 = 1$ gilt.

5. Höhen im Dreieck. In einem Dreieck $a, b, c \in \mathbb{E}$ ist die *Höhe* durch a das Lot von a auf die Verbindungsgerade $G_{b,c-b}$ von b und c. Damit folgt:

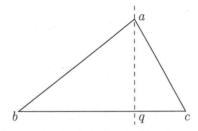

(1) *Die Höhe durch a ist gleich $G_{a,u}$ mit $u := (c - b)^\perp$.*

Da aber auch jede Gerade $H_{c-b,\gamma}$ mit $\gamma \in \mathbb{R}$ orthogonal zu $G_{b,c-b}$ ist, gilt:

Abb. 46: Höhe durch a

(2) *Die Höhe durch a ist gleich $H_{c-b,\gamma}$ mit $\gamma := \langle c - b, a \rangle$.*

Aus Lemma 3 folgt weiter:

(3) *Die Länge η_a der Höhe durch a, also der Abstand von a und der gegenüberliegenden Seite, ist gleich $d(a, b \vee c) = \dfrac{\|[a, b, c]\|}{|b - c|}$.*

Nach Proposition II.1.6 ändert sich $\|[a, b, c]\|$ bei Permutation der Argumente nicht. Damit gilt

(4) $\qquad \|[a, b, c]\| = \eta_a \cdot |b - c| = \eta_b \cdot |c - a| = \eta_c \cdot |a - b|.$

Man kann in Übereinstimmung mit der Anschauung den (absoluten) *Flächeninhalt* des Dreiecks a, b, c durch $\frac{1}{2}\|[a, b, c]\|$ definieren. Wegen 1.5(10) gilt dann auch:

(5) *Der Flächeninhalt des Dreiecks a, b, c ist $\frac{1}{2}\|[a, b, c]\| = \frac{1}{2} \cdot |b-a| \cdot |c-a| \cdot \sin \alpha$.*

Hierbei bezeichnet $\alpha, 0 < \alpha < \pi$, den Winkel bei a usw. Da sich die Fläche (5) bei zyklischer Vertauschung von a, b, c nicht ändert, ergibt sich der so genannte

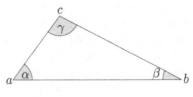

Sinus-Satz. *Es gilt*

$$\frac{\sin \alpha}{|b - c|} = \frac{\sin \beta}{|c - a|} = \frac{\sin \gamma}{|a - b|}.$$

Abb. 47: Sinus-Satz

Wie bei den Mittelsenkrechten erhält man den

Satz vom Höhenschnittpunkt. *Die Höhen eines Dreiecks a, b, c in $\mathbb{E}$ schneiden sich in einem Punkt $h = h_{abc}$ und dieser wird gegeben durch*

$$(6) \qquad h_{abc} = h = \frac{1}{[a,b,c]} \left(\langle a, b-c \rangle \, a^{\perp} + \langle b, c-a \rangle \, b^{\perp} + \langle c, a-b \rangle \, c^{\perp} \right).$$

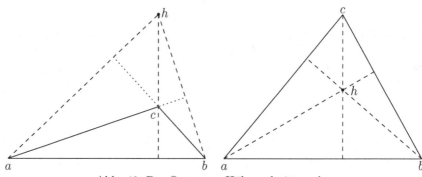

Abb. 48: Der Satz vom Höhenschnittpunkt

1. Beweis. Nach (2) sind die Höhen durch a bzw. b gegeben durch

$$H_{c-b,\gamma} \text{ mit } \gamma = \langle c-b, a \rangle \text{ bzw. } H_{a-c,\alpha} \text{ mit } \alpha = \langle a-c, b \rangle.$$

Ihr Schnittpunkt berechnet sich nach der Schnittpunktformel 2(4) zu

$$h = \frac{1}{[a,b,c]} (\langle a, b-c \rangle \, a^{\perp} + \langle b, c-a \rangle \, b^{\perp} + \langle c, a-b \rangle \, c^{\perp}).$$

Da sich h bei zyklischer Vertauschung von a, b, c nicht ändert, liegt h auch auf der Höhe durch c. □

2. Beweis. Man zieht die Parallelen zu den Seiten des Dreiecks durch die gegenüberliegenden Punkte und erhält ein Dreieck a', b', c'. Dann ist a, b, c das Mittendreieck von a', b', c'. Also sind die Mittelsenkrechten von a', b', c' gerade die Höhen von a, b, c. Nach 4 schneiden sich in einem Dreieck die Mittelsenkrechten in einem Punkt. Mit $m_{a'b'c'} = h_{abc}$ und $a' = -a + b + c$, $b' = a - b + c$, $c' = a + b - c$ folgt dann die Behauptung. □

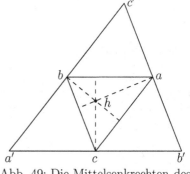

Abb. 49: Die Mittelsenkrechten des Mittendreiecks

Dieser Beweis stammt von C.F. GAUSS aus dem Jahre 1810 (vgl. *Werke IV*, S. 396). Für die Existenz sollen noch drei weitere Varianten angegeben werden.

3. *Beweis.* Nach (2) ist die Höhe durch a durch $H_{c-b,\gamma}$ mit $\gamma := \langle c-b,a \rangle$ gegeben. Man rechnet im $\mathbb{R}^3$

$$\begin{pmatrix} \langle c-b,a \rangle \\ c-b \end{pmatrix} + \begin{pmatrix} \langle a-c,b \rangle \\ a-c \end{pmatrix} + \begin{pmatrix} \langle b-a,c \rangle \\ b-a \end{pmatrix} = 0$$

und verwendet das Drei-Geraden-Kriterium 2.   □

4. *Beweis.* Da die Aussage invariant gegenüber Translationen ist, kann man ohne Einschränkung $c = 0$ annehmen. Die Höhe durch a ist $a + \mathbb{R}b^\perp$, die Höhe b ist $b + \mathbb{R}a^\perp$ und der Schnittpunkt h hat die Form $h = a + \beta b^\perp = b + \alpha a^\perp$. Es folgt $\langle h,b \rangle = \langle a,b \rangle = \langle h,a \rangle$, also $\langle h,a-b \rangle = 0$. Damit gilt $h \in \mathbb{R}(a-b)^\perp$ (vgl. Lemma 1.2) und h liegt auch auf der Höhe durch $0 = c$.   □

5. *Beweis.* Man nimmt nach einer Translation ohne Einschränkung an, dass 0 der Fußpunkt der Höhe durch c ist, also $\langle b-a,c \rangle = 0$ mit (2). Man hat dann

$$\text{Höhe durch } a: \quad \langle x-a,b-c \rangle = 0\,,$$
$$\text{Höhe durch } b: \quad \langle x-b,c-a \rangle = 0\,.$$

Für den Schnittpunkt h erhält man durch Addition $\langle h,b-a \rangle = \langle c,b-a \rangle = 0$, also $h \in \mathbb{R}c$.   □

Bemerkungen. a) Der Satz vom Höhenschnittpunkt kommt in den *Elementen* des EUKLID nicht vor. In einer Sammlung geometrischer Sätze *Liber assumptorum*, die ARCHIMEDES zugeschrieben wird, findet man diesen Satz als bekanntes Ergebnis zitiert. Auch bei PAPPUS (*Collectiones*, VII, 22) wird er als bekannt verwendet. Bis zum Beginn des 19. Jahrhunderts wird der Satz nur ganz selten in den Lehrbüchern der Geometrie genannt.
b) Ein weiterer Existenzbeweis folgt direkt aus Lemma II.7.4 für $M = J$.

Aufgaben. a) Bezeichnet s den Schwerpunkt eines Dreiecks a,b,c in $\mathbb{E}$, dann haben die Dreiecke a,b,s bzw. b,c,s bzw. c,a,s den gleichen Flächeninhalt.
b) Ein Dreieck wird durch eine Seitenhalbierende in zwei gleich große Teildreiecke zerlegt.
c) In einem Dreieck berechne man den Abstand des Höhenschnittpunktes h von den Seiten.
d) Sind die Geraden $H_{a,1}, H_{b,1}, H_{c,1}$ paarweise nicht parallel, so ist der Flächeninhalt des aus den Schnittpunkten bestehenden Dreiecks

$$\frac{[a,b,c]^2}{2 \cdot |[a,b] \cdot [b,c] \cdot [c,a]|}\,.$$

e) In einem Dreieck a,b,c in $\mathbb{E}$ gilt

$$h = \frac{1}{[a,b,c]^2} (\langle z,b-c \rangle\, a + \langle z,c-a \rangle\, b + \langle z,a-b \rangle\, c)$$

mit $z := \langle a,c-b \rangle\, a + \langle b,a-c \rangle\, b + \langle c,b-a \rangle\, c = [a,b,c] \cdot h^\perp$.
f) Sei a,b,c ein Dreieck in $\mathbb{E}$ und seien f_a, f_b, f_c die Fußpunkte der Höhen durch

a, b, c. Dann gilt

$$|a - f_c| \cdot |b - f_a| \cdot |c - f_b| = |a - f_b| \cdot |b - f_c| \cdot |c - f_a|.$$

6. Halbebenen. Ist G eine Gerade in $\mathbb{E}$, so zerfällt $\mathbb{E} \setminus G$ in zwei *Halbebenen*. Topologisch sind das die beiden Zusammenhangskomponenten. Schreibt man $G = H_{c,\gamma}$ mit $\gamma \in \mathbb{R}$ und $c \in \mathbb{E}$, $c \neq 0$, so sind die beiden Halbebenen

(1) $\mathbb{H}_1 = \{x \in \mathbb{E} : \langle c, x \rangle > \gamma\}$ und $\mathbb{H}_2 = \{x \in \mathbb{E} : \langle c, x \rangle < \gamma\}$.

Man beachte, dass $\mathbb{H}_1$ und $\mathbb{H}_2$ vertauscht werden, wenn man die Gleichung $\langle \omega c, x \rangle = \omega\gamma$ für G mit $\omega < 0$ betrachtet. Schreibt man $G = G_{a,u}$ mit a, u aus $\mathbb{E}$, $u \neq 0$, so gilt $G_{a,u} = H_{u^\perp, \langle u^\perp, a \rangle}$ nach Lemma 2. Also werden die Halbebenen in diesem Falle gegeben durch

(2) $\begin{aligned} \{x \in \mathbb{E} : \langle x - a, u^\perp \rangle > 0\} &= \{a + \alpha u + \beta u^\perp : \alpha, \beta \in \mathbb{R}, \ \beta > 0\}, \\ \{x \in \mathbb{E} : \langle x - a, u^\perp \rangle < 0\} &= \{a + \alpha u + \beta u^\perp : \alpha, \beta \in \mathbb{R}, \ \beta < 0\}. \end{aligned}$

Man sagt, dass zwei Punkte $x, y \in \mathbb{E} \setminus G$ *auf einer Seite von G liegen*, wenn beide zu derselben durch G definierten Halbebene gehören. Andernfalls liegen x, y *auf verschiedenen Seiten von G*.

Wie es der Anschauung entspricht, definiert man das *Innere* eines Dreiecks a, b, c in $\mathbb{E}$ durch die Menge aller Punkte, die bezüglich jeder Geraden durch zwei Eckpunkte auf derselben Seite liegen wie der dritte Eckpunkt.

Aufgaben. Sei a, b, c ein Dreieck in $\mathbb{E}$.
a) Das Innere des Dreiecks ist gegeben durch

$$\{\alpha a + \beta b + \gamma c : \alpha, \beta, \gamma \in \mathbb{R}, \ \alpha > 0, \ \beta > 0, \ \gamma > 0, \ \alpha + \beta + \gamma = 1\}.$$

b) Für einen Punkt p im Inneren des Dreiecks gilt

$$\frac{d(p, a \vee b)}{d(c, a \vee b)} + \frac{d(p, b \vee c)}{d(a, b \vee c)} + \frac{d(p, c \vee a)}{d(b, c \vee a)} = 1.$$

c) Ist das Dreieck a, b, c gleichseitig, so ist für jeden Punkt im Inneren des Dreiecks die Summe der Abstände zu den Seiten des Dreiecks gleich der Länge der Höhe.

7. Winkelhalbierende. Sind $u, v \in \mathbb{E} \setminus \{0\}$, so ist der Winkel $\Theta_{u,v}$ zwischen u und v bzw. zwischen den Halbstrahlen $\mathbb{R}^+ u$ und $\mathbb{R}^+ v$ definiert durch

(1) $\langle u, v \rangle = |u||v| \cos\Theta_{u,v}, \ 0 \leq \Theta_{u,v} \leq \pi.$

Proposition. $\Theta_{u,u+v} = \Theta_{u+v,v} = \frac{1}{2}\Theta_{u,v}$, *falls* $|u| = |v| = 1$ *und* $u + v \neq 0$.

Beweis. Wegen $|u| = |v| = 1$ gilt $|u + v|^2 = 2 + 2\langle u, v \rangle$ und daher

$$\cos\Theta_{u,u+v} = \cos\Theta_{u+v,v} = \frac{\langle u, u+v \rangle}{|u+v|} = \frac{1 + \langle u, v \rangle}{|u+v|} = \sqrt{\frac{1 + \langle u, v \rangle}{2}}.$$

Wegen $\cos\left(\frac{1}{2}\omega\right) = \sqrt{\frac{1+\cos\omega}{2}}$ für $0 \leq \omega \leq \pi$ ist die rechte Seite aber gleich $\cos\left(\frac{1}{2}\Theta_{u,v}\right)$. □

Schneiden sich die Geraden F, G und H in einem Punkt, so sagt man, dass H eine *Winkelhalbierende* von F und G ist, wenn der Winkel zwischen F und H mit dem Winkel zwischen G und H (vgl. Bemerkung 1.5c)) übereinstimmt. Also folgt das

Korollar. *Sind u, v linear unabhängig mit $|u| = |v| = 1$, dann sind die Geraden $G_{a,u+v}$ und $G_{a,u-v}$ die Winkelhalbierenden der Geraden $G_{a,u}$ und $G_{a,v}$.*

Schreibt man das Korollar mit Lemma 2 auf Geraden der Form $H_{c,\gamma}$ bzw. $H_{d,\delta}$ mit $|c| = |d| = 1$ um, so erhält man die Winkelhalbierenden in der Form $H_{c+d,\gamma+\delta}$ und $H_{c-d,\gamma-\delta}$, die also durch Gleichungen der Form $(\langle c, x \rangle - \gamma) \pm (\langle d, x \rangle - \delta) = 0$ beschrieben werden. Damit erhält man das

Lemma. *Sind die nicht-parallelen Geraden G und H durch ihre Geradenglei-chung $\varphi(x) = 0$ bzw. $\psi(x) = 0$ in HESSEscher Normalform beschrieben, dann werden ihre Winkelhalbierenden durch $\varphi(x) \pm \psi(x) = 0$ gegeben.*

Ist a, b, c ein Dreieck in $\mathbb{E}$, so spricht man von der *inneren Winkelhalbieren-den*, wenn die beiden anderen Punkte des Dreiecks auf verschiedenen Seiten der Winkelhalbierenden liegen, andernfalls von der *äußeren Winkelhalbieren-den*. Man bezeichnet den *Umfang* des Dreiecks mit

$$(1) \qquad \sigma = \sigma_{abc} := |a - b| + |b - c| + |c - a|.$$

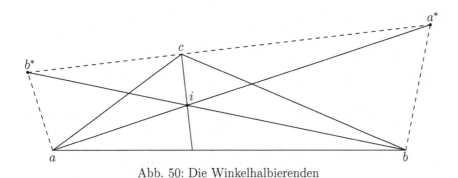

Abb. 50: Die Winkelhalbierenden

Satz. *Sei a, b, c ein Dreieck in $\mathbb{E}$.*
a) Die inneren Winkelhalbierenden werden gegeben durch

$$(2) \qquad \begin{aligned} W_a &:= G_{a,|c-a|(b-a)+|b-a|(c-a)} \,, \\ W_b &:= G_{b,|c-b|(a-b)+|a-b|(c-b)} \,, \\ W_c &:= G_{c,|a-c|(b-c)+|b-c|(a-c)} \,, \end{aligned}$$

die äußeren Winkelhalbierenden durch

$$W_a^* := G_{a,|c-a|(b-a)-|b-a|(c-a)} \, ,$$
$$W_b^* := G_{b,|c-b|(a-b)-|a-b|(c-b)} \, ,$$
$$W_c^* := G_{c,|a-c|(b-c)-|b-c|(a-c)} \, .$$

b) *Die drei inneren Winkelhalbierenden schneiden sich in genau einem Punkt, nämlich in*

$$i := i_{abc} := \frac{1}{\sigma}(|b-c| \cdot a + |c-a| \cdot b + |a-b| \cdot c).$$

c) *Je zwei äußere und die dritte innere Winkelhalbierende schneiden sich in einem Punkt, nämlich in*

$$a^* = \frac{1}{\sigma_a}(-|b-c|a + |c-a|b + |a-b|c) \quad , \quad \sigma_a = -|b-c| + |c-a| + |a-b|,$$

$$b^* = \frac{1}{\sigma_b}(|b-c|a - |c-a|b + |a-b|c) \quad , \quad \sigma_b = |b-c| - |c-a| + |a-b|,$$

$$c^* = \frac{1}{\sigma_c}(|b-c|a + |c-a|b - |a-b|c) \quad , \quad \sigma_c = |b-c| + |c-a| - |a-b|.$$

Man beachte, dass σ_a, σ_b und σ_c aufgrund der Dreiecksungleichung positiv sind.

Beweis. a) Nach dem Korollar ist W_a eine Winkelhalbierende durch a. Außerdem gilt mit $u := |c-a|(b-a) + |b-a|(c-a)$

$$\langle b-a, u^\perp \rangle = -|b-a| \cdot [a,b,c] \, , \quad \langle c-a, u^\perp \rangle = |c-a| \cdot [a,b,c],$$

wenn man 1.3(2) verwendet. Nach 6(2) gehören b und c zu verschiedenen Halbebenen bezüglich $G_{a,u}$. Also ist W_a die innere und nach dem Korollar dann W_a^* die äußere Winkelhalbierende durch a. Die anderen Fälle ergeben sind durch zyklische Vertauschung.
b) Wegen

$$i = a + \frac{1}{\sigma}(|c-a|(b-a) + |b-a|(c-a))$$

liegt i auf W_a. Nach zyklischer Vertauschung gilt dann auch $i \in W_b$ und $i \in W_c$.
c) Wegen

$$
\begin{aligned}
a^* &= a + \frac{1}{\sigma_a}(|c-a|(b-a) + |b-a|(c-a)) \\
&= b + \frac{1}{\sigma_a}(|a-b|(c-b) - |c-b|(a-b)) \\
&= c + \frac{1}{\sigma_a}(|a-c|(b-c) - |b-c|(a-c))
\end{aligned}
$$

liegt a^* auf W_a , W_b^* und W_c^*. Durch zyklische Vertauschung erhält man die übrigen Schnittpunkte.   □

Bemerkung. Man erhält eine Konstruktion der Winkelhalbierenden und eine Merkregel für die Formeln, wenn man berücksichtigt, dass in einem Rhombus die Diagonalen die Winkel halbieren (vgl. Aufgabe g)).

Aufgaben. a) Seien $a, b, c, d \in \mathbb{E}$ die Eckpunkte eines Parallelogramms, d.h. $a \vee b \parallel c \vee d$ und $b \vee c \parallel a \vee d$. Zeigen Sie die Äquivalenz folgender Aussagen:

    (i) a, b, c, d ist ein Rhombus, d.h., alle Seiten sind gleich lang.

    (ii) Die Diagonalen $a \vee c$ und $b \vee d$ sind orthogonal.

    (iii) Die Diagonalen stimmen mit den inneren Winkelhalbierenden überein.

b) a liegt auf der Verbindungsgeraden $b^* \vee c^*$.

c) Die Geraden $a \vee a^*$, $b \vee b^*$ und $c \vee c^*$ schneiden sich im Punkt i.

d) W_a und W_a^* sind orthogonal.

e) Gegeben sei ein nicht-gleichschenkliges Dreieck a, b, c. Die innere bzw. äußere Winkelhalbierende durch c schneide die Seite $a \vee b$ in d bzw. e. Dann sind die Punkte a, b, d, e harmonisch (vgl. Aufgabe 1b)).

f) In einem Dreieck a, b, c schneide die innere Winkelhalbierende durch c die Seite $a \vee b$ im Punkt d. Dann ist der Quotient der Flächeninhalte der Dreiecke a, d, c und b, c, d gerade $|a - c|/|b - c|$.

g) Seien $b' := a + |c - a|(b - a)$, $c' := a + |b - a|(c - a)$, $d := b' + c' - a$. Dann ist a, b', c', d ein Parallelogramm mit gleich-langen Seiten und $a \vee d = W_a$ eine Diagonale.

h) Sei a, b, c ein Dreieck in $\mathbb{E}$. Sei w_a bzw. w_a^* der Schnittpunkt der Winkelhalbierenden mit der gegenüberliegenden Seite des Dreiecks, d.h. $w_a = W_a \cap (b \vee c)$, $w_a^* = W_a^* \cap (b \vee c)$ usw. Dann gilt

$$|a - w_b| \cdot |b - w_c| \cdot |c - w_a| \;=\; |a - w_c| \cdot |b - w_a| \cdot |c - w_b|,$$
$$|a - w_b^*| \cdot |b - w_c^*| \cdot |c - w_a| \;=\; |a - w_c^*| \cdot |b - w_a| \cdot |c - w_b^*|.$$

8. Rechtwinklige Dreiecke. Wir geben eine Charakterisierung rechtwinkliger Dreiecke.

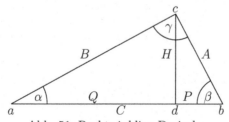

Abb. 51: Rechtwinklige Dreiecke

Satz. *Sei a, b, c ein Dreieck in $\mathbb{E}$. Die Höhe durch c schneide die Seite $a \vee b$ im Punkt d. Dann sind die folgenden Aussagen äquivalent:*

(i) $\Theta_{a-c,b-c} = \frac{\pi}{2}$.

(ii) $|a - b|^2 = |b - c|^2 + |c - a|^2$.

(iii) $|c - d|^2 = |a - d| \cdot |b - d|$ und $|a - b| = |a - d| + |d - b|$.

(iv) $|b - c|^2 = |b - a| \cdot |b - d|$ und $|a - c|^2 = |a - b| \cdot |a - d|$.

(v) *Der Flächeninhalt des Dreiecks a, b, c ist $\frac{1}{2}|a - c| \cdot |b - c|$.*

(vi) *Der Höhenschnittpunkt h des Dreiecks a, b, c ist c.*
(vii) *Der Schnittpunkt der Mittelsenkrechten ist $\frac{1}{2}(a + b)$.*

Beweis. Wir verwenden die Abkürzungen $A := |b - c|$, $B := |c - a|$, $C := |a - b|$, $Q := |a - d|$, $P := |b - d|$, $H := |c - d|$, $\gamma := \Theta_{a-c, b-c}$. Weil a, b, d auf einer Geraden liegen, gilt

$$(1) \qquad P + Q = C \quad \text{oder} \quad P + C = Q \quad \text{oder} \quad Q + C = P.$$

Der Satz des PYTHAGORAS 1.4 für die Teildreiecke b, d, c und a, d, c lautet

$$(2) \qquad A^2 = H^2 + P^2 \quad \text{und} \quad B^2 = H^2 + Q^2.$$

(i) $\Longleftrightarrow$ (ii): Das ist der Satz des PYTHAGORAS 1.4 für a, b, c.
(ii) $\Longrightarrow$ (iii): Aus der Voraussetzung $C^2 = A^2 + B^2$ sowie (1) und (2) folgt

$$2H^2 + P^2 + Q^2 = A^2 + B^2 = C^2 = (P \pm Q)^2 = P^2 + Q^2 \pm 2PQ,$$

also $H^2 = PQ$ und $C = P + Q$.
(iii) $\Longrightarrow$ (iv): Aus $H^2 = PQ$ und (2) folgt sofort $A^2 = P(P + Q) = C \cdot P$ sowie $B^2 = Q(P + Q) = C \cdot Q$.
(iv) $\Longrightarrow$ (ii): Aus der Voraussetzung folgt $A^2 + B^2 = C(P + Q)$. Wäre $C = Q - P$, so folgt mit (2) bereits $H^2 + P^2 = A^2 = P^2 - PQ$ als Widerspruch. Wäre $C = P - Q$, so folgt $H^2 + Q^2 = B^2 = Q^2 - PQ$ als Widerspruch. Also gilt $C = P + Q$ nach (1).
(i) $\Longleftrightarrow$ (v): Nach 5(5) ist der Flächeninhalt des Dreiecks gerade $\frac{1}{2} A \cdot B \cdot \sin \gamma$. Wegen $0 < \gamma < \pi$ ist $\sin \gamma = 1$ äquivalent zu $\gamma = \frac{\pi}{2}$.
(i) $\Longleftrightarrow$ (vi) $\Longleftrightarrow$ (vii): Alle drei Aussagen bedeuten, dass die Geraden $a \vee c$ und $b \vee c$ orthogonal sind. $\qquad\qquad\qquad\qquad\qquad\qquad\qquad\qquad\quad \Box$

Bemerkung. Die Aussage (iii) für rechtwinklige Dreiecke nennt man den *Höhensatz*, die Aussage (iv) den *Kathetensatz*. Beide Aussagen werden EUKLID zugeschrieben. Eine weitere Charakterisierung, nämlich den Satz von THALES, findet man in IV.1.1.

Aufgaben. a) Man zeige, dass aus $|b - c|^2 = |b - a| \cdot |b - d|$ oder $|c - d|^2 = |a - d| \cdot |b - d|$ allein noch nicht $\gamma = \frac{\pi}{2}$ folgt.
b) Aus $\gamma = \frac{\pi}{2}$ folgt $|a - b| \cdot |c - d| = |a - c| \cdot |b - d|$.

9.* Orientierte Flächen. Neben dem absoluten Flächeninhalt $\frac{1}{2}|[a, b, c]|$ eines Dreiecks a, b, c in $\mathbb{E}$ betrachtet man die

$$(1) \qquad\qquad \text{orientierte Fläche } \tfrac{1}{2}[a, b, c] \text{ des Dreiecks } a, b, c.$$

Diese orientierte Fläche ist positiv, wenn a, b, c gegen den Uhrzeigersinn um ihren Schwerpunkt $s = \frac{1}{3}(a + b + c)$ durchlaufen werden.

Analog zur Definition von $[a, b, c]$ in II.1.6(1) erklärt man

$$(2) \qquad [a_1, \ldots, a_n] := [a_1, a_2] + [a_2, a_3] + \ldots + [a_{n-1}, a_n] + [a_n, a_1]$$

für $a_1, \ldots a_n \in \mathbb{E}$. Sind $a_1, \ldots a_n$ die Eckpunkte eines entgegen dem Uhrzeiger-sinn durchlaufenen „sternförmigen" Polygons in $\mathbb{E}$, dann ist der Betrag von

(3) $$\tfrac{1}{2}[a_1, \ldots, a_n]$$

die absolute Fläche dieses Polygons. Dies erkennt man, indem man die Flächen der $n - 2$ Dreiecke, a_1, a_2, a_3; a_1, a_2, a_4; $\ldots$; a_1, a_{n-1}, a_n addiert. Man nennt da-her (3) für beliebige $a_1, \ldots a_n$ in $\mathbb{E}$ die *orientierte Fläche* des durch $a_1, \ldots a_n$ gegebenen Polygons.

Bemerkung. Die Formel (3) für den Flächeninhalt eines Polygons findet man bereits bei C.G.J. Jacobi (*Gesammelte Werke VII*, S. 40) und bei C.F. Gauss (*Werke XII*, S. 53).

§ 3 Trigonometrie

1. Kongruenz-Sätze. Die *Trigonometrie* war bei den Griechen die Anwendung der „reinen" Mathematik – also der *Elemente* des Euklid – auf die Praxis, insbe-sondere auf die Dreiecksberechnung: Aus gegebenen Seiten oder Winkeln eines Dreiecks sollten Winkel oder Seiten oder aber andere Dreiecksgrößen berech-net werden. Dies war zunächst in der so genannten „Feldmesskunst" aber dann später auch in der Nautik und Astronomie (hier ergänzt durch die *sphärische Trigonometrie*) von besonderer Bedeutung.

Zur Vereinfachung der Schreibweise werden **in diesem und im nächs-ten Paragraphen** die Seitenlängen ei-nes Dreiecks a, b, c mit A, B, C abge-kürzt,

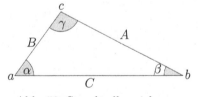

Abb. 52: Standardbezeichnungen

(1)
$$\begin{aligned} A &:= |b - c|, \\ B &:= |c - a|, \\ C &:= |a - b|, \end{aligned}$$

der halbe Umfang wird mit S bezeich-net,

(2) $$S := \tfrac{1}{2}(A + B + C) = \tfrac{1}{2}(|a - b| + |b - c| + |c - a|),$$

und der Flächeninhalt des Dreiecks mit $\triangle$,

(3) $$2\triangle := \|[a, b, c]\| = AB \cdot \sin\gamma = BC \cdot \sin\alpha = CA \cdot \sin\beta$$

(vgl. 2.5(5)), wobei α, β, γ die Winkel des Dreiecks bei a, b, c seien. Sowohl der

Cosinus-Satz: $A^2 = B^2 + C^2 - 2BC \cdot \cos\alpha$, $B^2 = C^2 + A^2 - 2CA \cdot \cos\beta$,
$$C^2 = A^2 + B^2 - 2AB \cdot \cos\gamma$$

(vgl. 1.5) als auch der

Sinus-Satz: $\dfrac{\sin\alpha}{A} = \dfrac{\sin\beta}{B} = \dfrac{\sin\gamma}{C} = \dfrac{2\triangle}{ABC}$

(vgl. 2.5) sind erste Hilfsmittel zur Dreiecksberechnung. Der gemeinsame Wert dieser Quotienten wird mit $\frac{1}{\delta}$ bezeichnet, also

(4) $$\delta = \frac{A}{\sin\alpha} = \frac{B}{\sin\beta} = \frac{C}{\sin\gamma}.$$

In IV.2.1 wird sich zeigen, dass δ der Durchmesser des Kreises durch a, b, c ist.

In 1.8 hatten wir Bewegungen durch die Kongruenz von Dreiecken charakterisiert. Mit dem Sinus- und Cosinus-Satz erhält man nun die klassischen

Kongruenz-Sätze. *Zwei Dreiecke sind kongruent, wenn in den Dreiecken*
(SSS)   *alle drei Längen der entsprechenden Seiten oder*
(SWW)   *eine entsprechende Seitenlänge und zwei entsprechende Winkel oder*
(SWS)   *zwei entsprechende Seitenlängen und der eingeschlossene Winkel oder*
(SSW)   *zwei entsprechende Seitenlängen und der der größeren Seite gegen-*
            überliegende Winkel
übereinstimmen.

Beweis. Die entsprechenden Größen im zweiten Dreieck werden mit einem Strich bezeichnet.
(SSS) Man vergleiche 1.8.
(SWW) Nach Voraussetzung und dem Winkelsummen-Satz 1.5 gilt $A = A'$, $\alpha = \alpha'$, $\beta = \beta'$, $\gamma = \gamma'$. Der Sinus-Satz ergibt

$$B = A \cdot \frac{\sin\beta}{\sin\alpha} = B' \,,\ C = A \cdot \frac{\sin\gamma}{\sin\alpha} = C',$$

also die Kongruenz der Dreiecke nach 1.8.
(SWS) Sei $A = A'$, $B = B'$ und $\gamma = \gamma'$. Mit dem Cosinus-Satz folgt

$$C = \sqrt{A^2 + B^2 - 2AB \cdot \cos\gamma} = C',$$

also die Kongruenz der Dreiecke.
(SSW) Sei $A = A'$, $B = B'$, $\alpha = \alpha'$ und $A \geq B$. Aus dem Cosinus-Satz $A^2 = B^2 + C^2 - 2BC \cdot \cos\alpha$ folgt

$$C = B\cos\alpha + \sqrt{A^2 - B^2 + B^2 \cos^2\alpha},$$

da wegen $A \geq B$ und $C > 0$ nur die positive Wurzel als Lösung auftreten kann. Es folgt $C = C'$ und damit die Kongruenz.   □

Bemerkung. Das trigonometrische Formelsystem der ebenen Geometrie kann nach J. LAGRANGE (*Oeuvres VII*, S. 331) allein aus den drei Versionen des Cosinus-Satzes abgeleitet werden.

Aufgaben. a) Im Dreieck liegt der größeren Seite der größere Winkel gegenüber.

b) Jede innere Winkelhalbierende eines Dreiecks teilt die gegenüberliegende Seite im Verhältnis der anliegenden Seiten.

c) Ein Dreieck wird durch eine Gerade durch den Eckpunkt (s. Abb. 53) in 2 Teildreiecke zerlegt. Dann gilt

$$PA^2 + QB^2 = C(R^2 + PQ)$$

(M. STEWART, 1746).

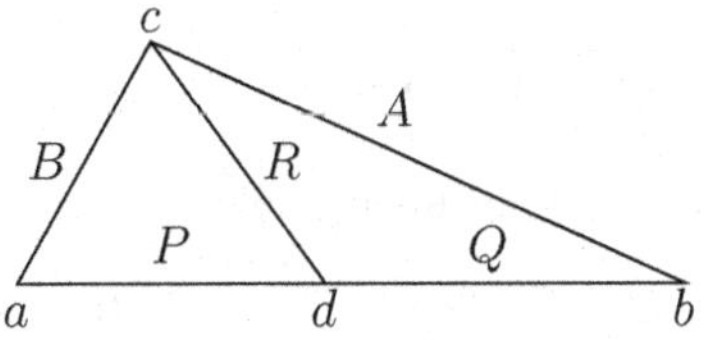

Abb. 53: Satz von STEWART

d) $2\triangle = C^2 \cdot \frac{\sin\alpha \cdot \sin\beta}{\sin\gamma} = \frac{ABC}{\delta}$.

e) (*Gleichschenklige Dreiecke.*) Für ein Dreieck a, b, c sind äquivalent: (i) $A = B$. (ii) $\alpha = \beta$. (iii) Von den 4 Geraden $W_c, S_c, M_{a,b}, H_c$ (Höhe durch c) sind mindestens zwei gleich.

f) Gilt $\gamma > \frac{\pi}{2}$, so liegen m und h (vgl. 2.4 und 2.5) auf verschiedenen Seiten von $a \lor b$.

g) In einem Dreieck a, b, c gilt (vgl. 2.4)

$$m = \frac{1}{2}\frac{\cos\alpha}{\sin\beta \cdot \sin\gamma}a + \frac{1}{2}\frac{\cos\beta}{\sin\alpha \cdot \sin\gamma}b + \frac{1}{2}\frac{\cos\gamma}{\sin\alpha \cdot \sin\beta}c.$$

2. Formel von HERON. $\triangle^2 = S \cdot (S - A) \cdot (S - B) \cdot (S - C)$.

Zum *Beweis* verwendet man zunächst die elementaren Identitäten

(1)
$$\begin{aligned}
16 \cdot S \cdot (S - A) \cdot (S - B) \cdot (S - C)\\
= (A + B + C) \cdot (-A + B + C) \cdot (A - B + C) \cdot (A + B - C)\\
= 2A^2B^2 + 2B^2C^2 + 2C^2A^2 - A^4 - B^4 - C^4\\
= 4A^2B^2 - (A^2 + B^2 - C^2)^2 \,.
\end{aligned}$$

Nach dem Cosinus-Satz 1 ist (1) gleich

$$4A^2B^2(1 - \cos^2\gamma) = (2AB\sin\gamma)^2$$

und die Behauptung folgt aus 1(3). □

Eine elementare Auswertung der Determinante und ein Vergleich mit (1) ergibt die klassische Formel

(2)
$$(4\triangle)^2 = -\det\begin{pmatrix} 0 & 1 & 1 & 1 \\ 1 & 0 & C^2 & B^2 \\ 1 & C^2 & 0 & A^2 \\ 1 & B^2 & A^2 & 0 \end{pmatrix}.$$

Korollar. *Jedes Dreieck a, b, c in $\mathbb{E}$ erfüllt*

$$\triangle \leq \frac{1}{12\sqrt{3}}(A + B + C)^2$$

Die Gleichheit gilt genau dann, wenn das Dreieck gleichseitig ist.

Beweis. Aus der Ungleichung zwischen dem geometrischen und arithmetischen Mittel ergibt sich

$$\sqrt[3]{(S-A)\cdot(S-B)\cdot(S-C)} \le \frac{1}{3}((S-A)+(S-B)+(S-C)) = \frac{1}{3}S,$$

wobei die Gleichheit genau dann gilt, wenn

$$S - A = S - B = S - C, \quad \text{also} \quad A = B = C.$$

Mit der Formel von HERON erhält man

$$\Delta^2 \le S \cdot \left(\frac{1}{3}S\right)^3 = \left[\frac{1}{12\sqrt{3}}(A+B+C)^2\right]^2,$$

also die Behauptung.   □

Bemerkungen. a) Die Formel $\Delta^2 = S(S-A)(S-B)(S-C)$ hielt man im Mittelalter für eine Entdeckung des Jordanus NEMORARIUS (1225–1260). Luca PACIOLI (1445–1517) hat in seinem Lehrbuch *Summa de arithmetica geometria proportioni et porportionalita* 1494 den ersten gedruckten Beweis gegeben. Peter RAMUS (1515–1572) machte dann darauf aufmerksam, dass sich diese Formel bereits bei dem Alexandriner HERON (um 100 n.Chr.) findet.
b) Ein Dreieck mit teilerfremden, ganzzahligen Seitenlängen und ganzzahliger Fläche wird ein *heronisches Dreieck* genannt. Ein Beispiel dafür ist $A = 13$, $B = 14$, $C = 15$ mit $S = 21$ und $\Delta = 84$ (vgl. 5.2).

Aufgaben. a) $\sin 2\alpha + \sin 2\beta + \sin 2\gamma = 4 \cdot \sin\alpha \cdot \sin\beta \cdot \sin\gamma$.
b) Unter allen Dreiecken festen Umfangs hat das gleichseitige Dreieck den größten Flächeninhalt. Unter allen Dreiecken festen Flächeninhalts hat das gleichseitige Dreieck den kleinsten Umfang.
c) Kann man ein Dreieck aus gegebenem Flächeninhalt und zwei Seitenlängen stets eindeutig konstruieren?

3. Tangens-Satz. *Für ein Dreieck a, b, c in $\mathbb{E}$ gilt*

$$\tan^2 \frac{\alpha}{2} = \frac{(S-B)(S-C)}{S(S-A)}.$$

Beweis. Man hat nach dem Cosinus-Satz 1

$$1 + \cos\alpha = 1 + \frac{B^2+C^2-A^2}{2BC} = \frac{(B+C)^2-A^2}{2BC} = \frac{2S(S-A)}{BC},$$

$$1 - \cos\alpha = 1 - \frac{B^2+C^2-A^2}{2BC} = \frac{A^2-(B-C)^2}{2BC} = \frac{2(S-B)(S-C)}{BC}.$$

Wegen $\dfrac{1-\cos\alpha}{1+\cos\alpha} = \dfrac{\sin^2(\alpha/2)}{\cos^2(\alpha/2)} = \tan^2(\alpha/2)$ folgt die Behauptung.   □

Korollar. $\tan \dfrac{\alpha}{2} = \dfrac{(S-B)(S-C)}{\Delta} = \dfrac{\Delta}{S(S-A)}.$

Beweis. Mit der Formel von HERON in 2 folgt

$$\tan^2 \frac{\alpha}{2} = \left(\frac{(S-B)(S-C)}{\triangle} \right)^2 = \left(\frac{\triangle}{S(S-A)} \right)^2 .$$

Da $\tan \frac{\alpha}{2}$ für Dreieckswinkel positiv ist, folgt die Behauptung.   □

Der Tangens-Satz heißt auch *Halbwinkel*-Satz im Gegensatz zum anderen

Tangens-Satz (*Regel von* NAPIER).

(1) $$\frac{\tan \frac{\alpha-\beta}{2}}{\tan \frac{\alpha+\beta}{2}} = \frac{A-B}{A+B} .$$

Eine *Beweis* von (1) verläuft wie folgt: Nach dem Sinus-Satz gilt $\frac{\sin \alpha}{\sin \beta} = \frac{A}{B}$, also

$$\frac{\sin \alpha - \sin \beta}{\sin \alpha + \sin \beta} = \frac{A-B}{A+B} .$$

Nun konsultiere man eine Formelsammlung und verwende

$$\sin \alpha - \sin \beta = 2 \cdot \cos \tfrac{\alpha+\beta}{2} \cdot \sin \tfrac{\alpha-\beta}{2} \,, \ \sin \alpha + \sin \beta = 2 \cdot \sin \tfrac{\alpha+\beta}{2} \cdot \cos \tfrac{\alpha-\beta}{2} \,. \quad \square$$

Eine andere Anwendung des Cosinus-Satzes ist die Formel

(2) $$A = B \cos \gamma + C \cos \beta .$$

Zum *Beweis* verwendet man für $\cos \beta$ und $\cos \gamma$ den Cosinus-Satz.   □

Schließlich hat man

(3) $$\cot \alpha = \frac{B^2 + C^2 - A^2}{4\triangle} .$$

Zum *Beweis* verwendet man den Cosinus-Satz und 1(3).   □

Aufgaben. a) $\sin^2 \frac{\alpha}{2} = \frac{(S-B)(S-C)}{BC}$, $\cos^2 \frac{\alpha}{2} = \frac{S(S-A)}{BC}$.
b) $\sin \alpha + \sin \beta + \sin \gamma = 4 \cdot \cos \frac{\alpha}{2} \cdot \cos \frac{\beta}{2} \cdot \cos \frac{\gamma}{2}$.
c) $\sin \frac{\alpha}{2} \cdot \sin \frac{\beta}{2} \cdot \sin \frac{\gamma}{2} = \frac{(S-A)(S-B)(S-C)}{ABC}$.
d) $\cos \alpha + \cos \beta + \cos \gamma = 1 + 4 \cdot \sin \frac{\alpha}{2} \cdot \sin \frac{\beta}{2} \cdot \sin \frac{\gamma}{2}$.
e) $\sin^2 \frac{\alpha}{2} + \sin^2 \frac{\beta}{2} + \sin^2 \frac{\gamma}{2} + 2 \cdot \sin \frac{\alpha}{2} \cdot \sin \frac{\beta}{2} \cdot \sin \frac{\gamma}{2} = 1$.
f) Formeln von MOLLWEIDE: $\frac{A+B}{C} = \frac{\cos \frac{\alpha-\beta}{2}}{\sin \frac{\gamma}{2}}$, $\frac{A-B}{C} = \frac{\sin \frac{\alpha-\beta}{2}}{\cos \frac{\gamma}{2}}$.
g) Die Länge der Höhe durch a ist $\eta_a = \frac{A}{\cot \beta + \cot \gamma}$.
h) Die Länge der Winkelhalbierenden durch c ist gleich der Wurzel aus $AB \left(1 - \left(\frac{C}{A+B} \right)^2 \right)$.
i) Ein Dreieck mit zwei gleich langen Winkelhalbierenden bzw. Höhen bzw. Seitenhalbierenden ist gleichschenklig.

4. Relationen zwischen den Winkeln. Die Relation $\alpha + \beta + \gamma = \pi$ nach 1.5

zwischen den Winkeln eines Dreiecks hat eine Reihe von weiteren Relationen zur Folge. Zum Beweis von

(1) $$\cos^2\alpha + \cos^2\beta + \cos^2\gamma + 2\cdot\cos\alpha\cdot\cos\beta\cdot\cos\gamma = 1$$

hat man zunächst $\cos(\alpha+\beta) = \cos(\pi-\gamma) = -\cos\gamma$. Das Additionstheorem des Cosinus ergibt $\sin\alpha\cdot\sin\beta = \cos\alpha\cdot\cos\beta + \cos\gamma$ und Quadrieren liefert schon (1). Einen völlig anderen Beweis von (1) entnimmt man direkt der Identität 1.4(3).

Trägt man in $\tan(\alpha+\beta) = \tan(\pi-\gamma) = -\tan\gamma$ das Additionstheorem des Tangens ein, so erhält man

(2) $$\tan\alpha + \tan\beta + \tan\gamma = \tan\alpha\cdot\tan\beta\cdot\tan\gamma.$$

Eine Umrechnung ergibt

(3) $$\cot\alpha\cdot\cot\beta + \cot\beta\cdot\cot\gamma + \cot\gamma\cdot\cot\alpha = 1.$$

Zum Nachweis von

(4) $$\sin^2\alpha = \sin^2\beta + \sin^2\gamma - 2\cdot\sin\beta\cdot\sin\gamma\cdot\cos\alpha$$

bestimmt man A, B, C aus 1(4) und trägt dies in den Cosinus-Satz ein.

Aufgabe. $\cot^2\alpha + \cot^2\beta + \cot^2\gamma \geq 1$.
Die Gleichheit gilt genau dann, wenn das Dreieck gleichseitig ist.

5. Abstände zwischen vier Punkten. *Sind a, b, c, x beliebige Punkte in $\mathbb{E}$, dann gilt*

(1) $$\det\begin{pmatrix} 0 & 1 & 1 & 1 & 1 \\ 1 & 0 & |a-b|^2 & |a-c|^2 & |a-x|^2 \\ 1 & |a-b|^2 & 0 & |b-c|^2 & |b-x|^2 \\ 1 & |a-c|^2 & |b-c|^2 & 0 & |c-x|^2 \\ 1 & |a-x|^2 & |b-x|^2 & |c-x|^2 & 0 \end{pmatrix} = 0.$$

Beweis. Man verifiziert leicht, dass die in (1) angegebene 5×5 Matrix gleich dem Produkt

(2) $$\begin{pmatrix} 1 & 0 & 0 \\ |a|^2 & 1 & a^t \\ |b|^2 & 1 & b^t \\ |c|^2 & 1 & c^t \\ |x|^2 & 1 & x^t \end{pmatrix} \begin{pmatrix} 0 & 1 & 1 & 1 & 1 \\ 1 & |a|^2 & |b|^2 & |c|^2 & |x|^2 \\ 0 & -2a & -2b & -2c & -2x \end{pmatrix}$$

ist. Dies sind aber zwei Matrizen von einem Rang ≤ 4. $\square$

Die Bedingung (1) schreibt sich als ein Polynom von einem Grad ≤ 4 in den Abständen $|a-x|$, $|b-x|$ und $|c-x|$. Dabei ist der höchste Koeffizient

$$-2A^2 \cdot |a-x|^4 - 2B^2 \cdot |b-x|^4 - 2C^2 \cdot |c-x|^4.$$

Bemerkungen. a) Für drei Punkte a, b, c auf einer Geraden in $\mathbb{E}$ erhält man analog (vgl. 2(2))

$$\det \begin{pmatrix} 0 & 1 & 1 & 1 \\ 1 & 0 & |a-b|^2 & |a-c|^2 \\ 1 & |a-b|^2 & 0 & |b-c|^2 \\ 1 & |a-c|^2 & |b-c|^2 & 0 \end{pmatrix} = 0\,.$$

Verallgemeinerungen auf Dimension n liegen auf der Hand.

b) Die Identität (1) besagt, dass man vier Punkte der Ebene nicht mit beliebig vorgegebenen Abständen wählen kann. Sie wurde erstmals 1627 von JUNGIUS und L. EULER (*Opera Omnia*, S.I, **26**, S. 359) bewiesen. Weitere Beweise findet man bei J.L. LAGRANGE, *Oeuvres III*, 661 - 692 (1773), und bei L.N.M. CARNOT in seiner *Géométrie de position* (Paris 1803), übersetzt von H.C. SCHUMACHER (II, S. 258), A. CAYLEY (*Mathematical Papers I*, 1 - 4).

c) Für vier Vektoren $a, b, c, d \in \mathbb{R}^3$ ist die linke Seite von (1) gleich $288V^2$, wobei V das Volumen des von a, b, c, d gebildeteten Tetraeders ist.

6*. Der Satz von MORLEY. Als Beispiel einer typischen trigonometrischen Rechnung soll hier ein elementar-geometrischer Beweis von H. DÖRRIE (1943), Nr. 99, gebracht werden.

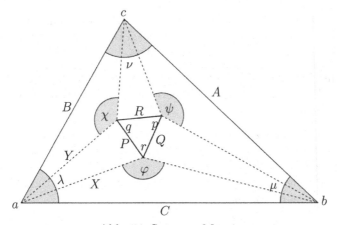

Abb. 54: Satz von MORLEY

Satz von MORLEY. *Drittelt man die Winkel eines Dreiecks, so bilden die Schnittpunkte abwechselnder Winkeldreiteilenden ein gleichseitiges Dreieck.*

Beweis. Die bekannte Formel $\sin 3\omega = 3\sin\omega - 4\sin^3\omega$ schreibt sich auch in der Form $\sin 3\omega = 4 \cdot \sin\omega \cdot [\sin^2\frac{\pi}{3} - \sin^2\omega]$. Man erhält daher

$$(1) \qquad \sin 3\omega = 4 \cdot \sin\omega \cdot \sin\left(\tfrac{\pi}{3}+\omega\right) \cdot \sin\left(\tfrac{\pi}{3}-\omega\right)\,, \quad \omega \in \mathbb{R}.$$

Nun setzt man $\alpha = 3\lambda$, $\beta = 3\mu$, $\gamma = 3\nu$ und $\varepsilon = \frac{\pi}{3}$. Nach dem Sinus-Satz gibt es ein $\delta > 0$, so dass

(2) $$A = \delta \cdot \sin 3\lambda , \ B = \delta \cdot \sin 3\mu , \ C = \delta \cdot \sin 3\nu.$$

Wegen

(3) $$\varphi + \mu + \lambda = \pi , \ \psi + \mu + \nu = \pi , \ \lambda + \mu + \nu = \varepsilon$$

gilt $\varphi - \nu = \pi - \varepsilon$, $\psi - \lambda = \pi - \varepsilon$ nach dem Winkelsummen-Satz 1.5, also

(4) $$\sin \varphi = \sin(\pi - \epsilon + \nu) = \sin(\varepsilon - \nu) \ \text{und} \ \sin \psi = \sin(\varepsilon - \lambda).$$

Nun wendet man den Sinus-Satz auf das Dreieck a, b, r an und erhält wegen (2), (4) und (1)

$$X := |a - r| = \frac{C \sin \mu}{\sin \varphi} = \delta \cdot \frac{\sin 3\nu \cdot \sin \mu}{\sin(\varepsilon - \nu)} = 4\delta \cdot \sin \mu \cdot \sin \nu \cdot \sin(\varepsilon + \nu).$$

Analog folgt

$$Y := |a - q| = 4\delta \cdot \sin \nu \cdot \sin \mu \cdot \sin(\varepsilon + \mu).$$

Wendet man den Cosinus-Satz auf das Dreieck a, q, r an, so wird

$$\begin{aligned} P^2 &= |q - r|^2 = X^2 + Y^2 - 2XY \cdot \cos \lambda = 16\delta^2 \cdot \sin^2 \mu \cdot \sin^2 \nu \cdot \\ &\quad \left(\sin^2(\varepsilon + \nu) + \sin^2(\varepsilon + \mu) - 2\sin(\varepsilon + \nu) \cdot \sin(\varepsilon + \mu) \cdot \cos \lambda \right). \end{aligned}$$

Da $\varepsilon + \nu$, $\varepsilon + \mu$ und λ nach (3) die Winkel eines Dreiecks sind, kann man 4(4) anwenden und bekommt $P = 4\delta \cdot \sin \lambda \cdot \sin \mu \cdot \sin \nu$. Durch zyklische Vertauschung erhält man aber für Q und R den gleichen Wert. $\square$

Bemerkung. Man nennt p, q, r das MORLEY-*Dreieck* zu a, b, c. Dieser Satz wurde 1899 von F. MORLEY (1860–1937) bewiesen. Wir werden noch zwei weitere Beweise angeben.

Aufgaben. a) In obigen Bezeichnungen definiere man $p' := (b \vee r) \cap (c \vee q)$, $q' := (a \vee r) \cap (c \vee p)$, $r' := (b \vee p) \cap (a \vee q)$. Dann schneiden sich die Geraden $p \vee p'$, $q \vee q'$ und $r \vee r'$ in einem Punkt.
b) Der Quotient des Flächeninhalts (bzw. des Umfangs) des MORLEY-Dreiecks und des Ausgangsdreiecks ist

$$8\sqrt{3} \cdot \frac{\sin^2 \frac{\alpha}{3} \cdot \sin^2 \frac{\beta}{3} \cdot \sin^2 \frac{\gamma}{3}}{\sin \alpha \cdot \sin \beta \cdot \sin \gamma} \quad bzw. \quad 3 \cdot \frac{\sin \frac{\alpha}{3} \cdot \sin \frac{\beta}{3} \cdot \sin \frac{\gamma}{3}}{\cos \frac{\alpha}{2} \cdot \cos \frac{\beta}{2} \cdot \cos \frac{\gamma}{2}}.$$

7.* Der Satz von CONNES aus dem Jahr 1998 über Iterationen von Bewegungen und ihre Fixpunkte bringt einen neuen Beweis für den Satz von MORLEY 6. Wir verweisen auf Korollar 1.7 B und die Identitäten 1.6(5).

Satz von CONNES. *Gegeben seien drei eigentliche Bewegungen*

$$f(x) = T(\alpha)x + a, \ g(x) = T(\beta)x + b, \ h(x) = T(\gamma)x + c,$$

so dass keine der Abbildungen $g \circ h, h \circ f, f \circ g, f \circ g \circ h$ eine Translation ist. Seien p, q bzw. r die Fixpunkte von $g \circ h, h \circ f$ bzw. $f \circ g$. Dann sind äquivalent:

(i) $f \circ f \circ f \circ g \circ g \circ g \circ h \circ h \circ h = \mathrm{id}_{\mathrm{E}}$.

(ii) Es gilt $T :- T(\alpha + \beta + \gamma) = T(\pm 2\pi/3)$ und

(1) $$p + Tq + T^2 r = 0$$

Beweis Mit Hilfe von 1.6(5) berechnet man mit $T = T(\alpha + \beta + \gamma)$

$$(f \circ f \circ f \circ g \circ g \circ g \circ h \circ h \circ h)(x) = T^3 x + u,$$

$$u = T(3\alpha + 3\beta)(T(2\gamma) + T(\gamma) + E)c + T(3\alpha)(T(2\beta) + T(\beta) + E)b$$
$$+ (T(2\alpha) + T(\alpha) + E)a.$$

Wegen $(g \circ h)(x) = T(\beta + \gamma)x + T(\beta)c + b$ usw. erhält man aus Korollar 1.7.B

$$\begin{aligned}
p &= (E - T(\beta + \gamma))^{-1}(T(\beta)c + b), \\
q &= (E - T(\alpha + \gamma))^{-1}(T(\gamma)a + c), \\
r &= (E - T(\alpha + \beta))^{-1}(T(\alpha)b + a).
\end{aligned}$$

Unter der Voraussetzung

$$E + T + T^2 = 0, \; T^3 = E$$

berechnen wir nun

$$\begin{aligned}
v &= (E - T(\alpha + \beta)) \cdot (E - T(\alpha + \gamma)) \cdot (E - T(\beta + \gamma)) \cdot (p + Tq + T^2 r) \\
\text{—} &= (E - T(\alpha + \beta)) \cdot (E - T(\alpha + \gamma)) \cdot (T(\beta)c + b) \\
&\quad + T \cdot (E - T(\alpha + \beta)) \cdot (E - T(\beta + \gamma)) \cdot (T(\gamma)a + c) \\
&\quad + T^2 \cdot (E - T(\alpha + \gamma)) \cdot (E - T(\beta + \gamma)) \cdot (T(\alpha)b + a) \\
&= (-T(\alpha + 2\beta) - T(\alpha + 2\beta + \gamma) - T(\alpha + 2\beta + 2\gamma))c \\
&\quad + (-T(\alpha) - T(\alpha + \beta) - T(4\alpha + 2\beta + 3\gamma))b \\
&\quad + (-T(\alpha + 2\beta + 3\gamma) - T(2\alpha + 2\beta + 3\gamma) - T(3\alpha + 2\beta + 3\gamma))a \\
&= -T(-2\alpha - \beta)u.
\end{aligned}$$

(i) $\implies$ (ii): Die Voraussetzung besagt

$$T^3 = E, \quad u = 0.$$

Weil $f \circ g \circ h$ keine Translation ist, folgt $T \neq E$ und damit

$$T = T(\pm 2\pi/3), \; E + T + T^2 = 0.$$

Die obige Rechnung impliziert dann $v = 0$, also (1) und damit (ii)
(ii) $\implies$ (i): Nach Voraussetzung gilt

$$v = 0, \; T = T(\pm 2\pi/3), \quad \text{also auch} \quad E + T + T^2 = 0.$$

Dann liefert obige Rechnung wieder

$$u = 0,\ T^3 = E,$$

also (i).　　　　　　　　　　　　　　　　　　　　　　　　　　　　　　　　　□

Sei nun a, b, c ein positiv orientiertes Dreieck mit den Winkeln α, β, γ. Sei f die Drehung um a um den Winkel $2\alpha/3$ gegen den Uhrzeigersinn, also

$$f(x) = T(2\alpha/3)(x - a) + a$$

Analog bezeichne g bzw. h die Drehung um b bzw. c um den Winkel $2\beta/3$ bzw. $2\gamma/3$ gegen den Uhrzeigersinn.

Aus dem Winkelsummensatz unmittelbar sofort, dass keine der vier Abbildungen $g \circ h, h \circ f, f \circ g, f \circ g \circ h$ eine Translation ist. Die Fixpunkte p, q, r im Satz von CONNES sind dann die Schnittpunkte der anliegenden Winkeldreiteilenden. Bezeichnet σ_a, σ_b bzw. σ_c die Spiegelung an der Geraden $b \vee c, a \vee c$ bzw. $a \vee b$, so verifiziert man mit Korollar 1.6 C sofort

$$f \circ f \circ f = \sigma_b \circ \sigma_c,\ g \circ g \circ g = \sigma_c \circ \sigma_a,\ h \circ h \circ h = \sigma_a \circ \sigma_b,$$

also

$$f \circ f \circ f \circ g \circ g \circ g \circ h \circ h \circ h = \sigma_b \circ \sigma_c \circ \sigma_c \circ \sigma_a \circ \sigma_a \circ \sigma_b = \mathrm{id}_{\mathbb{E}}.$$

Damit ist der Satz von CONNES anwendbar und das entstehende Dreieck $p = a'$, $q = b'$, $r = c'$ ist nach Korollar 1.8 gleichseitig. Die gleichen Argumente gelten auch für die Drehung um $2(\pi - \alpha)/3$ im Uhrzeigersinn um a etc. Das Ergebnis ist das

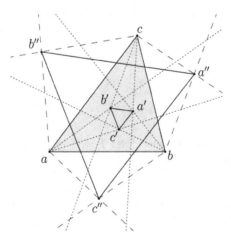

Abb. 55 Der Satz von MORLEY

Korollar. *Sei a, b, c ein beliebiges Dreieck in $\mathbb{E}$. Trägt man wechselseitig die anliegenden Winkeldreiteilenden der Innen- (bzw. Außenwinkel) an, so bilden die Schnittpunkte ein gleichseitiges Dreieck.*

Literatur: H. GEIGES, *Beweis des Satzes von* MORLEY *nach* A. CONNES. Elem. Math. **56**, 137-142 (2001).

Aufgaben. a) (Satz von NAPOLEON) Sei a, b, c ein beliebiges Dreieck. Auf jeder Seite wird nach außen (bzw. innen) ein gleichseitiges Dreieck errichtet. Die Schwerpunkte der drei gleichseitigen Dreiecke bilden ein gleichseitiges Dreieck (bzw. einen Punkt, falls das Ausgangsdreieck bereits gleichseitig ist). Beweisen Sie diese Aussage analog zum Korollar.
b) Die entsprechenden Seiten der MORLEY-Dreiecke zu den Innen- und Außenwinkeln sind parallel.
c) Berechnen Sie das Analogon von Aufgabe 6b) für das MORLEY-Dreieck zu den Außenwinkeln.

§ 4 Geometrie und Arithmetik

Schon die Griechen schenkten den Fällen besondere Beachtung, bei denen die geometrischen Konfigurationen durch Ganzzahligkeits-Eigenschaften ausgezeichnet waren. In diesem Paragraphen werden beim Leser Kenntnisse über das elementare Rechnen mit Kongruenzen vorausgesetzt.

1. Pythagoräische Tripel. Bis heute verwendet man in der ländlichen Bauindustrie eine alte Methode, wenn eine rechtwinklige Baugrube abgesteckt werden soll. Ein Seil von 12 m Länge erhält Knoten im Abstand von 3 und 4 m. Dann werden die Enden zusammengeknotet und das Seil von 3 Mann erfasst und straff gezogen. Es entsteht ein rechtwinkliges Dreieck mit den Seitenlängen 3, 4 bzw. 5 Metern und man kann nun einen rechten Winkel mit einem Lattengerüst markieren. Selbstverständlich kann man anstelle der Zahlen 3, 4 und 5 auch ein dazu proportionales Tripel nehmen. Dieser Konstruktion liegt der Sachverhalt zugrunde, dass ein Dreieck mit den Seitenlängen A, B, C genau dann rechtwinklig ist, wenn $A^2 + B^2 = C^2$ gilt (vgl. Satz 2.8). Natürlich sind ganzzahlige Lösungen dieser Gleichung besonders gut zu realisieren und zu merken!

Ein Tripel (A, B, C) von positiven ganzen Zahlen heißt ein *pythagoräisches Tripel*, wenn $A^2 + B^2 = C^2$ gilt. Ein pythagoräisches Tripel (A, B, C) heißt *primitiv*, wenn A, B, C teilerfremd sind.

Da sich jedes pythagoräische Tripel (A, B, C) in der Form (tA', tB', tC') mit einem positiven ganzen t und einem primitiven Tripel (A', B', C') schreiben lässt und da umgekehrt natürlich mit (A, B, C) auch (tA, tB, tC) wieder ein pythagoräisches Tripel ist, kann man sich bei der Suche nach pythagoräischen Tripeln auf primitive Tripel beschränken. Ferner darf man ggfs. $A > B$ annehmen, denn mit (A, B, C) ist auch (B, A, C) ein primitives pythagoräisches Tripel. (Warum kann der Fall $A = B$ nicht eintreten?) Durch Probieren findet man neben $(3, 4, 5)$ leicht weitere primitive Tripel: $(5, 12, 13)$, $(8, 15, 17)$ usw. Als Problem stellen sich die beiden Fragen:

> *Gibt es unendlich viele primitive Tripel?*
> *Gibt es eine Beschreibung aller primitiven Tripel durch explizite Formeln?*

Einen ersten Schritt zur Lösung enthält die folgende

Proposition. *Ist (A, B, C) ein primitives pythagoräisches Tripel, so ist entweder A durch 4 teilbar und B ungerade oder A ungerade und B durch 4 teilbar.*

Beweis. Wären A und B ungerade, so würde $A^2 + B^2 \equiv 2 \pmod 4$ gelten. Wäre z.B. $A \equiv 2 \pmod 4$, so würde $A^2 + B^2 \equiv 5 \pmod 8$ und $C^2 \equiv 5 \pmod 8$ als Widerspruch folgen. $\qquad\square$

Da mit (A, B, C) auch (B, A, C) ein primitives pythagoräisches Tripel ist, darf man nach der Proposition annehmen, dass A gerade ist. Der folgende Satz gibt eine Beschreibung aller solchen primitiven Tripel:

Satz. *Jedes primitive pythogoräische Tripel (A, B, C) mit geradem A erhält man genau einmal in der Form*

$$(1) \qquad A = 2UV \ , \ B = U^2 - V^2 \ , \ C = U^2 + V^2 \ ,$$

wobei

$$(2) \qquad U, V \in \mathbb{N} \text{ teilerfremd, nicht beide ungerade, } U > V > 0.$$

Beweis. Sei also (A, B, C) ein primitives pythagoräisches Tripel und A gerade. Dann sind B, C teilerfremd und ungerade. In der Zerlegung

$$\left(\frac{A}{2}\right)^2 = \frac{1}{4}(C^2 - B^2) = \frac{C + B}{2} \cdot \frac{C - B}{2}$$

sind also $\frac{1}{2}(C + B)$ und $\frac{1}{2}(C - B)$ ganz und teilerfremd, so dass es $U, V \in \mathbb{N}$ gibt mit $\frac{1}{2}(C + B) = U^2$, $\frac{1}{2}(C - B) = V^2$. Damit sind (1) und (2) nachgewiesen. Eine Verifikation zeigt, dass (1) in der Tat ein primitives pythagoräisches Tripel darstellt. $\qquad\square$

Eine Tabelle. Mit Hilfe des Satzes kann man leicht eine Liste von primitiven pythagoräischen Tripeln mit geradem A, gerechnet nach wachsendem C, hier $C \leq 200$, aufstellen. Eine erste kurze Tabelle dieser Art findet man bereits um 972 in einem arabischen Manuskript.

Mit $\alpha(n)$ bezeichne man die Anzahl der primitiven pythagoräischen Tripel mit geradem A und $C \leq n$. Nach D.N. LEHMER (Am. J. Math. **22**, 293–335 (1900)) wird das Wachstum von $\alpha(n)$ beschrieben durch die Formel

$$\lim_{n \to \infty} \frac{\alpha(n)}{n} = \frac{1}{2\pi} \quad (= 0,159\ldots) \,.$$

U	V	$A = 2UV$	$B = U^2 - V^2$	$C = U^2 + V^2$	$F = \frac{1}{2}AB$
2	1	4	3	5	6
3	2	12	5	13	30
4	1	8	15	17	60
4	3	24	7	25	84
5	2	20	21	29	210
6	1	12	35	37	210
5	4	40	9	41	180
7	2	28	45	53	610
6	5	60	11	61	330
7	4	56	33	65	924
8	1	16	63	65	504
8	3	48	55	73	1320
7	6	84	13	85	546
9	2	36	77	85	1386
8	5	80	39	89	1560
9	4	72	65	97	2340
10	1	20	99	101	990
10	3	60	91	109	2730
8	7	112	15	113	840
11	2	44	117	125	2574
11	4	88	105	137	4620
9	8	144	17	145	1224
12	1	24	143	145	1716
10	7	140	51	149	3570
11	6	132	85	157	5610
12	5	120	119	169	7140
13	2	52	165	173	4290
10	9	180	19	181	1710
11	8	176	57	185	5016
13	4	104	153	185	7956
12	7	168	95	193	7980
14	1	28	195	197	2730

Historische Bemerkungen. a) Bei der Entzifferung von babylonischen Tontafeln aus der Zeit um 1900–1600 v.Chr. entdeckte man eine Tafel, auf der in heutiger Schreibweise eine Reihe von natürlichen Zahlen vermerkt waren. Es stellte sich heraus, dass es sich um 15 primitive pythagoräische Tripel handelte, darunter so monströse Tripel wie (12.709, 13.500, 18.541). Man muss daraus den Schluss ziehen, dass den Babyloniern eine Gesetzmäßigkeit dieser Tripel bekannt war.

b) Der pythagoräischen Schule (etwa 500 v.Chr.) schreibt man den Ansatz $A = 2n + 1$, $B = 2n^2 + 2n$ zu, der für natürliche Zahlen n ein primitives Tripel mit $C = 2n^2 + 2n + 1$ ergibt. Auf PLATO (etwa 430–349 v.Chr.) geht der Ansatz $A = n^2 - 1$, $B = 2n$, $C = n^2 + 1$ zurück. In EUKLIDs *Elementen* findet man im Buch X, §28a, ein Verfahren angegeben, das zur Erzeugung von pythagoräischen Tripeln dienen kann.

c) Die im Satz gegebene Beschreibung der primitiven Tripel stammt von L. EULER (1707–1783) (*Opera Omnia*, S.I, **2**, S. 39).

Aufgaben. a) Ist (A, B, C) ein pythagoräisches Tripel, so ist ABC durch 60 teilbar.

b) Es gibt kein Tripel (A, B, C) natürlicher Zahlen mit $A^4 + B^4 = C^4$.

c) Man berechne für ein pythagoräisches Tripel (A, B, C) die Länge H der Höhe durch c und zeige, dass H nicht ganzzahlig ist.

2. Die rationalen Punkte des Einheitskreises. Erfüllen $X, Y \in \mathbb{Q}$ die Gleichung $X^2 + Y^2 = 1$, so gibt es teilerfremde $A, B, C \in \mathbb{Z}$, $C \neq 0$, mit

$$(1) \qquad X = \frac{A}{C} \,,\; Y = \frac{B}{C} \quad \text{und} \quad A^2 + B^2 = C^2$$

und umgekehrt. Bis auf das Vorzeichen und bis auf die Ausnahme $X = 0$ bzw. $Y = 0$ werden die rationalen Punkte des Einheitskreises K also durch primitive pythagoräische Tripel beschrieben. Nach Satz 1 gibt es also

$$(2) \qquad\qquad U, V \in \mathbb{Z} \text{ teilerfremd}$$

mit

$$(3) \qquad X = \frac{2UV}{U^2 + V^2} \,,\; Y = \frac{U^2 - V^2}{U^2 + V^2}$$

oder mit

$$(3') \qquad X = \frac{U^2 - V^2}{U^2 + V^2} \,,\; Y = \frac{2UV}{U^2 + V^2}.$$

Die erwähnten Ausnahmen sind jetzt mit enthalten. Die Identitäten

$$2UV \;=\; 2 \cdot \left[\left(\frac{U+V}{2} \right)^2 - \left(\frac{U-V}{2} \right)^2 \right] ,$$

$$U^2 - V^2 \;=\; 4 \cdot \frac{U+V}{2} \cdot \frac{U-V}{2} ,$$

$$U^2 + V^2 \;=\; 2 \cdot \left[\left(\frac{U+V}{2} \right)^2 + \left(\frac{U-V}{2} \right)^2 \right]$$

zeigen, dass man den Fall (3') aus (3) für ungerade U, V erhalten kann.

Satz. *Man erhält alle rationalen Punkte des Einheitskreises in der Form* (3) *mit teilerfremden ganzen Zahlen* U, V.

3. Heronische Dreiecke sind Dreiecke, deren Seitenlängen A, B, C und deren Flächeninhalt F ganzzahlig sind. Nach der Formel von HERON 3.2 bedeutet das

$$(1) \quad 16F^2 = (A + B + C) \cdot (A + B - C) \cdot (A - B + C) \cdot (-A + B + C).$$

Die Frage nach heronischen Dreiecken oder *heronischen Tripeln* ist also die Frage nach Lösungen A, B, C, F von (1) in natürlichen Zahlen. Nach Satz 1 ist jedes pythagoräische Tripel auch heronisch mit $F = \frac{1}{2}AB$. Aber bereits HERON gab das Beispiel $A = 13, B = 14, C = 15, F = 84$.

Proposition. *Man erhält alle heronischen Tripel in der Form (tA, tB, tC), wobei $t \in \mathbb{N}$ und (A, B, C) ein primitives heronisches Tripel ist.*

Beweis. Ist A, B, C, F eine Lösung von (1), so auch tA, tB, tC, t^2F. Sei nun A, B, C, F eine beliebige Lösung von (2). Kürzt man den größten gemeinsamen Teiler t von A, B, C heraus, so erhält man eine Lösung von

$$T^2 = (A + B + C) \cdot (A + B - C) \cdot (A - B + C) \cdot (-A + B + C)$$

mit $T \in \mathbb{N}$ und teilerfremden A, B, C. Mit $U := A + B + C$ erhält man

$$\begin{aligned} T^2 &= U \cdot (U - 2C) \cdot (U - 2B) \cdot (U - 2A) \\ &= U^4 - 2(A + B + C)U^3 + 4(AB + BC + CA)U^2 - 8ABCU \\ &= -U^4 + 4U^2(AB + BC + CA) - 8UABC \, . \end{aligned}$$

Es folgt $T^2 \equiv -U^4 \pmod 4$, also $U \equiv 0 \pmod 2$. Darauf erhält man sofort $T^2 \equiv 0 \pmod{16}$, also $T^2 = 16F^2$ mit einem $F \in \mathbb{N}$. □

Ein Winkel α soll zur Abkürzung *euklidisch* genannt werden, wenn $\sin \alpha$ und $\cos \alpha$ rational sind.

Lemma. *Für ein Dreieck mit den Winkeln α, β, γ sind äquivalent:*
(i) *α, β und γ sind euklidisch.*
(ii) *α, β, γ sind die Winkel eines heronischen Dreiecks.*

Beweis. (i) $\implies$ (ii): Da die Seitenlängen eines Dreiecks durch die Winkel bis auf einen gemeinsamen Faktor bestimmt sind, darf man nach 3.1(4) annehmen, dass die Seiten A, B, C ganz sind. Nach 3.1(3) ist dann F rational. Aufgrund der Formel von HERON 3.2 ist dann auch F ganz.
(ii) $\implies$ (i): Man verwende 3.1(3) und den Cosinus-Satz 3.1 □

Damit erhält man den finalen

Satz. *Für ein Dreieck mit Seitenlängen A, B, C und Winkeln α, β, γ sind äquivalent:*
(i) *Das Dreieck ist heronisch.*
(ii) *Es gibt teilerfremde Paare U, V und P, Q von natürlichen Zahlen mit*

$$(8) \qquad \sin \alpha = \frac{2UV}{U^2 + V^2} \, , \ \sin \beta = \frac{2PQ}{P^2 + Q^2} \, ,$$

$$\sin \gamma = \frac{2(UQ + VP)(UP - VQ)}{(U^2 + V^2)(P^2 + Q^2)} \, , \ UP > VQ.$$

In diesem Fall sind die Seitenlängen bis auf einen gemeinsamen Faktor

$$(9) \quad A = UV(P^2 + Q^2) \, , \ B = PQ(U^2 + V^2) \, , \ C = (UQ + VP)(UP - VQ)$$

und es gilt

(10) $S = UP(UQ + VP) \,, \ F = UVPQ(UQ + VP)(UP - VQ).$

Beweis. (i) $\Longrightarrow$ (ii): Nach dem Lemma sind α, β und γ euklidisch. Die Beschreibung 2(3) der rationalen Punkte des Einheitskreises zeigt die Existenz von teilerfremden Paaren U, V und P, Q mit

$$\sin\alpha = \frac{2UV}{U^2 + V^2} \,, \ \cos\alpha = \frac{U^2 - V^2}{U^2 + V^2} \,, \ \sin\beta = \frac{2PQ}{P^2 + Q^2} \,, \ \cos\beta = \frac{P^2 - Q^2}{P^2 + Q^2} \,.$$

Trägt man dies ein in

$$\sin\gamma = \sin \cdot (\alpha + \beta) = \sin\alpha \cdot \cos\beta + \cos\alpha \cdot \sin\beta,$$

so folgt (8). Nun erhält man (9) aus 3.1(4). Eine Verifikation ergibt (10).
(ii) $\Longrightarrow$ (i): Man rechne nach.   □

Eine Tabelle. Mit dem Satz berechnet man leicht eine Tabelle der heronischen Tripel (A, B, C) mit teilerfremden A, B, C und $A \le B \le C$, die *keine* pythagoräischen Tripel sind. Die Tripel sind nach der Größe von $F \le 100$ geordnet:

A	5	5	4	3	9	7	6	10	13	11	5	8	10	13	4	12
B	5	5	13	25	10	15	25	13	13	13	29	29	17	14	51	17
C	6	8	15	26	17	20	29	13	24	20	30	35	21	15	53	25
F	12	12	24	36	36	42	60	60	60	66	72	84	84	84	90	90

Bemerkungen. a) Der Satz wurde erstmals von H. SCHUBERT im Jahre 1905 bewiesen (*Auslese aus meiner Unterrichts- und Vorlesungspraxis II*, Göschen, Leipzig). Er schreibt dazu sehr richtig:

> Dem Lehrer, welcher wünscht, daß seine Schüler nicht immer mit mühevollen Berechnungen ihre Zeit verbringen, muß daran liegen, daß in der algebraischen Planimetrie und Stereometrie nicht allein das Gegebene, sondern auch das Gesuchte ganzzahlig oder doch wenigstens rational wird.

Im weiteren Verlauf werden von ihm u.a. *heronische Parallelogramme* beschrieben, in denen Seiten, Diagonalen und Flächeninhalt ganzzahlig sind. Das erste Beispiel ist hier das Parallelogramm mit den Seiten 41 und 50, den Diagonalen 21 und 89 sowie den Flächeninhalt 840.
b) C.F. GAUSS (1777–1855) hat bereits 1847 in einem Brief an H.C. SCHUMACHER (*Werke XII*, S. 55) die Lösung einer ähnlichen diophantischen Gleichung (nämlich die Bedingung für Dreiecke mit ganzen Seitenlängen und ganzem Umkreisradius) angegeben.
c) Eine positive ganze Zahl F heißt *Dreieckszahl*, wenn es ein rechtwinkliges Dreieck mit rationalen Seitenlängen A, B, C und Flächeninhalt F gibt. Das Problem, alle Dreieckszahlen zu bestimmen, wurde bereits von den Griechen behandelt und ist ein bis heute ungelöstes Hauptproblem der Antike.

Aufgaben. a) Ist A, B, C ein heronisches Tripel, so sind $U := A + B + C$ und F gerade.

b) Man betrachte die von GAUSS untersuchte Klasse $\mathcal{G}$ von Dreiecken mit ganzen Seitenlängen A, B, C, für die auch der Umkreisradius $\frac{1}{2}\delta$ aus 3.1(4) ganz ist. Dann ist A, B, C ein heronisches Tripel. Man gebe eine Beschreibung der gesamten Klasse $\mathcal{G}$ mit Hilfe des Satzes.

c) Eine natürliche quadratfreie Zahl F ist genau dann eine Dreieckszahl, wenn es ein $R \in \mathbb{N}$ und teilerfremde P, Q mit $P > Q \in \mathbb{N}$ gibt, so dass $R^2 F = PQ(P^2 - Q^2)$.

d) Eine natürliche quadratfreie Zahl F ist genau dann eine Dreieckszahl, wenn es rationale Zahlen X, Y gibt, so dass der Nenner von X in der gekürzten Bruchdarstellung gerade ist und $Y^2 = X^3 - F^2 X$ gilt.

4. Satz von PICK. Der Flächeninhalt von ebenen Polygonen kann einfach durch Abzählen von Gitterpunkten berechnet werden, wenn das gegebene Polygon P nur Ecken in den Punkten von $\mathbb{Z}^2$ hat. Dabei wird vorausgesetzt, dass der Rand R_P des Polygons ein so genannter *einfacher Streckenzug* mit inneren Punkten ist, so dass nach dem JORDANschen Kurvensatz das Innere I_P zusammenhängend ist. Ein solches Polygon P soll abkürzend ein PICK-*Polygon* genannt werden. Der Flächeninhalt von P wird mit $\pi(P)$ bezeichnet. Darüber hinaus sei

(1) $$i(P) := \sharp(I_P \cap \mathbb{Z}^2) \quad \text{und} \quad r(P) := \sharp(R_P \cap \mathbb{Z}^2).$$

Aus dem Jahre 1899 stammt der

Satz von PICK. *Der Flächeninhalt eines* PICK-*Polygons* P *ist*

(2) $$\pi(P) = i(P) + \tfrac{1}{2}r(P) - 1.$$

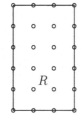 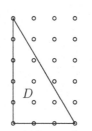 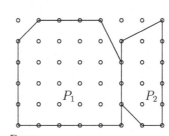

Abb. 56: Satz von PICK

Der *Beweis* beruht auf den folgenden Hilfsbehauptungen.

Rechteck-Lemma. *Ist* R *ein achsenparalleles* PICK-*Rechteck, dann gilt* (2).

Beweis. Ein PICK-Rechteck R der Seitenlängen A bzw. B hat den Flächeninhalt AB, hat $(A - 1)(B - 1)$ innere Punkte und $2(A + B)$ Randpunkte. Es folgt (2). $\square$

1. Dreieck-Lemma. *Ist D ein rechtwinkliges* PICK-*Dreieck mit achsenparallelen Katheten, auf dessen Hypotenuse kein Gitterpunkt liegt, dann gilt* (2).

Beweis. Nach Voraussetzung gilt $\pi(D) = \frac{1}{2}AB$, $i(D) = \frac{1}{2}(A-1)(B-1)$, $r(D) = A + B + 1$ und man hat (2).   □

Vereinigungs-Lemma. *Seien P_1 und P_2 zwei* PICK-*Polygone, so dass $P_1 \cap P_2$ eine Strecke ist. Gilt dann* (2) *für P_1 und für P_2, dann gilt* (2) *auch für die Vereinigung $P := P_1 \cup P_2$.*

Beweis. Die Strecke $P_1 \cap P_2$ möge k Gitterpunkte enthalten. Nach Voraussetzung ist dann $\pi(P) = \pi(P_1) + \pi(P_2)$, $i(P) = i(P_1) + i(P_2) + k - 2$, $r(P) = r(P_1) + r(P_2) - 2(k-1)$. Es folgt (2) für P.   □

2. Dreieck-Lemma. *Für ein beliebiges* PICK-*Dreieck gilt* (2).

Beweis. Man stellt das gegebene Dreieck als Summe bzw. Differenz von achsenparallelen PICK-Dreiecken dar.   □

Der Beweis des Satzes kann nun durch Induktion nach der Anzahl der Ecken von P geführt werden. Beim Induktionsschritt zerlegt man P durch einen geeigneten Schnitt in zwei PICK-Polygone.   □□

Literatur: A. BEUTELSPACHER, *Luftschlösser und Hirngespinste*, Vieweg, Braunschweig-Wiesbaden 1986.
H.S.M. COXETER, *Introduction to Geometry*, 2. Aufl., Wiley, New York-London-Sydney 1969.
G. HAIGH, Math. Gazette **64**, 173–180 (1980).
G. PICK, Zeitschrift des Vereins „Lotos", Prag 1899.

Kapitel IV

Das Dreieck und seine Kreise

Einleitung. Zu einem Dreieck a, b, c in $\mathbb{E}$ können in kanonischer Weise fünf Kreise gezeichnet werden: Der *Umkreis* mit Mittelpunkt m durch a, b, c und die vier Kreise, welche die (verlängerten) Seiten des Dreiecks berühren: Der *Inkreis* mit dem Mittelpunkt i und die drei *Ankreise* mit den Mittelpunkten a^*, b^*, c^*. Da die geometrische Gestalt durch die Vorgabe der Länge der Dreiecksseiten (bis auf eine Bewegung) festgelegt ist, ergeben sich zahlreiche Beziehungen z.B. zwischen den Seiten des Dreiecks, den Mittelpunkten und Radien der Kreise sowie zwischen Abständen sonstiger geometrisch ausgezeichneter Punkte. Solche durch geometrische Eigenschaften hervorgehobene Punkte wie z.B. der Schwerpunkt s oder der Höhenschnittpunkt h nannte man früher *merkwürdige* (d.h. des Merkens würdige) *Punkte* des Dreiecks.

§ 1 Der Kreis

1. Mittelpunktsgleichung. Bei geometrischen Fragestellungen spielt der Begriff des geometrischen Ortes eine wichtige Rolle. Dabei versteht man unter dem *geometrischen Ort* einer noch zu präzisierenden Eigenschaft Ω diejenige Teilmenge von $\mathbb{E}$, die aus allen Punkten $x \in \mathbb{E}$ besteht, welche die Eigenschaft Ω haben. So ist z.B. das Lot von einem Punkt p auf eine Gerade G der geometrische Ort aller Punkte $x \in \mathbb{E}$, für welche $x - p$ orthogonal zu G ist.

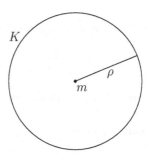

Abb. 57: Der Kreis

Der *Kreis mit Mittelpunkt m , $m \in \mathbb{E}$, und Radius ρ, $\rho > 0$*, ist der geometrische Ort aller Punkte $x \in \mathbb{E}$, die von m den Abstand ρ haben. Damit ist ein Kreis durch die

Mittelpunktsgleichung: $|x - m| = \rho$, d.h. $(x_1 - m_1)^2 + (x_2 - m_2)^2 = \rho^2$

definiert. Nach Quadrieren und distributivem Ausrechnen ist die Mittelpunkts-gleichung äquivalent mit

$$(1) \qquad\qquad |x|^2 - 2\langle x, m\rangle = \rho^2 - |m|^2.$$

Vergleicht man die Mittelpunktsgleichung mit der Darstellung eines Punktes in Polarkoordinaten (vgl. Lemma III.1.5), so erhält man die Punkte des Kreises mit Mittelpunkt m und Radius ρ in der Form einer *Parameterdarstellung*

$$(2) \qquad\qquad x = m + \rho \cdot e(\varphi)\,,\ e(\varphi) = \begin{pmatrix}\cos\varphi\\\sin\varphi\end{pmatrix}\,,\ 0 \le \varphi < 2\pi.$$

Im Folgenden sei

$$(3) \qquad\qquad K := \{x \in \mathbb{E} : |x - m| = \rho\}\,,\ \rho > 0,$$

stets ein Kreis.

Proposition. *Sind a, b zwei verschiedene Punkte des Kreises K, dann liegt der Mittelpunkt des Kreises auf der Mittelsenkrechten*

$$(4) \qquad\qquad M_{a,b} = \{x \in \mathbb{E} : \langle x - \tfrac{1}{2}(a + b), a - b\rangle = 0\}$$

von a und b.

Beweis. Nach (1) hat man

$$|a|^2 - 2\langle a, m\rangle = \rho^2 - |m|^2 = |b|^2 - 2\langle b, m\rangle\,,$$

also speziell

$$2\langle m, a - b\rangle = |a|^2 - |b|^2 = \langle a + b, a - b\rangle\,.$$

Es folgt $m \in M_{a,b}$. $\qquad\qquad\qquad\qquad\qquad\qquad\qquad\qquad\qquad\qquad$ □

Die Mittelpunktsgleichung ergibt weiter das

Lemma. *Bei einer Bewegung f der Ebene wird der Kreis mit Mittelpunkt m und Radius ρ auf dem Kreis mit Mittelpunkt $f(m)$ und Radius ρ abgebildet.*

Als ersten elementar-geometrischen Satz erhält man den

Satz von Thales. *Für ein Dreieck a, b, c in $\mathbb{E}$ sind äquivalent:*
(i) *c liegt auf dem Kreis um $m = \tfrac{1}{2}(a + b)$ mit dem Radius $\tfrac{1}{2}|a - b|$.*
(ii) *$c - a$ und $c - b$ sind orthogonal, d.h., das Dreieck a, b, c ist rechtwinklig.*

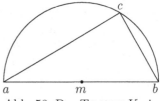

Abb. 58: Der Thales-Kreis

Beweis. Man berechnet

$$\langle c - a, c - b \rangle = |c|^2 - \langle a + b, c \rangle + \langle a, b \rangle = |c - \tfrac{1}{2}(a + b)|^2 - \tfrac{1}{4}|a - b|^2. \qquad \square$$

Man nennt den Kreis mit Mittelpunkt $\tfrac{1}{2}(a + b)$ durch die Punkte a und b den THALES-*Kreis durch* a, b.

Bemerkung. Eine erste Definition eines Kreises findet man bei PLATON (ca. 429–348 v.Chr.) in seinem Dialog *Parmenidas:* „Rund ist doch wohl das, dessen äußerste Teile überall vom Mittelpunkt aus gleich weit entfernt sind." THALES von Milet (ca. 625–547 v.Chr.) wurde auch berühmt, weil er die Sonnenfinsternis von 585 v.Chr. vorhersagte.

Aufgaben. a) Für $f \in \mathrm{Aff}(2; \mathbb{R})$ sind äquivalent:
(i) Für jeden Kreis K ist $f(K)$ ein Kreis.
(ii) f ist eine Ähnlichkeitsabbildung.
b) Gegeben seien $a \in \mathbb{E}$ und $\alpha, \beta, \gamma \in \mathbb{R}$, $\alpha \neq 0$, so dass

$$K := \{ x \in \mathbb{E} \ : \ \alpha |x|^2 + \beta \langle x, a \rangle + \gamma = 0 \}$$

mindestens 2 Punkte enthält. Dann ist K ein Kreis.
c) Für positives $\lambda \in \mathbb{R}$, $\lambda \neq 1$ sowie verschiedene $a, b \in \mathbb{E}$ ist die Menge

$$K := \{ x \in \mathbb{E} : |x - a| = \lambda \cdot |x - b| \}$$

ein Kreis. Die Gerade $a \vee b$ schneidet K in genau zwei Punkten c, d. Dann liegen a, b, c, d harmonisch (vgl. Aufgabe III.2.1b)). Man nennt K den *Kreis des* APOLLONIUS.
d) Sei K ein Kreis mit Mittelpunkt m und Radius ρ. Für $x \in \mathbb{E}$ gilt dann

$$d(x, K) = |\,|x - m| - \rho|.$$

e) Sind $a, b, c, d \in \mathbb{E}$ paarweise verschiedene Punkte, die nicht alle auf einem Kreis oder einer Geraden liegen, so gibt es Kreise

$$K, L \quad \text{mit} \quad K \cap L = \emptyset, \, a, b \in K, \, c, d \in L.$$

2. Tangente. Unter einer *Tangente* an einen Kreis wird man jede Gerade verstehen, die mit dem Kreis genau einen Punkt gemeinsam hat. Man sagt dann auch, dass sich der Kreis und die Gerade *berühren*. Es sei K der durch 1(3) gegebene Kreis.

Lemma. *Zu* $p \in K$ *gibt es genau eine Tangente* T_p *an* K *durch* p. *Dabei ist* T_p *gegeben durch*

$$(1) \qquad \langle x - m, p - m \rangle = \rho^2, \ \textit{d.h.} \ T_p = H_{p-m, \gamma} \ \textit{mit} \ \gamma := \rho^2 + \langle m, p - m \rangle$$

oder äquivalent durch

$$(2) \qquad\qquad\qquad\qquad \langle x - p, p - m \rangle = 0.$$

*Die Tangente an K durch den Punkt $p \in K$ ist genau diejenige Gerade durch
p, die orthogonal zur Verbindungsgeraden von p mit m ist.*

Beweis. Sei $G = G_{p,u}$, $u \neq 0$, eine beliebige Gerade durch p. Ein Punkt $p + \alpha u$
liegt genau dann auf K, wenn

$$\rho^2 = |p + \alpha u - m|^2 = |p - m|^2 + 2\alpha \langle p - m, u \rangle + \alpha^2 |u|^2$$

gilt. Wegen $p \in K$ ist die Gleichung äquivalent zu

(∗) $$\alpha^2 |u|^2 + 2\alpha \langle p - m, u \rangle = 0.$$

G ist genau dann eine Tangente, wenn $\alpha = 0$ die einzige Lösung der Gleichung
(∗) ist, wenn also $\langle p - m, u \rangle = 0$. Wegen Lemma III.1.2 ist das äquivalent zu
$u \in \mathbb{R}(p - m)^\perp$. Nach Lemma III.2.2 ist T_p die einzige Tangente an K durch p,
die dann auch zu der Geraden durch p und m orthogonal ist. Wegen $p \in K$ ist
(2) äquivalent zu (1). □

Eine weitere Beschreibung von Tangenten beinhaltet die folgende

Proposition. *Für eine Gerade G sind äquivalent:*
(i) *G ist eine Tangente an den Kreis K.*
(ii) *Der Abstand $d(m, G)$ von m und G ist gleich ρ.*

Beweis. (i) $\Longrightarrow$ (ii): Es ist also $G = T_p$ mit einem $p \in K$. Aus dem Lemma und
III.2.3(5) folgt $d(m, T_p) = \rho$.
(ii) $\Longrightarrow$ (i): Der Fußpunkt q des Lotes von m auf G ist nach III.2.3(5) der einzige
Punkt, der auf G und K liegt. □

Nun betrachten wir den Fall, dass von einem Punkt außerhalb des Kreises Tangenten an den Kreis beschrieben werden sollen.

Satz. *Sei $a \in \mathbb{E}$ ein Punkt außerhalb des Kreises K, d.h. $|a - m| > \rho$. Dann
gibt es genau zwei Tangenten an den Kreis K, die durch a gehen.*

Beweis. Nach dem Lemma genügt es, alle $p \in K$ zu bestimmen, für die a auf
T_p liegt, also die Gleichungen

$$\langle a - m, p - m \rangle = \rho^2 \quad \text{und} \quad |p - m|^2 = \rho^2$$

zu lösen. Wegen Lemma III.1.2 ist die erste Gleichung äquivalent dazu, dass es
ein $\alpha \in \mathbb{R}$ gibt mit

$$p = m + \frac{\rho^2}{|a - m|^2}(a - m) + \alpha(a - m)^\perp.$$

Setzt man das in die zweite Gleichung ein, so ergibt sich

$$\alpha^2 = \frac{\rho^2}{|a - m|^4}(|a - m|^2 - \rho^2).$$

Diese Gleichung hat wegen $|a - m| > \rho$ genau zwei reelle Lösungen α. □

Tangentenkonstruktion: Zur Konstruktion der im Satz beschriebenen Tangenten von a an den Kreis K zieht man die Verbindungsgerade durch m und a und zeichnet den Kreis L mit dem Mittelpunkt $\frac{1}{2}(m+a)$ und dem Radius $\frac{1}{2}|m-a|$. Die Schnittpunkte von K und L sind dann nach dem Satz von THALES und dem Lemma die Berührpunkte der Tangenten an K, die durch a gehen.

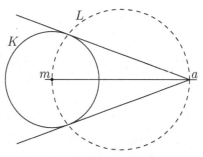

Abb. 59: Tangentenkonstruktion

Aufgaben. a) Eine Gerade $G_{a,u}$ ist genau dann eine Tangente an K, wenn $[a-m,u]^2 = \rho^2|u|^2$ gilt. Eine Gerade $H_{c,\gamma}$ ist genau dann eine Tangente an K, wenn $(\langle c,m \rangle - \gamma)^2 = \rho^2|c|^2$ gilt.

b) Sei K ein Kreis mit Mittelpunkt m und G eine Gerade. Dann gibt es genau zwei Parallelen zu G, die Tangenten an K sind. Ist $m \in G$, so gibt es genau einen Kreis K' mit Mittelpunkt m, der G berührt.

c) Sei a ein Punkt außerhalb von K. Die beiden Tangenten an K durch a mögen K in p und p' berühren. Dann sind die Geraden $p \vee p'$ und $a \vee m$ orthogonal und es gilt $|p-a| = |p'-a|$.

d) Seien K, K' konzentrische Kreise, also $K = \{x \in \mathbb{E} : |x-m| = \rho\}$ und $K' = \{x \in \mathbb{E} : |x-m| = \rho'\}$ mit $0 < \rho' < \rho$. Man berechne die Länge einer Sehne bezüglich K, die K' berührt.

e) Sei K ein Kreis und G eine Gerade. K und G schneiden sich genau dann in zwei verschiedenen Punkten, wenn $d(m,G) < \rho$.

f) Zwei verschiedene Tangenten an einen Kreis sind genau dann parallel, wenn der Mittelpunkt des Kreises auf der Verbindungsgeraden der Berührpunkte liegt.

g) Seien $a, u \in \mathbb{E}, u \neq 0$ und $p \in \mathbb{E}, p \notin G_{a,u}$. Dann existiert genau ein Kreis K, der durch p und a geht und $G_{a,u}$ als Tangente hat.

h) Man bestimme die Gleichung der Tangente durch p an K in den Fällen

m	$\binom{2}{0}$	$\binom{1}{1}$	$\binom{0}{0}$
ρ	3	2	5
p	$\binom{0}{\sqrt{5}}$	$\binom{0}{1\pm\sqrt{3}}$	$\binom{3}{4}$

i) Zieht man an einen Kreis vier Tangenten, so heißt das entstehende Viereck ein *Tangentenviereck*. In einem Tangentenviereck stimmen die Summen gegenüberliegender Seitenlängen überein, d.h.

$$|a-b| + |d-c| = |a-d| + |b-c|.$$

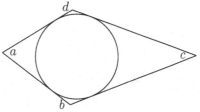

Abb. 60: Tangentenviereck

3. Kreis und Gerade. Es sei wieder $K = \{x \in \mathbb{E} : |x-m| = \rho\}$ ein gegebener Kreis. Man setzt

(1) $$\kappa(x) := \kappa_K(x) := |x - m|^2 - \rho^2 \quad \text{für } x \in \mathbb{E}$$

und nennt $\kappa(x)$ die *Potenz* von x in Bezug auf K. Offenbar sind die Punkte mit Potenz 0 genau die Punkte von K. Für die Punkte x im Inneren von K gilt $\kappa(x) < 0$ und die Punkte x im Äußeren von K erfüllen $\kappa(x) > 0$.

Zur Berechnung der Schnittpunkte von K mit einer Geraden G wählt man G zweckmäßig in der Form

$$G = G_{a,u} \quad \text{mit} \quad |u| = 1.$$

Man hat also die Punkte $x = a + \xi u$, $\xi \in \mathbb{R}$, von G in $\kappa(x) = 0$ einzusetzen und erhält:

(2)   *Ein Punkt $x = a + \xi u$, $|u| = 1$, gehört genau dann zu K, wenn*
$$\xi^2 + 2\xi \langle a - m, u \rangle + \kappa(a) = 0.$$

Insbesondere folgert man, dass eine Gerade einen Kreis in höchstens 2 Punkten schneidet.

Hieraus erhält man die beiden folgenden Sätze:

Zwei-Sehnen-Satz. *Liegt der Punkt a nicht auf K, dann hat das Produkt $|\eta\zeta|$ der Sehnenabschnitte unabhängig von der Richtung u der Geraden G den Wert $|\kappa(a)|$.*

Sehnen-Tangenten-Satz. *Ist a ein Punkt im Äußeren von K, dann ist das Produkt $|\eta\zeta|$ der Sehnenabschnitte für jede den Kreis schneidende Gerade G gleich dem Quadrat des Tangentenabschnittes τ und gleich $\kappa(a)$.*

Beweis. In beiden Fällen sind die Schnittpunkte von der Form $p = a + \eta u$ bzw. $q = a + \zeta u$. Dabei sind η, ζ nach (2) die beiden Wurzeln der Gleichung

$$\xi^2 + 2\xi \langle a - m, u \rangle + \kappa(a) = 0.$$

Speziell gilt $\eta\zeta = \kappa(a)$. Wegen $|u| = 1$ folgen die Behauptungen. $\square$

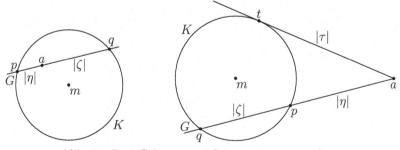

Abb. 61: Zwei-Sehnen- und Sehnen-Tangenten-Satz

Aufgaben. a) In einem Dreieck a, b, c teilt der Höhenschnittpunkt h die Strecke auf der Höhe zwischen Ecke und Fußpunkt in zwei Abschnitte. Das Produkt dieser Abschnitte ist für alle drei Höhen gleich.
(Hinweis: Man zeichne die Kreise, deren Durchmesser die Dreiecksseiten sind, und verwende den Zwei-Sehnen-Satz.)
b) Seien G eine Gerade und p, q zwei verschiedene Punkte, die auf einer Seite von G liegen, wobei G und $p \vee q$ nicht parallel sind. Dann gibt es genau zwei Kreise durch p und q, die G als Tangente haben. Wie lautet die Aussage, falls G und $p \vee q$ parallel sind?
c) Für zwei Kreise mit Mittelpunkten m, m' und Radien ρ, ρ' sind äquivalent:
(i) Die Kreise schneiden sich orthogonal, d.h., die Kreise schneiden sich und die Tangenten in den Schnittpunkten sind orthogonal.
(ii) $|m - m'|^2 = \rho^2 + \rho'^2$.
d) Man beschreibe den geometrischen Ort aller Punkte, deren Tangentenabschnitt an einen gegebenen Kreis K eine feste Zahl $\tau > 0$ ist, und den geometrischen Ort aller Punkte, deren Sehnenabschnitte an K vorgegebene Zahlen $\zeta > 0$ und $\eta > 0$ sind.

4. Polare. Ausgehend von einem Kreis $K = \{x \in \mathbb{E} : |x - m| = \rho\}$ und einem Punkt $p \in \mathbb{E}$, $p \neq m$, definiert man die *Polare* T_p zu p (in Bezug auf K) durch

(1) $\langle x - m, p - m \rangle = \rho^2$, d.h. $T_p := H_{p-m,\gamma}$ mit $\gamma := \rho^2 + \langle m, p - m \rangle$.

Für $p \in K$ ist T_p nach Lemma 2 die Tangente an K durch p. Aus (1) folgt

(2) $q \in T_p \iff p \in T_q$

für $q \neq m$ und $p \neq m$. Weiter ergibt III.2.3(5)

(3) $d(m, T_p) = \dfrac{\rho^2}{|p - m|}$.

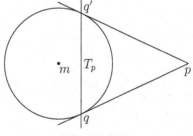

Abb. 62: Polare

Proposition. *Für $\kappa(p) > 0$ berühren die beiden Tangenten durch p an K den Kreis in den Schnittpunkten q und q' des Kreises K mit der Polaren T_p.*

Beweis. Wegen $\kappa(p) > 0$ gilt $d(m, T_p) < \rho$ in (3). Also schneidet T_p den Kreis in zwei Punkten q und q'. Nach (2) gilt $p \in T_q$ und $p \in T_{q'}$. Aufgrund von Lemma 2 sind dann aber T_q und $T_{q'}$ genau die Tangenten durch p an K. □

Mit der Tangentenkonstruktion 2 erhält man das

Korollar. *Für $\kappa(p) > 0$ sind die Schnittpunkte q und q' der Polaren T_p zu p mit dem Kreis K genau die Schnittpunkte des Kreises K mit dem THALES-Kreis durch p und m.*

Statt Tangenten durch p betrachten wir nun Sehnen durch p.

Lemma. *Zieht man von einem Punkt $p \neq m$ zwei den Kreis K in den Punkten a, b bzw. c, d schneidende Geraden, dann liegen die Schnittpunkte*

$$(a \vee d) \cap (b \vee c) \ und \ (a \vee c) \cap (b \vee d),$$

falls sie existieren, auf der Polaren T_p.

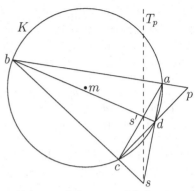

Abb. 63: Sehnen und Polare

Beweis. Ohne Einschränkung kann man $p = 0$ wählen, also $m \neq 0$, und setzt dann die Geraden in der Form $\mathbb{R}u$ bzw. $\mathbb{R}v$ mit $|u| = |v| = 1$ an. Nach 3(2) hat man

$$a = \xi_1 u \ , \quad b = \xi_2 u \quad und \quad \xi_i^2 - 2\xi_i \langle m, u \rangle + \kappa = 0 \, ,$$
$$c = \eta_1 v \ , \quad d = \eta_2 v \quad und \quad \eta_i^2 - 2\eta_i \langle m, v \rangle + \kappa = 0 \, ,$$

mit $\kappa := \kappa(0) = \xi_1\xi_2 = \eta_1\eta_2$. Aus der Schnittpunktformel II.1.4(4) ergibt sich

$$s := (a \vee d) \cap (b \vee c) = \frac{1}{\xi_1\eta_1 - \xi_2\eta_2}(\xi_1\eta_1(\xi_2 u + \eta_2 v) - \eta_2\xi_2(\xi_1 u + \eta_1 v))$$
$$= \frac{\kappa}{\xi_1\eta_1 - \xi_2\eta_2}((\eta_1 - \eta_2)u + (\xi_1 - \xi_2)v) \, .$$

Wegen $\langle u, m \rangle = \frac{1}{2}(\xi_1 + \xi_2)$ und $\langle v, m \rangle = \frac{1}{2}(\eta_1 + \eta_2)$ folgt

$$\langle s, m \rangle = \frac{\kappa}{2(\xi_1\eta_1 - \xi_2\eta_2)}((\eta_1 - \eta_2)(\xi_1 + \xi_2) + (\xi_1 - \xi_2)(\eta_1 + \eta_2)) = \kappa,$$

also $s \in T_0$ nach (1). Eine analoge Rechnung liefert $(a \vee c) \cap (b \vee d) \in T_0$. $\square$

Bemerkung. Nach dem Lemma kann man die Polare T_p allein mit dem Lineal konstruieren. Zusammen mit der Proposition erhält man eine Konstruktion der Tangenten durch einen Punkt p außerhalb von K allein mit dem Lineal.

Aufgaben. a) Für einen Punkt p im Inneren von K haben die Polare T_p und der Kreis K keinen Schnittpunkt.
b) Seien p, q, m paarweise verschieden. Dann gilt $r \in T_p \cap T_q$ genau dann, wenn $p \vee q = T_r$.
c) Wann ist die Polare T_p eine Tangente an den Kreis?

5*. Mehrere Kreise. Im gesamten Abschnitt seien

$$(1) \qquad K = \{x \in \mathbb{E} : |x - a| = \alpha\} \, , \ L = \{x \in \mathbb{E} : |x - b| = \beta\} \, ,$$
$$M = \{x \in \mathbb{E} : |x - c| = \gamma\}$$

drei Kreise. Für Kreise K und L mit verschiedenen Mittelpunkten nennt man

$$(2) \qquad P_{K,L} = \{x \in \mathbb{E} : \langle b - a, x \rangle = \tfrac{1}{2}(\alpha^2 - \beta^2 + |b|^2 - |a|^2)\}$$

die *Potenzgerade* von K und L. Offensichtlich gehört x genau dann zu $P_{K,L}$, wenn x die gleiche Potenz sowohl in Bezug auf K als auch auf L hat, also

(3) $$P_{K,L} = \{x \in \mathbb{E} : \kappa_K(x) = \kappa_L(x)\}.$$

Offenbar hat man

(4) $$K \cap L = K \cap P_{K,L} = L \cap P_{K,L}$$

und zwei verschiedene Kreise schneiden sich daher in höchstens zwei Punkten. Ferner steht die Potenzgerade nach (2) senkrecht auf der Verbindungsgeraden der Mittelpunkte.

Konstruktion der Potenzgeraden $P_{K,L}$: Schneiden bzw. berühren sich die beiden Kreise K und L, dann ist $P_{K,L}$ aufgrund von (4) natürlich die Verbindungsgerade der beiden Schnittpunkte bzw. die gemeinsame Tangente im Berührpunkt. Andernfalls konstruiert man zunächst die Polare T_a zu a in Bezug auf L bzw. T_b zu b in Bezug auf K. Die Formel für den Abstand eines Punktes von einer Geraden in III.2.3(5) zusammen mit 4(3) ergibt die Identität

(5) $$\pm 2 \cdot d(a, P_{K,L}) = |a - b| + d(a, T_b) - d(b, T_a).$$

Hier ist die rechte Seite positiv, wenn jeder Kreis im Äußeren des anderen liegt. Dann ist

$$d(a, P_{K,L}) - d(a, T_b) = \frac{1}{2}\Big(|a - b| - d(a, T_b) - d(b, T_a)\Big)$$

symmetrisch in a und b und somit gleich $d(b, P_{K,L}) - d(b, T_a)$. Damit erhält man folgende Konstruktion von $P_{K,L}$ als Mittelparallele der parallelen Geraden T_a und T_b:

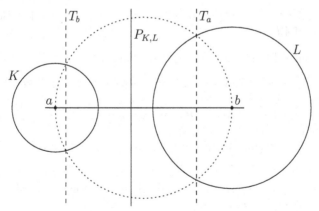

Abb. 64: Potenzgerade

Mit Hilfe der Potenzgeraden beweist man das sehr anschauliche

Lemma. *Für zwei verschiedene Kreise K und L sind äquivalent:*
(i) *K und L berühren sich, d.h., $K \cap L$ besteht aus einem Punkt.*

(ii) *Es gilt* $|a - b| = \alpha + \beta$ *oder* $|a - b| = |\alpha - \beta|$.
In diesem Fall gilt $a \neq b$ *und der Berührpunkt liegt auf* $a \vee b$.

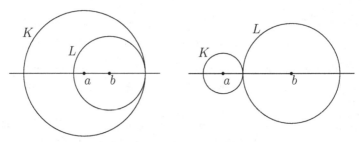

Abb. 65: Berühren von Kreisen

Beweis. Sei $a \neq b$ und nach einer Translation ohne Einschränkung $a = 0$. Man schreibt die Punkte von (2) in der Form

$$x = \frac{\delta}{|b|^2} b + \rho b^\perp \quad \text{mit} \quad \rho \in \mathbb{R}, \, \delta = \frac{1}{2}(\alpha^2 - \beta^2 + |b|^2).$$

Setzt man diesen Wert in die Gleichung für K ein, so folgt

$$\rho^2 |b|^2 + \frac{\delta^2}{|b|^2} = \alpha^2.$$

Diese Gleichung hat genau dann nur eine Lösung, nämlich $\rho = 0$, wenn $\delta^2 = \alpha^2 |b|^2$, d.h.

$$(|b|^2 - \alpha^2 - \beta^2)^2 = 4\alpha^2\beta^2.$$

Das bedeutet $|b|^2 = \alpha^2 + \beta^2 \pm 2\alpha\beta$ und liefert die Behauptung. Der Berührpunkt liegt dann auf $\mathbb{R}b$.   □

Betrachtet man drei Kreise, so kommt man auf den

Satz von MONGE. *Gegeben seien drei Kreise mit paarweise verschiedenen Mittelpunkten. Dann gilt:*
a) *Sind die drei Mittelpunkte kollinear, so sind die drei zugehörigen Potenzgeraden parallel.*
b) *Sind die drei Mittelpunkte nicht kollinear, so schneiden sich die drei zugehörigen Potenzgeraden in einem Punkt.*

Beweis. a) Nach (2) ist die Richtung der Potenzgeraden senkrecht zur Verbindungsgeraden der Mittelpunkte.
b) Man wendet das Drei-Geraden-Kriterium III.2.2 auf (2) und die durch zyklische Vertauschung entstehenden Geraden an. Da die Mittelpunkte ein Dreieck bilden, sind die Potenzgeraden nach (2) nicht parallel.   □

Die Schnittpunktformel III.2.2(4) liefert den Schnittpunkt p der drei Potenzgeraden der drei Kreise (1) mit nicht-kollinearen Mittelpunkten

$$
\text{(6)} \quad p = \frac{1}{2[a,b,c]} \Big((\gamma^2 - \beta^2 + |b|^2 - |c|^2)a^\perp + (\alpha^2 - \gamma^2 + |c|^2 - |a|^2)b^\perp
$$
$$
+ (\beta^2 - \alpha^2 + |a|^2 - |b|^2)c^\perp \Big).
$$

Bemerkung. Die Bezeichnungen „Potenz" und „Potenzgerade" stammen von Jacob STEINER (1796–1863) aus dem Jahre 1826 (*Gesammelte Werke I*, S. 22). Julius PLÜCKER (1801–1868) benutzte die Bezeichnung „Chordale" für die Potenzgerade. Gaspard MONGE (1746–1818) begründete die darstellende Geometrie und war einer der führenden Männer der 1794 gegründeten École Polytechnique in Paris.

Aufgaben. a) Seien $K = \{x \in \mathbb{E} : |x - m| = \rho\}$, $K' = \{x \in \mathbb{E} : |x - m'| = \rho'\}$ Kreise mit $|m - m'| > \rho + \rho'$. Zeigen Sie, dass es genau zwei innere Tangenten an K und K' (d.h., K und K' liegen auf verschiedenen Seiten dieser Tangenten) und genau zwei äußere Tangenten an K und K' gibt (d.h., K und K' liegen auf derselben Seite). Die inneren (bzw. für $\rho \neq \rho'$ auch die äußeren) Tangenten schneiden sich in einem Punkt, der auf $m \vee m'$ liegt.
b) Gegeben seien drei Kreise K, L, M mit paarweise verschiedenen Mittelpunkten. Haben alle drei Kreise zwei gemeinsame Schnittpunkte oder einen gemeinsamen Berührpunkt, so sind die drei Mittelpunkte kollinear.
c) Gegeben seien drei Kreise K, L, M, die sich paarweise von außen berühren. Welchen Flächeninhalt hat das aus den Berührungspunkten gebildete Dreieck?
d) Gegeben seien drei Kreise mit nicht kollinearen Mittelpunkten, wobei jeder Kreis im Äußeren der anderen Kreise liegt. Dann gibt es genau acht Kreise, die die drei vorgegebenen Kreise berühren.
e) Die Mittelpunkte der drei Kreise (1) seien nicht kollinear und fixiert. Durch geeignete Wahl der Radien kann dann jeder Punkt in $\mathbb{E}$ als Schnittpunkt der Potenzgeraden auftreten.
f) Die Radien der drei Kreise (1) seien gleich. Sind a, b, c nicht kollinear, so ist der Schnittpunkt der drei Potenzgeraden genau der Schnittpunkt der Mittelsenkrechten des Dreiecks a, b, c.
g) Man betrachte ein Dreieck a, b, c. Seien K, L, M die drei THALES-Kreise durch je zwei Eckpunkte. Dann ist der Schnittpunkt der drei Potenzgeraden genau der Höhenschnittpunkt des Dreiecks.
h) Man betrachte ein Dreieck a, b, c, die Kreise (1) und den Schnittpunkt p der Potenzgeraden. Sei $a' = \frac{1}{2}(b + c)$, $b' = \frac{1}{2}(c + a)$, $c' = \frac{1}{2}(a + b)$ das zugehörige Mittendreieck. In welchem Punkt schneiden sich die Potenzgeraden der Kreise um a' mit Radius α, um b' mit Radius β und um c' mit Radius γ?

6*. Satz von Bodenmiller. Es seien zunächst a, b, c, d, e, f sechs paarweise verschiedene Punkte von $\mathbb{E}$, so dass die Mittelpunkte

$$
\text{(1)} \qquad u := \tfrac{1}{2}(a + c), \quad v := \tfrac{1}{2}(b + d), \quad w := \tfrac{1}{2}(e + f)
$$

kollinear sind. Man bildet die Zahl

$$
\text{(2)} \qquad \varphi_{abcdef} := [v, w] \cdot \langle a, c \rangle + [w, u] \cdot \langle b, d \rangle + [u, v] \cdot \langle e, f \rangle.
$$

Lemma. *Sind u, v, w kollinear, so gilt für alle $x \in \mathbb{E}$:*

(3)
$$[u, v, x] \cdot \varphi_{abcdef} = [u, v] \cdot \varphi_{a-x, b-x, c-x, d-x, e-x, f-x}.$$

Beweis. Man hat zunächst

$$\begin{aligned}
\psi_x := \varphi_{a-x,\ldots,f-x} \ = \ & [v - x, w - x] \cdot (\langle a, c \rangle - 2 \langle x, u - x \rangle - |x|^2) \\
& + [w - x, u - x] \cdot (\langle b, c \rangle - 2 \langle x, v - x \rangle - |x|^2) \\
& + [u - x, v - x] \cdot (\langle e, f \rangle - 2 \langle x, w - x \rangle - |x|^2).
\end{aligned}$$

Da mit u, v, w auch $u - x, v - x, w - x$ kollinear sind, verschwindet hier der Koeffizient von $|x|^2$. Mit der Dreier-Identität II.1.2 ergibt sich dann

$$\psi_x = [v, w, x] \cdot \langle a, c \rangle + [w, u, x] \cdot \langle b, d \rangle + [u, v, x] \cdot \langle e, f \rangle.$$

Daraus folgt

$$\begin{aligned}
& [u, v, x]\psi_0 - [u, v]\psi_x \\
= \ & ([u, v, x][v, w] - [u, v][v, w, x]) \langle a, c \rangle + ([u, v, x][w, u] - [u, v][w, u, x]) \langle b, d \rangle \\
= \ & ([x, u] \cdot [v, w] + [x, v] \cdot [w, u] + [x, w] \cdot [u, v]) \cdot (\langle a, c \rangle - \langle b, d \rangle) = 0,
\end{aligned}$$

wenn man $[u, v] + [v, w] + [w, u] = 0$ und die Dreier-Identität II.1.2 nutzt. □

Nun geht man von einem vollständigen Vierseit a, b, c, d in $\mathbb{E}$ aus (vgl. II.2.5) und bezeichnet die Diagonalpunkte mit p, q, r, also

(4)
$$\begin{aligned}
p &:= (b \vee c) \cap (a \vee d), \\
q &:= (a \vee c) \cap (b \vee d), \\
r &:= (a \vee b) \cap (c \vee d).
\end{aligned}$$

Nach dem Satz von GAUSS II.2.5 liegen die Punkte

(5)
$$\begin{aligned}
u &:= \tfrac{1}{2}(a + c), \\
v &:= \tfrac{1}{2}(b + d), \\
w &:= \tfrac{1}{2}(p + r)
\end{aligned}$$

auf der GAUSS-Geraden. Die Kreise mit den Mittelpunkten u, v bzw. w und den Radien $\tfrac{1}{2}|a - c|$, $\tfrac{1}{2}|b - d|$ bzw. $\tfrac{1}{2}|p - r|$ werden mit K, L bzw. M bezeichnet. Für die Potenz der jeweiligen Kreise gilt nach 3(1)

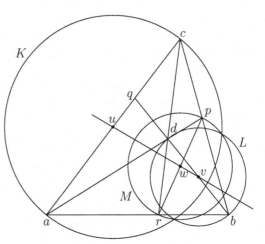

Abb. 66: Satz von BODENMILLER

(6)
$$\begin{aligned}
\kappa_K(x) &:= |x - u|^2 - \tfrac{1}{4}|a - c|^2 \ = \ |x|^2 - 2 \langle u, x \rangle + \langle a, c \rangle, \\
\kappa_L(x) &:= |x - v|^2 - \tfrac{1}{4}|b - d|^2 \ = \ |x|^2 - 2 \langle v, x \rangle + \langle b, d \rangle, \\
\kappa_M(x) &:= |x - w|^2 - \tfrac{1}{4}|p - r|^2 \ = \ |x|^2 - 2 \langle w, x \rangle + \langle p, r \rangle.
\end{aligned}$$

Diese Funktionen sind linear abhängig, genauer gilt die

BODENMILLER-Gleichung: $[v,w] \cdot \kappa_K(x) + [w,u] \cdot \kappa_L(x) + [u,v] \cdot \kappa_M(x) = 0$
für alle $x \in \mathbb{E}$.

Beweis. Nach (5) bedeutet $[u,v,d] = 0$ gerade, dass $b \vee d$ die GAUSS-Gerade durch u,v,w ist. Indem man ggfs. zyklisch vertauscht, darf man ohne Einschränkung $[u,v,d] \neq 0$ annehmen. Wegen $[u,v,w] = 0$ und der Dreier-Identität II.1.2 genügt es, $\psi_{abcd} = 0$ für

$$(7) \qquad \psi_{abcd} := [v,w] \cdot \langle a,c \rangle + [w,u] \cdot \langle b,d \rangle + [u,v] \cdot \langle p,r \rangle$$

nachzuweisen. Wegen $[u,v,d] \neq 0$ darf man dazu nach dem Lemma ohne Einschränkung $d = 0$ annehmen. Es gibt dann $\alpha, \beta \in \mathbb{R}$ mit $p = \alpha a, r = \beta c$. Aufgrund von (4) hat man

$$(*) \; b = (b \vee c) \cap (a \vee b) = (\alpha a \vee c) \cap (a \vee \beta c) = \frac{1}{\alpha\beta - 1}\Big(\alpha(\beta-1)a + \beta(\alpha-1)c\Big)$$

nach der Schnittpunktformel II.1.4(4). Es folgt

$$\begin{aligned} 4\psi_{abc0} &= [b, \alpha a + \beta c] \cdot \langle a,c \rangle + [a+c, b] \cdot \langle \alpha a, \beta c \rangle \\ &= [b, \alpha(1-\beta)a + \beta(1-\alpha)c] \cdot \langle a,c \rangle = 0 \, , \end{aligned}$$

wenn man $(*)$ beachtet. $\square$

Als Konsequenz erhält man den

Satz von Bodenmiller. *In einem vollständigen Vierseit sind die Kreise* K, L *und* M **entweder** *paarweise disjunkt* **oder** *berühren sich alle drei in einem Punkt* **oder** *gehen alle drei durch zwei verschiedene Punkte.*

Beweis. Nach einer Translation darf man ohne Einschränkung annehmen, dass die GAUSS-Gerade durch u,v,w nicht durch 0 geht. Das bedeutet aber gerade $[u,v] \cdot [v,w] \cdot [w,u] \neq 0$. Liegt nun x etwa auf K und L, so gilt $\kappa_K(x) = \kappa_L(x) = 0$. Dann folgt $x \in L$ aus der BODENMILLER-Gleichung. $\square$

7*. Die stereographische Projektion
liefert eine weitere Parametrisierung von
Kreisen.

Dazu sei

$$K = \{x \in \mathbb{E} : x_1^2 + x_2^2 = 1\}$$

der Einheitskreis mit Mittelpunkt 0.

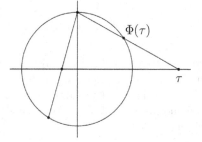

Abb. 67: Stereographische Projektion

Die Verbindungsgerade von $e_2 = \binom{0}{1}$ mit einem beliebigen Punkt $\binom{\tau}{0}$ der Ebene schneidet K in genau einem weiteren Punkt $\Phi(\tau)$.

Satz. *Die Abbildung*

$$\Phi : \mathbb{R} \to K \backslash \{e_2\} \ , \ \tau \mapsto \left(\frac{2\tau}{\tau^2 + 1}, \ \frac{\tau^2 - 1}{\tau^2 + 1} \right)^t,$$

ist bijektiv mit Umkehrabbildung

(∗) $$\Phi^{-1} : K \backslash \{e_2\} \to \mathbb{R}, \ x \mapsto \frac{x_1}{1 - x_2}.$$

Diese Abbildung nennt man *stereographische Projektion*.

Beweis. Wir bezeichnen die Abbildung (∗) mit Ψ. Für $\tau \in \mathbb{R}$ gilt natürlich $(2\tau)^2 + (\tau^2 - 1)^2 = (\tau^2 + 1)^2$, also $\Phi(\tau) \in K \backslash \{e_2\}$. Für $x \in K \backslash \{e_2\}$ gilt $x_2 \neq 1$, also $\Psi(x) = \frac{x_1}{1 - x_2} \in \mathbb{R}$. Folglich sind Φ und Ψ wohldefiniert. Eine Verifikation ergibt

$$(\Psi \circ \Phi)(\tau) = \tau, \quad \tau \in \mathbb{R}, \quad (\Phi \circ \Psi)(x) = x, \quad x \in K \backslash \{e_2\}.$$

Also sind Φ, Ψ bijektiv und invers zueinander. □

Die Rechnungen bleiben gültig, wenn alle Argumente rational sind.

Korollar A. *Es gilt* $\Phi(\mathbb{Q}) = (K \cap \mathbb{Q}^2) \backslash \{e_2\}$.

Für $\tau \in \mathbb{Q}$ hat $\Phi(\tau) \in K \cap \mathbb{Q}^2$ genau die Form III.4.2(3).

Korollar B. *Die rationalen Punkte* $K \cap \mathbb{Q}^2$ *liegen dicht auf dem Einheitskreis.*

Beweis. Sei $x \in K$ und ohne Einschränkung $x \neq e_2$. Dann gilt $\Phi^{-1}(x) = \tau \in \mathbb{R}$. Weil $\mathbb{Q}$ in $\mathbb{R}$ dicht liegt, gibt es eine Folge $(\tau_k)_{k \geq 1}$ in $\mathbb{Q}$, die gegen τ konvergiert. Dann ist $(x_k)_{k \geq 1} = (\Phi(\tau_k))_{k \geq 1}$ eine Folge in $K \cap \mathbb{Q}^2$. Weil Φ als rationale Funktion stetig ist, konvergiert $(x_k)_{k \geq 1}$ gegen $\Phi(\tau) = x$. Also liegt $K \cap \mathbb{Q}^2$ dicht in K. □

Bemerkungen. a) Da die so genannte FERMAT-*Gleichung* $X^n + Y^n = Z^n$ für $n \in \mathbb{N}$, $n \geq 3$ bekanntlich keine Lösungen X, Y, Z in $\mathbb{N}$ besitzt, erhält man für $n \geq 3$ im Gegensatz zu Korollar B

$$\{ x \in \mathbb{Q}^2 : x_1^n + x_2^n = 1 \} = \begin{cases} \{e_1, e_2\}, & \text{falls } n \text{ ungerade,} \\ \{\pm e_1, \pm e_2\}, & \text{falls } n \text{ gerade.} \end{cases}$$

b) Die stereographische Projektion stellt eine Bijektion zwischen $\mathbb{R} \cup \{\infty\}$ und dem Einheitskreis K dar. Fasst man diese Bijektion topologisch auf, wird $\mathbb{R} \cup \{\infty\}$ zu einem kompakten topologischen Raum, der zum Einheitskreis K homöomorph ist. Auf diese Weise entsteht somit die ALEXANDROFF-Kompaktifizierung von $\mathbb{R}$.

Aufgaben. a) Sei K ein Kreis, $c \in K$ und G eine Gerade. Dann existiert eine Bijektion zwischen $K \backslash \{c\}$ und G.
b) Man gebe mit der stereographischen Projektion einen neuen Beweis für Satz III.4.2.

c) Es gilt $\Phi^{-1}(e(\varphi)) = \cot(\frac{\pi}{4} - \frac{\varphi}{2})$ für $-\frac{3\pi}{2} < \varphi < \frac{\pi}{2}$.

d) Für $x \in K \backslash \{\pm e_2\}$ gilt $\Phi(1/\Phi^{-1}(x)) = x^{\perp}$. Für $\tau \in \mathbb{R} \backslash \{0\}$ gilt $\Phi^{-1}(\Phi(\tau)^{\perp}) = 1/\tau$.

e) Sei $\tilde{K} := \{x \in \mathbb{R}^3 : x_1^2 + x_2^2 + x_3^2 = 1\}$ die Einheitskugel im $\mathbb{R}^3$. Zeigen Sie, dass

$$\Psi : \mathbb{E} \to \tilde{K} \backslash \{e_3\}, \quad x \mapsto \frac{1}{|x|^2 - 1}(x_1, x_2, |x|^2 - 1)^t,$$

bijektiv ist mit Umkehrabbildung

$$\Psi^{-1} : \tilde{K} \backslash \{e_3\}, \ (x_1, x_2, x_3)^t \mapsto \frac{1}{1 - x_3}(x_1, x_2)^t.$$

Wie sehen die Bilder von Geraden und Kreisen in $\mathbb{E}$ auf der Einheitskugel aus? Zeigen Sie, dass die rationalen Punkte $\tilde{K} \cap \mathbb{Q}^3$ dicht auf der Einheitskugel liegen.

8*. Inversion am Kreis. Gegeben sei ein Kreis

$$K_{m,\rho} = \{x \in \mathbb{E} : |x - m| = \rho\}, \quad m \in \mathbb{E}, \ \rho \in \mathbb{R}, \ \rho > 0.$$

Die *Inversion* oder *Spiegelung am Kreis* $K_{m,\rho}$ ist die Abbildung

(1) $$\Phi_{m,\rho} : \mathbb{E} \backslash \{m\} \to \mathbb{E} \backslash (m), \ x \mapsto m + \frac{\rho^2}{|x - m|^2}(x - m).$$

Eine Verifikation ergibt

(2) $$\Phi_{m,\rho} \circ \Phi_{m,\rho} = \mathrm{id}_{\mathbb{E} \backslash \{m\}}$$

(3) $$\Phi_{m,\rho} = \tau \circ \Phi_{0,\rho} \circ \tau^{-1}, \quad \tau : \mathbb{E} \to \mathbb{E}, \ x \mapsto x + m.$$

Zur **Konstruktion** von $\Phi_{m,\rho}$ beachte man $\Phi_{m,\rho}(x) = x$ für alle $x \in K_{m,\rho}$. Für alle $x \in \mathbb{E} \backslash \{m\}$ gilt

$$\Phi_{m,\rho}(x) = m + \lambda(x - m) =: x^*, \ \lambda = \frac{\rho^2}{|x - m|^2} = \frac{|x^* - m|}{|x - m|} > 0.$$

Liegt x im Äußeren von $K_{m,\rho}$, so betrachtet man den THALES-Kreis durch m und x. Die Verbindungsgerade der Schnittpunkte beider Kreise schneidet die Gerade $m \vee x$ im Punkt x^*, denn nach dem Kathetensatz III.2.8(iv) gilt

$$\frac{|x^* - m|}{|x - m|} = \frac{|x^* - m| \cdot |x - m|}{|x - m|^2} = \frac{|m - c|^2}{|x - m|^2} = \frac{\rho^2}{|x - m|^2}.$$

Liegt x im Inneren von $K_{m,\rho}$, so errichtet man das Lot auf $m \vee x$ im Punkt x. Die Tangente an $K_{m,\rho}$ in jedem der Schnittpunkte schneidet die Gerade $m \vee x$ im Punkt x^*, wie obige Rechnung wiederum zeigt.

Da der Bildpunkt von x stets auf dem Strahl zwischen m und x liegt, folgt in der Bezeichnung von III.1.5.

Lemma. *Eine Inversion am Kreis $K_{m,\rho}$ erhält die Winkel zwischen Vektoren in Bezug zu m, d.h. für alle $x, y \in \mathbb{E} \backslash \{m\}$ gilt*

$$\Theta_{\Phi_{m,\rho}(x) - m, \Phi_{m,\rho}(y) - m} = \Theta_{x - m, y - m}$$

Aus geometrischer Sicht ist das Abbildungsverhalten von Inversionen interessant.

Satz. *Seien $m \in \mathbb{E}$, $\rho \in \mathbb{R}$, $\rho > 0$.*
a) *Für $a \in \mathbb{E}, \alpha \in \mathbb{R}, \alpha > 0$ mit $m \notin K_{a,\alpha}$ gilt*

$$\Phi_{m,\rho}(K_{a,\alpha}) = K_{b,\beta}, \quad b = m + \frac{\rho^2}{|a - m|^2 - \alpha^2}(a - m), \quad \beta = \frac{\alpha \rho^2}{|\,|a - m|^2 - \alpha^2\,|}.$$

b) *Für $a \in \mathbb{E}$, $\alpha \in \mathbb{R}$, $\alpha > 0$ mit $m \in K_{a,\alpha}$ gilt*

$$\Phi_{m,\rho}(K_{a,\alpha} \backslash \{m\}) = H_{2(a-m),\, \rho^2 - \alpha^2 - |m|^2 + |a|^2}$$

c) *Für $0 \neq c \in \mathbb{E}, \gamma \in \mathbb{R}$ mit $m \notin H_{c,\gamma}$ gilt*

$$\Phi(H_{c,\gamma}) = K_{d,\delta} \backslash \{m\}, \quad d = m + \frac{\rho^2}{2(\gamma - \langle c, m \rangle)}c, \quad \delta = \frac{\rho^2 |c|}{2|\gamma - \langle c, m \rangle|}.$$

d) *Für $u \in \mathbb{E} \backslash \{0\}$ gilt*

$$\Phi_{m,\rho}(G_{m,u} \backslash \{m\}) = G_{m,u} \backslash \{m\}.$$

Beweis. Wegen (2) darf man ohne Einschränkung $m = 0$ annehmen.
a) $K_{a,\alpha}$ wird gegeben durch die Gleichung

$$|x|^2 - 2\langle x, a \rangle + |a|^2 - a^2 = 0.$$

Nun trägt man (2) für $\Phi = \Phi_{0,\varphi}$ ein, multipliziert die Nenner hoch und erhält wegen $|a| \neq \rho$

$$\left| \frac{\rho^2}{|\Phi(x)|^2} \Phi(x) \right|^2 - 2 \left\langle \frac{\rho^2}{|\Phi(x)|^2} \Phi(x), a \right\rangle + |a|^2 - \alpha^2 = 0,$$

$$\rho^4 - 2\langle \Phi(x), \rho^2 a \rangle + (|a|^2 - \alpha^2)|\Phi(x)|^2 = 0,$$

$$|\Phi(x)|^2 - 2 \left\langle \Phi(x), \frac{\rho^2}{|a|^2 - \alpha^2}a \right\rangle + \left| \frac{\rho^2}{|a|^2 - \alpha^2}a \right|^2 - \beta^2 = 0,$$

also a).
b) In diesem Fall gilt $|a| = |\alpha|$. Wie in a) ergibt sich b) aus

$$\rho^2 - 2\langle \Phi(x),\, a \rangle = 0.$$

c) Man erhält nacheinander

$$\left\langle c, \frac{\rho^2}{|\Phi(x)|^2} \Phi(x) \right\rangle - \gamma = 0,$$

$$\langle \rho^2 c,\, \Phi(x) \rangle - \gamma \cdot |\Phi(x)|^2 = 0,$$

$$|\Phi(x)|^2 - 2\langle d,\, \Phi(x) \rangle + |d|^2 - \delta^2 = 0,$$

also c).

d) Für $x = \lambda u$, $0 \neq \lambda \in \mathbb{R}$ gilt

$$\Phi(x) = \frac{1}{\lambda} \frac{\rho^2}{|u|^2} u,$$

also c).   □

Wegen (2) folgt das

Korollar. *Durch die Inversion am Kreis $K_{m,\rho}$ wird die Menge*
a) *der Kreise in $\mathbb{E}$, die nicht durch m gehen, bijektiv auf sich abgebildet,*
b) *der Kreise in $\mathbb{E}$, die durch m gehen, ohne m bijektiv auf die Menge der Geraden in $\mathbb{E}$, die nicht durch m gehen, abgebildet,*
c) *der Geraden in $\mathbb{E}$, die durch m gehen, ohne m bijektiv auf sich abgebildet.*

Bemerkung. Um die Ausnahmerolle des Punktes m zu vermeiden, führt man meist einen zusätzlichen Punkt "∞" ein und setzt die Inversion durch

$$\Phi_{m,\rho}(m) = \infty, \quad \Phi_{m,\rho}(\infty) = m$$

fort. Diesen Punkt ∞ nimmt man zu jeder Geraden hinzu und bezeichnet die Menge aller Kreise und Geraden in $\mathbb{E} \cup \{\infty\}$ als *verallgemeinerte Kreise*. Dann besagt der Satz, dass jede Inversion die Menge der verallgemeinerten Kreise bijektiv auf sich abbildet. Durch drei paarweise verschiedene Punkte in $\mathbb{E} \cup \{\infty\}$ geht genau ein verallgemeinerter Kreis.

Aufgaben. a) Der Kreis K' entstehe aus dem Kreis K durch Inversion an $K_{m,\rho}$. Wenn K und K' sich schneiden, so liegen die Schnittpunkte auf $K_{m,\rho}$.
b) Beschreiben Sie die Bilder der Tangenten an $K_{m,\rho}$ unter der Inversion an $K_{m,\rho}$.
c) Beschreiben Sie die Bilder aller Kreise, die $K_{m,\rho}$ von außen berühren, unter der Inversion an $K_{m,\rho}$.
d) Seien $K = K_{m,\rho}$ und K' verschiedene Kreise mit $m \notin K'$. Bei Inversionen an K geht K' genau dann in sich über, wenn K und K' sich orthogonal schneiden (vgl. Aufgabe 1.3c).

§ 2 Der Umkreis eines Dreiecks

Es sei a, b, c stets ein beliebiges Dreieck in $\mathbb{E}$.

1. Existenzsatz. *Es gibt genau einen Kreis, den so genannten Umkreis $K = K_{abc}$, durch die Punkte a, b, c. Dieser Kreis ist durch die Gleichung*

$$(1) \qquad [a, b, c] \cdot |x|^2 = [x, b, c] \cdot |a|^2 + [a, x, c] \cdot |b|^2 + [a, b, x] \cdot |c|^2$$

gegeben. Sein Mittelpunkt ist der Schnittpunkt

(2) $m = m_{abc} := \dfrac{1}{2[a,b,c]}((|b|^2 - |c|^2)a^\perp + (|c|^2 - |a|^2)b^\perp + (|a|^2 - |b|^2)c^\perp)$

der Mittelsenkrechten und sein Radius ist

(3) $\rho = \rho_{abc} := \dfrac{|a-b| \cdot |b-c| \cdot |c-a|}{2|[a,b,c]|}.$

Man nennt m natürlich den *Umkreismittelpunkt* und ρ den *Umkreisradius* des Dreiecks a, b, c.

Beweis. Da sich zwei verschiedene Kreise in höchstens zwei Punkten schneiden, ist die Eindeutigkeit klar. Die *Existenz* von K kann auf verschiedene Weisen bewiesen werden:

1. Existenzvariante: Man betrachte die Menge K der $x \in \mathbb{E}$, die der Gleichung (1) genügen. Nach dem Drei-Punkte-Kriterium II.1.6 gehören a, b und c zu K. Da sich die rechte Seite von (1) nach Division durch $[a, b, c]$ wegen II.1.6(1) in der Form $2\langle x, m \rangle + \alpha$ mit $m \in \mathbb{E}$ und $\alpha \in \mathbb{R}$ schreiben lässt und da K nicht leer ist, hat (1) die Form 1.1(1) und ist daher die Gleichung eines Kreises. $\square$

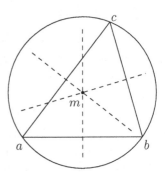

Abb. 68: Der Umkreis

2. Existenzvariante: Es gibt genau dann einen Kreis durch a, b, c, wenn es ein $m \in \mathbb{E}$ und ein $\rho > 0$ gibt mit $|a - m| = |b - m| = |c - m| = \rho$. Ist dies der Fall, dann liegt m nach Proposition 1.1 auf den Mittelsenkrechten

(∗) $M_{a,b} := \{x \in \mathbb{E} : \langle x - \frac{1}{2}(a+b), a - b \rangle = 0\},$

$M_{b,c}$ und $M_{c,a}$. Die drei Mittelsenkrechten schneiden sich nach Satz III.2.4 aber im Punkt (2).

Nach dieser Herleitung gilt also $\sigma_{abc} := |a - m| = |b - m| = |c - m|$. Dies ist der Radius des Kreises durch a, b, c. Da sich weder σ_{abc} noch ρ_{abc} nach (3) bei einer Translation ändern, darf man zum Nachweis von $\sigma_{abc} = \rho_{abc}$ ohne Einschränkung $c = 0$ annehmen. Man hat dann nach (2) wegen III.1.2(2)

$$\sigma_{ab0}^2 = |m_{ab0}|^2 = \frac{1}{4[a,b]^2}\Big||b|^2 a - |a|^2 b\Big|^2 = \left(\frac{|a| \cdot |b| \cdot |a-b|}{2|[a,b]|}\right)^2 = \rho_{ab0}^2. \square$$

Vergleicht man (3) mit der Dreiecksfläche III.2.5(5), so erhält man mit den Standardbezeichnungen für die Winkel des Dreiecks das

Korollar. $\rho = \dfrac{|a-b|}{2\sin\gamma} = \dfrac{|b-c|}{2\sin\alpha} = \dfrac{|c-a|}{2\sin\beta}.$

Bemerkung. Sei f eine Bewegung von $\mathbb{E}$. Dann gilt für den Umkreis

$$m_{f(a)f(b)f(c)} = f(m_{abc}) \quad \text{und} \quad \rho_{f(a)f(b)f(c)} = \rho_{abc}.$$

Dies kann man an (2) und (3) rechnerisch nachvollziehen. Für $0 \neq \alpha \in \mathbb{R}$ gilt darüber hinaus

$$m_{\alpha a, \alpha b, \alpha c} = \alpha \cdot m_{abc}, \quad \rho_{\alpha a, \alpha b, \alpha c} = |\alpha| \cdot \rho_{abc}.$$

Aufgaben. a) Sei a, b, c ein Dreieck und a', b', c' das zugehörige Mittendreieck.
(i) Es gilt $\rho_{a'b'c'} = \frac{1}{2}\rho_{abc}$.
(ii) $m_{abc} = m_{a'b'c'}$ gilt genau dann, wenn das Dreieck a, b, c gleichseitig ist.
b) Man bestimme den Umkreisradius eines gleichseitigen Dreiecks.
c) Ist σ der Umfang des Dreiecks, so gilt $\sigma = 8\rho \cos \frac{\alpha}{2} \cos \frac{\beta}{2} \cos \frac{\gamma}{2}$.
d) Bei gegebenem Umkreisradius beschreibe man die Dreiecke mit dem größten Umfang bzw. dem größten Flächeninhalt.
e) Der Höhenschnittpunkt des Dreiecks liegt genau dann auf dem Umkreis, wenn das Dreieck rechtwinklig ist.

2. Peripheriewinkel. Auf einem Kreis $K = \{x \in \mathbb{E} : |x - m| = \rho\}$ wählt man zwei verschiedene Punkte a, b. Man kann sie auf zwei prinzipiell verschiedene Weisen, nämlich durch c und c' auf verschiedene Seiten von $a \vee b$, zu einem Dreieck mit Umkreis K ergänzen. Nach Korollar 1 gilt für die beiden so genannten *Peripheriewinkel* oder *Umfangswinkel* γ bzw. γ'

$$(1) \qquad \sin \gamma = \frac{|a - b|}{2\rho} = \sin \gamma'.$$

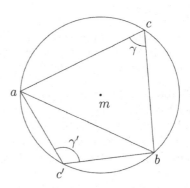

Da die Abbildung

$$K \setminus \{a, b\} \to \mathbb{R}, \, x \mapsto \Theta_{a-x, b-x},$$

stetig ist, bleibt γ konstant, solange c auf einer Seite von $a \vee b$ gewählt wird.

Satz. *Wird in einem Kreis eine Sehne gezogen, so ist der Peripheriewinkel auf jeder Seite der Sehne konstant und die Summe der beiden Peripheriewinkel ist π.*

Abb. 69: Peripheriewinkel

Beweis. Beim zweiten Teil darf man c und c' als Schnittpunkte der Mittelsenkrechten $M_{a,b}$ mit K wählen. Nach dem Satz von THALES 1.1 gilt

$$\Theta_{c-a, c'-a} = \Theta_{c-b, c'-b} = \frac{\pi}{2}.$$

Aus dem Winkelsummensatz III.1.5 folgt nun $\gamma + \gamma' = \pi$. $\qquad \square$

Zur Sehne durch $a, b, a \neq b$, wird der *Zentrumswinkel* oder *Mittelpunktswinkel* ω definiert durch $\omega = \Theta_{a-m, b-m}$.

Proposition. *Der Zentrumswinkel ω über einer Sehne ist genau das Doppelte des kleineren der beiden Peripheriewinkel.*

Beweis. Man wählt c als zweiten Schnittpunkt von $a \vee m$ mit K. Die Dreiecke a, b, m und b, m, c sind dann gleichschenklig. Der Winkelsummensatz III.1.5 impliziert nun $\omega = 2\gamma$. Es gilt $\omega \leq \pi$. Aus dem Satz folgt $\gamma + \gamma' = \pi$. Also hat man $\gamma \leq \gamma'$.   □

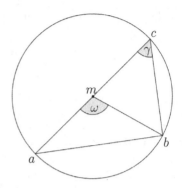

Abb. 70: Mittelpunktswinkel

Wir gehen nun für $a, b \in K$, $a \neq b$, von der Sehne $a \vee b$ und der Tangente T_a an K durch a aus. Sei $\omega := \sphericalangle (a \vee b, T_a)$ der so genannte *Sehnen-Tangenten-Winkel.* Bezeichnet α den Winkel zwischen der Sehne $a \vee b$ und dem Lot $m \vee a$ von m auf T_a, so gilt

$$\alpha + \omega = \frac{\pi}{2}.$$

Der Mittelpunktswinkel ist nach dem Winkelsummensatz dann $\pi - 2\alpha = 2\omega$. Aus der Proposition folgt damit das

Korollar. *Der Sehnen-Tangenten-Winkel stimmt mit dem kleineren der beiden Peripherienwinkel über der Sehne überein.*

Bemerkung. Aus dem Beweis geht hervor, dass der kleinere der beiden Peripheriewinkel auf dem Bogen des Kreises liegt, der auf derselben Seite der Sehne wie der Mittelpunkt des Kreises liegt.

Aufgaben. a) Ein Schiff kann drei Leuchttürme an der Küste anpeilen. Die Leuchttürme L und M unter dem Winkel γ, die Leuchttürme M und N unter dem Winkel δ. Man konstruiere den Ort des Schiffes.
b) Gegeben seien drei parallele Geraden F, G, H, die nicht alle gleich sind. Dann gibt es ein gleichseitiges Dreieck mit Eckpunkten auf F, G und H.

3. EULER-Gerade. Es bezeichne $s = \frac{1}{3}(a + b + c)$ den Schwerpunkt, h den Höhenschnittpunkt (vgl. III.2.5(6)) und m den Umkreismittelpunkt des Dreiecks a, b, c. Es gilt dann die

EULER-Gleichung: $3s = h + 2m$.

Beweis. Man bemerkt zunächst, dass sich s, h und m bei einer Translation $x \mapsto x + q$ jeweils um q vermehren. Da sich aber beide Seiten der Behauptung bei einer solchen Translation um $3q$ vermehren, ist die Gültigkeit der EULER-Gleichung invariant gegenüber Translationen. Man darf zum Beispiel ohne Einschränkung $m = 0$, also $|a| = |b| = |c|$ annehmen. Die Höhe durch c hat nun die Geradengleichung $\langle x - c, a - b \rangle = 0$. Für $q :=$

$a + b + c = 3s$ gilt dann offenbar

$$\langle q - c, a - b \rangle = \langle a + b, a - b \rangle = |a|^2 - |b|^2 = 0.$$

Damit liegt $q = 3s$ auf der Höhe durch c. Durch zyklische Vertauschung liegt dann q auch auf den Höhen durch a und b. Es folgt $h = q = 3s$. □

Korollar. *Es sind äquivalent:*
(i) *Zwei der Punkte h, s, m sind gleich.*
(ii) *Alle drei Punkte h, s, m sind gleich.*
(iii) *Das Dreieck a, b, c ist gleichseitig.*

Beweis. (i) $\Longrightarrow$ (ii): Man verwende die EULER-Gleichung.
(ii) $\Longrightarrow$ (iii): Man darf wieder ohne Einschränkung $m = 0 = s$, also $|a| = |b| = |c|$ und $a + b + c = 0$ annehmen. Dann bildet man das Skalarprodukt mit a und b, also

$$|a|^2 + \langle a, b \rangle + \langle a, c \rangle = 0 \ , \ \langle b, a \rangle + |b|^2 + \langle b, c \rangle = 0$$

und subtrahiert. Es folgt $\langle a, c \rangle = \langle b, c \rangle$ und analog $\langle a, c \rangle = \langle a, b \rangle$. Damit folgert man $|a - b| = |b - c| = |c - a|$.
(iii) $\Longrightarrow$ (i): Sei ohne Einschränkung $m = 0$, also $|a| = |b| = |c|$. Aus der Gleichseitigkeit folgt nun wieder $\langle a, b \rangle = \langle a, c \rangle = \langle b, c \rangle$. Dann liefert III.2.5(6) schon $h = 0$. □

Zusammen erhält man den

Satz von EULER. *In einem nicht-gleichseitigen Dreieck liegen Höhenschnittpunkt, Schwerpunkt und Umkreismittelpunkt auf einer Geraden, der so genannten EULER-Geraden.*

Beweis. Nach der EULER-Gleichung gilt $h = 3s - 2m \in G_{s,m-s}$. □

Bemerkungen. a) Dieser Satz wurde 1763 von Leonhard EULER (1707–1783) u.a. in einer Arbeit mit dem Titel *Solutio facilis problematum quorundam geometricorum difficillimorum* (*Opera Omnia*, S.I, **26**, 139–157) publiziert. Er bringt wohl die erste nicht-triviale Aussage über Dreiecke, die den Griechen nicht bekannt war.
b) Die EULER-Gerade hat offensichtlich die Richtung $m - h$. Vergleicht man dies mit 1(2) und III.2.5(6), so sieht man, dass die Richtung der EULER-Geraden orthogonal ist zu

$$(1) \quad (|b - a|^2 - |c - a|^2)a + (|c - b|^2 - |a - b|^2)b + (|a - c|^2 - |b - c|^2)c.$$

Aufgaben. Sei a, b, c ein nicht-gleichseitiges Dreieck.
a) Die EULER-Gerade eines Dreiecks ist genau dann orthogonal zu einer Seite, wenn das Dreieck gleichschenklig ist.
b) Die EULER-Gerade eines Dreiecks geht genau dann durch einen Eckpunkt, wenn das Dreieck rechtwinklig oder gleichschenklig ist.
c) Man diskutiere den Fall, dass die EULER-Gerade parallel zu einer Seite ist.

d) Man diskutiere den Fall, dass die EULER-Gerade mit einer Höhe oder mit einer Mittelsenkrechten oder mit einer Seitenhalbierenden oder mit einer Winkelhalbierenden des Dreiecks übereinstimmt.

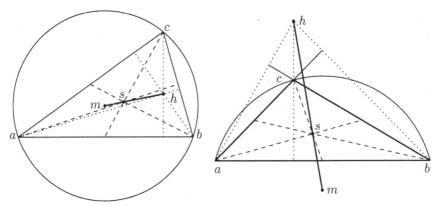

Abb. 71: Die EULER-Gerade

4. FEUERBACH-Kreis. Im Jahre 1822 bemerkte K.W. FEUERBACH (1800–1834), dass es mit dem Kreis durch die Mitten der Seiten eines Dreiecks eine besondere Bewandtnis hat: In einem Dreieck a, b, c in $\mathbb{E}$ sind die Seitenmitten durch $\frac{1}{2}(a+b)$, $\frac{1}{2}(b+c)$ und $\frac{1}{2}(c+a)$ gegeben. Den Kreis durch diese Seitenmitten nennt man den FEUERBACH-*Kreis* des Dreiecks a, b, c. Bezeichnet f den Mittelpunkt des FEUERBACH-Kreises, so gilt die

FEUERBACH-Gleichung: $3s = m + 2f$.

Beweis. Man bemerkt, dass sich bei einer Translation $x \mapsto x+q$ beide Seiten um $3q$ vermehren. Die Gültigkeit der FEUERBACH-Gleichung ist daher gegenüber Translationen invariant. Ohne Einschränkung darf man daher zum Beweis $s = 0$ annehmen. Die Seitenmitten sind dann durch $-\frac{1}{2}c$, $-\frac{1}{2}a$ und $-\frac{1}{2}b$ gegeben. Da der Mittelpunkt eines Kreises durch drei Punkte nach 1(2) homogen vom Grad 1 von diesen Punkten abhängt, folgt $f = -\frac{1}{2}m$. □

Ein Vergleich mit Korollar 3 ergibt das

Korollar A. *Es sind äquivalent:*
(i)   *Zwei der Punkte s, m, f sind gleich.*
(ii) *Alle drei Punkte s, m, f sind gleich.*
(iii) *Das Dreieck a, b, c ist gleichseitig.*

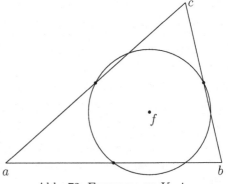

Abb. 72: FEUERBACH-Kreis

Zur Vereinfachung wird nun vorausgesetzt, dass das Dreieck a, b, c *nicht* gleichseitig ist.

Eliminiert man s aus FEUERBACH- und EULER-Gleichung, so folgt

(1) $$f = \tfrac{1}{2}(m + h)$$

und man erhält das

Lemma A. *Der Mittelpunkt f des* FEUERBACH-*Kreises des Dreiecks a, b, c liegt auf der* EULER-*Geraden in der Mitte zwischen Umkreismittelpunkt m und Höhenschnittpunkt h.*

Korollar B. *Die Abstände der Punkte h, f, s, m verhalten sich wie $3 : 1 : 2$.*

Beweis. Eliminiert man m aus FEUERBACH- und EULER-Gleichung und schreibt man die FEUERBACH-Gleichung um, so folgt

$$f - h = 3(s - f) \quad \text{und} \quad m - s = 2(s - f).$$

Der Übergang zum Betrag liefert die Behauptung.   □

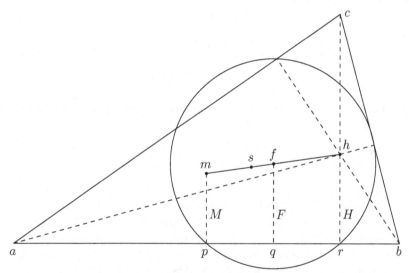

Abb. 73: Der Neun-Punkte-Kreis

Schreibt man die FEUERBACH-Gleichung in der Form

(2) $$m - a = 2(\tfrac{1}{2}(b + c) - f),$$

so folgt das

Lemma B. *Der Radius ρ_f des* FEUERBÁCH-*Kreises ist gleich der Hälfte des Umkreisradius ρ.*

Eliminiert man m aus der FEUERBACH- und der EULER-Gleichung, so erhält man $4f = 3s + h$. Da man dies als

$$(3) \qquad\qquad f - \tfrac{1}{2}(a + b) = \tfrac{1}{2}(h + c) - f$$

schreiben kann, ergibt sich das

Lemma C. *Die Mitten der Höhenabschnitte zwischen Höhenschnittpunkt und zugehörigem Eckpunkt liegen auf dem* FEUERBACH-*Kreis.*

Lemma D. *Die Fußpunkte der drei Höhen liegen auf dem* FEUERBACH-*Kreis.*

Beweis. Man ziehe durch f und m je eine Parallele F bzw. M zur Höhe H (siehe Abb. 66). Der Schnittpunkt p ist die Mitte der Seite. Nach Lemma A und dem Strahlensatz III.2.1 sind die Abstände von p nach q und von q nach r gleich. Wendet man den Satz des PYTHAGORAS III.1.4 auf die Dreiecke p, q, f und r, q, f an, so folgt $|f - p| = |f - r|$. Mit p liegt dann auch r auf dem FEUERBACH-Kreis. $\qquad\square$

Zusammengefasst erhält man den

Satz von FEUERBACH. *In einem Dreieck liegen*

> *die Seitenmitten,*
> *die Mitten der Höhenabschnitte und*
> *die Fußpunkte der Höhen*

auf einem Kreis.

Korollar C. *Die Dreiecke a, b, c und a, b, h haben den gleichen* FEUERBACH-*Kreis.*

Beweis. Beide Kreise haben den Punkt $\tfrac{1}{2}(a + b)$ und die Mitten der beiden Verbindungsgeraden von h nach a und nach b gemeinsam. $\qquad\square$

Bemerkungen. a) Karl Wilhelm FEUERBACH wurde 1800 in Jena als Sohn des Juristen Anselm von FEUERBACH geboren, er studierte in Erlangen, war 1823 Gymnasialprofessor in Erlangen, verkehrte in burschenschaftlichen Kreisen, wurde 1824 verhaftet und blieb 14 Monate gefangen, war anschließend wieder Gymnasialprofessor und starb 1834 in Erlangen. Sein jüngerer Bruder Ludwig war ein bekannter Philosoph. Der Maler Anselm FEUERBACH war sein Neffe.

b) Unabhängig von FEUERBACH haben bereits 1821 die französischen Mathematiker C.J. BRIANCHON (1785–1864) und J.V. PONCELET (1788–1867) diesen Satz bewiesen. Allerdings tauchen die Höhenfußpunkte in FEUERBACHs Arbeit nicht auf. Aber FEUERBACH entdeckte außerdem, dass der nach ihm benannte Kreis den Inkreis und die drei Ankreise des Dreiecks berührt (vgl. §4).

c) Statt vom FEUERBACH-Kreis spricht man (vor allem in der englischsprachigen Literatur) auch vom *Neun-Punkte-Kreis.*

Aufgaben. a) In einem nicht-gleichseitigen Dreieck sind die Punkte h, s, f, m harmonisch (vgl. Aufgabe III.2.1b)).
b) Sei a, b, c ein Dreieck mit $m = 0$. Dann gilt $h = a+b+c$ und $f = \frac{1}{2}(a+b+c)$.
c) Ein Dreick a, b, c mit $h = f$ ist gleichseitig.
d) Der FEUERBACH-Kreis berührt genau dann eine Dreieckseite, wenn das Dreieck gleichschenklig ist.
e) Der FEUERBACH-Kreis geht genau dann durch einen Eckpunkt, wenn das Dreieck rechtwinklig ist.
f) Der Umkreismittelpunkt oder der Höhenschnittpunkt liegt genau dann auf dem FEUERBACH-Kreis, wenn das Dreieck rechtwinklig ist.
g) Der Schwerpunkt liegt nicht auf dem FEUERBACH-Kreis.

Literatur: M. CANTOR, *Karl Wilhelm Feuerbach*, Sitzungsber. Heidelb. Akad. Wiss., Heidelberg 1910.
R. FRITSCH, *Zum Feuerbachschen Kreis* (1975).
J. LANGE, *Geschichte des Feuerbachschen Kreises*, Wiss. Beilage, Friedrichs-Werdersche Ober-Realschule, Berlin 1894.

5*. Mittendreieck. Man ordnet einem Dreieck $\triangle$ mit den Ecken a, b, c das *Mittendreieck* $\triangle'$ mit den Ecken $a' := \frac{1}{2}(b+c)$, $b' := \frac{1}{2}(c+a)$, $c' := \frac{1}{2}(a+b)$ zu. Die $\triangle$ entsprechenden Größen in $\triangle'$ werden mit einem Strich bezeichnet. Offenbar stimmt der Schwerpunkt $s' = \frac{1}{3}(a' + b' + c')$ von $\triangle'$ mit dem Schwerpunkt s von $\triangle$ überein. Nach der Definition des FEUERBACH-Kreises in 4 gilt $m' = f$. Damit stimmen für ein nicht-gleichseitiges Dreieck die EULER-Geraden von $\triangle$ und $\triangle'$ überein. Ein Blick auf die Figur zeigt $h' = m$, denn die Mittelsenkrechten von $\triangle$ sind die Höhen von $\triangle'$.

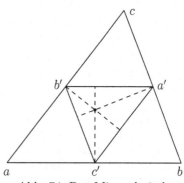

Abb. 74: Das Mittendreieck

EULER- und FEUERBACH-Gleichung sind Spezialfälle des folgenden allgemeinen geometrischen Sachverhaltes:

Sei $p = p_{a,b,c}$ eine Abbildung, die jedem Dreieck a, b, c einen Punkt $p \in \mathbb{E}$ zuordnet, mit folgenden Eigenschaften

$$
\begin{aligned}
(1) && p_{\alpha a, \alpha b, \alpha c} &= \alpha \cdot p_{abc} && \text{für alle} && \alpha \in \mathbb{R}, \\
(2) && p_{a+x, b+x, c+x} &= p_{abc} + x && \text{für alle} && x \in \mathbb{E}, \\
(3) && p_{abc} &= p_{bca}, \\
(4) && p'_{abc} &= p_{a'b'c'}.
\end{aligned}
$$

Analog zum Beweis in 4 erhält man den

Satz. $3s = p + 2p'$.

Die in 4 besprochene Situation erhält man für den Fall $p_{abc} := m_{abc}$, während man die EULER-Gleichung 3 im Falle $p_{abc} := h_{abc}$ zurückgewinnt. Man erhält somit die FEUERBACH-Gleichung 4, indem man die EULER-Gleichung 3 auf das Mittendreieck anwendet.

Aufgaben. a) Jede einzelne der Bedingungen $m' = m$, $h' = h$ bzw. $f' = f$ impliziert, dass das Dreieck gleichseitig ist.
b) Sei $\Delta_1 = \Delta$ das Ausgangsdreieck und Δ_{n+1} das Mittendreieck von Δ_n.
(i) Die Seitenhalbierenden von Δ_n und Δ stimmen überein.
(ii) Geben Sie eine Formel für den Umfang und den Flächeninhalt von Δ_n an.
(iii) Sei x_n ein Eckpunkt von Δ_n. Konvergiert die Folge $(x_n)_{n\geq1}$?
c) Sei

$$F_1 = \{\alpha a + \beta b + \gamma c : \alpha, \beta, \gamma \in [0, 1], \ \alpha + \beta + \gamma = 1\}$$

die Fläche des Ausgangsdreiecks und F_{n+1} die Fläche des Mittendreiecks von F_n. Zeigen Sie

$$\bigcap_{n=1}^{\infty} F_n = \{\tfrac{1}{3}(a + b + c)\}.$$

6*. Höhenfußpunkt-Dreieck.
In einem nicht-rechtwinkligen Dreieck $\triangle$ mit den Eckpunkten a, b, c zeichne man die Höhen, den Höhenschnittpunkt h und das Dreieck $\overline{\triangle}$ mit den Höhenfußpunkten $\overline{a}, \overline{b}, \overline{c}$ als Ecken. Darüber hinaus werden die Schnittpunkte der Höhen mit dem Umkreis von $\triangle$ mit a', b', c' bezeichnet.

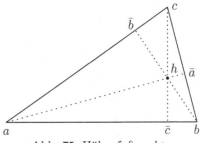

Abb. 75: Höhenfußpunkte

Proposition A. *In einem Dreieck liegen der Höhenschnittpunkt, zwei Höhenfußpunkte und der dazwischen liegende Eckepunkt auf einem Kreis.*

Beweis. $\overline{a}$ und $\overline{c}$ liegen nach 1.1 auf dem THALES-Kreis durch h und b.   □

Proposition B. *Je zwei Eckpunkte eines Dreiecks und die nicht auf der Verbindungsgerade dieser Eckpunkte liegenden Höhenfußpunkte liegen auf einem Kreis.*

Beweis. $\overline{a}$ und $\overline{b}$ liegen nach 1.1 auf dem THALES-Kreis durch a und b.   □

Lemma A. *Die Schnittpunkte der Höhen mit dem Umkreis stimmen mit den Spiegelpunkten von h an den Seiten überein, d.h.*

$$|h - \overline{c}| = |c' - \overline{c}|, \quad |h - \overline{b}| = |b' - \overline{b}|, \quad |h - \overline{a}| = |a' - \overline{a}|.$$

Beweis. Die beiden mit ϕ bezeichneten Winkel sind als Peripheriewinkel über der Sehne $a \vee c'$ gleich und zwar gleich $\frac{\pi}{2} - \alpha$, weil das Dreieck $a, \overline{c}, c$ rechtwinklig ist. Der Winkel ψ im rechtwinkligen Dreieck $a, b, \overline{b}$ ist ebenfalls gleich $\frac{\pi}{2} - \alpha$. Also folgt $|h - \overline{c}| = |c' - \overline{c}|$ aus dem Sinus-Satz III.3.1 angewendet auf die rechtwinkligen Dreiecke $b, \overline{c}, c'$ und $b, \overline{c}, h$. □

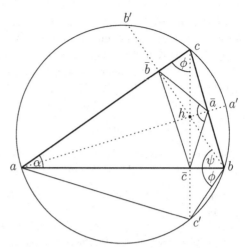

Abb. 76: Das Höhenfußpunkt-Dreieck

Einen Zusammenhang zwischen Höhen und Winkelhalbierenden beschreibt das

Lemma B. *Die Höhen (bzw. Seiten) des Dreiecks a, b, c sind die inneren (bzw. äußeren) Winkelhalbierenden des Dreiecks $\overline{a}, \overline{b}, \overline{c}$.*

Beweis. Nach der Proposition A liegen die Punkte $\overline{a}, c, \overline{b}, h$ auf einem Kreis. Als Peripheriewinkel sind daher $\phi' = \Theta_{h-\overline{a}, \overline{b}-\overline{a}}$ und ϕ nach Satz 2 gleich. Analog folgt $\psi = \Theta_{h-\overline{a}, \overline{c}-\overline{a}}$. Nach Lemma A war aber $\phi = \psi$. Also ist die Höhe durch a die innere Winkelhalbierende durch $\overline{a}$ des Dreiecks $\overline{a}, \overline{b}, \overline{c}$. Da innere und äußere Winkelhalbierende orthogonal sind, folgt die Behauptung. □

Lemma C. *Der Umkreisradius ρ_{abc} des Dreiecks a, b, c ist gleich dem Umkreisradius ρ_{abh} des Dreiecks a, b, h.*

Beweis. Nach Korollar 1 gilt

$$\rho_{abc} = \frac{|a - b|}{2 \sin \gamma} \quad \text{und} \quad \rho_{abh} = \frac{|a - b|}{2 \sin \delta}$$

mit $\gamma = \Theta_{a-c, b-c}$ und $\delta = \Theta_{a-h, b-h}$. Nach Lemma A und Satz 2 gilt aber $\delta = \Theta_{a-c', b-c'} = \pi - \gamma$ und folglich $\sin \delta = \sin \gamma$. □

Lemma D. *Die Schnittpunkte entsprechender Seiten in den Dreiecken a, b, c und $\overline{a}, \overline{b}, \overline{c}$ liegen auf der Potenzgeraden von Umkreis und* FEUERBACH-*Kreis des Dreiecks a, b, c.*

Beweis. Nach Proposition B liegen $a, b, \overline{a}, \overline{b}$ auf einem Kreis. Nach dem Zwei-Sehnen-Satz 1.3 gilt

$$(*) \qquad |\hat{c} - \overline{a}| \cdot |\hat{c} - \overline{b}| = |\hat{c} - a| \cdot |\hat{c} - b| \quad \text{mit} \quad \hat{c} := (a \vee b) \cap (\overline{a} \vee \overline{b}).$$

Es sei K der Umkreis und L der FEUERBACH-Kreis des Dreiecks a, b, c. Wie in 1.3(1) definiert man die Potenz κ_K in Bezug auf K bzw. κ_L in Bezug auf L und die Potenzgerade $P_{K,L} = \{x \in \mathbb{E} : \kappa_K(x) = \kappa_L(x)\}$. Wendet man nun den

Zwei-Sehnen-Satz 1.3 auf K an, so folgt $\kappa_K(\hat{c}) = |\hat{c} - a| \cdot |\hat{c} - b|$, denn $\kappa_K(\hat{c})$ ist positiv, weil $\hat{c}$ im Äußeren von K liegt. Wendet man dagegen den Zwei-Sehnen-Satz 1.3 auf den FEUERBACH-Kreis L an, so folgt $\kappa_L(\hat{c}) = |\hat{c} - \overline{a}| \cdot |\hat{c} - \overline{b}|$, denn $\overline{a}$ und $\overline{b}$ liegen nach dem Satz von FEUERBACH in 4 auf L und $\hat{c}$ liegt im Äußeren von L. Ein Vergleich mit $(*)$ ergibt $\kappa_K(\hat{c}) = \kappa_L(\hat{c})$, d.h. $\hat{c} \in P_{K,L}$. Aus Symmetriegründen liegen auch $\hat{a}$ und $\hat{b}$ auf $P_{K,L}$. $\square$

Ohne Beweis erwähnen wir den

Satz von SCHWARZ. *Unter allen einem spitzwinkligen Dreieck einbeschriebenen Dreiecken hat das Höhenfußpunkt-Dreieck den kleinsten Umfang.*

Literatur: H.S.M. COXETER und S.L. GREITZER, *Zeitlose Geometrie* (1983), 92–93.
H. DÖRRIE, *Mathematische Miniaturen* (1943), Nr. 14, 74.
S. HILDEBRANDT und A. TROMBA, *Panoptimum*, Heidelberg 1986, S. 58 f.

Aufgabe. Wie kann man aus den gegebenen paarweise verschiedenen Höhenfußpunkten das ursprüngliche Dreieck konstruieren?

7*. WALLACE-Gerade. Es sei p ein beliebiger Punkt von $\mathbb{E}$. Nach Proposition III.2.3 ist der Fußpunkt $q_{ab}(p)$ des Lotes von p auf die Verbindungsgerade von a und b gegeben durch

$$(1) \qquad q_{ab}(p) := \frac{1}{|a - b|^2}(\langle a - b, p - b \rangle\, a - \langle a - b, p - a \rangle\, b).$$

Wie in 1.3(1) bezeichne

$$(2) \qquad \kappa(x) := |x - m|^2 - \rho^2$$

die Potenz von $x \in \mathbb{E}$ in Bezug auf den Umkreis des Dreiecks a, b, c.
Wie in der Analysis schreibt man $O(1)$ für Terme, die nicht von p abhängen. Dann hat (1) die Form

$$(3) \qquad q_{ab}(p) = \frac{\langle a - b, p \rangle}{|a - b|^2}(a - b) + O(1).$$

WALLACE-Gleichung: $4\rho^2[q_{ab}(p), q_{bc}(p), q_{ca}(p)] = -[a, b, c] \cdot \kappa(p)$.

Beweis. Bezeichnet man Terme, die höchstens linear von p abhängen mit $O(p)$, dann soll

$$(*) \qquad L(p) := 4\rho^2[q_{ab}(p), q_{bc}(p), q_{ca}(p)] = -[a, b, c] \cdot |p|^2 + O(p)$$

gezeigt werden. Da diese Behauptung translationsinvariant ist, darf man $c = 0$ zum Nachweis von $(*)$ annehmen. Mit (3) folgt dann

$$L(p) = 4\rho^2 \left[\frac{\langle a - b, p \rangle}{|a - b|^2}(a - b) \, , \, \frac{\langle b, p \rangle}{|b|^2}b \, , \, \frac{\langle a, p \rangle}{|a|^2}a \right] + O(p).$$

Wegen 1(3) erhält man

$$
\begin{aligned}
[a,b]L(p) \ =\ & |a|^2 \cdot \langle a-b,p\rangle \cdot \langle b,p\rangle - |a-b|^2 \cdot \langle a,p\rangle \cdot \langle b,p\rangle \\
& -|b|^2 \cdot \langle a-b,p\rangle \cdot \langle a,p\rangle + O(p) \\
=\ & -|a|^2 \cdot \langle b,p\rangle^2 + 2 \cdot \langle a,b\rangle \cdot \langle a,p\rangle \cdot \langle b,p\rangle - |b|^2 \cdot \langle a,p\rangle^2 + O(p) \\
=\ & -(|a|^2 \cdot |b|^2 - \langle a,b\rangle^2) \cdot |p|^2 + O(p)\ ,
\end{aligned}
$$

wenn man die Identität III.1.4(3) verwendet. Mit III.1.3(3) folgt nun $(*)$.
Wegen $q_{ab}(a) = q_{ca}(a) = a$ erhält man $L(a) = 0$ und aus Symmetriegründen
auch $L(b) = L(c) = 0$. Nach $(*)$ ist aber

$$
L(p) = -[a,b,c] \cdot (|p|^2 - 2\langle p,r\rangle + \alpha) = -[a,b,c] \cdot (|p-r|^2 + \alpha - |r|^2)
$$

mit geeignetem $r \in \mathbb{E}$ und $\alpha \in \mathbb{R}$. Betrachtet man $p = a,b,c$, so folgt $r = m$
und $|r|^2 - \alpha = \rho^2$. $\square$

Als direkte Konsequenz erhält man den

Satz von WALLACE. *Sei a,b,c ein Dreieck in $\mathbb{E}$. Für $p \in \mathbb{E}$ sind äquivalent:*
(i) *p liegt auf dem Umkreis des Dreiecks a,b,c.*
(ii) *Die Fußpunkte der Lote von p auf die Dreiecksseiten sind kollinear.*

Liegt p auf dem Umkreis, so nennt man die Gerade durch die Fußpunkte nach
(ii) die WALLACE-*Gerade* von p.

Mit der WALLACE-Geraden wollen wir uns noch etwas intensiver beschäftigen.

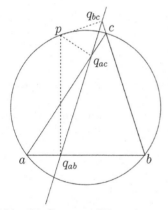
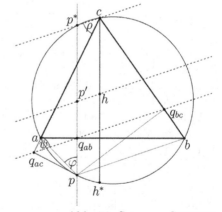

Abb. 77: Satz von WALLACE   Abb. 78: Satz von STEINER

Satz von STEINER. *Sei a,b,c ein Dreieck in $\mathbb{E}$ mit Höhenschnittpunkt h und
Umkreis K. Sei $p \in K$ und G die WALLACE-Gerade von p. Dann gilt:*
a) *Der Mittelpunkt von p und h liegt auf G.*
b) *Die Parallele von G durch einen Eckpunkt geht durch den Schnittpunkt des
Lotes von p auf die gegenüberliegende Seite mit dem Umkreis K.*
c) *Die Spiegelpunkte von p an den drei Seiten des Dreiecks liegen auf der Parallelen von von G durch h.*

Beweis. Zunächst liege p auf keiner Höhe des Dreiecks.

Sei p' der Spiegelpunkt von p an der Seite $a \vee b$ und p^* der Schnittpunkt des Lotes von p auf $a \vee b$ mit K. Der Spiegelpunkt h^* von h an der Seite $a \vee b$ liegt nach Lemma 6A auf K.

b) q_{ab} und q_{ac} liegen auf dem THALES-Kreis durch a und p. Nach Satz 2 gilt dann $\varphi = \psi$ in obiger Skizze. Betrachtet man die Sehne $a \vee p^*$ in K, so folgt $\varphi = \rho$. Also bildet die Seite $a \vee c$ mit den Geraden G und $p^* \vee c$ den gleichen Winkel. Folglich sind G und $p^* \vee c$ parallel.

c) p bzw. h^* entstehen aus p' bzw. h durch Spiegelung an der Seite $a \vee b$. Da die Geraden $p \vee p^*$ und $c \vee h^*$ als Lote auf $a \vee b$ parallele Sehnen sind, entstehen p^* bzw. c aus p bzw. h^* durch Spiegelung an der gemeinsamen Mittelsenkrechten von p, p^* bzw. c, h^*, die durch den Mittelpunkt von K geht und zur Seite $a \vee b$ parallel ist. nach Korollar III.1.7 D existiert ein $r \in \mathbb{E}$ mit

$$p^* = p' + r, \quad c = h^* + r, \quad \text{also} \quad c - p^* = h - p'.$$

Nach b) ist die Gerade $h \vee p'$ parallel zu $c \vee p^*$, also zu G. Aus Symmetriegründen liegen alle Spiegelpunkte auf der Parallelen zu G durch h.

Für $p = c$ ist G die Höhe durch c und die Aussage wegen $p^* = h^*$ und $p' \in G$ trivial. Für $p = h^*$ gilt $p' = h$ und $p^* = c$, so dass die Aussage wieder trivial ist.

a) Die Spiegelpunkte von p an den drei Seiten erhält man als Punktspiegelungen an den Lotfußpunkten, also als Bilder von Punkten von G unter der Abbildung $x \mapsto 2x - p$. Weil h nach c) auf dieser Bildgeraden liegen, folgt

$$x = \frac{1}{2}(p + h) \in G. \qquad \square$$

Bemerkungen. a) In der Literatur wird die WALLACE-Gerade manchmal nach R. SIMSON benannt.

b) Ist p ein Eckpunkt des Dreiecks, so ist die WALLACE-Gerade genau die entsprechende Höhe des Dreiecks.

c) In 5.3 sowie im Band *Zahlen* (1992) findet man in 3.4.6 einen Beweis des Satzes von WALLACE, der das Doppelverhältnis komplexer Zahlen verwendet.

d) Die Parallelen zur WALLACE-Geraden im Satz von STEINER heißen STEINER*sche Geraden*.

Aufgaben. Gegeben sei ein Dreieck a, b, c in $\mathbb{E}$ mit Umkreis K.

a) Für zwei verschiedene Punkte $p, p' \in K$ sind die WALLACE-Geraden von p und p' nicht parallel.

b) Sind $p, p' \in K$ verschieden, so sind die WALLACE-Geraden von p und p' genau dann orthogonal, wenn der Mittelpunkt von K auf $p \vee p'$ liegt.

c) Man bestimme alle Punkte $p \in K$, deren WALLACE-Gerade parallel zu einer Seite des Dreiecks ist.

d) Sei $p \in K$ und G die WALLACE-Gerade von p. Dann sind äquivalent.

(i)   Der Punkt p liegt auf G.

(ii)   Der Höhenschnittpunkt h liegt auf G.

(iii) G ist eine Höhe des Dreiecks.

(iv) Der Punkt p ist ein Eckpunkt des Dreiecks.

e) Gegeben seien vier, paarweise nicht parallele Geraden. Durch Weglassen jeweils einer Geraden entstehen daraus vier Dreiecke. Die Umkreise dieser vier Dreiecke schneiden sich in einem Punkt und die Höhenschnittpunkte dieser vier Dreiecke sind kollinear.

§ 3* Vier Punkte auf einem Kreis

1*. Vierecke. Sind $a, b, c, d \in \mathbb{E}$ paarweise verschieden und keine drei Punkte kollinear, dann nennt man das geordnete Quadrupel a, b, c, d ein *Viereck* und a, b, c, d seine *Eckpunkte*. Je nach Lage der Punkte zueinander sind die folgenden drei Fälle möglich:

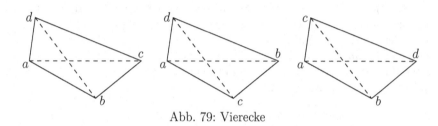

Abb. 79: Vierecke

Im ersten Beispiel bilden die Seiten $a \vee b$, $b \vee c$, $c \vee d$, $d \vee a$ den Rand einer konvexen Menge, man nennt daher ein solches Viereck *konvex*.

2*. Sehnenvierecke. Ein Viereck heißt ein *Sehnenviereck* oder *Kreisviereck*, wenn seine Ecken auf einem Kreis liegen.

Lemma. *Sind* $a, b, c, d \in \mathbb{E}$ *beliebig gegeben, dann ist*

$$(1) \; \kappa_{abcd} := [a, b, c]|x - d|^2 - [b, c, d]|x - a|^2 + [c, d, a]|x - b|^2 - [d, a, b]|x - c|^2$$

unabhängig von $x \in \mathbb{E}$.

Beweis. Man schreibt $|x - d|^2 = |x|^2 - 2\langle x, d \rangle + |d|^2$ usw. und sieht, dass sich in (1) die in x quadratischen und die in x linearen Terme wegen (8) und (9) in II.1.6 herausheben. □

Damit kann man also κ_{abcd} z.B. dadurch berechnen, dass man $x = d$ setzt. Man beachte, dass κ_{abcd} das Vorzeichen wechselt, wenn man a, b, c, d zyklisch vertauscht.

Vier-Punkte-Kriterium. *Sei* a, b, c, d *ein Viereck in* $\mathbb{E}$ *, so dass* c *und* d *auf derselben Seite von* $a \vee b$ *liegen und dass* b *und* d *auf verschiedenen Seiten von* $a \vee c$ *liegen. Dann sind die folgenden Aussagen äquivalent:*

(i) a, b, c, d ist ein Sehnenviereck.

(ii) $\kappa_{abcd} = 0$.

(iii) $\Theta_{a-c,b-c} = \Theta_{a-d,b-d}$.

(iv) $\Theta_{a-b,c-b} + \Theta_{a-d,c-d} = \pi$.

Beweis. (i) $\Longrightarrow$ (ii): Man wählt in (1) für x den Mittelpunkt des Kreises, auf dem a, b, c, d liegen, und verwendet II.1.6(8).

(ii) $\Longrightarrow$ (i): Da a, b, c nicht kollinear sind, gilt $[a, b, c] \neq 0$. Für $x = 0$ zeigt (1) dann, dass d wegen 2.1(1) auf dem Kreis durch a, b, c liegt.

(i) $\Longrightarrow$ (iii), (i) $\Longrightarrow$ (iv): Man verwende Satz 2.2.

(iv) $\Longrightarrow$ (i): Sei $\beta = \Theta_{a-b,c-b}, \delta = \Theta_{a-d,c-d}$. Dann gilt $\sin \beta = \sin \delta$, also wegen III.1.5(10) auch

$$\frac{|[a, b, c]|}{|a - b| \cdot |c - b|} = \frac{|[a - b, c - b]|}{|a - b| \cdot |c - b|} = \frac{|[a - d, c - d]|}{|a - d| \cdot |c - d|} = \frac{|[a, c, d]|}{|a - d| \cdot |c - d|}.$$

Aus 2.1(3) folgt $\rho_{abc} = \rho_{acd} =: \rho$. Sei m bzw. n der Mittelpunkt des Umkreises des Dreiecks a, b, c bzw. a, c, d. Dann liegen m und n auf den Kreisen um a und c mit dem Radius ρ. Würde $m \neq n$ gelten, so würden b und d wegen $\beta + \delta = \pi$ nach Bemerkung 2.2 auf derselben Seite von $a \vee c$ liegen. Also gilt $m = n$ und a, b, c, d liegen auf dem Kreis um m mit dem Radius ρ.

(iii) $\Longrightarrow$ (i): Man gehe analog vor. $\square$

Setzt man schließlich $x = m_{abc}$ in (1), so ist $|m - a| = |m - b| = |m - c| = \rho_{abc}$ der Umkreisradius und II.1.6(8) ergibt die Identität

$$(2) \qquad\qquad \kappa_{abcd} = [a, b, c] \cdot \kappa_{abc}(d),$$

wobei $\kappa_{abc}(d)$ die Potenz von d in Bezug auf den Umkreis des Dreiecks a, b, c bezeichnet. Aus (2) liest man die Äquivalenz von (i) und (ii) erneut ab.

Bemerkungen. a) Setzt man in (1) speziell $x = 0$, so erhält man

$$\kappa_{abcd} = \det \begin{pmatrix} 1 & 1 & 1 & 1 \\ a & b & c & d \\ |a|^2 & |b|^2 & |c|^2 & |d|^2 \end{pmatrix}.$$

b) Das Lemma wurde erstmals 1843 in GRUNERTs Archiv (**3**, 259–274, 403–407) beschrieben, nachdem kurz zuvor LUCHTERHAND in CRELLES Journal **23** (375–378) $\kappa = 0$ für ein Sehnenviereck hergeleitet hatte.

Aufgaben. Sei a, b, c, d ein Sehnenviereck in $\mathbb{E}$, so dass c und d auf derselben Seite von $a \vee b$ und dass b und d auf verschiedenen Seiten von $a \vee c$ liegen. Sei $A = |a - b|, B = |b - c|, C = |c - d|, D = |d - a|, E = |a - c|, F = |b - d|$ und $S = \frac{1}{2}(A + B + C + D)$ der halbe Umfang. Sei m der Mittelpunkt und ρ der Radius des zugehörigen Kreises. Zeigen Sie:

a) Der Flächeninhalt des Sehnenvierecks wird gegeben durch

$$\Box = \sqrt{(S-A)\cdot(S-B)\cdot(S-C)\cdot(S-D)}.$$
$$= \frac{E\cdot(AB+CD)}{4\rho} = \frac{F\cdot(AD+BC)}{4\rho}$$

b) Die Diagonallängen werden gegeben durch

$$E = \sqrt{\frac{(AC+BD)\cdot(AD+BC)}{AB+CD}}, \quad F = \sqrt{\frac{(AB+CD)\cdot(AC+BD)}{AD+BC}}.$$

c) Es gilt

$$4\rho\Box = \sqrt{(AB+CD)\cdot(AC+BD)\cdot(AD+BC)}.$$

3*. Satz von PTOLEMAEUS. Grundlage für den Satz ist die

PTOLEMAEUS-Gleichung: *Für* $a,b,c,d \in \mathbb{E}$ *gilt*

$$\begin{aligned}
4\cdot\kappa_{abcd}^2 = \ & (|a-b|\cdot|c-d| + |a-c|\cdot|b-d| + |a-d|\cdot|b-c|) \\
&\cdot(|a-b|\cdot|c-d| + |a-c|\cdot|b-d| - |a-d|\cdot|b-c|) \\
&\cdot(|a-b|\cdot|c-d| - |a-c|\cdot|b-d| + |a-d|\cdot|b-c|) \\
&\cdot(-|a-b|\cdot|c-d| + |a-c|\cdot|b-d| + |a-d|\cdot|b-c|).
\end{aligned}$$

Beweis. Wir nehmen an, dass a,b,c,d paarweise verschieden sind, da sonst beide Seiten der Gleichung Null werden. Weiterhin sind beide Seiten translationsinvariant (vgl. Lemma 2), so dass man zum Beweis $d=0$ annehmen kann. Nun verifiziert man

$$|a-b|\cdot|c| = |a|\cdot|b|\cdot|c| \left|\tfrac{1}{|a|^2}a - \tfrac{1}{|b|^2}b\right| \quad \text{usw.}$$

Nach der Formel von HERON III.3.2 ist die rechte Seite $16\cdot|a|^4\cdot|b|^4\cdot|c|^4\cdot\triangle^2$, wobei $\triangle$ der Flächeninhalt des eventuell entarteten Dreiecks $\frac{1}{|a|^2}a, \frac{1}{|b|^2}b, \frac{1}{|c|^2}c$ ist. Wegen

$$2\cdot|a|^2\cdot|b|^2\cdot|c|^2\cdot\triangle = \left|[a,b]|c|^2 + [b,c]|a|^2 + [c,a]|b|^2\right| = |\kappa_{a,b,0}|$$

nach Lemma 2 folgt die Behauptung.   □

Satz von PTOLEMAEUS. *Für ein Viereck* a,b,c,d *in* $\mathbb{E}$ *sind äquivalent:*
(i) *a,b,c,d ist ein Sehnenviereck.*
(ii) *Es gilt eine der folgenden drei Gleichungen*
 (1) $|a-b|\cdot|c-d| + |a-c|\cdot|b-d| = |a-d|\cdot|b-c|$,
 (2) $|a-b|\cdot|c-d| + |a-d|\cdot|b-c| = |a-c|\cdot|b-d|$,
 (3) $|a-c|\cdot|b-d| + |a-d|\cdot|b-c| = |a-b|\cdot|c-d|$.

Beweis. Man verwendet das Vier-Punkte-Kriterium 2 und die PTOLEMAEUS-Gleichung.   □

In diesem Satz sind natürlich die nicht-konvexen Vierecke einbezogen. In einem (konvexen) Rechteck gilt offenbar nur die Gleichung (2). Aus Stetigkeitsgründen erhält man das

Korollar. *Für ein konvexes Viereck a, b, c, d sind äquivalent:*
(i) *Das Viereck ist ein Sehnenviereck.*
(ii) $|a - b| \cdot |c - d| + |a - d| \cdot |b - c| = |a - c| \cdot |b - d|.$

Bemerkungen. a) Klaudius PTOLE-
MAEUS (Claudius PTOLEMÄUS, um 100
n.Chr. in Ptolemais [Oberägypten] geboren, Astronom und Mathematiker in
Alexandria, Schöpfer des geozentrischen
Weltbildes, vereinigte in einem Werk
[dem *Almagest* der Araber], das für
Jahrhunderte die trigonometrische Wissenschaft beherrschte, die Arbeiten seiner Vorgänger wie ARISTARCH von Sa-
mos, HIPPARCH von Nicäa und MENE-
LAOS, gestorben 160 n.Chr.) benutzte in
seinem *Almagest* die Implikation (i) $\Longrightarrow$
(ii) des Korollars zur Berechnung seiner
berühmten Sehnentafeln.

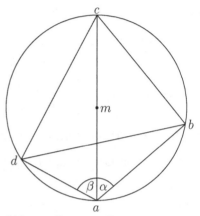

Abb. 80: Satz von PTOLEMAEUS

Man geht von einem Kreis vom Radius 1 aus und nimmt an, dass eine Diagonale
– etwa die durch a und c – ein Durchmesser ist. Nach dem Satz von THALES
1.1 sind die Winkel bei b und d rechte Winkel und das Korollar ergibt

$$4 \cos \alpha \cdot \sin \beta + 4 \sin \alpha \cdot \cos \beta = 2|b - d| \quad \text{für} \quad \alpha = \Theta_{b-a, c-a}, \beta = \Theta_{c-a, d-a}.$$

Nach 2.2(1) gilt $|b - d| = 2 \sin(\alpha + \beta)$. Das Additionstheorem des Sinus ist also
im Satz von PTOLEMÄUS enthalten.

b) In dem Band *Zahlen* (1992) findet man in 3.4.5 einen Beweis, der das so
genannte Doppelverhältnis von komplexen Zahlen wesentlich verwendet. Man
findet dort auch einen „geometrischen" Beweis.

c) Der eigentliche Satz von PTOLEMÄUS besteht in der im Korollar formulierten
Implikation (i) $\Longrightarrow$ (ii). W.A. FÖRSTEMANN stellte 1832 in CRELLEs Journal
8 (S. 320) die Aufgabe, diesen Satz umzukehren. Eine Lösung von T. CLAU-
SEN (CRELLEs Journal **10**, S. 41), wonach der Autor glaubt, dass man ohne
Einschränkung von einem Rechteck ausgehen dürfte, kann heute nicht mehr
überzeugen. Nach einer geometrischen Lösung von GERWIEN (CRELLEs Journal **11**, 264–271) gibt FÖRSTEMANN selbst eine Lösung (CRELLEs Journal **13**,
233–236).

Aufgaben. a) Gegeben sei ein Sehnenviereck a, b, c, d. Durch die Tangenten an
den Kreis in a, b, c, d entsteht ein so genanntes Tangentenviereck. Dann schneiden sich die Diagonalen von Sehnen- und Tangentenviereck in einem Punkt.

b) Gegeben sei ein Tangentenviereck. Dann liegt der Kreismittelpunkt auf der
Verbindungsgeraden der Diagonalmittelpunkte.

4*. Satz von MIQUEL. *Wählt man in einem Dreieck a, b, c in $\mathbb{E}$ auf den Seiten*
$b \vee c$, $c \vee a$ bzw. $a \vee b$ Punkte a', b' bzw. c', die von den Eckpunkten verschieden

sind, dann schneiden sich die Kreise durch

(1) $\qquad\qquad a, b', c'$ bzw. b, c', a' bzw. c, a', b'

in einem Punkt p, dem so genannten MIQUEL*-Punkt der Punkte a', b', c'.*

Beweis. Wir führen den Beweis nur in einem Spezialfall und nehmen an, dass sich die Umkreise der Dreiecke a, b', c' und b, a', c' in c' und einem Punkt p schneiden, so dass p und c auf verschiedenen Seiten von $a' \vee b'$ liegen. Jetzt sind a, c', p, b' und b, a', p, c' zwei Sehnenvierecke. Nach dem Vier-Punkte-Kriterium 2 (oder nach Satz 2) gilt nun $\alpha + \alpha' = \pi = \beta + \beta'$. Damit folgt (siehe Figur):

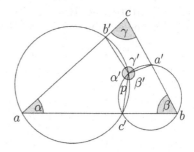

Abb. 81: Satz von MIQUEL

$$\gamma' + \gamma = 2\pi - \alpha' - \beta' + \gamma = 2\pi + \gamma - (\pi - \alpha) - (\pi - \beta) = \alpha + \beta + \gamma = \pi.$$

Nach dem Vier-Punkte-Kriterium 2 liegen daher c, b', p, a' auf einem Kreis, d.h., p liegt auf dem Kreis durch c, a', b'. $\qquad\qquad\square$

Bemerkung. Nach dem Satz von MONGE 1.5 schneiden sich die Potenzgeraden der drei Kreise (1) in einem Punkt, nämlich in p. Aus der Formel 1.5(6) kann daher eine Formel für den MIQUEL-Punkt entwickelt werden. Die Potenzgeraden gehören somit zum Geradenbüschel durch p. In analoger Begriffsbildung kann man den Satz von MIQUEL auch so ausdrücken, dass die drei Kreise zum „Kreisbüschel" durch p gehören.

Aufgaben. a) Der MIQUEL-Punkt der Seitenmitten stimmt mit dem Umkreismittelpunkt überein.
b) In einem nicht-rechtwinkligen Dreieck ist der MIQUEL-Punkt der Höhenfußpunkte gerade der Höhenschnittpunkt.
c) Sei $p \in \mathbb{E}$, so dass die Fußpunkte der Lote auf die Seiten des Dreiecks von den Eckpunkten verschieden sind. Dann ist p der MIQUEL-Punkt dieser Fußpunkte.
d) (Parallelenversion des Satzes von MIQUEL) Gegeben seien zwei verschiedene, parallele Geraden F, G sowie $a \in F, b \in G$. Wählt man Punkte $b' \in F, a' \in G, c' \in a \vee b$ von a und b verschieden, so schneiden sich die Kreise auch a, b', c' und b, c', a' sowie die Gerade durch a', b' in einem Punkt p, dem so genannten MIQUEL-Punkt der Punkte a', b', c'.

§ 4 Die Berührkreise eines Dreiecks

Einleitung. Zu einem Dreieck a, b, c in $\mathbb{E}$ können vier Kreise gezeichnet werden, welche alle drei (verlängerten) Seiten des Dreiecks berühren: der Inkreis mit dem

Mittelpunkt i und die drei Ankreise mit den Mittelpunkten a^*, b^*, c^*. Da die Mittelpunkte aller Kreise, die zwei gegebene Geraden berühren, auf den beiden Winkelhalbierenden liegen, müssen sich z.B. die inneren Winkelhalbierenden im Punkt i, die Winkelhalbierenden W_a, W_b^*, W_c^* im Punkt a^* usw. schneiden.

1. Mittelpunkte und Radien. Zunächst geben wir eine weitere Charakterisierung der beiden Winkelhalbierenden (vgl. III.2.7).

Lemma. *Gegeben seien zwei nicht-parallele Geraden G und H. Für $p \in \mathbb{E}$ sind äquivalent:*
(i) *p liegt auf einer Winkelhalbierenden von G und H.*
(ii) *$d(p, G) = d(p, H)$.*
(iii) *Es gibt einen Kreis mit Mittelpunkt p, der G und H berührt.*

Beweis. (i) $\Longleftrightarrow$ (ii): Sei $a = G \cap H$ und $G = G_{a,u}$, $H = G_{a,v}$ mit linear unabhängigen $u, v \in \mathbb{E}$, $|u| = |v| = 1$. Nach Lemma III.2.3 gilt

$$d(p, G) = |[p - a, u]|, \; d(p, H) = |[p - a, v]|.$$

Also ist (ii) äquivalent zu $[p - a, u \pm v] = 0$, d.h. zu $p \in G_{a,u \pm v}$ nach Proposition II.1.2. Die Winkelhalbierenden sind nach Korollar III.2.7 aber gerade $G_{a,u \pm v}$.
(ii) $\Longleftrightarrow$ (iii): Man verwende Proposition 1.2. $\qquad\qquad$ $\square$

Sei nun a, b, c ein Dreieck in $\mathbb{E}$. Zur Abkürzung bezeichnet man den Flächeninhalt des Dreiecks mit

$$(1) \qquad\qquad\qquad \triangle := \frac{1}{2}|[a, b, c]|.$$

Entsprechend III.2.7 setzt man

$$(2) \quad \sigma := |a - b| + |b - c| + |c - a|, \; i := \frac{1}{\sigma}(|b - c|a + |c - a|b + |a - b|c)$$

sowie

$$(3) \; \sigma_a := |a - b| - |b - c| + |c - a|, \; a^* := \frac{1}{\sigma_a}(-|b - c|a + |c - a|b + |a - b|c).$$

σ_b, σ_c und b^*, c^* werden durch zyklische Vertauschung definiert. Dann ist σ der Umfang des Dreiecks und i der Schnittpunkt der inneren Winkelhalbierenden. Die innere Winkelhalbierende durch a und die äußeren Winkelhalbierenden durch b und c schneiden sich in a^* usw (vgl. Satz III.2.7). Mit Lemma III.2.3 berechnet man den Abstand zu den Dreiecksseiten:

$$
\begin{aligned}
d(i, a \vee b) &= d(i, b \vee c) = d(i, c \vee a) = \frac{|[a, b, c]|}{\sigma} = \frac{2\triangle}{\sigma}, \\
d(a^*, a \vee b) &= d(a^*, b \vee c) = d(a^*, c \vee a) = \frac{|[a, b, c]|}{\sigma_a} = \frac{2\triangle}{\sigma_a}.
\end{aligned}
$$

Aus dem Lemma folgt damit der

Satz. *Sei a, b, c ein Dreieck in $\mathbb{E}$. Es gibt genau vier Kreise, die alle drei Drei-eckseiten berühren, nämlich den Inkreis und die drei Ankreise. Der Inkreis hat den Mittelpunkt i und den Radius $\rho_i = 2 \triangle / \sigma$. Der a gegenüberliegende Ankreis hat den Mittelpunkt a^* und den Radius $\rho_a := 2 \triangle / \sigma_a$.*

Beweis. Es bleibt nur zu zeigen, dass es nicht mehr als vier Berührkreise ge-ben kann. Der Mittelpunkt eines Berührkreises liegt nach dem Lemma auf den Winkelhalbierenden. Nun liegt i auf keiner äußeren Winkelhalbierenden und a^* nicht auf W_a^*. Also können sich je zwei innere und die dritte äußere bzw. al-le drei äußeren Winkelhalbierenden nicht in einem Punkt schneiden. Demnach sind i, a^*, b^*, c^* genau die Mittelpunkte der Berührkreise. $\square$

Natürlich gelten analoge Formeln für die b bzw. c gegenüberliegenden Ankreise, d.h.

$$\rho_b = \frac{2\triangle}{\sigma_b} \quad \text{und} \quad \rho_c = \frac{2\triangle}{\sigma_c}$$

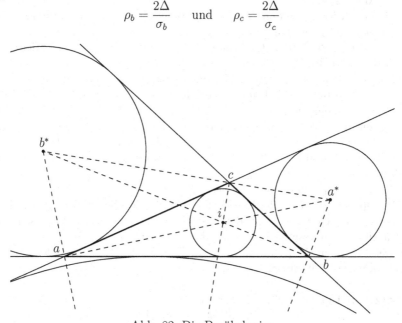

Abb. 82: Die Berührkreise

Aufgaben. Sei a, b, c ein Dreieck in $\mathbb{E}$.
a) Es gilt
   (i) $\sigma \cdot \sigma_a \cdot \sigma_b \cdot \sigma_c = 16\triangle^2$,
   (ii) $2\rho_a \cdot \rho_b \cdot \rho_c = \sigma \cdot \triangle$,
   (iii) $\frac{1}{\rho_a} + \frac{1}{\rho_b} + \frac{1}{\rho_c} = \frac{1}{\rho_i}$,
   (iv) $4(\rho_a\rho_b + \rho_b\rho_c + \rho_c\rho_a) = \sigma^2$,
   (v) $\frac{1}{2}(\sigma^2 - \sigma_a\sigma_b - \sigma_b\sigma_c - \sigma_c\sigma_a) = |a-b|^2 + |b-c|^2 + |c-a|^2$,
   (vi) $\rho_a + \rho_b + \rho_c = \rho_i + 4\rho$.
b) Mit den Standardbezeichnungen gilt:
   (i) $\tan \frac{\alpha}{2} = \frac{2\rho_i}{\sigma_a}$,

(ii) $\sin\frac{\alpha}{2} = \sqrt{\frac{\rho_a - \rho_i}{4\rho}}$,

(iii) $\rho_i = 4\rho \cdot \sin\frac{\alpha}{2} \cdot \sin\frac{\beta}{2} \cdot \sin\frac{\gamma}{2}$,

(iv) $\sigma_a = 8\rho \cdot \cos\frac{\alpha}{2} \cdot \sin\frac{\beta}{2} \cdot \sin\frac{\gamma}{2}$,

(v) $2(\rho + \rho_i) = |b - c| \cdot \cot\alpha + |c - a| \cdot \cot\beta + |a - b| \cdot \cot\gamma$.

c) Es bezeichne h^* den Höhenschnittpunkt im Dreieck a^*, b^*, c^* usw.

(i) $h^* = i$ und $f^* = m$.

(ii) m^*, m und i sind kollinear.

(iii) $|[a^*, b^*, c^*]| = 2\sigma\rho$.

d) (Satz von CARNOT) In einem spitzwinkligen Dreieck ist die Summe der Abstände des Umkreismittelpunktes von den Dreiecksseiten gleich der Summe aus In- und Umkreisradius: $d(m, a \vee b) + d(m, b \vee c) + d(m, c \vee a) = \rho_i + \rho$.

e) Die Summe der reziproken Längen der Höhen ist gleich der Summe der reziproken Ankreisradien.

f) Ein Dreieck ist genau dann gleichseitig, wenn die Radien der Ankreise übereinstimmen. In diesem Fall gilt $\rho_a = \rho_b = \rho_c = 3\rho_i$.

g) Der MIQUEL-Punkt der Berührpunkte eines Berührkreises mit den Seiten ist der Mittelpunkt des Berührkreises.

h) Es bezeichne a' bzw. b' bzw. c' den Berührpunkt des Inkreises mit der Seite $b \vee c$ bzw. $c \vee a$ bzw. $a \vee b$. Dann schneiden sich die Transversalen $a \vee a'$, $b \vee b'$ und $c \vee c'$ in einem Punkt.

i) Es bezeichne $\hat{a}$, $\hat{b}$ bzw. $\hat{c}$ jeweils den a, b bzw. c gegenüberliegenden Berührpunkt des entsprechenden Ankreises. Dann schneiden sich die Transversalen $a \vee \hat{a}$, $b \vee \hat{b}$, $c \vee \hat{c}$ in einem Punkt, dem so genannten NAGELschen Punkt des Dreiecks.

j) a, b, c ist das Höhenfußpunkt-Dreieck des Dreiecks a^*, b^*, c^*.

k) Das Dreieck sei nicht gleichseitig. Der Inkreismittelpunkt liegt genau dann auf der EULER-Geraden, wenn das Dreieck gleichschenklig ist. In diesem Fall liegt auch ein Ankreismittelpunkt auf der EULER-Geraden.
(Hinweis: Nehmen Sie $c = 0$ an und schreiben Sie $[a, b] \cdot \sigma \cdot [m - h, i - s]$ als Polynom in den Seitenlängen.)

2. Satz von LEIBNIZ. *Seien $a, b, c \in \mathbb{E}$. Sind $\alpha, \beta, \gamma \in \mathbb{R}$ mit $\alpha + \beta + \gamma = 1$ und ist $p := \alpha a + \beta b + \gamma c$, dann gilt für alle $x \in \mathbb{E}$:*

(1)
$$\begin{aligned}
&\alpha \cdot |a - x|^2 + \beta \cdot |b - x|^2 + \gamma \cdot |c - x|^2 - |p - x|^2 \\
&= \alpha \cdot |a - p|^2 + \beta \cdot |b - p|^2 + \gamma \cdot |c - p|^2 .
\end{aligned}$$

Beweis. Da die Behauptung translationsinvariant ist, darf man $x = 0$ annehmen. Dann ist die rechte Seite von (1)

$$\begin{aligned}
&\alpha \cdot |a|^2 + \beta \cdot |b|^2 + \gamma \cdot |c|^2 + (\alpha + \beta + \gamma) \cdot |p|^2 - 2\langle \alpha a + \beta b + \gamma c, p \rangle \\
&= \alpha \cdot |a|^2 + \beta \cdot |b|^2 + \gamma \cdot |c|^2 - |p|^2 .
\end{aligned}$$

$\square$

Der besondere Fall $\alpha = \beta = \gamma = \frac{1}{3}$, also $p = s$, ergibt

(2) $\quad |a - x|^2 + |b - x|^2 + |c - x|^2 = 3|s - x|^2 + |a - s|^2 + |b - s|^2 + |c - s|^2$.

Dies wird von H. DÖRRIE (*Mathematische Miniaturen* (1943), S. 273) als „Satz von LEIBNIZ" bezeichnet. Als direkte Folgerung aus dem Satz von LEIBNIZ erhält man das

Korollar A. *Das Minimum der Funktion*

$$\mathbb{E} \longrightarrow \mathbb{R} , \; x \longmapsto \alpha \cdot |a - x|^2 + \beta \cdot |b - x|^2 + \gamma \cdot |c - x|^2,$$

wird für $x = p = \alpha a + \beta b + \gamma c$ *angenommen.*

In den folgenden Anwendungen sei a, b, c stets ein Dreieck in $\mathbb{E}$ mit Umkreismittelpunkt m und Umkreisradius ρ. Setzt man im Satz $x = m$, so ist die linke Seite von (1) gerade $\rho^2 - |p - m|^2$. Setzt man dies für die rechte Seite ein, so folgt

Korollar B. $\alpha \cdot |a - x|^2 + \beta \cdot |b - x|^2 + \gamma \cdot |c - x|^2 = \rho^2 + |p - x|^2 - |p - m|^2$.

Nun wählt man der Reihe nach $x = a, b, c$ bzw. p, multipliziert mit α, β, γ bzw. 1 und addiert die entstehenden Gleichungen. Damit folgt das

Korollar C. $\alpha\beta \cdot |a - b|^2 + \beta\gamma \cdot |b - c|^2 + \gamma\alpha \cdot |c - a|^2 = \rho^2 - |p - m|^2$.

Setzt man $x = a$ in Korollar B und benutzt Korollar C, so folgt

Korollar D. $|p - a|^2 = \beta(1 - \alpha) \cdot |a - b|^2 - \beta\gamma \cdot |b - c|^2 + \gamma(1 - \alpha) \cdot |c - a|^2$.

Man betrachte nun den Spezialfall $\gamma = 0$, d.h., p liegt auf der Geraden durch a und b.

Korollar E. *Sind* $a, b \in \mathbb{E}$, $\alpha, \beta \in \mathbb{R}$ *mit* $\alpha + \beta = 1$ *und* $p = \alpha a + \beta b$, *so gilt für alle* $x \in \mathbb{E}$:

$$\alpha \cdot |a - x|^2 + \beta \cdot |b - x|^2 = |p - x|^2 + \alpha\beta \cdot |a - b|^2.$$

Beweis. Da der Fall $a = b$ trivial ist, sei $a \neq b$ und c so gewählt, dass a, b, c ein Dreieck ist. Aus Korollar D erhält man mit $\gamma = 0$ zunächst $|p - a|^2 = \beta^2 \cdot |a - b|^2$ und $|p - b|^2 = \alpha^2 \cdot |a - b|^2$. Dies setzt man in (1) ein. □

Bemerkungen. a) Wegen Korollar C liegt der Punkt $p = \alpha a + \beta b + \gamma c$ mit $\alpha + \beta + \gamma = 1$ genau dann auf dem Umkreis des Dreiecks a, b, c, wenn

$$\alpha\beta \cdot |a - b|^2 + \beta\gamma \cdot |b - c|^2 + \gamma\alpha \cdot |c - a|^2 = 0.$$

b) Die Frage nach dem Minimum der Funktion

$$\mathbb{E} \longrightarrow \mathbb{R} , \; x \mapsto |a - x| + |b - x| + |c - x|$$

wird in H. DÖRRIE (1933), Aufgabe 91, gestellt.

Aufgabe. In einem Dreieck liegen die Mittelpunkte der Strecken zwischen In- und Ankreismittelpunkten auf dem Umkreis.

3. Folgerungen. Sei a, b, c ein Dreieck in $\mathbb{E}$. Neben den ausgezeichneten Punkten wie s, h, m, i spielt die Bewegungsinvariante

$$\omega := \omega_{a,b,c} := \frac{1}{9}(|a - b|^2 + |b - c|^2 + |c - a|^2)$$

eine wichtige Rolle. Für $\alpha = \beta = \gamma = \frac{1}{3}$, also $p = s$, ergibt Korollar 2C

(1) $$\rho^2 = |s - m|^2 + \omega.$$

Daraus folgt mit Korollar 2B

(2) $$|a - x|^2 + |b - x|^2 + |c - x|^2 = 3|s - x|^2 + 3\omega,$$

also für $x = s$ speziell

(3) $$|a - s|^2 + |b - s|^2 + |c - s|^2 = 3\omega.$$

Aus Korollar 2D erhält man $9|s - a|^2 = 2|a - b|^2 - |b - c|^2 + 2|c - a|^2$, also

(4) $$3|s - a|^2 + |b - c|^2 = 6\omega.$$

In einer weiteren Anwendung wählt man für p den Mittelpunkt eines Berührkreises.

Satz von EULER. *Sei a, b, c ein Dreieck in $\mathbb{E}$. Dann gilt:*

$$|i - m|^2 = \rho^2 - 2\rho\rho_i \,,\ |a^* - m|^2 = \rho^2 + 2\rho\rho_a.$$

Beweis. Man behandelt beide Fälle simultan mit

$$\sigma_\varepsilon := |a - b| + \varepsilon \cdot |b - c| + |c - a|\,,$$
$$w_\varepsilon := \frac{1}{\sigma_\varepsilon}(\varepsilon \cdot |b - c| \cdot a + |c - a| \cdot b + |a - b| \cdot c)\,,\ \varepsilon = \pm 1\,.$$

Dann gilt $w_+ = i$ und $w_- = a^*$ nach 1(2) und 1(3). Mit

$$\alpha = \frac{\varepsilon}{\sigma_\varepsilon} \cdot |b - c|\,,\ \beta = \frac{1}{\sigma_\varepsilon} \cdot |c - a|\,,\ \gamma = \frac{1}{\sigma_\varepsilon} \cdot |a - b|$$

gilt $w_\varepsilon = \alpha a + \beta b + \gamma c$ und $\alpha + \beta + \gamma = 1$. Korollar 2C impliziert nun

$$\sigma_\varepsilon^2(\rho^2 - |w_\varepsilon - m|^2) = |a - b| \cdot |b - c| \cdot |c - a| \cdot (\varepsilon \cdot |a - b| + |b - c| + \varepsilon \cdot |c - a|)$$
$$= \varepsilon \cdot \sigma_\varepsilon \cdot |a - b| \cdot |b - c| \cdot |c - a| = \varepsilon \cdot \sigma_\varepsilon^2 \cdot \frac{|a - b| \cdot |b - c| \cdot |c - a|}{|[a, b, c]|} \cdot \rho_\varepsilon$$

mit $\rho_+ = \rho_i$, $\rho_- = \rho_a$, wenn man Satz 1 beachtet. Mit 2.1(3) folgt die Behauptung. $\square$

Aufgaben. Sei a, b, c ein Dreieck.
a) Es gilt $\rho_f \geq \rho_i$ und $\rho_f = \rho_i$ genau dann, wenn das Dreieck gleichseitig ist.
b) Für alle $x \in \mathbb{E}$ gilt: $4|f - x|^2 = 2|m - x|^2 + 2|h - x|^2 - |h - m|^2$.
(Hinweis: Satz von LEIBNIZ für m, h, f.)
c) Es gilt $4\rho_i^2 = 2|i - h|^2 - 2|s - h|^2 + \omega$.

d) Gegeben seien zwei Kreise K, K' mit Mittelpunkten m, m' und Radien ρ, ρ'. Es gibt genau dann ein Dreieck mit K als Umkreis und K' als Inkreis, wenn $|m - m'|^2 = \rho^2 - 2\rho\rho'$ gilt.

4. Satz von FEUERBACH. *In einem Dreieck a, b, c in $\mathbb{E}$ berühren der Inkreis und die drei Ankreise den FEUERBACH-Kreis, es gilt nämlich*

(1) $$|f - i| = \rho_f - \rho_i \,, \quad |f - a^*| = \rho_f + \rho_a,$$

wobei f den Mittelpunkt und ρ_f den Radius des FEUERBACH-Kreises bezeichnet.

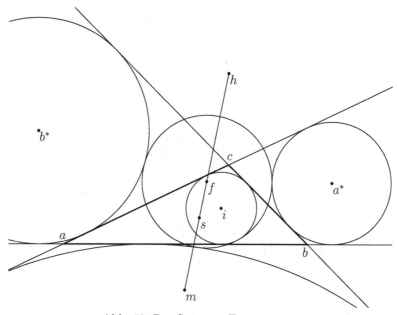

Abb. 83: Der Satz von FEUERBACH

Beweis. Wegen Lemma 1.5 genügt es, (1) zu beweisen. Dazu wendet man Korollar 2C auf das Mittendreieck $a' = \frac{1}{2}(b + c)\,,\ b' = \frac{1}{2}(c + a)\,,\ c' = \frac{1}{2}(a + b)$ und $p = i$ bzw. $p = a^*$ an. Man erhält $m' = f$, $\rho' = \rho_f$ und aus 1

$$i = \alpha a' + \beta b' + \gamma c' \quad \text{mit} \quad \alpha = \frac{\sigma_a}{\sigma}\,,\ \beta = \frac{\sigma_b}{\sigma}\,,\ \gamma = \frac{\sigma_c}{\sigma}\,,\ \alpha + \beta + \gamma = 1.$$

Korollar 2C liefert nun

(2) $$\rho_f^2 - |i - f|^2 = \frac{1}{\sigma^2}(\sigma_a\sigma_b \cdot \frac{1}{4}|a - b|^2 + \sigma_b\sigma_c \cdot \frac{1}{4}|b - c|^2 + \sigma_c\sigma_a \cdot \frac{1}{4}|c - a|^2).$$

Mit $A := |b - c|\,,\ B := |c - a|\,,\ C := |a - b|$ erhält man für die rechte Seite der Formel (2)

$$\frac{1}{4\sigma^2}\big((-A+B+C)(A-B+C)C^2 + (A-B+C)(A+B-C)A^2$$
$$+(A+B-C)(-A+B+C)B^2\big)$$
$$= \frac{1}{4\sigma^2}\big(A^4 + B^4 + C^4 - 2A^2B^2 - 2A^2C^2 - 2B^2C^2$$
$$+2ABC^2 + 2AB^2C + 2A^2BC\big)\ .$$

Nach der Formel von HERON und (1) in III.3.2 ist dies

$$-\left(\frac{2\triangle}{\sigma}\right)^2 + \frac{1}{2\sigma^2}(ABC^2 + AB^2C + A^2BC) = -\left(\frac{2\triangle}{\sigma}\right)^2 + \frac{ABC}{2\sigma}\ .$$

Wegen $\rho_f = \frac{1}{2}\rho = \frac{ABC}{8\triangle}$ nach 2.1(3) und $\rho_i = \frac{2\triangle}{\sigma}$ nach Satz 1 ergibt sich nun $\rho_f^2 - |i - f|^2 = -\rho_i^2 + 2\rho_i\rho_f$. Aus $\rho_f = \frac{1}{2}\rho \geq \rho_i$ nach Satz 3 erhält man damit $|i - f| = \rho_f - \rho_i$.

Entsprechend ergibt sich aus 1

$$a^* = \alpha a' + \beta b' + \gamma c'\ ,\quad \alpha = \frac{\sigma}{\sigma_a}\ ,\quad \beta = -\frac{\sigma_c}{\sigma_a}\ ,\quad \gamma = -\frac{\sigma_b}{\sigma_a}\ ,\quad \alpha + \beta + \gamma = 1.$$

Mit Korollar 2C folgt ganz analog

$$\rho_f^2 - |a^* - f|^2 = \frac{1}{4\sigma_a^2}(-\sigma\sigma_c \cdot |a - b|^2 + \sigma_b\sigma_c \cdot |b - c|^2 - \sigma\sigma_b \cdot |c - a|^2)$$

(3)
$$= \frac{1}{4\sigma_a^2}\big((A+B+C)(-A-B+C)C^2 + (A-B+C)(A+B-C)A^2$$
$$+(A+B+C)(-A+B-C)B^2\big)$$
$$= \frac{1}{4\sigma_a^2}\big(A^4 + B^4 + C^4 - 2A^2B^2 - 2A^2C^2 - 2B^2C^2$$
$$-2ABC^2 - 2AB^2C + 2A^2BC\big)$$
$$= -\left(\frac{2\triangle}{\sigma_a}\right)^2 - \frac{ABC}{2\sigma_a} = -\rho_a^2 - 2\rho_f\rho_a\ .$$

Damit hat man auch $|a^* - f| = \rho_a + \rho_f$.   □

Bemerkung. Einen ähnlichen Beweis des Satzes von FEUERBACH, der in Aufgabe d) angedeutet wird, findet man bei E. DONATH (1969).

Aufgaben. a) Man bestimme die Berührpunkte des FEUERBACH-Kreises mit dem Inkreis und den Ankreisen.
b) Der Tangentenabschnitt von a bzw. b bzw. c zum Ankreis um a^* ist $\frac{1}{2}\sigma$ bzw. $\frac{1}{2}\sigma_c$ bzw. $\frac{1}{2}\sigma_b$.
c) Der Tangentenabschnitt von a bzw. b bzw. c zum Inkreis ist $\frac{1}{2}\sigma_a$ bzw. $\frac{1}{2}\sigma_b$ bzw. $\frac{1}{2}\sigma_c$.
d) Sei ρ_h der Inkreisradius des Höhenfußpunkt-Dreiecks (vgl. 2.6) bzw. $\rho_h = 0$, falls das Dreieck rechtwinklig ist. Zeigen Sie:
(i) $|m - h|^2 = \rho^2 - 4\rho\rho_h$.
(Hinweis: Lemma 2.6B und der Satz von EULER in 3.)
(ii) $|i - h|^2 = 2\rho_i^2 - 2\rho\rho_h$.

(Hinweis: Aufgabe 3c) und Lemma 2.4A.)

(iii) $|f - i|^2 = \frac{1}{2}|m - i|^2 + \frac{1}{2}|i - h|^2 - \frac{1}{4}|m - h|^2$.

(Hinweis: Aufgabe 3b).)

Folgern Sie aus (i), (ii), (iii) und dem Satz von EULER in 3 die FEUERBACH–Identität $|f - i| = \rho_f - \rho_i$.

§ 5* Die komplexe Zahlenebene

In diesem Paragraphen stellen wir verschiedene geometrische Eigenschaften mit Hilfe der komplexen Zahlen $\mathbb{C}$ dar. Dabei setzen wir beim Leser eine gewisse Vertrautheit beim Rechnen mit komplexen Zahlen voraus.

1*. Die komplexen Zahlen als euklidische Ebene. Für eine komplexe Zahl $a \in \mathbb{C}$ verwenden wir die Standardbezeichnung

(1) $\quad a = a_1 + ia_2$, $a_1 = \text{Re}\,(a) \in \mathbb{R}$, $a_2 = \text{Im}\,(a) \in \mathbb{R}$, $\bar{a} = a_1 - ia_2 \in \mathbb{C}$.

Die Abbildung

(2) $$\mathbb{C} \to \mathbb{R}^2, \quad a = a_1 + ia_2 \mapsto \hat{a} = \begin{pmatrix} a_1 \\ a_2 \end{pmatrix},$$

ist offenbar ein Isomorphismus der $\mathbb{R}$-Vektorräume. Um die metrischen Eigenschaften verwenden zu können, beachte man

(3) $\quad \begin{cases} Re(\bar{a}b) &= a_1b_1 + a_2b_2 = \langle \hat{a}, \hat{b} \rangle, \\ Im(\bar{a}b) &= a_1b_2 - a_2b_1 = [\hat{a}, \hat{b}], \\ |a| &= \sqrt{a\bar{a}} = \sqrt{a_1^2 + a_2^2} = |\hat{a}| \end{cases}$

für alle $a, b \in \mathbb{C}$. Damit ist $\mathbb{C}$ ein zweidimensionaler euklidischer Vektorraum. In diesem Kontext sind also auch die geometrischen Begriffe der vorstehenden Kapitel für $\mathbb{C} \cong \mathbb{R}^2$ als Punktmenge definiert.

Satz. a) *Eine Abbildung $f : \mathbb{C} \to \mathbb{C}$ ist genau dann eine eigentliche Bewegung (bzw. eigentliche Ähnlichkeitsabbildung), wenn es $a, q \in \mathbb{C}$ gilt mit*

$$f(x) = ax + q, \quad x \in \mathbb{C}, \quad |a| = 1 \quad (bzw.\, a \neq 0).$$

Man erhält alle Bewegungen (bzw. Ähnlichkeitsabbildungen), wenn man die Abbildungen

$$f(x) = a\bar{x} + q, \quad x \in \mathbb{C}, |a| = 1 \ (bzw.\, a \neq 0)$$

hinzunimmt.

b) *Die affinen Abbildungen $f : \mathbb{C} \to \mathbb{C}$ werden gegeben durch*

$$f(x) = ax + b\bar{x} + q, \ x \in \mathbb{C}, \quad wobei\ a, b, q \in \mathbb{C},\ |a| \neq |b|.$$

Beweis. a) Ist $a = \rho e^{i\varphi} = \rho\cos\varphi + i\rho\sin\varphi \in \mathbb{C}, \rho = |a| > 0, \varphi \in \mathbb{R}$, in Polarkoordinaten gegeben, so ist die Abbildung

$$f : \mathbb{C} \to \mathbb{C}, \quad x \mapsto ax,$$

$\mathbb{R}$-linear. Die darstellende Matrix (vgl. M. KOECHER (1997), 9.2.2) bezüglich der Orthonormalbasis $1, i$ von $\mathbb{C}$ hat die Form

$$\begin{pmatrix} \rho\cos\varphi & -\rho\sin\varphi \\ \rho\sin\varphi & \rho\cos\varphi \end{pmatrix} = \rho \cdot T(\varphi),$$

Die darstellende Matrix von $x \mapsto a\overline{x}$ ist dann

$$\begin{pmatrix} \rho\cos\varphi & \rho\sin\varphi \\ \rho\sin\varphi & -\rho\cos\varphi \end{pmatrix} = \rho \cdot S(\varphi),$$

wenn man die Bezeichnung III.1.6(2) verwendet. Die Behauptung folgt dann aus Satz III.1.6 und III.1.7.

b) Für $a = a_1 + ia_2, b = b_1 + ib_2 \in \mathbb{C}$ ist die darstellende Matrix von $x \mapsto ax + b\overline{x}$ bezüglich der Basis $1, i$ gegeben durch

$$M = \begin{pmatrix} a_1 + b_1 & -a_2 + b_2 \\ a_2 + b_2 & a_1 - b_1 \end{pmatrix}, \quad \det M = |a|^2 - |b|^2.$$

Für $|a| \neq |b|$ gilt $M \in \mathrm{GL}(2;\mathbb{R})$. Durch geeignete Wahl von a und b kann man auf diese Weise jede Matrix $M \in \mathrm{GL}(2;\mathbb{R})$ darstellen. Dann folgt die Behauptung aus II.1.5. $\square$

Aufgaben. a) Formulieren Sie das Drei-Punkte- und das Drei-Geraden-Kriterium II.1.6 in $\mathbb{C}$ statt $\mathbb{R}^2$.

b) Für $a \in \mathbb{C}$ gilt
$$(\widehat{ia}) = \hat{a}^{\perp}$$

c) Ein exaktes Vertretersystem der Konjugationsklassen der Bewegungen von $\mathbb{C}$ wird gegeben durch

$$x \mapsto x + q, \ q \in \mathbb{C}\backslash\{0\}, \ x \mapsto ax, \ a \in \mathbb{C}, \ |a| = 1, \operatorname{Im} a \geq 0, \ x \mapsto \overline{x} + q, \ q \in \mathbb{R}.$$

d) Sei $\hat{\mathbb{C}} = \mathbb{C}\cup\{\infty\}$. Für $M = \begin{pmatrix} a & b \\ c & d \end{pmatrix} \in GL(2;\mathbb{R})$ definieren wir die MÖBIUS-*Transformation*

$$\phi_M : \hat{\mathbb{C}} \to \hat{\mathbb{C}}, \ z \mapsto \begin{cases} \infty, & \text{falls } z = \infty, c = 0 \text{ oder } z = -d/c, \ c \neq 0 \\ a/c, & \text{falls } z = \infty, \ c \neq 0, \\ \dfrac{az + b}{cz + d}, & \text{falls } z \in \mathbb{C}, \ z \neq -d/c, \ c \neq 0. \end{cases}$$

Zeigen Sie, dass die Menge der MÖBIUS- Transformationen eine zu $GL(2;\mathbb{R})/\mathbb{R}^*E$ isomorphe Gruppe bildet, die dreifach transitiv auf $\hat{\mathbb{C}}$ operiert.

e) Beschreiben Sie eine Bijektion zwischen der Kugel $\{x \in \mathbb{R}^3 : x_1^2 + x_2^2 + x_3^2 = 1\}$ und $\hat{\mathbb{C}}$.

2*. Das komplexe Doppelverhältnis ist für $a, b, c, d \in \mathbb{C}$ mit $a \neq d, b \neq c$ erklärt durch

(1) $$DV(a,b,c,d) = \frac{(a-c) \cdot (b-d)}{(a-d) \cdot (b-c)} \in \mathbb{C}.$$

Für eine eigentliche Ähnlichkeitsabbildung f gilt nach Satz 1 offenbar

(2) $$DV(f(a), f(b), f(c), f(d)) = DV(a,b,c,d).$$

Die geometrische Relevanz wird deutlich in dem folgenden

Satz. *Für* $a, b, c, d \in \mathbb{C}$ *mit* $a \neq d, b \neq c$ *sind äquivalent*

(i) $DV(a,b,c,d) \in \mathbb{R}$.
(ii) a, b, c, d *liegen alle auf einer Geraden oder auf einem Kreis.*

Beweis. Stimmen mindestens zwei der Punkte a, b, c, d überein, so folgt für das Doppelverhältnis $DV(a,b,c,d) \in \{0,1\}$ und die (zwei oder drei) Punkte liegen auf einer Geraden oder auf einem Kreis. Seien also a, b, c, d paarweise verschieden. Wegen (2) können wir ohne Einschränkung $a = 0, b = 1$ annehmen, also

$$D = DV(a,b,c,d) = \frac{c \cdot (1-d)}{d \cdot (1-c)}.$$

1. Fall. a, b, c sind kollinear, also reell.
Dann gilt

$$\operatorname{Im} D = \frac{c}{(c-1)|d|^2} \cdot \operatorname{Im} d.$$

Demnach ist $D \in \mathbb{R}$ äquivalent zu $d \in \mathbb{R}$, also zu (ii).

2. Fall: a, b, c sind nicht kollinear, also $c \notin \mathbb{R}$.
Dann gilt

$$\begin{aligned}
\operatorname{Im} D &= \frac{1}{|d|^2 \cdot |1-c|^2} \cdot \operatorname{Im} \left((c - |c|^2)(\overline{d} - |d|^2) \right) \\
&= \frac{1}{|d|^2 \cdot |1-c|^2} \left(-|d|^2 \operatorname{Im} c + |c|^2 \operatorname{Im} d + \operatorname{Im}(\overline{d}c) \right)
\end{aligned}$$

Nach 1(2) und 2.1(1) ist $\operatorname{Im} D = 0$ äquivalent zu der Tatsache, dass d auf dem Umkreis durch $0, 1, c$ liegt. $\qquad\square$

Sind $a, b, c, d \in \mathbb{C}$ paarweise verschieden, so gilt

(3) $$\begin{aligned}
D &= DV(a,b,c,d) = DV(b,a,d,c) \\
&= DV(c,d,a,b) = DV(d,c,b,a) \in \mathbb{C} \backslash \{0,1\},
\end{aligned}$$

$$DV(a, c, d, b) = \frac{1}{1 - D}, \ DV(a, d, b, c) = 1 - \frac{1}{D}.$$

Für $a, b, c \in \mathbb{C}$ mit $a \neq b$ führen wir nun die Größe Δ ein:

$$(4) \qquad \Delta(a, b, c) := \lim_{|z| \to \infty} DV(z, a, b, c) = \frac{a - c}{a - b} \in \mathbb{C}.$$

Korollar A. *Für $a, b, c \in \mathbb{C}$ mit $a \neq b$ gilt:*
a) $\Delta(f(a), f(b), f(c)) = \Delta(a, b, c)$ *für jede eigentliche Ähnlichkeitsabbildung f.*
b) $\Delta(a, b, c)$ *ist genau dann reell, wenn a, b, c kollinear sind.*

Beweis. a) Man verwende (4) und Satz 1.
b) Wegen a) darf man $a = 0, b = 1$, also $\Delta(a, b, c) = c$ annehmen und erhält die Behauptung. □

Korollar B. *Zwei Dreiecke a, b, c und a', b', c' in $\mathbb{C}$ sind genau dann eigentlich ähnlich, wenn*
$$\Delta(a, b, c) = \Delta(a', b', c').$$
Beweis. Wegen Korollar A darf man $a = a' = 0$, $b = b' = 1$ annehmen. Dann folgt die Behauptung aus $\Delta(a, b, c) = c$. □

Man nennt $\Delta(a, b, c)$ das *Ähnlichkeitsmaß* des Dreiecks a, b, c. Für paarweise verschiedene $a, b, c \in \mathbb{C}$ bemerken wir noch

$$(5) \quad \Delta = \Delta(a, b, c) \in \mathbb{C} \backslash \{0, 1\}, \quad \Delta(b, c, a) = \frac{1}{1 - \Delta}, \quad \Delta(c, a, b) = 1 - \frac{1}{\Delta}.$$

Bemerkungen. a) Für paarweise verschiedene kollineare Punkte $a, b, c, d \in \mathbb{R}^2 \cong \mathbb{C}$ war das reelle Doppelverhältnis bereits in Kapitel II, §7 definiert worden. Man verifiziert sofort, dass die dortige Definition ein Spezialfall von (1) ist, wenn man den Satz berücksichtigt.
b) Für ein Dreieck a, b, c in $\mathbb{C}$ gilt $\Delta(a, b, c) \in \mathbb{C} \backslash \mathbb{R}$. Mit Korollar A verifiziert man sogleich, dass das Dreieck genau dann positiv orientiert ist, d.h. die Punkte werden gegen den Uhrzeigersinn um den Umkreismittelpunkt umlaufen, wenn Im $\Delta(a, b, c)$ positiv ist.

Aufgaben. a) Ein Dreieck a, b, c in $\mathbb{C}$ hat die Fläche
$$\frac{1}{2}|a - b|^2 \cdot |\text{Im} \, \Delta(a, b, c)|.$$

b) Seien $m, a, b, c, d \in \mathbb{C}$ paarweise verschieden, $\rho > 0$. Entstehen a', b', c', d' aus a, b, c, d durch Inversion am Kreis $K_{m, \rho}$, so gilt
$$DV(a', b', c', d') = \overline{DV(a, b, c, d)}.$$

c) Ist m der Umkreismittelpunkt des nicht-rechtwinkligen Dreiecks a, b, c in $\mathbb{C}$, so gilt
$$DV(m, a, b, c) = \overline{\Delta(a, b, c)}.$$

d) Ein Dreieck a, b, c in $\mathbb{C}$ ist genau dann gleichseitig, wenn

$$\Delta(a, b, c)^3 = -1.$$

e) Wie lautet (2) für eine uneigentliche Ähnlichkeitsabbildung?

f) Zeigen Sie, dass das Doppelverhältnis invariant unter MÖBIUS-Transformationen ist. Wie ist das Doppelverhältnis zu definieren, wenn eine Komponente ∞ ist?

g) Ein *verallgemeinerter Kreis* in $\hat{\mathbb{C}}$ (vgl. Bemerkung 1.8) ist ein Kreis in $\mathbb{C}$ oder eine Menge $G \cup \{\infty\}$, wobei G eine Gerade in $\mathbb{C}$ ist. Zeigen Sie, dass die verallgemeinerten Kreise durch Gleichungen der Form

$$Az^2 + Bz + \bar{B}\bar{z} + C = 0 \quad \text{mit} \quad A, C \in \mathbb{R},\ B \in \mathbb{C},\ |B|^2 > AC$$

beschrieben werden können und dass die Menge der verallgemeinerten Kreise invariant gegenüber MÖBIUS-Transformationen ist.

3*. Der Satz von MIQUEL wurde schon in 3.4 mit elementargeometrischen Methoden bewiesen. In diesem Abschnitt geben wir einen neuen Beweis, der das Doppelverhältnis verwendet und weiterführende Aussagen liefert.

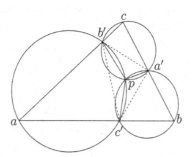

Abb. 84: Der Satz von MIQUEL

Satz von MIQUEL. *Wählt man in einem Dreieck a, b, c in $\mathbb{C}$ auf den Seiten $b \vee c, c \vee a, a \vee b$ Punkte a', b', c', die von den Eckpunkten verschieden sind, dann schneiden sich die drei Kreise durch*

(1) $\qquad\qquad a, b', c' \quad \text{bzw.} \quad b, c', a' \quad \text{bzw.} \quad c, a', b'$

in genau einem Punkt p. Es gilt

(2) $\qquad\qquad \Delta(a', b', c') = \overline{DV(p, a, b, c)}$

Man nennt p den MIQUEL-*Punkt* zum (eventuell entarteten) MIQUEL-*Dreieck* a', b', c' in Bezug auf a, b, c.

Beweis. Weil die drei Punkte jeweils nicht kollinear sind, existieren die Umkreise zu (1), die sich paarweise schneiden oder berühren, da sie bereits jeweils einen Punkt gemeinsam haben.

1. Fall: a', b', c' sind nicht kollinear und die drei Kreise schneiden sich paarweise in jeweils zwei verschiedenen Punkten.

Sei p der zweite Schnittpunkt der Kreise durch a, b', c' und b, c', a'. Dann sind a, b, c, a', b', c', p paarweise verschieden. Eine Verifikation mit 2(1) und 2(4) ergibt die so genannte PECZAR-*Identität*

$$\frac{DV(p,a,b',c') \cdot DV(p,b,c',a') \cdot DV(p,c,a',b')}{\Delta(a',c,b) \cdot \Delta(b',a,c) \cdot \Delta(c',b,a)} = 1.$$

$DV(p,a,b',c')$ und $DV(p,b,c',a')$ sind nach Satz 2 reell. Die drei Ausdrücke im Nenner sind nach Korollar 2A reell. Es folgt

$$DV(p,c,a',b') \in \mathbb{R},$$

so dass p nach Satz 2 auf dem Umkreis des Dreieck c, a', b' liegt und somit der gemeinsame Schnittpunkt der drei Kreise ist.

Nun verifiziert man

$$\begin{aligned} &DV(p,a,b,c) \cdot \Delta(a',b',c') \\ = \ &DV(p,b',a',c) \cdot DV(p,c',b,a') \cdot \Delta(b,a,c') \cdot \Delta(c,b',a).\end{aligned}$$

Die rechte Seite ist nach Satz 2 und Korollar 2A reell, also auch die linke Seite. Die gleichen Argumente und Rechnungen liefern bei zyklischer Vertauschung

$$DV(p,b,c,a) \cdot \Delta(b',c',a') \in \mathbb{R}.$$

Für $D = DV(p,a,b,c), \Delta = \Delta(a',b',c')$ bedeutet das nach 2(3) und 2(5)

$$D \cdot \Delta \in \mathbb{R}, \quad \frac{1}{1-D} \cdot \frac{1}{1-\Delta} \in \mathbb{R}.$$

Wegen $\Delta \notin \mathbb{R}$ nach Korollar 2A schließt man daraus $D + \Delta \in \mathbb{R}$ und dann

$$\Delta = \overline{D}.$$

Insbesondere folgt daraus

(3) $$p = \frac{\overline{\Delta}(a-b)c - (a-c)b}{\overline{\Delta}(a-b) - (a-c)}, \quad \overline{\Delta} = \frac{\overline{a'} - \overline{c'}}{\overline{a'} - \overline{b'}}.$$

2. Fall. a', b', c' sind kollinear oder zwei der drei Kreise berühren sich. In diesem Fall wählt man reelle Folgen $(\alpha_k)_k, (\beta_k)_k, (\gamma_k)_k$ in $\mathbb{R} \backslash \{0,1\}$, so dass

$$\begin{aligned} a'_k &= b + \alpha_k(c-b) \xrightarrow[k\to\infty]{} a', \\ b'_k &= c + \beta_k(a-c) \xrightarrow[k\to\infty]{} b', \\ c'_k &= a + \gamma_k(b-a) \xrightarrow[k\to\infty]{} c', \\ \Delta_k &= \Delta(a'_k, b'_k, c'_k), \ \text{Im}\,\Delta_k \neq 0, \\ p_k &= \frac{\overline{\Delta}_k(a-b)c - (a-c)b}{\overline{\Delta}_k(a-b) - (a-c)} \neq a'_k, b'_k, c'_k. \end{aligned}$$

Auf diese Folge ist dann der 1. Fall anwendbar. Man erhält

$$DV(p_k, a, b'_k, c'_k),\ DV(p_k, b, c'_k, a'_k),\ DV(p_k, c, b'_k, a'_k) \in \mathbb{R},\ \Delta_k = \overline{DV(p_k, a, b, c)}.$$

Da rationale Funktionen auf dem Definitionsbereich stetig sind, bleiben die Aussagen gültig, wenn man zum Grenzwert übergeht. Wegen $\Delta_k \xrightarrow[k\to\infty]{} \Delta(a', b', c')$ folgert man, dass der durch (3) definierte Punkt p auf den drei Kreisen durch (1) liegt und nach Konstruktion auch (2) erfüllt. $\qquad\square$

Als einfache Anwendung formulieren wir das

Korollar A. *Sei $a, b, c \in \mathbb{C}$ ein Dreieck und p der* MIQUEL*-Punkt zu den Punkten $a' \in b \vee c, b' \in c \vee a, c' \in a \vee b$, jeweils von a, b, c verschieden. Dann sind äquivalent*
(i) *p liegt auf dem Umkreis von a, b, c.*
(ii) *a', b', c' sind kollinear.*

Beweis. Die Aussage folgt aus dem Satz von MIQUEL, aus Satz 2 und dem Korollar 2A. $\qquad\square$

Eine Kombination von Korollar 2A mit dem Satz von MIQUEL liefert das

Korollar B. *Sei a, b, c ein Dreieck in $\mathbb{C}$. Auf den drei Seiten seien Punkte $a', a'' \in b \vee c, b', b'' \in c \vee a, c', c'' \in a \vee b$ jeweils von den Eckpunkten verschieden gewählt. Dann sind äquivalent:*

(i) *Die* MIQUEL*-Punkte zu a', b', c' und a'', b'', c'' stimmen überein.*
(ii) *Es gibt eine eigentliche Ähnlichkeitsabbildung f, so dass*

$$f(a') = a'', \quad f(b') = b'', \quad f(c') = c''.$$

Als weitere Anwendung von Korollar A geben wir einen neuen Beweis für den

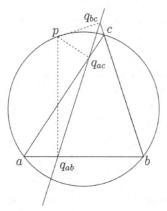

Abb. 85: Der Satz von WALLACE

Satz von WALLACE. *Sei a, b, c ein Dreieck in $\mathbb{C}$. Für $p \in \mathbb{C}$ sind äquivalent*

(i) *p liegt auf dem Umkreis des Dreiecks a, b, c.*

(ii) *Die Fußpunkte der Lote von p auf die Seiten des Dreiecks sind kollinear.*

Beweis. Die Aussage ist trivial, falls p ein Eckpunkt ist. Sei also $p \notin \{a, b, c\}$. Seien a', b', c' die Fußpunkte der Lote von p auf die Seiten $b \vee c, c \vee a, a \vee b$. Nach dem Satz von THALES 1.1 liegen b' und c' auf dem THALES-Kreis durch p und a. Analog liegen c' und a' auf dem THALES-Kreis durch p und b sowie a' und b' auf dem THALES-Kreis durch p und c. Gilt $\{a', b', c'\} \cap \{a, b, c\} = \emptyset$, so ist p der MIQUEL-Punkt zu a', b', c'. Dann folgt die Behauptung aus Korollar A. Andernfalls kann man ohne Einschränkung $a' = c$ annehmen. In (ii) ist dann $a \vee c$ die gesuchte Gerade, so dass (ii) äquivalent ist zu $c' = a$. Nach dem Satz von THALES 1.1 ist diese Aussage äquivalent zu der Tatsache, dass a, c beide auf dem THALES-Kreis durch p und b liegen, also zu (i). $\square$

Aufgaben. a) Liegen unter den Voraussetzungen von Korollar A für p auf dem Umkreis die Punkte a', b', c' stets auf der WALLACE-Geraden?

b) Geben Sie einen neuen Beweis der Parallelenversion des Satzes von MIQUEL (Aufgabe 3.4d).

c) Wie lautet der Satz von MIQUEL, wenn man im Dreieck a, b, c den Punkt c mit einer MÖBIUS-Transformation auf ∞ abbildet?

d) Bestimmen Sie alle MIQUEL-Punkte p, für die das zugehörige MIQUEL-Dreieck zum Ausgangsdreieck ähnlich ist.

e) Gegeben sei ein Dreieck a, b, c. Welche Punkte können als MIQUEL-Punkte zu a, b, c auftreten?

f) Seien a, b, c, a', b', c' in $\hat{\mathbb{C}}$, so dass keine vier dieser Punkte auf einem verallgemeinerten Kreis liegen. Zeigen Sie die Äquivalenz der beiden folgenden Aussagen:

(i) Die verallgemeinerten Kreise durch a, b', c durch b, c', a und durch c, a', b gehen durch einen Punkt.

(ii) Die verallgemeinerten Kreise durch a, b', c', durch b, c', a' und durch c, a', b' gehen durch einen Punkt.

g) Stellen Sie die Inversion am Kreis (vgl. 1.8) als Koposition einer MÖBIUS-Transformation mit der Spiegelung $z \mapsto \bar{z}$ dar.

4*. Die BROCARDschen Punkte waren schon in Kapitel II, §7 behandelt worden. In diesem Abschnitt geben wir eine neue Darstellung, die sich als Grenzübergang aus dem Satz von MIQUEL 3 ergibt. Wir betrachten die MIQUEL-Situation 3 mit $0 < \lambda < 1$ und

$$\begin{aligned}
a' &= b + \lambda(c - b) \\
b' &= c + \lambda(a - c) \\
c' &= a + \lambda(b - a)
\end{aligned}$$

Der Kreis durch a, b', c geht für $\lambda \to 0$ über in den Kreis durch c, der die Seite $a \vee b$ in a berührt, und für $\lambda \to 1$ in den Kreis durch b, der die Seite $a \vee c$ in

a berührt. Aus den beiden Grenzübergängen $\lambda \to 0$ und $\lambda \to 1$ folgt dann mit dem Satz von MIQUEL 3 sowie 2(5) der

Satz von BROCARD. *Sei a, b, c ein Dreieck in $\mathbb{C}$.*
a) *Der Kreis durch c, der die Seite $a \vee b$ in a berührt, und der Kreis durch a, der die Seite $b \vee c$ in b berührt, und der Kreis durch b, der die Seite $c \vee a$ in c berührt, schneiden sich in genau einem Punkt p, der*

$$\overline{DV(p, a, b, c)} = \frac{1}{1 - \Delta(a, b, c)}$$

erfüllt.
b) *Der Kreis durch b, der die Strecke $c \vee a$ in a berührt, und der Kreis durch c, der die Strecke $a \vee b$ in b berührt, und der Kreis durch a, der die Strecke $b \vee c$ in c berührt, schneiden sich in genau einem Punkt q, der*

$$\overline{DV(q, a, b, c)} = 1 - \frac{1}{\Delta(a, b, c)}$$

erfüllt.

p und q heißen die BROCARD*schen Punkte* des Dreiecks a, b, c

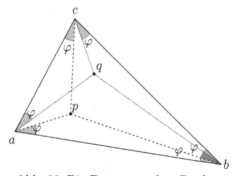

Abb. 86: Die BROCARDschen Punkte

Korollar. *Mit $\Delta = \Delta(a, b, c)$ gilt*

$$\frac{\Delta(a, b, p)}{|\Delta(a, b, p)|} = \frac{\Delta(b, c, p)}{|\Delta(b, c, p)|} = \frac{\Delta(c, a, p)}{|\Delta(c, a, p)|} = \frac{1 - \overline{\Delta} + \Delta\overline{\Delta}}{|1 - \overline{\Delta} + \Delta\overline{\Delta}|}$$

$$= \frac{\Delta(a, q, c)}{|\Delta(a, q, c)|} = \frac{\Delta(b, q, a)}{|\Delta(b, q, a)|} = \frac{\Delta(c, q, b)}{|\Delta(c, q, b)|}$$

Beweis. Man verifiziert die Aussagen mit dem Satz von BROCARD und den Identitäten 2(3) und 2(5). Z.B. erhält man

$$\Delta(a,b,p) \;=\; \frac{a-p}{a-b} = \frac{1}{1 - \frac{p-b}{p-a}} = \frac{1}{1 - \frac{\Delta(c,a,b)}{DV(p,c,a,b)}}$$

$$= \frac{1}{1 - (1 - 1/\Delta)/\overline{\Delta}} = \left| \frac{\Delta}{1 - \overline{\Delta} + \Delta\overline{\Delta}} \right|^2 \cdot (1 - \overline{\Delta} + \Delta\overline{\Delta}). \qquad \square$$

Bemerkungen. a) Aus 1(3) folgt mit der Standardbezeichnung für die Winkel eines Dreiecks a, b, c in $\mathbb{C}$

$$\cos\alpha = \frac{\operatorname{Re}\Delta(a,b,c)}{|\Delta(a,b,c)|}$$

Es existiert also ein Winkel φ, so dass $\cos\varphi$ mit den Realteilen der Ausdrücke im Korollar übereinstimmt. Dreht man also die Seiten des Dreiecks in den Eckpunkten um den Winkel φ, so schneiden sich die 3 entsprechenden gedrehten Seiten in p bzw. q. Daher ist φ der bereits in Bemerkung II.7.2 erwähnte BROCARDsche Winkel.

b) Ist das Dreieck positiv orientiert, so gilt

(1) $$\Delta(a,b,c) = |\Delta(a,b,c)| \cdot e^{i\alpha}, \quad \alpha \in [0, \pi].$$

Andernfalls gilt

$$\Delta(a,b,c) = |\Delta(a,b,c)| \cdot e^{-i\alpha}, \quad \alpha \in [0, \pi].$$

Mit dem Sinus-Satz und dem Winkelsummen-Satz folgt

$$\Delta(a,b,c) \;=\; \frac{|a-c|}{|a-b|} \cdot e^{i\alpha} = \frac{\sin\beta}{\sin\gamma} \cdot e^{i\alpha}$$

$$= \frac{e^{i\beta} - e^{-i\beta}}{e^{i\gamma} - e^{-i\gamma}} \cdot e^{i(\pi - \beta - \gamma)} = \frac{1 - e^{-2i\beta}}{1 - e^{2i\gamma}}$$

Ist a, b, c negativ orientiert, so gilt natürlich

$$\Delta(a,b,c) = \frac{1 - e^{2i\beta}}{1 - e^{-2i\gamma}}$$

Aufgaben. a) Die beiden BROCARDschen Punkte p und q stimmen genau dann überein, wenn das Dreieck gleichseitig ist. In diesem Fall ist $p = q = s = \frac{1}{3}(a + b + c)$ und der BROCARDsche Winkel ist $\frac{\pi}{6}$
b) Charakterisieren Sie die Fälle, dass einer der BROCARDschen Punkte mit dem Umkreis- bzw. Inkreismittelpunkt übereinstimmt.

5*. Anwendungen. Wir betrachten die Situation, dass auf den Seiten eines Dreiecks jeweils neue Dreiecke konstruiert werden und setzen die Ähnlichkeitsmaße der 4 Dreiecke zueinander in Beziehung.

Lemma. *Sei a, b, c ein Dreieck in $\mathbb{C}$ mit Ähnlichkeitsmaß $\Delta = \Delta(a,b,c)$. Nun wählt man p, q, r in $\mathbb{C}$, so dass die 6 Punkte paarweise verschieden sind. Mit*

$\lambda = \Delta(p,c,b), \mu = \Delta(q,a,c), \nu = \Delta(r,b,a)$ *gilt*

$$\Delta(p,q,r) = \frac{\lambda\Delta - \left(\frac{1-\lambda\nu}{1-\nu}\right)}{\frac{1-\lambda\mu}{1-\mu}\Delta - 1}.$$

Beweis. Aus 2(4) erhalten wir

$$p = \frac{b - \lambda c}{1 - \lambda}\ , \ q = \frac{c - \mu a}{1 - \mu}\ , \ r = \frac{a - \nu b}{1 - \nu}$$

Daraus ergibt sich

$$
\begin{aligned}
(1-\lambda)(1-\nu)(p-r) &= (a-b)[\lambda(1-\nu)\Delta - (1-\lambda\nu)], \\
(1-\lambda)(1-\mu)(p-q) &= (a-b)[(1-\lambda\mu)\Delta - (1-\mu)].
\end{aligned}
$$

Division der beiden letzten Gleichungen liefert die Behauptung. $\square$

Als Anwendung dieses Lemmas beweisen wir erneut den

Satz von MORLEY. *Trägt man in einem Dreieck a, b, c die anliegenden inneren bzw. äußeren Winkeldreiteilenden in den Eckpunkten an, so entsteht durch die Schnittpunkte ein gleichseitiges Dreieck.*

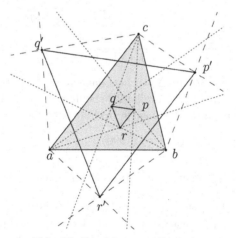

Abb. 87: Die MORLEY-Dreiecke

Beweis. Wir nehmen an, dass a, b, c positiv orientiert ist. Bezeichnen p, q, r die Schnittpunkte der inneren Winkeldreiteilenden wie in der Zeichnung, so folgt, dass die Dreiecke p, c, b und q, a, c sowie r, b, a negativ orientiert sind. Verwendet man die Abkürzung

$$A = e^{2i\alpha/3}\ , \ B = e^{2i\beta/3}\ , \ C = e^{2i\gamma/3}$$

mit

$$ABC = \omega^2 = e^{2\pi i/3} \ , \ \omega = \frac{1}{2}(1 + i\sqrt{3}),$$

so folgt aus der Bemerkung 4b)

$$\Delta \ = \ \frac{1 - e^{-2i\beta}}{1 - e^{2i\gamma}} = \frac{1 - \overline{B}}{1 - C} \cdot \frac{1 + \overline{B} + \overline{B}^2}{1 + C + C^2},$$

$$\lambda \ = \ \frac{1 - e^{2i\gamma/3}}{1 - e^{-2i\beta/3}} = \frac{1 - C}{1 - \overline{B}}, \ \mu = \frac{1 - A}{1 - \overline{C}}, \ \nu = \frac{1 - B}{1 - \overline{A}}.$$

Nun verwenden wir das Lemma in der Form

$$\Delta(p, q, r) = \frac{\frac{1 - \lambda\Delta}{1 - \lambda} - \frac{1}{1 - \nu^{-1}}}{\frac{1 - \lambda\Delta}{1 - \lambda} - \frac{\Delta}{1 - \mu}}.$$

Mit den Identitäten $\omega + \overline{\omega} = \omega\overline{\omega} = 1, ABC = \omega^2 = -\overline{\omega}, A\overline{A} = B\overline{B} = C\overline{C} = 1$
ergibt sich

$$\frac{1 - \lambda\Delta}{1 - \lambda} \ = \ \frac{(1 - \overline{B})(1 + \overline{B} + C)}{1 + C + C^2},$$

$$\frac{1}{1 - \nu^{-1}} \ = \ \frac{1 - B}{\overline{A} - B} = \frac{(1 - \overline{B}) \cdot (1 + \overline{\omega}C)}{1 + C + C^2},$$

$$\frac{1}{1 - \mu} \ = \ \frac{1 - \overline{C}}{A - \overline{C}} = \frac{(1 - C) \cdot (1 + \omega\overline{B})}{1 + \overline{B} + \overline{B}^2},$$

$$\frac{\Delta}{1 - \mu} \ = \ \frac{(1 - \overline{B})(1 + \omega\overline{B})}{1 + C + C^2}.$$

Nun setzt man ein und erhält $\Delta = \omega$. Da das Dreieck $0, 1, \omega$ gleichseitig ist mit $\Delta(0, 1, \omega) = \omega$, ist p, q, r nach Korollar 2B ebenfalls gleichseitig. Für die äußeren Winkeldreiteilenden führt eine analoge Rechnung zum Ziel.   □

Literatur: J. LESTER, *Triangles I* (1996).

Aufgaben. a) Man gebe mit dem Lemma einen neuen Beweis für den Satz von NAPOLEON. (vgl. Aufgabe III.2.4 d)
b) Gegeben sei ein Dreieck a, b, c. Unter welcher Bedingung kann man auf den drei Dreiecksseiten jeweils eigentlich ähnliche Dreiecke errichten, so dass das aus den drei neuen Eckpunkten gebildete Dreieck eigentlich ähnlich zum Ausgangsdreieck a, b, c ist?

Kapitel V

Kegelschnitte

Einleitung. Dem Leser sind die als Ellipse, Hyperbel bzw. Parabel bekannten Kurven der Ebene vertraut. Man bezeichnet diese Kurven gelegentlich auch als *eigentliche Kegelschnitte*, um den Unterschied zu Entartungsfällen (ein Punkt als „entarteter Kreis", eine Strecke als „entartete Ellipse" usw.) hervorzuheben. In seiner *Geschichte der Elementar-Mathematik*, Band II; 13 (Leipzig 1903) beginnt Johannes TROPFKE die Geschichte der Kegelschnitte mit den Worten:

> Die Theorie der Kegelschnitte bildet den Höhepunkt der antiken Mathematik. Der gewaltige Aufschwung, den diese Wissenschaft im vierten Jahrhundert v.Chr. genommen hatte, dessen Höhe EUKLID's großes Werk für die Elementargeometrie abschätzen läßt, hielt auch noch im dritten Jahrhundert an. Männer, wie ARCHIMEDES (287–212, Syrakus) und APOLLONIUS (zwischen 250 und 200 in Alexandria, später in Pergamum), waren mit erfolgreichem Eifer bemüht, auch höhere Teile der Mathematik zu erschließen. Auf Vorarbeiten des ersten gestützt, konnte APOLLONIUS für die Kegelschnittlehre ein Werk schaffen, das an Bedeutung den Elementen EUKLID's zum mindesten ebenbürtig ist, aber in der Schwierigkeit des Stoffes und der Methoden sie weit überragt.

Nach Erwähnung erster Namen wie PAPPUS, ARCHYTAS von Tarent (428–365 v.Chr.), MENÄCHMUS (um 350 v.Chr., ein Schüler PLATONs) fährt er fort:

> Der erste Verfasser von *Elementen* der Kegelschnittlehre soll EUKLID (um 300 v.Chr., Alexandria) gewesen sein. Den großen Erfolg, der ihm auf dem Gebiet der Elementarmathematik beschieden war, hatte er in diesem neuen Lehrbuche nicht. Wie seine στοιχεῖα alle gleichartigen Arbeiten seiner Vorgänger so verdrängten, daß nicht mehr als deren Name auf uns gekommen ist, so geriet seine Kegelschnittlehre in die Vergessenheit, als das Werk von APOLLONIUS erschien.

Auf diesen Vorarbeiten beruhen die 8 Bücher über Kegelschnitte, die *Conica*, von APOLLONIUS von Pergae (ca. 262–190 v.Chr.) nach

> ... Inhalt und Darstellung ein so vorzügliches Lehrbuch, daß es erklärlich ist, wenn die Schriften der Vorgänger verloren gegangen sind.

Eine erste deutsche Übersetzung stammt von H. BALSAM: *Des Apollonius von Perga sieben Bücher über Kegelschnitte nebst dem durch Halley wiederhergestellten achten Buche* (Reimer, Berlin 1861). Noch heute gilt das 1886 erschienene

Buch *Die Lehre von den Kegelschnitten im Altertum* von Hieronymus Georg
ZEUTHEN (1839–1920) [Neu herausgegeben von J.E. HOFMANN, Olms, Hildes-
heim 1966] als die bisher unübertroffene beste Einführung in die Kegelschnitt-
lehre der alten Griechen. ZEUTHEN schreibt in der Vorrede:

> In der Zeit vom sechsten bis zum zweiten Jahrhundert v.Chr. wurde der Grund
> zu der mathematischen Wissenschaft von den griechischen Mathematikern ge-
> legt. Die wichtigste Bedingung dafür, daß dieser Grundbau eine Wissenschaft
> tragen konnte, deren Wahrheiten erst dann ihre rechte Bedeutung erhalten,
> wenn sie durch vollständige Beweise sicher gestellt werden, bestand darin, daß
> er selbst die genannten Eigenschaften hatte.

Die erste und nächstliegende Erzeugung der „Kegelschnitte" bei den Griechen
war die Beschreibung durch ebene Schnitte an Kreiskegeln. Dabei wurde zunächst für jede Gattung ein besonderer Kegel gewählt. APOLLONIUS prägt dann
die neuen Namen „Parabel", „Hyperbel" und „Ellipse" (in dieser Reihenfolge) und
definiert diese Kurven durch ihre ebenen Schnitte an einem Kreiskegel. Von ihm
ist erstmals die Entstehung aller Kegelschnittgattungen an einem einzigen Kegel
gezeigt worden.

Wirklich neue Prinzipien brachte erst das siebzehnte Jahrhundert, einerseits
durch die analytisch geometrische Behandlungsart durch R. DESCARTES (1595–
1650) und P. FERMAT (1601–1665) und andererseits durch die Anfänge der projektiven Geometrie durch G. DESARGUES (1591–1661), auf die wir im nächsten
Kapitel noch näher eingehen werden.

Im vorliegenden Kapitel bezeichnet $\mathbb{E} = (\mathbb{R}^2; \langle, \rangle)$ wieder die euklidische Ebene
im Sinne von III.1.1.

§ 1 Ellipsen und Hyperbeln

1. Ellipse. Den geometrischen Ort E aller Punkte $x \in \mathbb{E}$, für welche die Summe
der Abstände zu zwei gegebenen Punkten p, q konstant gleich 2ρ ist, $\rho > 0$, nennt
man eine *Ellipse*, die Punkte p, q heißen die *Brennpunkte* der Ellipse. Man nennt
$\frac{1}{2}(p + q)$ den *Mittelpunkt* der Ellipse. Damit ist die Ellipse durch die Gleichung

$$(1) \qquad |x - p| + |x - q| = 2\rho$$

gegeben. Ist E nicht leer, so gilt

$$(2) \qquad 2\sigma := |p - q| \le 2\rho$$

nach der Dreiecksungleichung III.1.4. Im Fall $p = q$ erhält man offenbar einen
Kreis mit Radius ρ um p. Im Fall $|p - q| = 2\rho$ entartet E zur Verbindungsstrecke
$\{\alpha p + (1 - \alpha)q : 0 \le \alpha \le 1\}$ von p und q. Um die Entartungsfälle auszuschließen,
nehmen wir bei einer Ellipse stets $|p - q| < 2\rho$ an. Man nennt die Gerade $p \vee q$
und die dazu orthogonale Gerade durch den Mittelpunkt $\frac{1}{2}(p + q)$ die *Achsen*
der Ellipse.

Nach Ausführung einer Translation darf man ohne Einschränkung

$$(3) \qquad\qquad q = -p \neq 0 \,, \ |p| = \sigma < \rho,$$

also 0 als Mittelpunkt und

$$(4) \qquad\qquad E = \{x \in \mathbb{E} : |x - p| + |x + p| = 2\rho\}$$

annehmen. Der Abstand der beiden Brennpunkte ist also gleich $2|p| = 2\sigma$.

Lemma. *Unter der Bedingung* (3) *besteht die Ellipse* (4) *genau aus den* $x \in \mathbb{E}$, *für die*

$$(5) \qquad\qquad \rho^2 |x|^2 - \langle p, x \rangle^2 = \rho^2(\rho^2 - |p|^2)$$

gilt. In diesem Fall ist $|x| \leq \rho$.

Beweis. Nach Quadrieren wird die definierende Gleichung in (4) gleichwertig mit $|x - p| \cdot |x + p| = 2\rho^2 - |p|^2 - |x|^2$, nach erneutem Quadrieren daher gleichwertig mit

$$(|x|^2 - 2\langle p, x\rangle + |p|^2) \cdot (|x|^2 + 2\langle p, x\rangle + |p|^2) = (2\rho^2 - |p|^2 - |x|^2)^2,$$

wobei man jetzt aber die Nebenbedingung

$$(*) \qquad\qquad |x|^2 + |p|^2 \leq 2\rho^2$$

nicht vergessen darf. Damit ist $x \in E$ zu $(*)$ und (5) äquivalent. Aus der Gültigkeit von (5) ergibt sich mit der CAUCHY-SCHWARZschen Ungleichung III.1.4 aber $\rho^2 \cdot (\rho^2 - |p|^2) \geq (\rho^2 - |p|^2) \cdot |x|^2$, also wegen (3) auch $|x| \leq \rho$. Damit ist $(*)$ eine Folge von (5). $\qquad\square$

Mit Hilfe einer Drehung (vgl. III.1.6) kann man

$$(6) \qquad\qquad p = \begin{pmatrix} \sigma \\ 0 \end{pmatrix}, \ 0 < \sigma < \rho,$$

erreichen. Man trägt dies in (5) ein und erhält den

Satz. *Bis auf eine Bewegung von* $\mathbb{E}$ *kann eine Ellipse beschrieben werden durch die Gleichung*

$$(7) \qquad\qquad \left(\frac{x_1}{\rho_1}\right)^2 + \left(\frac{x_2}{\rho_2}\right)^2 = 1,$$

wobei die Halbachsen ρ_1 *und* ρ_2 *gegeben sind durch*

$$(8) \qquad\qquad \rho_1 := \rho \quad und \quad \rho_2 := \sqrt{\rho^2 - \sigma^2}.$$

In der Normalform (7) ist 0 der Mittelpunkt und $\pm\begin{pmatrix}\sigma\\0\end{pmatrix}$ sind die Brennpunkte. Man nennt (7) die *Mittelpunktsgleichung* der Ellipse.

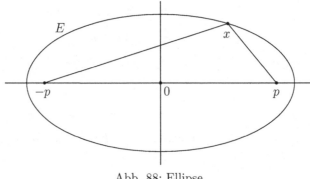

Abb. 88: Ellipse

Man kann die Größen ρ_1, ρ_2, σ auch geometrisch an der Zeichnung ablesen.

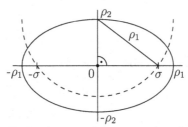

Abb. 89: Halbachsen und Brennpunkte der Ellipse

Bemerkungen. a) Nach Definition (1) ist klar, dass eine Ellipse durch die bekannte Fadenkonstruktion gezeichnet werden kann. Man spannt einen geschlossenen Faden der Länge $2\sigma + 2\rho$ durch einen Schreibstift um die Punkte p und q („Gärtner-Ellipse"). Diese Fadenkonstruktion soll von ANTHEMIOS von Tralleis (gest. 534 n.Chr.) stammen. Definition (1) geht auf Philippe de LA HIRE (1640–1718) zurück.

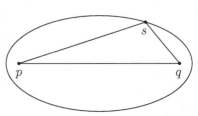

Abb. 90: Ellipsenkonstruktion

b) Die Schreibweise (7) ist durch die Indizes etwas ungewohnt: Man erhält die gewohnte Form, wenn man $x = \binom{X}{Y}$ und $\rho_1 = A$, $\rho_2 = B$ setzt:

$$\frac{X^2}{A^2} + \frac{Y^2}{B^2} = 1.$$

(Man muss hier das Alphabet wechseln, um Konfusion mit den Punkten x, y von $\mathbb{E}$ zu vermeiden.)

c) Nach dem Satz hat die Ellipse (7) eine *Parameterdarstellung* der Form

$$x = \begin{pmatrix} \rho_1 & \cos\varphi \\ \rho_2 & \sin\varphi \end{pmatrix}, \ 0 \leq \varphi < 2\pi.$$

Aufgaben. Die Ellipse E werde durch (7) gegeben.

a) Für $x \in E$ ist der Abstand zu den Brennpunkten gleich $\rho \pm \frac{\sigma}{\rho} x_1$.

b) Die Ecken eines Quadrats, dessen Seiten parallel zu den Ellipsenachsen sind, liegen auf E. Man berechne den Flächeninhalt des Quadrats.

c) Man bestimme den maximalen Flächeninhalt eines Rechtecks, dessen Seiten parallel zu den Ellipsenachsen sind und dessen Ecken auf E liegen.

d) Welche geometrische Figur beschreibt ein markierter Punkt auf einem Kreis, der innen am Rand eines Kreises vom doppelten Radius abrollt?

e) Eine Ellipse ist invariant gegenüber Spiegelung an jeder der beiden Achsen.

2. Hyperbel. Den geometrischen Ort H aller Punkte $x \in \mathbb{E}$, für welche der Betrag der Differenz der Abstände zu zwei verschiedenen gegebenen Punkten p, q konstant gleich 2ρ ist, $\rho > 0$, nennt man eine *Hyperbel*. Die Punkte p, q heißen *Brennpunkte* und $\frac{1}{2}(p + q)$ *Mittelpunkt* der Hyperbel. Damit ist die Gleichung einer Hyperbel durch

$$(1) \qquad |x - p| - |x - q| = \pm 2\rho$$

gegeben. Ist H nicht leer, so folgt mit der Dreiecksungleichung III.1.4

$$(2) \qquad 2\rho \leq |p - q| =: 2\sigma.$$

In den Fällen $|p - q| = 2\rho$ bzw. $\rho = 0$ entartet die Hyperbel zur Geraden durch p und q ohne die Verbindungsstrecke von p und q bzw. zur Mittelsenkrechten von p und q. Um die Entartungsfälle auszuschließen, nehmen wir bei einer Hyperbel stets $0 < 2\rho < |p - q|$ an. Man nennt die Gerade $p \vee q$ und die dazu orthogonale Gerade durch den Mittelpunkt $\frac{1}{2}(p + q)$ die *Achsen* der Hyperbel.

Nach Ausführung einer Translation darf man ohne Einschränkung wieder

$$(3) \qquad q = -p \neq 0, \ 0 < \rho < \sigma = |p|,$$

also 0 als Mittelpunkt und

$$(4) \qquad H = \{x \in \mathbb{E} : |x - p| - |x + p| = \pm 2\rho\}$$

annehmen. Der Abstand der beiden Brennpunkte ist also $2|p| = 2\sigma$.

Lemma. *Unter der Bedingung* (3) *besteht die Hyperbel* (4) *genau aus den* $x \in \mathbb{E}$, *für die*

$$(5) \qquad \rho^2|x|^2 - \langle p, x\rangle^2 = \rho^2(\rho^2 - |p|^2)$$

gilt. In diesem Fall ist $|x| \geq \rho$.

Beweis. Analog zum Beweis von Lemma 1 ist (4) gleichwertig mit

$$(|x|^2 - 2\langle p, x\rangle + |p|^2) \cdot (|x|^2 + 2\langle p, x\rangle + |p|^2) = (2\rho^2 - |p|^2 - |x|^2)^2,$$

wobei jetzt die Nebenbedingung

(∗) $$2\rho^2 \leq |x|^2 + |p|^2$$

lautet. Damit ist $x \in H$ zu (∗) und (5) äquivalent. Aus (5) folgt mit der CAUCHY-SCHWARZschen Ungleichung III.1.4

$$|x|^2(\rho^2 - |p|^2) \leq \rho^2(\rho^2 - |p|^2),$$

also wegen (3) dann $|x|^2 \geq \rho^2$. Damit ist (∗) eine Folge von (5).   □

Mit Hilfe einer Drehung (vgl. III.1.6) kann man wieder

(6) $$p = \begin{pmatrix} \sigma \\ 0 \end{pmatrix} , \, 0 < \rho < \sigma$$

erreichen. Es folgt der

Satz. *Bis auf eine Bewegung von* $\mathbb{E}$ *kann eine Hyperbel beschrieben werden durch*

(7) $$\left(\frac{x_1}{\rho_1}\right)^2 - \left(\frac{x_2}{\rho_2}\right)^2 = 1,$$

wobei die Halbachsen ρ_1 *und* ρ_2 *gegeben sind durch*

(8) $$\rho_1 := \rho \quad und \quad \rho_2 := \sqrt{\sigma^2 - \rho^2}.$$

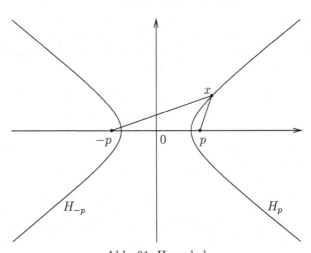

Abb. 91: Hyperbel

Für $0 < \rho < \sigma$ zerfällt die Hyperbel (1) in zwei Zusammenhangskomponenten, nämlich in

$$H_p := \{x \in \mathbb{E} : |x - q| - |x - p| = 2\rho\}, \, H_q := \{x \in \mathbb{E} : |x - p| - |x - q| = 2\rho\}.$$

H_p heißt der *zu p gehörige Ast der Hyperbel.*

In der Normalform (7) ist 0 der Mittelpunkt und $\pm\binom{\sigma}{0}$ sind die Brennpunkte. Man nennt (7) die *Mittelpunktsgleichung* der Hyperbel.

Bemerkung. Mit Hilfe der hyperbolischen Sinus- und Cosinusfunktionen, also $\cosh\varphi := \frac{1}{2}(e^\varphi + e^{-\varphi})$, $\sinh\varphi := \frac{1}{2}(e^\varphi - e^{-\varphi})$, kann der „rechte" Ast der Hyperbel (7) in der folgenden Parameterdarstellung gegeben werden:

$$(9) \qquad x = \begin{pmatrix} \rho_1 \cosh\varphi \\ \rho_2 \sinh\varphi \end{pmatrix}, \ \varphi \in \mathbb{R}.$$

Fadenkonstruktion einer Hyperbel. Für die Hyperbel gibt es eine Konstruktion mit Faden und Lineal: Im Punkt q ist ein Lineal der Länge λ drehbar befestigt, das andere Ende e ist mit p durch einen Faden der Länge $\varphi = \lambda - 2\rho$ verbunden. Der Faden wird nun durch einen Schreibstift s am sich drehenden Lineal so entlang geführt, dass der Faden gestrafft ist. Dann gilt nämlich $|s - e| + |s - p| = \varphi$ und folglich

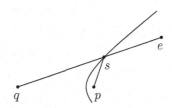

Abb. 92: Hyperbelkonstruktion

$$|s - q| - |s - p| = |s - q| + |s - e| - \varphi = \lambda - \varphi = 2\rho.$$

Der Punkt s beschreibt also bei festem λ einen endlichen Teil des zu p gehörigen Hyperbelastes.

Aufgaben. a) Für die Hyperbel (7) gilt die *Parameterdarstellung*

$$\left\{ \begin{pmatrix} \rho_1/\cos\varphi \\ \rho_2 \tan\varphi \end{pmatrix} : \ \varphi \in \left(-\frac{\pi}{2}, \frac{\pi}{2}\right) \cup \left(\frac{\pi}{2}, \frac{3\pi}{2}\right) \right\}.$$

b) Man beweise die folgende Konstruktion für die Hyperbel (7): Sei K bzw. L der Kreis um 0 mit Radius ρ_1 bzw. ρ_2. Für $0 < \varphi < \frac{\pi}{2}$ sei a bzw. b ein Schnittpunkt von $\mathbb{R}e(\varphi)$ mit K bzw. L. Die Tangente an K durch a schneide $\mathbb{R}e_1$ in c, die Tangente an L durch b schneide $\mathbb{R}e_1$ in d. Die Schnittpunkte des Kreises um c mit Radius $|b - d|$ mit der Geraden $c + \mathbb{R}e_2$ liegen auf H.

c) Seien $\alpha, \beta, \gamma \in \mathbb{R}$, $\gamma \neq 0$. Man zeige, dass durch $(x_1 + \alpha)(x_2 + \beta) = \gamma$ eine Hyperbel beschrieben wird, und bestimme die Brennpunkte und Halbachsen.

d) Eine Hyperbel ist invariant gegenüber Spiegelung an jeder der beiden Achsen.

e) In der Parameterdarstellung (9) ist $\rho_1\rho_2|\varphi|$ der Inhalt der Fläche, die von den Geraden $\mathbb{R}x$ und $\mathbb{R}(-x)$ sowie dem rechten Ast der Hyperbel begrenzt wird.

3. Gemeinsame Beschreibung. Vergleicht man Lemma 1 und Lemma 2, so sieht man, dass Ellipsen und Hyperbeln bis auf eine Translation, die den Mittelpunkt auf 0 abbildet, durch eine gemeinsame Gleichung

(1) $$\rho^2 |x|^2 - \langle x, p \rangle^2 = \rho^2 (\rho^2 - \sigma^2)$$

beschrieben werden können. Dabei sind die Brennpunkte durch $\pm p$ gegeben und es ist

(2) $$\sigma := |p| \geq 0 \,,\; \rho \neq \sigma \,,\; \rho > 0.$$

Verwendet man die symmetrische 2×2 Matrix

(3) $$S := \frac{1}{\rho^2 (\rho^2 - \sigma^2)} (\rho^2 E - p p^t),$$

so kann also jede Ellipse bzw. Hyperbel mit Mittelpunkt 0 in der Form

(4) $$K := \{ x \in \mathbb{E} \,:\, \langle x, S x \rangle = 1 \}$$

gegeben werden. Dabei ist

(5) $$K \text{ eine } \left\{ \begin{array}{c} \text{Ellipse} \\ \text{Hyperbel} \end{array} \right\}, \text{ wenn } \left\{ \begin{array}{c} \rho > \sigma \\ \rho < \sigma \end{array} \right\} \text{ gilt.}$$

Mit (3) ergibt eine einfache Rechnung in Komponenten

(6) $$\det S = \frac{1}{\rho^2 (\rho^2 - \sigma^2)}$$

und (5) liefert dann

(7) $$K \text{ ist eine } \left\{ \begin{array}{c} \text{Ellipse} \\ \text{Hyperbel} \end{array} \right\}, \text{ wenn } \left\{ \begin{array}{c} \det S > 0 \\ \det S < 0 \end{array} \right\} \text{ gilt.}$$

Wegen (1) liegt K *symmetrisch zum Nullpunkt*, denn $x \in K$ ist mit $-x \in K$ äquivalent. Jede Gerade durch 0 oder allgemeiner durch den Mittelpunkt, die mit K Punkte gemeinsam hat, heißt ein *Durchmesser* von K.

In der Form (3) liegt der „allgemeine Fall" vor, wie wir im nächsten Abschnitt sehen werden.

Aufgaben. a) In der Bezeichnung (3) zeige man $Sp = \frac{1}{\rho^2} p$, $Sp^\perp = \frac{1}{\rho^2 - \sigma^2} p^\perp$.
b) Das Bild einer Ellipse bzw. Hyperbel unter einer affinen Abbildung (vgl. II.1.5) ist wieder eine Ellipse bzw. Hyperbel.
c) Die Mittelpunkte paralleler Sehnen einer Ellipse oder Hyperbel liegen auf einem Durchmesser.
d) Für $p \in \mathbb{E}$ mit $|p| = \sigma$ gilt $p p^t + p^\perp (p^\perp)^t = \sigma^2 E$.

4. Hauptachsentransformation. Eine Verifikation zeigt, dass für eine symmetrische 2×2 Matrix $S = \begin{pmatrix} \alpha & \beta \\ \beta & \gamma \end{pmatrix}$ in der Matrix

$$T^t S T \,,\; T = T(\varphi) = \begin{pmatrix} \cos \varphi & -\sin \varphi \\ \sin \varphi & \cos \varphi \end{pmatrix},$$

das nicht in der Diagonale stehende Element gleich

$$(1) \quad (\gamma - \alpha) \cdot \sin\varphi \cdot \cos\varphi + \beta \cdot (\cos^2\varphi - \sin^2\varphi) = \frac{\gamma - \alpha}{2} \cdot \sin 2\varphi + \beta \cdot \cos 2\varphi$$

ist. Das Korollar in III.1.5 ergibt daher den

Satz über die Hauptachsentransformation. *Jede reelle symmetrische 2×2 Matrix S lässt sich in der Form $S = TDT^t$ mit $T = T(\varphi)$ und einer Diagonalmatrix D schreiben.*

Da die Matrizen D und $TDT^t = S$ ähnlich sind, also die gleichen Eigenwerte haben und da die Eigenwerte einer Diagonalmatrix ihre Diagonalelemente sind, folgt das

Korollar. *Eine reelle symmetrische 2×2 Matrix hat nur reelle Eigenwerte.*

Natürlich kann man dies auch direkt am charakteristischen Polynom der Matrix ablesen.

Nun wenden wir den Satz auf die Beschreibung von Ellipsen und Hyperbeln in 3 an.

Lemma. *Jede symmetrische reelle 2×2 Matrix S, die positiv definit oder indefinit ist, läßt sich in der Form*

$$(2) \qquad\qquad S = \frac{1}{\rho^2(\rho^2 - \sigma^2)}(\rho^2 E - pp^t)$$

mit $p \in \mathbb{E}$, $\sigma := |p|$, $\rho > 0$, $\sigma \neq \rho$ schreiben.

Beweis. Man verwendet den Satz über die Hauptachsentransformation. Dazu sei $\lambda_1 = \frac{1}{\rho^2}$, $\rho > 0$, der kleinste positive Eigenwert von S. Dann bestimmt man $\sigma \geq 0$, $\sigma \neq \rho$, so dass $\lambda_2 = \frac{1}{\rho^2 - \sigma^2}$ der zweite Eigenwert von S ist. Also gibt es ein $p \in \mathbb{E}$ mit $S - \lambda_2 E = \frac{-1}{\rho^2(\rho^2 - \sigma^2)} pp^t$. Weil die Eigenwerte von S gerade $\frac{1}{\rho^2}$ und $\frac{1}{\rho^2 - \sigma^2}$ sind, folgt $|p| = \sigma$. $\qquad\square$

Im weiteren Verlauf wird natürlich die spezielle Form der Matrix (2) oft ausgenutzt werden. Man benötigt dazu die folgenden einfachen Beziehungen.

Proposition. *Für S von der Form (2) und $c \in \mathbb{R}^2$ mit $\langle c, Sc \rangle = 1$ gilt:*
a) $\rho^2 |c|^2 \qquad\quad = \langle p, c \rangle^2 + \rho^2(\rho^2 - \sigma^2)$,
b) $\rho^2 \langle p, Sc \rangle \quad\; = \langle p, c \rangle$,
c) $(\rho^2 - \sigma^2)|Sc|^2 = 1 - \langle p, Sc \rangle^2$.

Beweis. a) Das ist einfach 3(1).
b) Aus (2) folgt $Sp = \frac{1}{\rho^2}p$ und daher $\langle p, Sc \rangle = \langle Sp, c \rangle = \frac{1}{\rho^2}\langle p, c \rangle$.
c) Wegen (2) gilt $\rho^2(\rho^2 - \sigma^2)Sc = \rho^2 c - \langle p, c \rangle p$, also

$$\begin{aligned}
\rho^2(\rho^2 - \sigma^2)|Sc|^2 &= \rho^2(\rho^2 - \sigma^2)\langle Sc, Sc \rangle = \rho^2 \langle c, Sc \rangle - \langle p, c \rangle \langle p, Sc \rangle \\
&= \rho^2(1 - \langle p, Sc \rangle^2),
\end{aligned}$$

wenn man Teil b) und $\langle c, Sc \rangle = 1$ beachtet.   □

Bemerkungen. a) Im Satz ist der Winkel φ nach (1), also durch $\tan 2\varphi = \frac{2\beta}{\alpha - \gamma}$ bestimmt. Hier kann man im Falle $\alpha = \gamma$ natürlich $2\varphi = \pi/2$ setzen, also

$$T = \frac{1}{\sqrt{2}} \begin{pmatrix} 1 & -1 \\ 1 & 1 \end{pmatrix}.$$

b) Will man die Sätze 1 und 2 verwenden, so kann man noch $p = \binom{\sigma}{0}$ und

(∗)
$$S = \begin{pmatrix} \frac{1}{\rho^2} & 0 \\ 0 & \frac{1}{\rho^2 - \sigma^2} \end{pmatrix}$$

wählen. Dies bringt aber im Folgenden keine Vereinfachung, da man in Komponenten rechnen müsste, um (∗) anwenden zu können.

c) Schreibt man $x = \xi p + \eta p^\perp$, so erhält 3(1) die Gestalt

$$(\rho^2 - \sigma^2)\sigma^2 \xi^2 + \rho^2 \sigma^2 \eta^2 = \rho^2(\rho^2 - \sigma^2).$$

Aufgabe. Man diskutiere die Eindeutigkeit des Winkels φ im Satz über die Hauptachsentransformation.

5. Tangenten. Wie in 3(4) sei eine Ellipse oder Hyperbel in $\mathbb{E}$ mit Mittelpunkt 0 gegeben durch

(1) $$K := K(S) := \{x \in \mathbb{E} : \langle x, Sx \rangle = 1\}.$$

In diesem Abschnitt wird die spezielle Gestalt 3(3) der Matrix S nicht benötigt. Für $c \in K$ nennt man die Gerade

(2) $$T_c := \{x \in \mathbb{E} : \langle Sc, x \rangle = 1\} = H_{Sc,1}$$

(vgl. III.2.2(1)) durch c die *Tangente* durch c an K. Für $c \in K$ gilt $Sc \neq 0$, so dass es sich wirklich um eine Gerade handelt. Die Rechnung, mit der man die Schnittpunkte der Geraden $G_{c,v}$ durch c mit K bestimmen kann, führt fast zwangsläufig auf eine *Parameterdarstellung von Ellipse und Hyperbel*:

Satz. *Für $c \in K$ gilt:*

$$K = \{j_c(v) : v \in \mathbb{E} , \langle v, Sv \rangle \neq 0\}.$$

Dabei sei zur Abkürzung

(3) $$j_c(v) := c - 2 \cdot \frac{\langle v, Sc \rangle}{\langle v, Sv \rangle} \cdot v , \quad v \in \mathbb{E} , \langle v, Sv \rangle \neq 0.$$

Beweis. Bezeichnet man hier die rechte Seite mit R, so ist $R \subset K$ leicht zu verifizieren.

Für $v := S^{-1} c^\perp$ erhält man zunächst wegen $\langle v, Sv \rangle = \frac{1}{\det S} \neq 0$ bereits $c \in R$. Sei nun $d \in K$, aber $d \neq c$, und $v := d - c$. Man erhält

(∗) $$\langle v, Sv \rangle = 2(1 - \langle d, Sc \rangle) = -2 \langle v, Sc \rangle,$$

also $d \in \mathbb{R}$, falls $\langle v, Sv \rangle \neq 0$ gilt. Die Annahme $\langle v, Sv \rangle = 0$ würde wegen $(*)$ und Lemma III.1.2 aber dazu führen, dass $v = \alpha (Sc)^{\perp}$ mit einem $\alpha \in \mathbb{R}$ gilt. Man erhält $v = \alpha \cdot \det S \cdot S^{-1} Jc$ und

$$\langle v, Sv \rangle = (\alpha \det S)^2 \, \langle S^{-1} Jc, Jc \rangle = \alpha^2 \det S \, \langle c, Sc \rangle = \alpha^2 \det S.$$

Damit folgt $\alpha = 0$, also $v = 0$ als Widerspruch. $\qquad\qquad\qquad\qquad\square$

Die Abbildungen $v \mapsto \langle v, Sv \rangle$ und $v \mapsto j_c(v)$ sind natürlich stetig. Im Fall einer Hyperbel ist S indefinit und die Menge $M = \{v \in \mathbb{R}^2 : \langle v, Sv \rangle \neq 0\}$ besteht aus vier Zusammenhangskomponenten $M_1, M_2, -M_1, -M_2$, wie man mit der Hauptachsentransformation leicht verifiziert. Wegen $j_c(v) = j_c(-v)$ sind dann $j_c(M_1)$ und $j_c(M_2)$ die beiden Zusammenhangskomponenten der Hyperbel. Also werden die Hyperbeläste gegeben durch

$$\{j_c(v) : v \in \mathbb{E}, \ \langle v, Sv \rangle > 0\} \quad \text{und} \quad \{j_c(v) : v \in \mathbb{E}, \ \langle v, Sv \rangle < 0\}.$$

Mit dem Satz kann man die Tangenten geometrisch beschreiben: Für $x = j_c(v) \in K$, also für $\langle v, Sv \rangle \neq 0$, folgt direkt

$$(4) \qquad\qquad \langle Sc, x \rangle - 1 = \langle Sc, j_c(v) \rangle - 1 = -2 \frac{\langle v, Sc \rangle^2}{\langle v, Sv \rangle}.$$

Demnach liegt x genau auf K und T_c, wenn $\langle v, Sc \rangle = 0$, also $x = c$ gilt. Hieraus entnimmt man das

Lemma. *Für $c \in K$ gilt:*
a) *Die Tangente T_c hat mit K nur den Punkt c gemeinsam.*
b) *Ist K eine Ellipse, so liegt K auf einer Seite von T_c. Ist K eine Hyperbel, so liegen die beiden Äste von K auf verschiedenen Seiten von T_c.*

Sehr nützlich ist häufig das folgende

Tangenten-Kriterium. *Für $0 \neq d \in \mathbb{E}$ und $\delta \in \mathbb{R}$ sind äquivalent:*
(i) *$H_{d,\delta}$ ist eine Tangente an K.*
(ii) *Es gilt $\delta \neq 0$ und $\langle d, S^{-1} d \rangle = \delta^2$.*

Beweis. Nach (2) ist (i) gleichwertig damit, dass es $c \in K$ gibt mit $H_{d,\delta} = H_{Sc,1} = T_c$. Speziell ist also $\delta \neq 0$ und Korollar III.2.2A zeigt, dass die Bedingung äquivalent ist mit $d = \delta \cdot Sc$, also wegen $\langle c, Sc \rangle = 1$ mit (ii). $\qquad\square$

Bemerkungen. a) Wegen (2) ist klar, dass eine Gerade durch den Mittelpunkt 0 niemals eine Tangente an K sein kann. Tangenten an K kann man also stets in der eindeutigen Form $H_{d,1}$ schreiben.
b) Schreibt man zur Verdeutlichung $K(S) := \{x \in \mathbb{E} : \langle x, Sx \rangle = 1\}$ anstelle von K, so erhält man das Tangenten-Kriterium in der Form

$$H_{d,1} \text{ ist Tangente an } K(S) \iff d \in K(S^{-1}).$$

c) Für $v \in \mathbb{E}$ mit $\langle v, Sv \rangle \neq 0$ ist $c \mapsto j_c(v)$ eine lineare Abbildung von $\mathbb{E}$. Für $S = E$ erhält man die in Aufgabe III.1.6g) eingeführten Spiegelungen.

Aufgaben. a) Gegeben seien eine Ellipse E und eine Hyperbel H mit gemeinsamen Brennpunkten. Dann schneiden sich E und H orthogonal, d.h., die Tangenten in den Schnittpunkten sind orthogonal.

b) Gegeben sei ein spitzwinkliges Dreieck. Dann existiert eine Ellipse, deren Brennpunkte der Umkreismittelpunkt und der Höhenschnittpunkt des Dreiecks sind und die alle drei Dreiecksseiten berührt.

c) Sei E eine Ellipse und q ein Punkt im Äußeren von E, d.h. $\langle q, Sq \rangle > 1$ in (1). Dann gibt es genau zwei Tangenten an E, die durch q gehen.

d) Durch welche Punkte $q \in \mathbb{E}$ gehen zwei Tangenten an eine Hyperbel H?

e) Seien $v, w \in \mathbb{E}$ mit $\langle v, Sv \rangle \neq 0$, $\langle w, Sw \rangle \neq 0$. Dann gilt $j_c(v) = j_c(w)$ in (3) genau dann, wenn $\mathbb{R}v = \mathbb{R}w$.

6. Brennpunkt-Tangenten-Abstand.

In der Bezeichnung von 3, 4 und 5 wird

$$(1) \qquad \delta^+(c) := \frac{1 - \langle p, Sc \rangle}{|Sc|} \quad \text{bzw.} \quad \delta^-(c) := \frac{1 + \langle p, Sc \rangle}{|Sc|}$$

für $c \in K$ gesetzt. Nach III.2.3(5) ist dann $|\delta^{\pm}(c)|$ der *Abstand des Punktes* $\pm p$ *von der Tangente* T_c *an* K *durch* c.

Lemma. *Für $c \in K$ gelten die folgenden Beziehungen:*

a) $\delta^+(c) \cdot \delta^-(c) = \rho^2 - \sigma^2$.

b) $\dfrac{|c + p| \cdot \delta^+(c)}{|c - p| \cdot \delta^-(c)} = \begin{cases} +1 & , \quad \text{im Fall einer Ellipse,} \\ -1 & , \quad \text{im Fall einer Hyperbel.} \end{cases}$

c) $(\delta^+(c))^2 = \dfrac{|c - p|}{|c + p|} \cdot |\rho^2 - \sigma^2|$, $(\delta^-(c))^2 = \dfrac{|c + p|}{|c - p|} \cdot |\rho^2 - \sigma^2|$.

Nach Teil a) haben

$$(2) \qquad \delta^+(c) \text{ und } \delta^-(c) \left\{ \begin{matrix} \text{gleiche} \\ \text{verschiedene} \end{matrix} \right\} \text{ Vorzeichen im Fall einer } \left\{ \begin{matrix} \text{Ellipse} \\ \text{Hyperbel} \end{matrix} \right\}$$

und das Produkt der Abstände der Brennpunkte von einer beliebigen Tangente ist konstant.

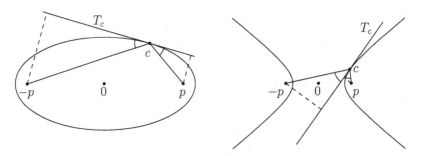

Abb. 93: Tangenten an Ellipse und Hyperbel

Beweis. a) Nach (1) und Proposition 4c) gilt

$$|Sc|^2 \cdot \delta^+(c) \cdot \delta^-(c) = 1 - \langle p, Sc \rangle^2 = (\rho^2 - \sigma^2) \cdot |Sc|^2.$$

b) Man hat zunächst nach (1) und 3(2)

$$
\begin{aligned}
& |Sc|^2 \cdot \{(|c+p| \cdot \delta^+(c))^2 - (|c-p| \cdot \delta^-(c))^2\} \\
={}& (|c|^2 + 2\langle p,c \rangle + \sigma^2) \cdot (1 - \langle p, Sc \rangle)^2 - (|c|^2 - 2\langle p,c \rangle + \sigma^2) \cdot (1 + \langle p, Sc \rangle)^2 \\
={}& 4 \cdot (\langle c,p \rangle \cdot \langle p, Sc \rangle^2 - \langle p, Sc \rangle \cdot |c|^2 - \langle p, Sc \rangle \cdot \sigma^2 + \langle p,c \rangle) \\
={}& 4 \cdot \langle p,c \rangle \left(\frac{\langle c,p \rangle^2}{\rho^4} - \frac{|c|^2}{\rho^2} - \frac{\sigma^2}{\rho^2} + 1 \right) = 0 \,,
\end{aligned}
$$

wenn man Proposition 4b) und a) beachtet. Da der Quotient nach Teil a) positiv bzw. negativ ist für Ellipse bzw. Hyperbel, folgt die Behauptung.
c) Man kombiniere Teil a) und Teil b). $\square$

Korollar A. *Die Winkel zwischen der Tangente T_c und den Verbindungsgeraden von c und den Brennpunkten sind gleich.*

Beweis. Bezeichnet $\varphi^\pm$ den Winkel zwischen der Senkrechten zu T_c und $c \mp p$, so folgt

$$\cos\varphi^\pm = \frac{\langle Sc, c \mp p \rangle}{|Sc| \cdot |c \mp p|} = \frac{1 \mp \langle p, Sc \rangle}{|Sc| \cdot |c \mp p|} = \frac{\delta^\pm(c)}{|c \mp p|}.$$

Nach Teil b) des Lemmas folgt

$$\varphi^- = \begin{cases} \varphi^+ & \text{im Fall einer Ellipse,} \\ \pi - \varphi^+ & \text{im Fall einer Hyperbel.} \end{cases}$$

Das ist aber die Behauptung. $\square$

Korollar B. *Ein Lichtstrahl, der von einem Brennpunkt einer Ellipse ausgeht und an der Ellipse reflektiert wird, geht durch den anderen Brennpunkt.*

Bemerkung. Korollar A beinhaltet eine Konstruktionsmöglichkeit für die Tangente an K im Punkt c: Man halbiere den Winkel zwischen den Verbindungsgeraden von c mit den Brennpunkten. Im Fall einer Hyperbel ist die Winkelhalbierende die Tangente. Im Fall einer Ellipse steht die Tangente dann senkrecht auf dieser Winkelhalbierenden.

Aufgabe. Für $c, d \in K$ sind die Tangenten T_c und T_d genau dann parallel, wenn $d = \pm c$ gilt. Wie lautet die entsprechende Bedingung bei einer Ellipse bzw. Hyperbel mit beliebigen Brennpunkten a, b?

7. Einhüllende Tangentenschar. Nach III.2.3(3) erhält man den Fußpunkt des Lotes vom Brennpunkt p auf die Tangente T_c an K im Punkt c durch

$$(1) \qquad q := p + \frac{1 - \langle p, Sc \rangle}{|Sc|^2} \cdot Sc = p + \frac{\delta^+(c)}{|Sc|} \cdot Sc.$$

Lemma. *Der Fußpunkt des Lotes von einem Brennpunkt auf eine Tangente von K liegt auf dem Kreis um 0 mit dem Radius ρ.*

Beweis. Nach (1) und 6(1) gilt

$$|q|^2 = |p|^2 + \frac{2\delta^+(c)}{|Sc|} \cdot \langle p, Sc \rangle + (\delta^+(c))^2 = \sigma^2 + \delta^+(c) \cdot \delta^-(c).$$

Aus Lemma 6a) folgt nun $|q|^2 = \rho^2$.   □

In den Schnittpunkten des Kreises um 0 mit dem Radius ρ und den Geraden durch den Brennpunkt p konstruiere man die dazu orthogonalen Geraden. Diese bilden dann eine einhüllende Tangentenschar von K (bzw. des zu p gehörigen Astes von K im Fall einer Hyperbel).

8. Asymptoten einer Hyperbel. Im Gegensatz zu Ellipsen sind Hyperbeln stets unbeschränkt. Nun sei K eine Hyperbel und zwar im Hinblick auf Lemma 2 und 3(7)

(1) $K = \{x \in \mathbb{E} : \langle x, Sx \rangle = 1\}$, $\det S < 0$,

mit

(2) $S = \dfrac{1}{\rho^2(\rho^2 - \sigma^2)}(\rho^2 E - pp^t)$, $\sigma > \rho > 0$, $\sigma := |p|$.

Proposition. *Es gibt linear unabhängige $u, v \in \mathbb{E}$ mit folgenden Eigenschaften:*
a) $\langle u, Su \rangle = \langle v, Sv \rangle = 0$,
b) *Gilt $\langle w, Sw \rangle = 0$, dann gibt es $\xi \in \mathbb{R}$ mit $w = \xi u$ oder $w = \xi v$.*
Genauer kann man u und v wählen als

(3) $u := \rho \cdot p + \sqrt{\sigma^2 - \rho^2} \cdot p^\perp$ und $v := -\rho \cdot p + \sqrt{\sigma^2 - \rho^2} \cdot p^\perp$.

Beweis. Man schreibt $w \in \mathbb{E}$ in der Form $w = \alpha p + \beta p^\perp$. Wegen (2) ist $\langle w, Sw \rangle = 0$ gleichbedeutend mit $\rho^2|w|^2 = \langle p, w \rangle^2$, also mit $(\sigma^2 - \rho^2)\alpha^2 = \rho^2\beta^2$, d.h. mit $w = \xi u$ oder $w = \xi v$, wobei u und v durch (3) gegeben sind und $\xi \in \mathbb{R}$ gilt.   □

Nach Teil b) sind hier die Geraden $\mathbb{R}u$ und $\mathbb{R}v$ bis auf die Reihenfolge eindeutig bestimmt. Man nennt $\mathbb{R}u$ und $\mathbb{R}v$ die *Asymptoten* von K. Dass sich die Hyperbel an die Asymptoten anschmiegt, zeigt das folgende

Lemma. *Es gilt*
a) $\mathbb{R}u \cap K = \mathbb{R}v \cap K = \emptyset$,
b) $d(K, \mathbb{R}u) = d(K, \mathbb{R}v) = 0$.

Beweis. a) Man verwende Teil a) der Proposition.

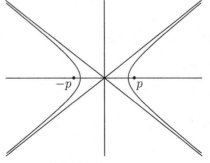

Abb. 94: Asymptoten

b) Ohne Einschränkung sei $p = \binom{\sigma}{0}$ und $x \in K$ mit $x_1 \geq 0$, $x_2 \geq 0$. Wegen $|u| = \sigma^2$ erhält man aus Lemma III.2.3

$$
\begin{aligned}
d(x, \mathbb{R}u) &= \frac{1}{\sigma^2} \|[x, u]\| = \frac{1}{\sigma}\left(x_1\sqrt{\sigma^2 - \rho^2} - x_2\rho\right) \\
&= \frac{\sqrt{\sigma^2 - \rho^2}}{\sigma}\left(x_1 - \sqrt{x_1^2 - \rho^2}\right) = \frac{\rho^2\sqrt{\sigma^2 - \rho^2}}{\sigma}\frac{1}{x_1 + \sqrt{x_1^2 - \rho^2}},
\end{aligned}
$$

wenn man $\frac{x_1^2}{\rho^2} - \frac{x_2^2}{\sigma^2 - \rho^2} = 1$ verwendet. Dieser Ausdruck strebt für $x_1 \to \infty$ gegen Null. Der zweite Teil folgt analog.   □

Schreibt man die Hyperbel wieder in der Form

$$
\left(\frac{x_1}{\rho_1}\right)^2 - \left(\frac{x_2}{\rho_2}\right)^2 = 1 \quad , \quad \rho_1 = \rho \ , \ \rho_2 = \sqrt{\sigma^2 - \rho^2}
$$

(vgl. Satz 2), so sind

$$
\mathbb{R}\binom{\rho_1}{\rho_2} \quad \text{und} \quad \mathbb{R}\binom{-\rho_1}{\rho_2}
$$

die Asymptoten. Dann ist $\pm\rho_2/\rho_1$ die Steigung der Asymptote. Damit kann man die Größen geometrisch an der Zeichnung ablesen.

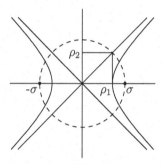

Abb. 95: Halbachsen und Brennpunkte der Hyperbel

Aufgaben. a) Die beiden Asymptoten an K schneiden sich unter einem Winkel φ mit $\cos\varphi = |1 - 2\left(\frac{\rho}{\sigma}\right)^2|$.

b) Eine Hyperbel heißt *rechtwinklig*, wenn ihre Asymptoten orthogonal sind. Bis auf eine Bewegung erhält man die rechtwinkligen Hyperbeln durch die Gleichungen $x_1 x_2 = \omega$, $\omega \in \mathbb{R}$, $\omega > 0$. In diesem Fall sind $\mathbb{R}e_1$ und $\mathbb{R}e_2$ die Asymptoten.

c) Man berechne den Flächeninhalt eines Dreiecks, das aus den beiden Asymptoten und einer Tangente einer Hyperbel gebildet wird.

d) Gegeben sei eine Tangente T_c an die Hyperbel H in c. Dann ist c der Mittelpunkt der Schnittpunkte von T_c mit den Asymptoten.

e) Das Produkt der Abstände eines Punktes auf der Hyperbel von den beiden Asymptoten ist konstant.

f) Eine Gerade schneide einen Hyperbelast in den Punkten a und b und die Asymptoten in a' und b'. Dann gilt $|a - a'| = |b - b'|$.

g) Hat eine Gerade mit einer Hyperbel genau einen Schnittpunkt, so ist sie eine Tangente oder eine Parallele zu einer Asymptote.

h) Gegeben seien zwei sich schneidende Geraden. Dann gibt es eine Hyperbel, deren Asymptoten diese beiden Geraden sind.

i) Die Fläche zwischen den Asymptoten und der Hyperbel hat keinen endlichen Inhalt.

9*. Beschreibung durch Kreise. Für einen Kreis K mit Mittelpunkt m und Radius ρ

$$K := \{x \in \mathbb{E} : |x - m| = \rho\}$$

sowie $p \in \mathbb{E}$ definiere man

$$L(K, p) := \{x \in \mathbb{E} : d(x, K) = d(x, p)\}.$$

Für $p = m$ ist $L(K, p)$ der Kreis um m mit dem Radius $\frac{1}{2}\rho$. Für $p \in K$ entartet $L(K, p)$ zur Halbgeraden

$$L(K, p) = \{m + \lambda(p - m) : \lambda \in \mathbb{R}, \, \lambda \geq 0\}.$$

Für $p \notin K$ erhält man auf diese Weise alle Ellipsen und Hyperbeln.

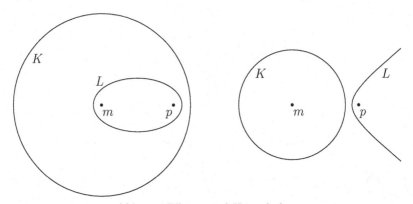

Abb. 96: Ellipse und Hyperbelast

Satz. a) *Liegt p im Inneren von K, so ist $L(K, p)$ die Ellipse mit den Brennpunkten p und m sowie den Halbachsen $\frac{1}{2}\rho$ und $\frac{1}{2}\sqrt{\rho^2 - |p - m|^2}$.*

b) *Liegt p im Äußeren von K, so ist $L(K, p)$ der zu p gehörige Ast der Hyperbel mit den Brennpunkten p und m sowie den Halbachsen $\frac{1}{2}\rho$ und $\frac{1}{2}\sqrt{|p - m|^2 - \rho^2}$.*

c) *Ist L eine Ellipse oder ein Ast einer Hyperbel, so existieren ein Kreis K und ein $p \in \mathbb{E}$ mit $p \notin K$, so dass*

$$L = L(K, p).$$

Beweis. Wir beweisen a) und b) simultan und nehmen an, dass p nicht auf K liegt, also $|p - m| = 2\sigma \neq \rho$. Für eine Bewegung f gilt $f(L(K, p)) = L(f(K), f(p))$. Demnach können wir ohne Einschränkung

$$(*) \qquad \tfrac{1}{2}(p + m) = 0 \ , \ p = \sigma e \ , \ m = -\sigma e \ , \ e = \begin{pmatrix} 1 \\ 0 \end{pmatrix}$$

annehmen. Für $x \in \mathbb{E}$, $x \neq m$, gilt

$$d(x, K) = d\left(x, m + \frac{\rho}{|x - m|}(x - m)\right) = \Big| |x - m| - \rho \Big|$$

und die letzte Gleichung gilt auch für $x = m$. Wegen $(*)$ ist $x \in L(K, p)$ äquivalent zu $(|x + \sigma e| - \rho)^2 = |x - \sigma e|^2$, also zu $4\sigma x_1 + \rho^2 = 2\rho|x + \sigma e|$. Nach Quadrieren ist die letzte Bedingung gleichwertig mit

$$(4\rho^2 - 16\sigma^2)x_1^2 + 4\rho^2 x_2^2 = \rho^4 - 4\rho^2\sigma^2,$$

also wegen $2\sigma \neq \rho$ zu

$$\frac{x_1^2}{\rho^2/4} + \frac{x_2^2}{(\rho^2 - 4\sigma^2)/4} = 1,$$

wobei man die Nebenbedingung $4\sigma x_1 + \rho^2 \geq 0$ zu beachten hat. Liegt p im Inneren von K, so gilt $\rho > 2\sigma$ und man erhält die Behauptung aus Satz 1. Liegt p im Äußeren von K, so gilt $2\sigma > \rho$ und man erhält die Behauptung aus Satz 2, wenn man $x_1 \geq -\frac{\rho^2}{4\sigma} > -\frac{\rho}{2}$ beachtet.

c) Man verwende a) und b) und berücksichtige, dass eine Ellipse bzw. Hyperbel durch die Brennpunkte und die Halbachsen eindeutig bestimmt ist. □

Aufgaben. a) Zu $\omega \neq 0$ bestimme man jeweils einen Kreis K und einen Punkt p, so dass $L(K, p)$ den entsprechenden Ast der Hyperbel $x_1 x_2 = \omega$ beschreibt.

b) $L(K, p)$ beschreibe einen Hyperbelast. Dann schneiden sich die beiden Asymptoten an $L(K, p)$ unter einem Winkel 2φ mit $\cos\varphi = \rho/|p - m|$.

c) Für p im Inneren von K ist der Flächeninhalt von $L(K, p)$ genau dann maximal, wenn $p = m$.

§ 2 Die Parabel

1. Definition. Der geometrische Ort P aller Punkte $x \in \mathbb{E}$, die gleichen Abstand von einer Geraden G und einem Punkt $p \in \mathbb{E}$, $p \notin G$, haben, heißt eine *Parabel*, d.h.

$$(1) \qquad P = \{x \in \mathbb{E} : d(x, G) = |x - p|\} \ , \ 2\rho := d(p, G) > 0.$$

Die Gerade G heißt *Leitlinie* und p *Brennpunkt* der Parabel. Ist $G = H_{e,\gamma}$, also in der Form $\langle e, x \rangle = \gamma$, $|e| = 1$, gegeben, dann wird P nach dem Satz III.2.3 über die HESSEsche Normalform durch die Gleichung

(2) $|\langle e,x\rangle - \gamma| = |x - p|$, $2\rho = |\langle e,p\rangle - \gamma|$, $|e| = 1,$

beschrieben.

Neben dem Brennpunkt p einer Parabel (1) gibt es einen weiteren ausgezeichneten Punkt, nämlich die Mitte des Lotes von p auf die Gerade $G = H_{e,\gamma}$. Dieser
Punkt heißt *Scheitelpunkt* von P und gehört offenbar zu P. Nach III.2.5(3) ist
$p + \frac{1}{2}(\gamma - \langle p,e\rangle)e$ der Scheitelpunkt von P. Bis auf eine Translation darf man
annehmen, dass der Scheitelpunkt im Nullpunkt liegt. Da e zu $H_{e,\gamma}$ orthogonal
ist, gilt dann $p = \rho e$ und $-p \in H_{e,\gamma}$. Ohne Einschränkung darf man also

(3) $p = \rho e$, $|e| = 1$, $\gamma = -\rho$

annehmen. Durch Quadrieren von (2) wird dann $x \in P$ gleichwertig mit

(4) $|x|^2 - \langle e,x\rangle^2 = 4\rho\,\langle e,x\rangle.$

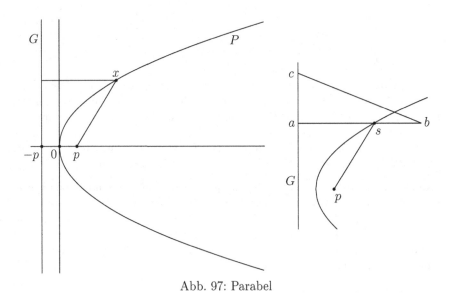

Abb. 97: Parabel

Fadenkonstruktion einer Parabel. Für die Parabel gibt es eine Konstruktion mit Faden und rechtwinkligem Dreieck: Entlang einer Schiene G kann ein
rechtwinkliges Dreieck a, b, c verschoben werden. Der Punkt b ist durch einen
Faden der Länge $\varphi = |a - b|$ mit dem Punkt p verbunden. Das Dreieck wird
nun an der Schiene G entlang geschoben und der Faden mit dem Schreibstift s
an der Seite $a \vee b$ straff gezogen. Dadurch wird $|s - a| = |s - p|$ und s beschreibt
einen Teil einer Parabel.

Diese Fadenkonstruktion wurde bereits 1646 von Frans VAN SCHOOTEN (1615–
1660) in einer Abhandlung *De organica conicarum sectionum in plano descrip-
tione tractatus* vorgestellt.

Bemerkungen. a) Beschreibt man eine Parabel in Koordinaten $\binom{X}{Y}$ und wählt man $e = \binom{1}{0}$, so wird P gegeben durch

$$Y^2 = 4\rho X \ , \ \rho > 0.$$

b) Analog zu 1.3(3) kann man die Matrix $S := E - ee^t$, $\det S = 0$, einführen und bekommt an Stelle von (4) jetzt

$$P = \{x \in \mathbb{E} \ : \ \langle x, Sx \rangle = 4\rho \langle e, x \rangle\}.$$

Aufgaben. a) Sei G eine Gerade und seien $p, q \in \mathbb{E} \setminus G$, $p \neq q$. Dann gibt es eine Parabel, die durch p und q geht und deren Scheitelpunkt auf G liegt.
b) Sei K ein Kreis und G eine Gerade mit $K \cap G = \emptyset$. Man beschreibe den geometrischen Ort aller Punkte, deren Abstand von G gleich dem Tangentenabschnitt an K ist.
c) Sei K ein Kreis und G eine Gerade mit $K \cap G = \emptyset$. Man beschreibe die Menge der Mittelpunkte aller Kreise, die sowohl K als auch G berühren.
d) Man betrachte die Parabel

$$P = \{x \in \mathbb{E} \ : \ x_2^2 = 2\omega x_1 + \omega^2\} \ , \ \omega > 0.$$

Dann besitzt P eine Darstellung in Polarkoordinaten

$$P = \left\{ \rho(\varphi) \cdot e(\varphi) \ : \ \rho(\varphi) = \frac{\omega}{1 - \cos\varphi} \ , \ 0 < \varphi < 2\pi \right\}.$$

e) Man beschreibe den geometrischen Ort der Höhenschnittpunkte aller flächengleichen Dreiecke mit zwei festen Eckpunkten.
f) Die Mittelpunkte paralleler Sehnen einer Parabel liegen auf einer zur Leitlinie orthogonalen Geraden.

2. Tangenten. Es sei eine Parabel P durch

$$(1) \qquad |x|^2 - \langle e, x \rangle^2 = 4\rho \langle e, x \rangle \ , \ \rho > 0 \ , \ |e| = 1,$$

bzw. durch

$$(2) \qquad \langle x, Sx \rangle = 4\rho \langle e, x \rangle \quad \text{mit} \quad S := E - ee^t$$

gegeben. Für $c \in P$ definiert man die Gerade

$$(3) \qquad T_c := \{x \in \mathbb{E} \ : \ \langle x, Sc \rangle = 2\rho \langle e, c + x \rangle\} = H_{\bar{c}, \gamma}$$

und nennt T_c die *Tangente* durch c an P. Dabei ist

$$(4) \qquad \bar{c} := Sc - 2\rho e = c - (2\rho + \langle e, c \rangle)e \ , \ \gamma := 2\rho \langle e, c \rangle.$$

Lemma. *Für $c \in P$ gilt:*
a) *Die Tangente T_c hat mit P nur den Punkt c gemeinsam.*
b) *P liegt auf einer Seite von T_c.*

Beweis. Sei $d \in P$. Dann gilt nach (2) und (4)

$$\gamma - \langle \bar{c}, d \rangle = 2\rho \langle e, c + d \rangle - \langle d, Sc \rangle \;\; = \;\; \tfrac{1}{2} \langle c, Sc \rangle + \tfrac{1}{2} \langle d, Sd \rangle - \langle d, Sc \rangle$$
$$= \;\; \tfrac{1}{2} \langle d - c, S(d - c) \rangle \geq 0 \,,$$

denn S ist nach (2) positiv semi-definit. Es folgt b). Liegt nun d auf $P \cap T_c$, so erhält man aus (2)

$$0 = \langle d - c, S(d - c) \rangle = \langle d - c, d - c \rangle - \langle e, d - c \rangle^2 \,.$$

Die CAUCHY-SCHWARZsche Ungleichung III.1.3(4) liefert $d - c = \alpha e, \alpha \in \mathbb{R}$. Nutzt man (2) für c und $c + \alpha e$ aus, so folgt wegen $Se = 0$ schon $\alpha = 0$.   □

Aufgaben. a) Sei P eine Parabel. Zu welchen Geraden gibt es eine Parallele, die P berührt?

b) Die Parabel P sei durch 1(1) gegeben. Sei q ein Punkt im Äußeren von P, d.h. $d(q, G) < |q - p|$. Dann gibt es genau 2 Tangenten an P, die durch q gehen.

c) Berechnen Sie den Flächeninhalt eines gleichseitigen Dreiecks, das durch zwei Tangenten an die Parabel P entsteht.

d) Eine Gerade schneidet eine Parabel genau dann in nur einem Punkt, wenn die Gerade entweder eine Tangente oder orthogonal zur Leitlinie ist.

3. Brennpunkt-Tangenten-Abstand. Sei P durch 2(1) gegeben. Für $c \in P$ bezeichne q_c den Fußpunkt des Lotes von p auf die Tangente T_c in c.

Lemma. *Für $c \in P$ gilt:*

a) *Der Fußpunkt q_c liegt auf der Tangente an P durch 0, genauer gilt*

$$(1) \qquad\qquad q_c = \tfrac{1}{2}(c - \langle e, c \rangle e).$$

b) *Die Tangente in c ist eine Winkelhalbierende zwischen Brennstrahl und Leitstrahl in c.*

Dabei versteht man unter dem *Brennstrahl* die Gerade durch c und p und unter dem *Leitstrahl* das Lot von c auf die Leitlinie.

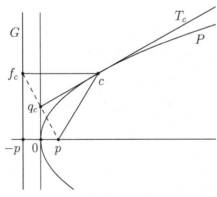

Abb. 98: Tangente

Beweis. a) In der Bezeichnung 2(4) mit $p = \rho e$ gilt zunächst

$$\gamma - \langle p, \overline{c} \rangle = 2\rho \cdot (\rho + \langle e, c \rangle) \quad \text{und} \quad |\overline{c}|^2 = 4\rho \cdot (\rho + \langle e, c \rangle).$$

Damit erhält man für den Fußpunkt aus III.2.3(3)

$$q_c = p + \frac{\gamma - \langle p, \overline{c} \rangle}{|\overline{c}|^2} \overline{c} = \rho e + \frac{1}{2}\overline{c} = \frac{1}{2}(c - \langle e, c \rangle\, e).$$

Da $H_{e,0}$ nach 2(3) die Tangente an P durch 0 ist, folgt die Behauptung.

b) Sei f_c der Fußpunkt des Lotes von c auf die Leitlinie $H_{e,-\rho}$. Dann folgt $f_c = c - (\rho + \langle e, c \rangle)e$ aus III.2.3(3). Also gilt $f_c - q_c = q_c - p$ und $\langle f_c - p, q_c - c \rangle = 0$. Wegen $|p - c| = d(c, H_{e,-\rho}) = |f_c - c|$ erhält man

$$\frac{\langle f_c - c, q_c - c \rangle}{|f_c - c| \cdot |q_c - c|} = \frac{\langle p - c, q_c - c \rangle}{|p - c| \cdot |q_c - c|}.$$

Folglich sind die Winkel zwischen Leitstrahl und Tangente sowie zwischen Brennstrahl und Tangente gleich.   □

Bemerkungen. a) Teil b) des Lemmas gibt hier eine Konstruktion der Tangente, wenn Brennpunkt und Leitlinie gegeben sind: Man halbiere den Winkel zwischen Leitstrahl und Brennstrahl.

b) Ein Lichtstrahl, der vom Brennpunkt einer Parabel ausgeht und an der Parabel reflektiert wird, verläuft dann senkrecht zur Leitlinie. Das ist ebenfalls eine Konsequenz von Teil b) des Lemmas .

c) Teil a) des Lemmas gibt eine einhüllende Tangentenschar: Man legt ein Zeichendreieck mit einer Kathete an den Brennpunkt und dem rechten Winkel an die Parallele zur Leitlinie durch den Mittelpunkt zwischen Brennpunkt und Leitlinie. Das gleiche Bild erhält man, wenn man ein Papier so knickt, dass die Leitlinie stets durch den Brennpunkt geht.

Aufgaben. a) Der Flächeninhalt eines Parabelsegments ist gleich zwei Drittel der Fläche des umbeschriebenen Parallelogramms (ARCHIMEDES).

b) Eine Parabel kann stets in der Form $\langle u, x \rangle^2 = 2\langle v, x \rangle + \omega$ mit $\omega \in \mathbb{R}$ und linear unabhängigen $u, v \in \mathbb{E}$ geschrieben werden. Man berechne den Brennpunkt und die Leitlinie.

c) Gegeben seien zwei verschiedene Punkte c und d auf einer Parabel P. Die Tangenten an P durch c und d sind genau dann orthogonal, wenn der Brennpunkt von P auf $c \vee d$ liegt.

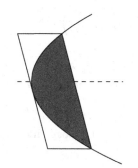

Abb. 99: Parabelsegment

d) Sei a, b, c ein Dreieck. Dann ist $\left\{ \frac{1}{2}\tau(\tau - 1)a - (\tau^2 - 1)b + \frac{1}{2}\tau(\tau + 1)c : \tau \in \mathbb{R} \right\}$ eine Parabel, die durch a, b, c geht.

§3 Die allgemeine Kurve zweiten Grades

1. Vorbemerkungen. Die Diskussion der allgemeinen Gleichungen zweiten Grades $AX^2 + BX + C = 0$, $A \neq 0$, in einer reellen Unbekannten X kann auf der Zahlengeraden geometrisch gedeutet werden: Nach der Normierung $A = 1$ und einer geeigneten Translation geht die Gleichung über in die *Normalform* $X^2 = D$ und man übersieht alle Lösungen. Entsprechend kann man versuchen, die allgemeine Gleichung zweiten Grades

$$(1) \qquad AX^2 + BXY + CY^2 + DX + EY + F = 0$$

in zwei Unbekannten X, Y über $\mathbb{R}$ zu vereinfachen. Man wird hier annehmen, dass A, B, C nicht gleichzeitig Null sind, eine evtl. Normierung vornehmen und dann nach Normalformen suchen. Dabei wird man nur solche Abbildungen der Ebene zulassen, welche Abstände zwischen Punkten erhalten, welche also Bewegungen von $\mathbb{E}$ sind. Den auf diese Weise entstehenden Normalformen sieht man es dann an, dass die nicht entarteten Lösungskurven von (1) eigentliche Kegelschnitte sind.

2. Die allgemeine Gleichung zweiten Grades. Die allgemeine Gleichung zweiten Grades über $\mathbb{R}$ in den Unbekannten x_1, x_2 schreibt man zweckmäßig in der Form

$$(1) \qquad a_{11}x_1^2 + 2a_{12}x_1x_2 + a_{22}x_2^2 + 2a_{13}x_1 + 2a_{23}x_2 + a_{33} = 0$$

mit $a_{ij} \in \mathbb{R}$. Die auftretenden Koeffizienten kann man dann als Koeffizienten einer reellen symmetrischen 3×3 Matrix $A = (a_{ij})$ auffassen. Umgekehrt kann man jeder solchen Matrix A eine Gleichung (1) zuordnen. Zur Abkürzung setzt man

$$(2)\ A = \begin{pmatrix} S & a \\ a^t & \alpha \end{pmatrix} \text{ mit } \quad S := S_A := \begin{pmatrix} a_{11} & a_{12} \\ a_{12} & a_{22} \end{pmatrix} ,\ a := \begin{pmatrix} a_{13} \\ a_{23} \end{pmatrix} ,\ \alpha := a_{33}$$

und definiert

$$(3)\begin{aligned} \kappa_A(x) &:= x^t S x + 2a^t x + \alpha = \langle x, Sx \rangle + 2\langle a, x \rangle + \alpha = y^t A y ,\ y = \begin{pmatrix} x \\ 1 \end{pmatrix} , \\ &= \textstyle\sum_{1 \leq i,j \leq 3} a_{ij} x_i x_j ,\ x_3 = 1 . \end{aligned}$$

Damit kann (1) abgekürzt werden durch

$$(4) \qquad\qquad\qquad \kappa_A(x) = 0.$$

Die Menge der Lösungen dieser Gleichung wird mit K_A bezeichnet, also

$$(5) \qquad\qquad K_A := \{ x \in \mathbb{E} : \kappa_A(x) = 0 \}.$$

Ist $S \neq 0$ und K_A nicht leer, dann nennt man K_A eine (ebene) *Kurve zweiten Grades*. Der Fall $S = 0$, der für $a \neq 0$ auf eine Gerade führt, wird also trivial ausgeschlossen. Die Diskussion der Gleichungen zweiten Grades ist daher gleichwertig mit der geometrischen Beschreibung der Kurven zweiten Grades. Für $\beta \neq 0$ gilt offenbar $K_{\beta A} = K_A$, so dass man die Gleichungen (1), (3) und (4) *normieren* kann, ohne die Kurve zu verändern. Da sich eine geometrische Konfiguration bei einer Bewegung von $\mathbb{E}$ nicht ändert, kann man von K_A zum Bild der Kurve K_A übergehen. Etwas allgemeiner hat man das

Lemma. *Ist $x \mapsto Tx + b$, $T \in GL(2; \mathbb{R})$, $b \in \mathbb{E}$, eine affine Abbildung von $\mathbb{E}$, so gilt $\kappa_A(Ty + b) = \kappa_B(y)$ mit*

$$(6) \qquad B = \begin{pmatrix} T & b \\ 0 & 1 \end{pmatrix}^t A \begin{pmatrix} T & b \\ 0 & 1 \end{pmatrix} = \begin{pmatrix} T^t S T & T^t(Sb + a) \\ (Sb + a)^t T & b^t Sb + 2a^t b + \alpha \end{pmatrix}.$$

Speziell gilt $K_A = T K_B + b$ und $S_B = T^t S_A T$.

Beweis. Man trägt $x = Ty + b$ in (3) ein und erhält

$$\kappa_A(x) = y^t T^t S T y + 2b^t S T y + b^t Sb + 2a^t T y + 2a^t b + \alpha = \kappa_B(y). \qquad \square$$

Für eine Bewegung, also für $T \in O(2)$, ergibt (6) das

Korollar. *Die Werte* Spur S, det S, det A *und (im Falle* det $A = 0$*) der Rang von A sind Invarianten der Kurve K_A, d.h., alle vier Werte sind invariant gegenüber Bewegungen der Kurve.*

Man beachte, dass zwar das Vorzeichen von det S aber nicht das von det A invariant gegenüber Normierung ist. Dagegen sind die Vorzeichen von

$$\det S \quad \text{und} \quad \text{Spur } S \cdot \det A$$

sowie der Rang von A gegenüber Bewegungen *und* Normierung invariant.

Bei der Suche nach einfachen Normalformen für κ_A wird man zunächst versuchen, durch geeignete Wahl von $T \in O(2)$ die Matrix $T^t S T$ in (6) möglichst einfach zu machen.

3. Normalform. Wir gehen aus von der allgemeinen Gleichung zweiten Grades $\kappa_A(x) = 0$ in 2(3) und führen eine geeignete Bewegung aus, um zu einer Normalform $\kappa_B(x) = 0$ zu gelangen.

(I) det $S \neq 0$. Man wählt $T = T(\varphi)$ nach dem Satz 1.4 über die Hauptachsentransformation, so dass

$$T^t S T = \begin{pmatrix} \lambda_1 & 0 \\ 0 & \lambda_2 \end{pmatrix}, \ \lambda_1 \neq 0, \ \lambda_2 \neq 0.$$

Mit $b := -S^{-1}a$ erhält man aus Lemma 2 dann die Gleichung

$$\kappa_B(x) = \lambda_1 x_1^2 + \lambda_2 x_2^2 + \beta \quad , \quad \beta = \kappa_A(b).$$

(II) det $S = 0$. Wegen $S \neq 0$ lässt sich $T = T(\varphi)$ so wählen, dass

$$T^t S T = \begin{pmatrix} 0 & 0 \\ 0 & \lambda \end{pmatrix}, \ \lambda \neq 0 \,,$$

gilt. Sei $c := T^t a = \begin{pmatrix} c_1 \\ c_2 \end{pmatrix}$. Nun setzen wir $b := T\begin{pmatrix} \tau \\ -c_2/\lambda \end{pmatrix}$ mit einem noch zu bestimmenden $\tau \in \mathbb{R}$. Aus Lemma 2 erhält man nun die Gleichung

$$\kappa_B(x) = \lambda x_2^2 + 2c_1 x_1 + \beta \,, \ \beta = -\tfrac{c_2^2}{\lambda} + 2c_1\tau + \alpha.$$

Im Fall $c_1 = 0$ setzt man $\tau = 0$. Gilt $c_1 \neq 0$, so kann man τ so wählen, dass $\beta = 0$ gilt. Man darf also $c_1\beta = 0$ annehmen. Indem man ggf. T durch $-T$ ersetzt, kann man auch noch $c_1 \geq 0$ erreichen. Beide Fälle können zusammengefasst werden in dem

Satz. *Jede Gleichung zweiten Grades kann durch eine Bewegung in die Normalform der Gleichung zweiten Grades*

$$a_{11} x_1^2 + a_{22} x_2^2 + 2a_{13} x_1 + a_{33} = 0$$

mit den Nebenbedingungen

$$a_{22} \neq 0 \,, \ a_{11}a_{13} = 0 \,, \ a_{13}a_{33} = 0 \,, \ a_{13} \geq 0$$

gebracht werden.

Da die Gleichung bei Spiegelung an der x_1-Achse in sich übergeht, folgt das

Korollar. *Jede Kurve zweiten Grades ist invariant gegenüber Spiegelung an (mindestens) einer Geraden.*

Lässt man hier noch eine Normierung zu, dann darf $a_{22} = 1$ gesetzt werden. In dieser Normalform gilt dann

$$\det S = a_{11} \,, \ \det A = a_{11}a_{33} - a_{13}^2.$$

Aufgabe. Welche Kurven zweiten Grades sind invariant gegenüber Spiegelung an mehr als einer Geraden?

a_{11}	a_{13}	a_{33}	Gleichung	Kurve	$\det S$	$\det A$	Spur S· $\det A$	Rang A
+	0	+	$a_{11}x_1^2 + x_2^2 + a_{33} = 0$	$\emptyset$	+	$\neq 0$	+	3
+	0	0	$a_{11}x_1^2 + x_2^2 = 0$	Punkt	+	0	0	2
+	0	−	$a_{11}x_1^2 + x_2^2 + a_{33} = 0$	Ellipse	+	$\neq 0$	−	3
−	0	+	$a_{11}x_1^2 + x_2^2 + a_{33} = 0$	Hyperbel	−	$\neq 0$	beliebig	3
−	0	0	$a_{11}x_1^2 + x_2^2 = 0$	Geradenpaar mit Schnitt- punkt	−	0	0	2
−	0	−	$a_{11}x_1^2 + x_2^2 + a_{33} = 0$	Hyperbel	−	$\neq 0$	beliebig	3
0	+	0	$x_2^2 + 2a_{13}x_1 = 0$	Parabel	0	$\neq 0$	−	3
0	0	+	$x_2^2 + a_{33} = 0$	$\emptyset$	0	0	0	2
0	0	0	$x_2^2 = 0$	Doppel- gerade	0	0	0	1
0	0	−	$x_2^2 + a_{33} = 0$	2 parallele Geraden	0	0	0	2

4. Klassifikation der Kurven zweiten Grades. Die obige Tabelle gibt nach Satz 3 eine Aufzählung der möglichen Fälle mit der Normierung $a_{22} = 1$.

Als erste Konsequenz erhält man den

Satz. *Im Falle einer allgemeinen Gleichung zweiten Grades sind äquivalent:*
(i) *K_A ist eine Ellipse oder Hyperbel oder Parabel.*
(ii) *$\det A \neq 0$ und $\det S$ sowie Spur $S \cdot \det A$ sind nicht beide positiv.*

In der Tabelle sind lediglich die beiden zur Gleichung

$$(1) \qquad\qquad x_2^2 + a_{33} = 0 \, , \; a_{33} \neq 0,$$

gehörenden Fälle nicht durch die rechts stehenden Invarianten zu unterscheiden. Dies kann aber auf die folgende Weise geschehen: Man nennt die symmetrische Matrix A *semi-definit*, wenn $x^t A x \geq 0$ für alle x gilt oder wenn $x^t A x \leq 0$ für alle x gilt, d.h., die Eigenwerte von A sind alle nicht-negativ oder alle nicht-positiv, und *indefinit*, wenn es x und y gibt mit $x^t A x > 0$ und $y^t A y < 0$, d.h., A besitzt einen positiven und einen negativen Eigenwert. Wegen Lemma 2 sind beide Eigenschaften invariant gegenüber Bewegungen. Sie sind aber auch invariant gegenüber Normierung. Damit können die Fälle in (1) getrennt werden. Man erhält für ein nicht-leeres K_A die Möglichkeiten:

$$(2)$$

Punkt	$\Longleftrightarrow$	$\det S > 0$, $\det A = 0$,
Ellipse	$\Longleftrightarrow$	$\det S > 0$, Spur $S \cdot \det A < 0$,
Hyperbel	$\Longleftrightarrow$	$\det S < 0$, $\det A \neq 0$,
Geradenpaar mit Schnittpunkt	$\Longleftrightarrow$	$\det S < 0$, $\det A = 0$,
Parabel	$\Longleftrightarrow$	$\det S = 0$, $\det A \neq 0$,
Doppelgerade	$\Longleftrightarrow$	$\det S = 0$, Rang $A = 1$,
2 parallele Geraden	$\Longleftrightarrow$	$\det S = 0$, Rang $A = 2$, A indefinit .

In den Fällen

$$(3) \qquad\qquad \det S > 0 \quad \text{und} \quad \text{Spur}\, S \cdot \det A > 0,$$

$$(4) \qquad\qquad \det S = 0 \, , \; \text{Rang}\, A = 2 \, , \; A \; \text{semi-definit}$$

ist K_A leer. Man beachte, dass alle angegebenen Bedingungen invariant gegenüber Bewegungen und Normierung sind. Ellipsen, Hyperbeln und Parabeln fasst man wie bereits in der Einleitung erwähnt unter dem Begriff *eigentliche Kegelschnitte* zusammen.

Aufgaben. a) Ist A mit $\det A \neq 0$ gegeben, dann ist $K_A = \emptyset$ damit gleichwertig, dass A definit ist.
b) Welche Kurve zweiten Grades wird durch $\{ (\tau^2 + 2\tau \, , \, \tau^2 - 2\tau - 1)^t : \tau \in \mathbb{R} \}$ bzw. $\left\{ \left(\frac{\tau}{1-\tau}, \frac{1}{\tau} \right)^t : \tau \in \mathbb{R} \setminus \{0, 1\} \right\}$ dargestellt?
c) K_A ist genau dann ein Kreis, wenn es ein $\lambda \in \mathbb{R}$ gibt mit $S = \lambda E$ und $\lambda \cdot \det A < 0$.

d) Man zeige, dass in der Bezeichnung von **2** durch

$$\{K_A; \quad S = \lambda E, \ \alpha, \ \lambda \in \mathbb{R}, \ a \in \mathbb{E}, \ |a|^2 - \alpha\lambda > 0\}$$

die Menge aller Geraden und Kreise in $\mathbb{E}$ beschrieben wird.

e) Seien S mit $\det S > 0$ [bzw. $\det S < 0$] und a gegeben. Dann kann man α jeweils so wählen, dass K_A leer ist oder einen Punkt oder eine Ellipse [bzw. eine Hyperbel oder ein Geradenpaar mit Schnittpunkt] darstellt.

f) Man beschreibe die geometrische Gestalt der folgenden Kurven zweiten Grades: (i) $7x_1^2 + 2x_1x_2 - 18x_2 - 17 = 0$, (ii) $x_1^2 - 2x_1x_2 + x_2^2 + 30x_1 = 0$, (iii) $4x_1x_2 + 16x_1 + 8x_2 - 3 = 0$, (iv) $x_1^2 + 8x_2^2 - 4x_1 - 8 = 0$.

g) Man zeige, dass durch II.4.3(1) für $K = \mathbb{R}$ eine Parabel beschrieben wird.

5. Affine Normalformen. Eine Abbildung

$$x \longmapsto Tx + b, \ T \in GL(2; \mathbb{R}), \ b \in \mathbb{E},$$

nennt man wie in II.1.5 eine *affine* Abbildung der Ebene. Offenbar ist jede Bewegung von $\mathbb{E}$ eine affine Abbildung. Bei affinen Abbildungen werden im allgemeinen Abstände und Winkel nicht erhalten. Die Aussage, dass sich zwei Kurven schneiden, ist invariant unter affinen Abbildungen.

Bei affinen Abbildungen gehen Geraden in Geraden und Kurven zweiten Grades in Kurven zweiten Grades über (vgl. Lemma 2).

Aus dem Kreis $K := \{x \in \mathbb{E} : |x| = 1\}$ entsteht die Ellipse

$$E := \left\{ x \in \mathbb{E} \ : \ \left(\frac{x_1}{\rho_1}\right)^2 + \left(\frac{x_2}{\rho_2}\right)^2 = 1 \right\},$$

$\rho_1 > \rho_2 > 0$, durch die Abbildung

$$(1) \quad K \to E, \, x \mapsto Mx, \, M = \begin{pmatrix} \rho_1 & 0 \\ 0 & \rho_2 \end{pmatrix}.$$

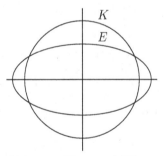

Führt man noch eine geeignete Bewegung durch, so folgt die

Abb. 100: Kreis und Ellipse

Proposition. *a) Die Ellipsen sind genau die affinen Bilder des Einheitskreises. b) Der Flächeninhalt der Ellipse ist $\rho_1\rho_2\pi$.*

Beweis. b) In (1) gilt laut Analysis

Flächeninhalt von $E = |\det M| \cdot$ Flächeninhalt von $K = \rho_1\rho_2\pi$. $\square$

Bemerkungen. a) Die Bogenlänge der Ellipse ist nicht mit elementaren Methoden zu berechnen. Bei der Berechnung stößt man über die Parametrisierung

$$[0, 2\pi] \to \mathbb{E}, \, t \mapsto \begin{pmatrix} \rho_1 & \cos t \\ \rho_2 & \sin t \end{pmatrix},$$

auf ein so genanntes *elliptisches Integral*

$$\int_0^{2\pi} \frac{dt}{\sqrt{\rho_1^2 \sin^2 t + \rho_2^2 \cos^2 t}}.$$

Man vergleiche M. KOECHER, A. KRIEG, *Elliptische Funktionen und Modulformen*, 2. Aufl., Springer, Heidelberg 2007, I.E.5.

b) Aus der Tabelle in 4 entnimmt man analog, dass jede Kurve zweiten Grades bis auf eine affine Abbildung und Normierung dargestellt werden kann durch:

$$
\begin{aligned}
x_1^2 + x_2^2 &= 1 \quad,\quad x_1^2 + x_2^2 = 0 \quad, \\
x_1^2 - x_2^2 &= 1 \quad,\quad x_1^2 - x_2^2 = 0 \quad, \\
x_2^2 &= x_1 \quad,\qquad x_2^2 = 0 \quad,\quad x_2^2 = 1 \ .
\end{aligned}
$$

Dies sind die *affinen Normalformen der Kurven zweiten Grades*. Statt der Gleichungen $x_1^2 - x_2^2 = 1$ bzw. $x_1^2 - x_2^2 = 0$ kann man natürlich auch die Gleichungen

$$x_1 x_2 = 1 \quad \text{bzw.} \quad x_1 x_2 = 0$$

nehmen.

Als Anwendung der affinen Normalform beweisen wir das

Lemma. *Sei K ein eigentlicher Kegelschnitt und K' eine Kurve zweiten Grades mit $K' \neq K$. Dann besteht $K \cap K'$ aus höchstens vier Punkten.*

Beweis. Wir verwenden zunächst eine affine Normalform für K. Ist K eine Hyperbel oder Parabel, so darf man von

$$x_1 x_2 = 1 \quad \text{oder} \quad x_2^2 = x_1$$

ausgehen. Man setzt für x_1 in die zweite Gleichung ein und erhält ein Polynom von einem Grad ≤ 4 in x_2, das damit höchstens 4 Nullstellen hat. Also besteht $K \cap K'$ aus höchstens 4 Punkten. Im Fall einer Ellipse sei K der Einheitskreis

$$x_1^2 + x_2^2 = 1$$

und nach einer Drehung kann man annehmen, dass K' durch eine Gleichung

$$a_{11} x_1^2 + a_{22} x_2^2 + 2 a_{13} x_1 + 2 a_{23} x_2 + a_{33} = 0$$

gegeben wird. Man setzt $x_1^2 = 1 - x_2^2$ in diese Gleichung ein. Gilt $a_{13} = 0$, so hat man 2 quadratische Gleichungen für x_1 und x_2. Gilt $a_{13} \neq 0$, so löst man nach x_1 auf. Das Resultat in der ersten Gleichung ist ein Polynom von einem Grad ≤ 4 in x_1. Also existieren wieder höchstens 4 Schnittpunkte. $\qquad \square$

Bemerkung. Zwei verschiedene Kurven zweiten Grades können unendlich viele Punkte gemeinsam haben. Man nehme ein Paar paralleler Geraden und zwei sich schneidende Geraden, deren Schnittmenge eine Gerade sein kann.

6. Kurven zweiten Grades als Kegelschnitte. Im $\mathbb{R}^3$ erhält man einen Kreiskegel K mit der Spitze in 0 in der Form

$$K = \{(x_1, x_2, x_3)^t \in \mathbb{R}^3 : x_1^2 + x_2^2 - x_3^2 = 0\}.$$

Eine beliebige Ebene E im $\mathbb{R}^3$ kann stets in der Form

$$E = \{x_1 a + x_2 b + c : x_1, x_2 \in \mathbb{R}\}$$

dargestellt werden, wobei $a, b, c \in \mathbb{R}^3$ und a, b linear unabhängig sind. Dann ist $K \cap E$ eine Kurve zweiten Grades, nämlich

$$K \cap E = \left\{ x_1 a + x_2 b + c : x = \begin{pmatrix} x_1 \\ x_2 \end{pmatrix} \in \mathbb{R}^2 , \ \kappa_A(x) = 0 \right\},$$

$$A = U^t D U , \ D = \begin{pmatrix} 1 & 0 & 0 \\ 0 & 1 & 0 \\ 0 & 0 & -1 \end{pmatrix} , \ U = (a, b, c).$$

Gilt $\det A = 0$, so liegt der Nullpunkt in $K \cap E$, so dass man $c = 0$, also $A = \begin{pmatrix} S & 0 \\ 0 & 0 \end{pmatrix}$ annehmen kann. Nach 4(2) kann K somit kein Paar paralleler Geraden sein. Sei $\det A \neq 0$. Aus $\det S = a^t D a \cdot b^t D b - (a^t D b)^2 > 0$ folgt auch Spur $S = a^t D a + b^t D b > 0$, weil S und somit A andernfalls zwei negative Eigenwerte hätte. Das widerspricht der Tatsache, dass A die Signatur $(2, 1)$ hat. Setzt man speziell

$$a = \begin{pmatrix} 1 \\ 0 \\ 0 \end{pmatrix} , \ b = \begin{pmatrix} 0 \\ \alpha \\ \beta \end{pmatrix} , \ c = \begin{pmatrix} 0 \\ 0 \\ \gamma \end{pmatrix} ,$$

wobei $\alpha, \beta, \gamma \in \mathbb{R}$ und α, β nicht beide Null sind, so folgt

$$A = \begin{pmatrix} 1 & 0 & 0 \\ 0 & \alpha^2 - \beta^2 & -\beta\gamma \\ 0 & -\beta\gamma & -\gamma^2 \end{pmatrix} .$$

Man sieht nun, dass man durch geeignete Wahl von α, β, γ alle in 4(2) auftretenden Fälle erreichen kann, bis auf Paare paralleler Geraden. Damit haben wir den

Satz. *Die Schnitte von Ebenen im $\mathbb{R}^3$ mit dem Kreiskegel*

$$K = \{(x_1, x_2, x_3)^t \in \mathbb{R}^3 : x_1^2 + x_2^2 - x_3^2 = 0\}.$$

sind Kurven zweiten Grades. Alle Typen von Kurven zweiten Grades, bis auf Paare paralleler Geraden, entstehen auf diese Weise.

Bemerkungen. a) Natürlich entstehen im Satz nicht alle Kurven zweiten Grades bis auf eine Bewegung. Bei einer Hyperel ist der Öffnungswinkel des durch die Asymptoten bestimmten Winkelbereichs eines Hyperbelastes stets $\leq \pi/2$.

b) Ein geometrischer Beweis des Satzes kann im Fall von Ellipse, Hyperbel oder Parabel mit Hilfe der so genannten DANDELIN*schen Kugel* geführt werden, d.h. mit denjenigen Kugeln, welche die Ebene und den Kegel berühren. Dieser Beweis wurde erstmals 1822 von Germinal Pierre DANDELIN (1794–1847) angegeben.

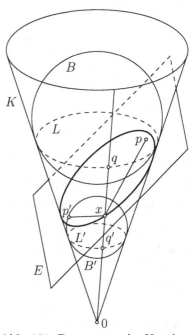

Das Verfahren soll erläutert werden, wenn die Ebene E so gewählt ist, dass $K \cap E$ eine Ellipse ist. Wir betrachten die beiden Kugeln B und B', die die Ebene E in den Punkten p bzw. p' und den Kegel in den Kreisen L bzw. L' berühren. Für $x \in K \cap E$ sei q bzw. q' der Schnittpunkt der Gerade $\mathbb{R}x$ mit L bzw. L'. Dann gilt

$$d(x,q) = d(x,p) \text{ und } d(x,q') = d(x,p'),$$

weil die Abstände von x zu den Berührpunkten der durch x gehenden Tangenten an L (bzw. L') jeweils gleich sind. Man vergleiche mit dem Sehnen-Tangenten-Satz IV.1.3. Nun folgt

$$\begin{aligned} d(x,p) + d(x,p') &= d(x,q) + d(x,q') \\ &= d(q,q') = d(L,L'). \end{aligned}$$

Demnach beschreibt $K \cap E$ eine Ellipse, deren Brennpunkte genau die Berührpunkte p und p' sind.

Abb. 101: DANDELINsche Kugeln

Aufgaben. a) Sei E eine Ebene, so dass $K \cap E$ eine Hyperbel ist. Man beschreibe in diesem Fall die Asymptoten. Führen Sie die DANDELINschen Kugeln ein und zeigen Sie, dass die Berührpunkte mit E genau die Brennpunkte der Hyperbel sind.

b) Sei Z ein Zylinder und E eine Ebene im $\mathbb{R}^3$. Welche geometrische Gestalt kann die Schnittmenge $Z \cap E$ haben? Falls $Z \cap E$ eine Ellipse ist, betrachten Sie die beiden Kugeln, die E und Z von innen berühren. Was können Sie über die Berührpunkte sagen?

7. Infinitesimale Beschreibung einer Tangente. Ist G ein Gebiet in $\mathbb{E} = \mathbb{R}^2$ und $\varphi : G \to \mathbb{R}$ eine stetig differenzierbare Funktion, dann ist der *Gradient* $\operatorname{Grad}\varphi : G \to \mathbb{E}$ von φ definiert durch

$$\operatorname{Grad}\varphi(x) := (\operatorname{Grad}\varphi)(x) := \begin{pmatrix} \dfrac{\partial \varphi(x)}{\partial x_1} \\ \dfrac{\partial \varphi(x)}{\partial x_2} \end{pmatrix}.$$

Ist nun $c \in G$ mit

$$\varphi(c) = 0 \quad \text{und} \quad \text{Grad}\,\varphi(c) \neq 0$$

gegeben, so lernt man in der Analysis (mit Hilfe des Hauptsatzes über implizite Funktionen), dass es lokal eine Kurve $x = x(\tau)$, $|\tau| < \varepsilon$, gibt mit

$$x(0) = c \quad \text{und} \quad \varphi(x(\tau)) = 0 \quad \text{für } |\tau| < \varepsilon.$$

Die Tangente $c + \mathbb{R}\dot{x}(0)$ an diese Kurve im Punkt c kann dann beschrieben werden durch die Gleichung

$$\langle x - c \,,\, \text{Grad}\,\varphi(c) \rangle = 0.$$

Man kann dies auf eine Kurve 2. Grades anwenden: Für

$$\varphi(x) := \kappa(x) = \langle x, Sx \rangle + 2 \langle a, x \rangle + \alpha$$

folgt dann

$$\text{Grad}\,\varphi(x) = 2(Sx + a)$$

und die Tangente in einem Punkt c mit $\kappa(c) = 0$ kann beschrieben werden durch $\langle x - c \,,\, Sc + a \rangle = 0$, also durch die

Tangentengleichung: $\langle x, Sc \rangle + \langle a, x + c \rangle + \alpha = 0$.

Aufgaben. Es sei K_A wie in 2(5) eine Kurve zweiten Grades.
a) Für $c \in K_A$ mit $Sc + a \neq 0$ setze man $T_c := H_{Sc+a,\gamma}$ mit $\gamma := -\alpha - \langle a, c \rangle$. Dann gilt $T_c \cap K_A = \{c\}$ oder $T_c \subset K_A$.
b) K_A hat genau dann einen *Mittelpunkt* (d.h. einen Punkt p, für den $x \in K_A$ mit der Punktspiegelung $2p - x \in K_A$ gleichwertig ist), wenn $Sp + a = 0$ lösbar ist. In diesem Fall ist p Mittelpunkt. Ist p eindeutig bestimmt?
c) Im Fall $\kappa_A(x) = \langle x, Sx \rangle$, $\det S < 0$, ist K_A ein Geradenpaar mit Schnittpunkt. Der Schnittwinkel φ wird dann gegeben durch

$$\tan \varphi = 2 \frac{\sqrt{-\det S}}{|\text{Spur}\,S|}.$$

d) Es seien E, F, G, H Geraden, von denen keine zwei parallel sind, und es sei $\omega > 0$. Der geometrische Ort aller Punkte $x \in \mathbb{E}$, für die

$$d(x, E) \cdot d(x, F) = \omega \cdot d(x, G) \cdot (x, H)$$

gilt, ist die Vereinigung zweier Kurven zweiten Grades (DESCARTES).

§4 Scheitel- und Brennpunktgleichung

1. Kurven mit Leitlinien. Zu den in §1 behandelten Mittelpunktsgleichungen für Ellipse und Hyperbel existiert kein Analogon für die Parabel, da eine Parabel eben keinen Mittelpunkt besitzt. Für manche Anwendungen ist es nützlich, dass es aber zwei andere gemeinsame Beschreibungen der eigentlichen Kegelschnitte gibt: Die Scheitelgleichung und die in Polarkoordinaten geschriebene Brennpunktgleichung.

Es sei H eine Gerade und q ein Punkt von $\mathbb{E}$, der nicht auf H liegt. Für $\varepsilon > 0$ bezeichne $K_\varepsilon(H, q)$ den geometrischen Ort aller Punkte $x \in \mathbb{E}$, für welche

$$\frac{\text{Abstand von } x \text{ und } q}{\text{Abstand von } x \text{ und } H} = \varepsilon$$

gilt, d.h., für die

$$(1) \qquad |x - q| = \varepsilon \cdot d(x, H)$$

erfüllt ist. Man sieht, dass das Bild einer Kurve $K_\varepsilon(H, q)$ unter einer Bewegung von $\mathbb{E}$ wieder eine Kurve der Form $K_\varepsilon(H', q')$ ist. Ist H in HESSEscher Normalform gegeben, so gehört ein $x \in \mathbb{E}$ gemäß III.2.3 genau dann zu $K_\varepsilon(H_{c,\gamma}, q)$, wenn gilt

$$(2) \qquad |x - q| = \varepsilon \cdot |\langle c, x \rangle - \gamma| \,, \ |c| = 1.$$

Es ist anschaulich klar, dass diese Gleichung Lösungen hat. Die feste Gerade $H = H_{c,\gamma}$ nennt man die *Leitlinie* und ε die *numerische Exzentrizität* der Kurve $K_\varepsilon(H_{c,\gamma}, q)$.

Lemma. *Ein $x \in \mathbb{E}$ gehört genau dann zu $K_\varepsilon(H_{c,\gamma}, q)$, $|c| = 1$, wenn gilt*

$$(3) \qquad |x|^2 - \varepsilon^2 \langle c, x \rangle^2 + 2 \langle \varepsilon^2 \gamma c - q, x \rangle + |q|^2 - \varepsilon^2 \gamma^2 = 0.$$

Beweis. Wegen (2) ist $x \in K_\varepsilon(H_{c,\gamma}, q)$ gleichwertig mit

$$|x|^2 - 2 \langle q, x \rangle + |q|^2 = \varepsilon^2 (\langle c, x \rangle^2 - 2\gamma \langle c, x \rangle + \gamma^2)$$

und das ist bereits (3). $\qquad \qquad \square$

Man sieht an diesem Lemma, dass $K_\varepsilon(H_{c,\gamma}, q)$ stets eine Kurve zweiten Grades ist. Die Frage, welche Kurven zweiten Grades in der Form $K_\varepsilon(H_{c,\gamma}, q)$ geschrieben werden können, beantwortet der folgende

Satz. *Die Kurven der Form $K_\varepsilon(H, q)$ sind genau die eigentlichen Kegelschnitte, die keine Kreise sind. Es ist $K_\varepsilon(H, q)$ eine*

$$
\begin{aligned}
&\textit{Ellipse,} && \textit{falls } \varepsilon < 1 \,, \\
&\textit{Parabel,} && \textit{falls } \varepsilon = 1 \,, \\
&\textit{Hyperbel,} && \textit{falls } \varepsilon > 1 \,.
\end{aligned}
$$

Beweis. Da die Voraussetzungen und die Behauptungen des Satzes gegenüber Bewegungen von $\mathbb{E}$ invariant sind, kann man ohne Einschränkung für H die x_2-Achse wählen und q auf der x_1-Achse annehmen, d.h.

$$\gamma = 0 \, , \ c = e = \begin{pmatrix} 1 \\ 0 \end{pmatrix} \, , \ q = \alpha e \, , \ \alpha \neq 0.$$

Nach dem Lemma wird dann $K_\varepsilon(H, q)$ beschrieben durch die Gleichung

(*) $(1 - \varepsilon^2)x_1^2 + x_2^2 - 2\alpha x_1 + \alpha^2 = 0.$

In der Bezeichnung von 3.2 folgt

$$S = \begin{pmatrix} 1 - \varepsilon^2 & 0 \\ 0 & 1 \end{pmatrix} \, , \ A = \begin{pmatrix} 1 - \varepsilon^2 & 0 & -\alpha \\ 0 & 1 & 0 \\ -\alpha & 0 & \alpha^2 \end{pmatrix}$$

und daher det $A = -\alpha^2 \varepsilon^2 < 0$. Aus 3.4(2) entnimmt man nun die behauptete Gestalt der Kurve.

Gilt $\varepsilon = 1$, so folgt aus (1) und 2.1, dass man alle Parabeln auf diese Weise darstellen kann. Gilt $\varepsilon \neq 1$, so kommt man durch eine Translation auf

$$B = \begin{pmatrix} 1 - \varepsilon^2 & 0 & 0 \\ 0 & 1 & 0 \\ 0 & 0 & \frac{-\alpha^2 \varepsilon^2}{1 - \varepsilon^2} \end{pmatrix}.$$

Also kann man nach der Liste in 3.4 auch alle Hyperbeln und alle Ellipsen, die keine Kreise sind, auf diese Weise darstellen.   □

Nach dem Satz hat man jedem eigentlichen Kegelschnitt, der kein Kreis ist, eine numerische Exzentrizität ε zugeordnet.

Aufgabe. Man beschreibe die folgenden eigentlichen Kegelschnitte als Kurve mit Leitlinie:

(i)   die Ellipse $\left\{ \{x \in \mathbb{E} : \left(\dfrac{x_1}{\rho_1}\right)^2 + \left(\dfrac{x_2}{\rho_2}\right)^2 = 1\right\}$, $\rho_1 > \rho_2 > 0$,

(ii) die Hyperbel $\left\{ x \in \mathbb{E} : \left(\dfrac{x_1}{\rho_1}\right)^2 - \left(\dfrac{x_2}{\rho_2}\right)^2 = 1\right\}$, $\rho_1 > 0 \, , \rho_2 > 0$,

(iii) die Hyperbel $\{x \in \mathbb{E} : x_1 x_2 = \omega\}$, $0 \neq \omega \in \mathbb{R}$,

(iv) die Parabel $\{x \in \mathbb{E} : x_2^2 = 4\rho x_1\}$, $\rho > 0$.

2. Scheitelgleichung. Es soll nun die Gestalt der eigentlichen Kegelschnitte

(1) $K_\varepsilon(H, q) = \{x \in \mathbb{E} : |x - q| = \varepsilon | \langle c, x \rangle - \gamma |\}$, $\varepsilon > 0$, $q \notin H = H_{c,\gamma}$, $|c| = 1$,

genauer untersucht werden.

Lemma. *Die Länge der zu H parallelen Sehne durch q sei 2ν. Dann gilt*

(2) $\nu = \varepsilon \cdot d(q, H) = \varepsilon \cdot | \langle c, q \rangle - \gamma |.$

Beweis. Die Parallele zu H durch q ist $q + \mathbb{R}c^\perp$. Ein Punkt $x = q + \lambda c^\perp$ gehört genau dann zu $K_\varepsilon(H, q)$, wenn

$$|\lambda| = \varepsilon \cdot |\langle c, q \rangle - \gamma| \quad \text{gilt, also} \quad \lambda = \pm \varepsilon \cdot d(q, H). \qquad \square$$

Neben den in den Sätzen 1.1, 1.2 und in 2.1(4) beschriebenen Normalformen ist eine weitere Normalform für Kurven mit Leitlinien von Interesse. Nach eventueller Ausführung einer Bewegung kann man ohne Einschränkung annehmen:

(i) H ist die Parallele zur x_2-Achse durch den Punkt $-\omega e$, $\omega > 0$, also $c = e = \binom{1}{0}$ und $\gamma = -\omega$.

(ii) Der Punkt q liegt auf der x_1-Achse mit $q = \beta e$, $\beta > 0$.

(iii) Die Kurve $K_\varepsilon(H, q)$ geht durch Null.

Mit diesen Annahmen wird $K_\varepsilon(H, q)$ nach Lemma 1 beschrieben durch die Gleichung

$$(1 - \varepsilon^2)x_1^2 + x_2^2 - 2(\beta + \omega\varepsilon^2)x_1 + \beta^2 - \omega^2\varepsilon^2 = 0.$$

Da $K_\varepsilon(H, q)$ aber nach (iii) durch Null gehen soll, folgt $\beta^2 = \omega^2\varepsilon^2$, also

(3) $$\varepsilon = \frac{\beta}{\omega}, \ \nu = \varepsilon(\beta + \omega) = \beta + \omega\varepsilon^2 = \varepsilon\omega(1 + \varepsilon) = \beta(1 + \varepsilon).$$

Damit wird $K_\varepsilon(H, q)$ beschrieben durch

(4) $$x_2^2 = 2\nu x_1 - (1 - \varepsilon^2)x_1^2.$$

Man nennt (4) die *Scheitelgleichung* des eigentlichen Kegelschnittes $K_\varepsilon(H, q)$.

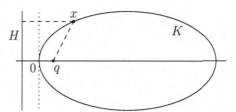

Abb. 102: Ellipse als Kurve mit Leitlinie

Im Fall einer Parabel, also für $\varepsilon = 1$, liegt der Brennpunkt der Parabel bei $q = \beta e = \frac{\nu}{2}e$. Im Fall $\varepsilon \neq 1$ ist (4) äquivalent zu

$$(1 - \varepsilon^2)\left(x_1 - \frac{\nu}{1 - \varepsilon^2}\right)^2 + x_2^2 = \frac{\nu^2}{1 - \varepsilon^2},$$

also zu

(5) $$\frac{\left(x_1 - \dfrac{\nu}{1 - \varepsilon^2}\right)^2}{\left(\dfrac{\nu}{1 - \varepsilon^2}\right)^2} + \frac{x_2^2}{\dfrac{\nu^2}{1 - \varepsilon^2}} = 1.$$

Satz. *Es gelte Scheitelgleichung (4) mit $\varepsilon \neq 1$. Dann gilt:*

a) *Die Halbachsen der Ellipse bzw. Hyperbel werden gegeben durch*

(6) $$\rho_1 = \frac{\nu}{|1 - \varepsilon^2|}, \qquad \rho_2 = \frac{\nu}{\sqrt{|1 - \varepsilon^2|}}.$$

b) *Der Mittelpunkt liegt auf der x_1-Achse bei $\dfrac{\nu}{1 - \varepsilon^2}$.*

c) *Die Brennpunkte haben den Abstand $\dfrac{\nu\varepsilon}{|1 - \varepsilon^2|}$ vom Mittelpunkt.*

d) *$q = \beta e$ ist ein Brennpunkt.*

Beweis. Die Teile a) und b) entnimmt man (5).

c) Im Fall $\varepsilon < 1$ ist der Abstand σ nach 1.1(8) gegeben durch $\sigma^2 = \rho_1^2 - \rho_2^2$ und die Behauptung folgt aus a). Im Fall $\varepsilon > 1$ ist der Abstand σ nach 1.2(8) gegeben durch $\sigma^2 = \rho_1^2 + \rho_2^2$ und die Behauptung ergibt sich analog.

d) Nach b) und c) sowie (3) folgt für $\varepsilon < 1$

$$\frac{\nu}{1 - \varepsilon^2} - \frac{\nu\varepsilon}{1 - \varepsilon^2} = \frac{\nu}{1 + \varepsilon} = \beta$$

und βe ist ein Brennpunkt. Für $\varepsilon > 1$ geht man analog vor. □

Beachtet man, dass in der Scheitelgleichung die x_1-Achse gerade das Lot von q auf H ist, so folgt das

Korollar. *Sei $K_\varepsilon(H, q)$ ein eigentlicher Kegelschnitt mit $H = H_{c,\gamma}$, $|c| = 1$ und $\varepsilon \neq 1$. Dann ist q ein Brennpunkt. Die Brennpunkte und der Mittelpunkt liegen auf der Geraden $G_{q,c}$. Die Halbachsen werden durch (6) gegeben.*

Bemerkung. Die Scheitelgleichung (4) (und der Satz) bleiben für einen Kreis (wenn man „Brennpunkt" durch „Mittelpunkt" ersetzt) mit $\varepsilon = 0$ gültig.

3. Zusammenhang zwischen Scheitelgleichung und Mittelpunktsgleichung. Zunächst sollen für die Ellipse, ausgehend von der Mittelpunktsgleichung, die Parameter der Scheitelgleichung ausgedrückt werden. Nach Satz 2 und 2(3) folgt für $\rho_1 > \rho_2 > 0$:

ν	ε	β	ω
$\dfrac{\rho_2^2}{\rho_1}$	$\dfrac{\sqrt{\rho_1^2 - \rho_2^2}}{\rho_1}$	$\rho_1 - \sqrt{\rho_1^2 - \rho_2^2}$	$\dfrac{\rho_1 \left(\rho_1 - \sqrt{\rho_1^2 - \rho_2^2} \right)}{\sqrt{\rho_1^2 - \rho_2^2}}$

Entsprechend erhält man für eine Hyperbel mit den Halbachsen $\rho_1 > 0$, $\rho_2 > 0$:

ν	ε	β	ω
$\dfrac{\rho_2^2}{\rho_1}$	$\dfrac{\sqrt{\rho_1^2 + \rho_2^2}}{\rho_1}$	$\sqrt{\rho_1^2 + \rho_2^2} - \rho_1$	$\dfrac{\rho_1 \left(\sqrt{\rho_1^2 + \rho_2^2} - \rho_1 \right)}{\sqrt{\rho_1^2 + \rho_2^2}}$

Wegen

$$-\frac{\nu}{\varepsilon - 1} < -\omega < \frac{\nu}{\varepsilon + 1}$$

liegen bei einer Hyperbel die Brennpunkte auf verschiedenen Seiten der Leitlinie.

4. Brennpunktgleichung. Neben der Mittelpunktsgleichung und der Scheitelgleichung

(1) $$x_2^2 = 2\nu x_1 - (1 - \varepsilon^2)x_1^2 \,, \ \varepsilon > 0 \,, \ \nu > 0,$$

kann man die eigentlichen Kurven zweiten Grades auch durch eine so genannte *Brennpunktgleichung* beschreiben. Nach Satz 2 hat die Kurve (1) im Punkt $q = \beta e$ einen Brennpunkt und die Leitlinie geht durch den Punkt $b = -\omega e$. Dabei hängen β und ω nach 2(3) vermöge

(2) $$\varepsilon = \frac{\beta}{\omega} \,, \ \nu = \varepsilon(\beta + \omega), \ \text{d.h.} \ \beta = \frac{\nu}{\varepsilon + 1} \,, \ \omega = \frac{\nu}{\varepsilon(\varepsilon + 1)}$$

von ν und ε ab.

Man versucht jetzt, die Punkte der Kurve (1) durch *Polarkoordinaten mit Zentrum* $q = \beta e$ zu beschreiben, d.h., man macht den Ansatz

(3) $$x = q + \rho \begin{pmatrix} \cos\varphi \\ \sin\varphi \end{pmatrix} \,, \ \varphi \in [0, 2\pi) \,, \ \rho > 0,$$

und versucht, $\rho > 0$ als Funktion von φ so zu bestimmen, dass x der Gleichung (1) genügt.

Satz. *Sei $K = K_\varepsilon(H, q)$ eine eigentliche Kurve zweiten Grades, die in der Scheitelgleichung (1) gegeben sei. Dann wird K (im Fall einer Hyperbel der zu q gehörige Ast von K) beschrieben durch die Polarkoordinaten (3) mit*

$$\rho = \frac{\nu}{1 - \varepsilon \cos\varphi} \,, \ 0 \le \varphi < 2\pi, \ \varepsilon \cos\varphi < 1.$$

Beweis. Man kann jedes $x \in \mathbb{E}$, $x \ne q$, also insbesondere jedes $x \in K$, eindeutig in der Form (3) darstellen. Ein Punkt x der Form (3) erfüllt genau dann die Scheitelgleichung (1), wenn gilt

$$\rho^2 \sin^2\varphi = 2\nu \cdot (\beta + \rho\cos\varphi) - (1 - \varepsilon^2) \cdot (\beta^2 + 2\rho\beta\cos\varphi + \rho^2\cos^2\varphi),$$

d.h., wenn gilt

$$\rho^2 = \varepsilon^2 \rho^2 \cos^2\varphi + 2\rho\xi\cos\varphi + \eta$$

mit

$$\xi := \nu - (1 - \varepsilon^2)\beta \,, \ \eta := 2\nu\beta - (1 - \varepsilon^2)\beta^2.$$

Mit (2) liefert eine einfache Rechnung $\xi = \varepsilon\nu$ und $\eta = \nu^2$. Damit liegt der Punkt (3) genau dann auf (1), wenn $\rho^2 = (\nu + \varepsilon\rho\cos\varphi)^2$ gilt.
Im Fall einer Ellipse oder Parabel gilt für jeden Punkt x, der (1) erfüllt, stets $x_1 \ge 0$, im Fall einer Hyperbel gilt $x_1 \ge 0$ für jeden Punkt x, der auf dem zu q gehörigen Ast liegt. In allen diesen Fällen gilt somit stets $\beta + \rho\cos\varphi \ge 0$, woraus $\nu + \varepsilon\rho\cos\varphi \ge 0$ folgt. Man erhält $\rho = \nu + \varepsilon\rho\cos\varphi$, also $\rho(1 - \varepsilon\cos\varphi) = \nu$, und das ist die Behauptung. $\qquad\qquad\square$

Bemerkungen. a) Im Fall einer Ellipse ist $\varepsilon < 1$, so dass φ das Intervall $[0, 2\pi)$ durchläuft. Im Fall einer Parabel ist $\varepsilon = 1$ und φ durchläuft das offene Intervall $(0, 2\pi)$.

b) Liegt eine Hyperbel vor, so ist $\varepsilon > 1$ und es gibt genau ein $0 < \varphi_0 \leq \frac{\pi}{2}$ mit $\varepsilon \cos \varphi_0 = \varepsilon \cos(2\pi - \varphi_0) = 1$. In diesem Fall durchläuft φ das offene Intervall $(\varphi_0, 2\pi - \varphi_0)$. Die Winkel φ_0 und $-\varphi_0$ entsprechen den Richtungen der Asymptoten der Hyperbel, sie sind gegeben durch

$$\cos \varphi_0 = \frac{1}{\varepsilon} = \frac{\rho_1}{\sqrt{\rho_1^2 + \rho_2^2}},$$

falls $\rho_1 > 0$ und $\rho_2 > 0$ die Halbachsen bezeichnen.

c) Der Fall eines Kreises ist durch $\varepsilon = 0$ eingeschlossen.

§ 5 Der Fünf-Punkte-Satz und der Satz von PASCAL

1. Problemstellung. Die Bestimmung der Schnittpunkte einer Kurve zweiten Grades mit einer Geraden führt auf eine quadratische Gleichung, es gibt daher höchstens zwei Schnittpunkte.

Zu drei Punkten der Ebene findet man immer eine Kurve zweiten Grades (nämlich einen Kreis oder eine Doppelgerade), auf der die Punkte liegen. Wie ist die Situation, wenn man hier vier oder mehr Punkte vorgibt? Da eine Gleichung zweiten Grades bis auf Normierung fünf willkürliche Koeffizienten hat, wird man sogar versuchen, zu fünf Punkten eine Kurve zweiten Grades zu finden, auf der die gegebenen Punkte liegen. Die Gleichung einer allgemeinen Kurve zweiten Grades ist nach 3.2(1) von der Form

$$a_{11}x_1^2 + 2a_{12}x_1x_2 + a_{22}x_2^2 + 2a_{13}x_1 + 2a_{23}x_2 + a_{33} = 0.$$

Trägt man hier für x der Reihe nach die fünf Punkte $a, b, c, d, e \in \mathbb{E}$ ein, erhält man fünf homogene lineare Gleichungen für die sechs Unbekannten $a_{11}, \ldots, a_{33}$, die stets eine nicht-triviale Lösung zulassen. Also gibt es mindestens eine Kurve zweiten Grades oder eine Gerade, die durch die vorgegebenen Punkte geht. Im folgenden wird eine Kurve zweiten Grades explizit angegeben und zwar so, dass man darüber hinaus den Satz von PASCAL (in Abschnitt 5) direkt einsieht, insbesondere ohne Hilfsmittel der *projektiven Geometrie*, die in Kapitel VI entwickelt werden.

2. Schnittpunkte. Im weiteren Verlauf sollen Schnittpunkte von gewissen Verbindungsgeraden von sechs Punkten der Ebene zueinander in Beziehung gesetzt werden. Es sollte nicht verwunderlich sein, dass hierzu eine abkürzende Symbolik nützlich ist:

Zu vier beliebigen Punkten $a, b, c, d \in \mathbb{E}$ wird ein neuer Punkt $abcd \in \mathbb{E}$ erklärt durch

(1) $$abcd := [b, d](c - a) - [a, c](d - b) = [a, c, d]b - [a, c, b]d.$$

Dabei stimmen beide Ausdrücke nach der Dreier-Identität II.1.2 überein. Man bemerkt zunächst die elementaren Relationen

(2) $$cbad = adcb = badc = -abcd.$$

Wie in III.2.9(2) setzt man weiter

(3) $$[a, b, c, d] := [a, b] + [b, c] + [c, d] + [d, a].$$

Wegen

(4) $$[a, c, d] - [a, c, b] = \det(a - c, b - d) = [a, b, c, d]$$

gilt nach (1) für eine affine Abbildung $f(x) = Wx + q$, $W \in GL(2; \mathbb{R})$, $q \in \mathbb{E}$:

(5)
$$
\begin{aligned}
[f(a), f(b), f(c), f(d)] &= (\det W) \cdot [a, b, c, d]\,, \\
f(a)f(b)f(c)f(d) &= (\det W) \cdot (W(abcd) + [a, b, c, d] \cdot q)\,.
\end{aligned}
$$

Die Motivation für (1) gibt nun die

Proposition. *Sei $a \neq c$, $b \neq d$. Sind $a \vee c$ und $b \vee d$ nicht parallel, dann ist*

(6) $$p := p_{abcd} := \frac{1}{[a, b, c, d]} \cdot abcd$$

der Schnittpunkt von $a \vee c$ und $b \vee d$.

Beweis. Wegen (4) und (1) liegt p auf $b \vee d$, wegen (2) dann aber auch auf $a \vee c$.
□

Ein Vergleich mit II.1.4 zeigt, dass (6) mit der dortigen Schnittpunktformel (3) übereinstimmt. Entsprechend der Anschauung ändert sich $p = p_{abcd}$ wegen (2) nicht, wenn man a mit c oder b mit d oder (a, c) mit (b, d) vertauscht.

3. Ein Polynom zweiten Grades. Sind a, b, c, d, e, x sechs paarweise verschiedene Punkte von $\mathbb{E}$, so betrachte man den Fall, dass die Schnittpunkte

(1)
$$
\begin{aligned}
p &:= (a \vee e) \cap (b \vee x) &&= \frac{1}{[a, b, e, x]} \cdot abex\,, \\
q &:= (a \vee d) \cap (c \vee x) &&= \frac{1}{[a, c, d, x]} \cdot acdx\,, \\
r &:= (b \vee d) \cap (c \vee e) &&= \frac{1}{[b, c, d, e]} \cdot bcde
\end{aligned}
$$

existieren, d.h., dass also

(2) $$a \vee e \nparallel b \vee x\,, \quad a \vee d \nparallel c \vee x\,, \quad b \vee d \nparallel c \vee e$$

gilt. Dabei entsteht die zweite Formel in (1) jeweils nach Proposition 2.

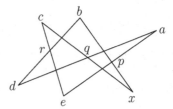

Im Allgemeinen wird man ein Schnitt-
punkt-Dreieck p, q, r erhalten. Da p, q, r
genau dann kollinear sind, wenn $[p, q, r] =$
0 gilt, wird man nach Hochmultiplizieren
der Nenner den Ausdruck

Abb. 103: Fünf-Punkte-Satz

$$(3) \qquad [a, b, e, x] \cdot [a, c, d, x] \cdot [b, c, d, e] \cdot [p, q, r] =: \kappa_{abcdex}$$

mit

$$(4) \qquad \kappa_{abcdex} \;:=\; [b, c, d, e] \cdot [abex, acdx] + [a, b, e, x] \cdot [acdx, bcde]$$
$$+ [a, c, d, x] \cdot [bcde, abex]$$

betrachten. Hier ist κ_{abcdex} nach (4) für *beliebige* $a, b, c, d, e, x \in \mathbb{E}$ erklärt und
ersichtlich ein Polynom in den betreffenden Komponenten. Hält man hier fünf
Punkte fest, so wird κ_{abcdex} ein Polynom vom Grad ≤ 2 in den Komponenten des
verbleibenden Vektors. Der formale Gesamtgrad von κ_{abcdex} ist 8. Ein Vergleich
von (3) und (4) ergibt die

Proposition. *Sind $a, b, c, d, e, x \in \mathbb{E}$ paarweise verschieden und gilt* (2), *dann
sind äquivalent:*
(i) *p, q, r sind kollinear.*
(ii) *$\kappa_{abcdex} = 0$.*

Nun betrachten wir den Fall, dass x mit einem anderen Punkt übereinstimmt.

Lemma. *Für $x = a, b, c, d$ oder e gilt $\kappa_{abcdex} = 0$.*

Beweis. Für $x = a$ verwende man $abca = [a, b, c]a$ und $[a, b, c, a] = [a, b, c]$ nach
2(1) und 2(3). Dann folgt $\kappa = 0$ aus (4). Für $x = b$ und $x = c$ geht man analog
vor. Für $x = d$ benutzt man $abdd = [a, b, d]d$ und $[a, b, d, d] = [a, b, d]$ nach 2(1)
und 2(3). Aus (4) erhält man

$$\kappa = [a, c, d] \cdot \Big([b, c, d, e] \cdot [abed, d] + [a, b, e, d] \cdot [d, bcde] + [bcde, abed] \Big) .$$

Wegen $abed = [a, b, e]d + [a, e, d]b$ und $bcde = -[c, b, e]d - [c, e, d]b$ nach 2(1) und
2(2) folgt

$$\kappa \;=\; [a, c, d] \cdot [b, d] \cdot \Big([b, c, d, e] \cdot [a, e, d] + [a, b, e, d] \cdot [c, e, d]$$
$$+ [a, e, d] \cdot [c, b, e] - [a, b, e] \cdot [c, e, d] \Big)$$
$$=\; [a, c, d] \cdot [b, d] \cdot \Big([a, e, d] \cdot [c, d, e] + [c, e, d] \cdot [e, d, a] \Big) = 0 ,$$

wenn man 2(3) beachtet. Für $x = e$ führt eine analoge Rechnung zum Ziel. $\square$

Betrachtet man eine affine Abbildung $f(x) = Wx + q$, $W \in GL(2; \mathbb{R})$, $q \in \mathbb{E}$, so folgt aus 2(5) und (4):

(5) $\kappa_{f(a)f(b)f(c)f(d)f(e)f(x)} = (\det W)^4 \cdot \kappa_{abcdex}$.

Schließlich beantworten wir die Frage, wann κ_{abcdex} als Polynom in x identisch verschwindet.

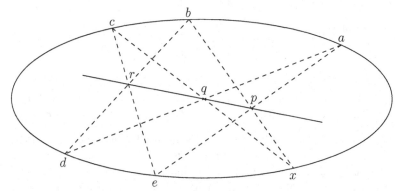

Abb. 104: Fünf-Punkte-Satz

Satz. *Für fünf paarweise verschiedene Punkte* $a, b, c, d, e \in \mathbb{E}$ *sind äquivalent:*
(i) *Unter den fünf Punkten* a, b, c, d, e *gibt es mindestens vier, die kollinear sind.*
(ii) $\kappa_{abcdex} = 0$ *für alle* $x \in \mathbb{E}$.

Beweis. (i) $\Longrightarrow$ (ii): Seien a, b, c, d kollinear. Aufgrund von (5) darf man eine affine Abbildung auf alle Punkte anwenden und daher ohne Einschränkung

$$a = \begin{pmatrix} 0 \\ 0 \end{pmatrix}, \, b = \begin{pmatrix} 1 \\ 0 \end{pmatrix}, \, c = \begin{pmatrix} \gamma \\ 0 \end{pmatrix}, \, d = \begin{pmatrix} \delta \\ 0 \end{pmatrix}, \, e = \begin{pmatrix} \varepsilon \\ \rho \end{pmatrix} \quad \text{mit } \gamma, \delta, \varepsilon, \rho \in \mathbb{R}$$

annehmen. Dann gilt nach 2(1) und 2(3)

$$abex = x_2 e \,, \quad acdx = \gamma \delta x_2 \begin{pmatrix} 1 \\ 0 \end{pmatrix}, \quad bcde = \rho \gamma (\delta - 1) \begin{pmatrix} 1 \\ 0 \end{pmatrix},$$
$$[a, b, e, x] = \rho + [e, x] \,, \quad [a, c, d, x] = \delta x_2 \,, \quad [b, c, d, e] = \rho (\delta - 1) \,.$$

Daraus folgt mit (4) sofort $\kappa_{abcdex} = 0$ für alle $x \in \mathbb{E}$. Die Fälle, in denen a, b, c, e bzw. a, b, d, e bzw. a, c, d, e bzw. b, c, d, e kollinear sind, beweist man völlig analog.
(ii) $\Longrightarrow$ (i): κ verschwinde also identisch als Polynom in x.
1. Fall: a, d, e *sind nicht kollinear.*
Aufgrund von (5) darf man ohne Einschränkung

$$a = \begin{pmatrix} 0 \\ 0 \end{pmatrix} , \; d = \begin{pmatrix} 1 \\ 0 \end{pmatrix} , \; e = \begin{pmatrix} 0 \\ 1 \end{pmatrix}$$

annehmen. Aus 2(1) und 2(3) bzw. 2(4) berechnet man

$$
\begin{aligned}
[a,b,e,x] &= b_1 - x_1 \,, \; [a,c,d,x] = x_2 - c_2 \,, \; [b,c,d,e] = [b,c] + 1 - b_1 - c_2 \,, \\
[abex,acdx] &= -b_2 c_2 x_1^2 - b_1 c_1 x_2^2 + (b_1 c_2 + b_2 c_1) x_1 x_2 \,, \\
[acdx,bcde] &= (x_1 c_2 - x_2 c_1) b_2 (c_1 + c_2 - 1) \,, \\
[bcde,abex] &= (x_1 b_2 - x_2 b_1) c_1 (b_1 + b_2 - 1) \,.
\end{aligned}
$$

Daraus ergibt sich dann

$$\kappa_{abcdex} = \alpha(x_1^2 - x_1) + \beta(x_1 x_2) + \gamma(x_2^2 - x_2)$$

mit

$$
\begin{aligned}
\alpha &= b_2 c_2 \cdot (b_2 c_1 - b_1 c_2 - c_1 + b_1) \,, \quad \gamma = b_1 c_1 \cdot (b_2 c_1 - b_1 c_2 + c_2 - b_2), \\
\beta &= b_2 c_1 \cdot (b_1 c_2 - b_2 c_1 + b_2 + c_1 - 1) + b_1 c_2 \cdot (b_1 c_2 - b_2 c_1 - b_1 - c_2 + 1) \,.
\end{aligned}
$$

Aus $\kappa \equiv 0$ erhält man $\alpha = \beta = \gamma = 0$. Wir unterscheiden mehrere Fälle.
A) $b_2 = 0$: Dann folgt $c_1 c_2 b_1 (1 - b_1) = b_1 c_2 (1 - b_1)(1 - c_2) = 0$. Weil die Punkte paarweise verschieden sind, hat man $b_1 \neq 0$, $b_1 - 1 \neq 0$. Also gilt $c_1 c_2 = c_2 (1 - c_2) = 0$. Wegen $c \neq \begin{pmatrix} 0 \\ 1 \end{pmatrix}$ folgt $c_2 = 0$. Dann sind a, b, c, d kollinear.
B) $c_2 = 0$ bzw. $b_1 c_1 = 0$: Man kommt mit analogen Argumenten dazu, dass a, b, c, d bzw. a, b, c, e kollinear sind.
C) $b_1 b_2 c_1 c_2 \neq 0$: Dann gilt

$$b_2 c_1 - b_1 c_2 - c_1 + b_1 = b_2 c_1 - b_1 c_2 + c_2 - b_2 = 0, \; \text{also} \; b_1 + b_2 = c_1 + c_2 =: \rho.$$

Setzt man $b_2 c_1 - b_1 c_2 = b_2 - c_2$ in β ein, so folgt

$$\beta = (b_2 c_1 - b_1 c_2)(\rho - 1) = 0.$$

Aus $b_2 c_1 - b_1 c_2 = 0$ erhält man mit $\alpha = \beta = 0$ bereits $c = b$ als Widerspruch. Also gilt $\rho = 1$. Dann sind aber b, c, d, e kollinear.
2. Fall: a, d, e sind kollinear.
Wären a, c, d ebenfalls kollinear, so hat man vier kollineare Punkte gefunden. Andernfalls darf man nach einer affinen Abbildung

$$a = \begin{pmatrix} 0 \\ 0 \end{pmatrix} , \; c = \begin{pmatrix} 0 \\ 1 \end{pmatrix} , \; d = \begin{pmatrix} 1 \\ 0 \end{pmatrix} , \; e = \begin{pmatrix} \varepsilon \\ 0 \end{pmatrix} , \; \varepsilon \in \mathbb{R},$$

annehmen. In diesem Fall berechnet man analog

$$\kappa_{abcdex} = \varepsilon(1 - \varepsilon) b_2 \cdot [b_1(x_2^2 - x_2) + (1 - b_2) x_1 x_2].$$

Da die Punkte paarweise verschieden sind, gilt $\varepsilon \neq 0, \varepsilon \neq 1, b \neq \begin{pmatrix} 0 \\ 1 \end{pmatrix}$. Also ergibt $\kappa \equiv 0$ bereits $b_2 = 0$. Dann sind a, b, d, e kollinear. $\square$

4. Fünf-Punkte-Satz. *Seien $a, b, c, d, e \in \mathbb{E}$ paarweise verschieden.*
a) *Es gibt eine Kurve zweiten Grades durch a, b, c, d, e.*
b) *Sind keine vier der fünf Punkte kollinear, dann ist die Kurve zweiten Grades*

durch die fünf Punkte eindeutig bestimmt und wird gegeben durch $\kappa_{abcdex} = 0$.

Beweis. a) Sind mindestens vier der Punkte kollinear, so liegen a, b, c, d, e auf einem Paar paralleler Geraden, also auf einer Kurve zweiten Grades. Seien also keine vier der fünf Punkte kollinear. Man setzt dann $\kappa(x) := \kappa_{abcdex}$. Aufgrund von 3(4) ist κ ein Polynom vom Grad ≤ 2 in den Komponenten von x. Nach Lemma 3 gilt

$$(*) \qquad \kappa(a) = \kappa(b) = \kappa(c) = \kappa(d) = \kappa(e) = 0.$$

Wäre κ konstant, also $\kappa \equiv 0$ nach $(*)$, so erhält man einen Widerspruch zu Satz 3. Hätte κ den Grad 1, so wären alle fünf Punkte nach $(*)$ kollinear. Also hat κ den Grad 2.

b) Sind genau drei Punkte kollinear, so gibt es genau ein Paar paralleler oder sich schneidender Geraden, auf dem die fünf Punkte liegen. Sonst kommt als Kurve nur noch Ellipse, Parabel oder Hyperbel in Betracht. Zwei verschiedene solche Kurven haben aber nach Lemma 3.6 höchstens 4 Punkte gemeinsam. $\square$

Bemerkung. Sind vier der fünf Punkte kollinear, so ist die Kurve zweiten Grades nicht eindeutig bestimmt. Die fünf Punkte liegen dann auf unendlich vielen Geradenpaaren mit Schnittpunkt und auf einem Paar paralleler Geraden.

Aufgaben. a) Man bestimme alle Kurven zweiten Grades, die durch die Punkte

$$\begin{pmatrix} 0 \\ 0 \end{pmatrix}, \begin{pmatrix} 0 \\ 1 \end{pmatrix}, \begin{pmatrix} -2/3 \\ 2 \end{pmatrix}, \begin{pmatrix} -1 \\ 1+\sqrt{2} \end{pmatrix}, \begin{pmatrix} -1 \\ 1-\sqrt{2} \end{pmatrix}$$

gehen und beschreibe ihre geometrische Gestalt.

b) Für $a \in \mathbb{E}$ beschreibe man alle Kurven zweiten Grades, die durch

$$\begin{pmatrix} 0 \\ 0 \end{pmatrix}, \begin{pmatrix} 1 \\ 0 \end{pmatrix}, \begin{pmatrix} -1 \\ 0 \end{pmatrix}, \begin{pmatrix} 0 \\ 1 \end{pmatrix}, a$$

gehen, und beschreibe ihre geometrische Gestalt.

5. Satz von PASCAL. *Sind a, b, c, d, e, f paarweise verschiedene Punkte einer Kurve zweiten Grades und existieren die Schnittpunkte*

$$(1) \qquad \begin{aligned} p &:= (a \vee e) \cap (b \vee f), \\ q &:= (a \vee d) \cap (c \vee f), \\ r &:= (b \vee d) \cap (c \vee e), \end{aligned}$$

dann sind p, q, r kollinear.

Beweis. Aus der Existenz der Schnittpunkte folgt, dass höchstens vier der sechs Punkte kollinear sein können. Sind aber vier der sechs Punkte kollinear, so liegen p, q, r auf dieser Geraden oder zwei der drei Punkte p, q, r stimmen überein, wie man durch eine Fallunterscheidung leicht nachrechnet. Andernfalls wird die Kurve zweiten Grades nach dem Fünf-Punkte-Satz 4 durch $\kappa_{abcdef} = 0$ beschrieben. Dann folgt die Behauptung aus Proposition 3. $\square$

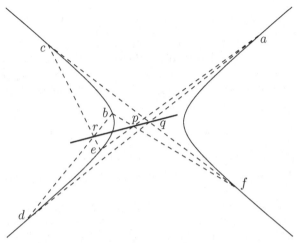

Abb. 105: Satz von PASCAL

Bemerkungen. a) Die durch (1) definierte Gerade nennt man die PASCAL-*Gerade* des 6-Tupels (a, b, c, d, e, f). Eine genaue Analyse zeigt, dass sich die drei PASCAL-Geraden der durch zyklische Vertauschung aus (a, b, c, d, e, f) entstehenden 6-Tupel in einem Punkt schneiden (siehe Abb. 94).

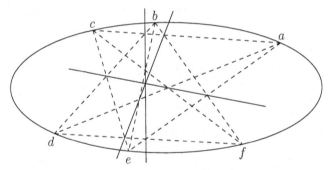

Abb. 106: PASCAL-Gerade

b) Der Satz wurde 1654 von Blaise PASCAL gefunden. PASCAL wurde 1623 in Clermont-Ferrand [Frankreich] geboren und war ein frühreifes Genie, das bereits als Knabe an Zusammenkünften Pariser Naturwissenschaftler bei Marin MERSENNE (1588–1648) teilnahm. Er beschäftigte sich nur kurze Zeit als Autodidakt mit Mathematik und verfasste bereits als sechzehnjähriger Jüngling eine Abhandlung über Kegelschnitte. Er starb 1662 in Paris.

c) Die systematische Untersuchung von Sehnensechsecken an Kegelschnitten wurde von Jacob STEINER vollendet. STEINER wurde 1796 in Utzendorf bei Bern [Schweiz] geboren, konnte bis zum 14. Lebensjahr nicht schreiben und besuchte dann gegen den Willen seiner Eltern die „revolutionäre" PESTALOZZI-Schule zunächst als Schüler, aber bereits nach einem Jahr unterrichtete er dort

Mathematik. Nach Studienaufenthalten in Heidelberg [1818–1821] und in Berlin [1822–1824], gleichzeitig mit C.G.J. JACOBI (1804–1851), war er von 1834 bis zu seinem Tod 1863 Extraordinarius an der Universität Berlin. Er ist der Begründer der so genannten *synthetischen Geometrie*, die nicht mit analytischen Methoden, sondern direkt mit den Figuren arbeitet. Er versuchte bereits 1832 in dem nicht abgeschlossenen Werk *Systematische Entwickelung der Abhängigkeit geometrischer Gestalten von einander* (*Gesammelte Werke I*, 229–460), einfache geometrische Prinzipien zu finden, mit deren Hilfe man die Vielzahl der geometrischen Sätze beweisen kann. In der Vorrede dieser grundlegenden Arbeit schreibt er

> Es giebt eine geringe Zahl von ganz einfachen Fundamentalbeziehungen, worin sich der Schematismus ausspricht, nach welchem sich die übrige Masse von Sätzen folgerecht und ohne alle Schwierigkeit entwickelt. Durch gehörige Aneignung der wenigen Grundbeziehungen macht man sich zum Herrn des ganzen Gegenstandes; es tritt Ordnung in das Chaos ein, und man sieht, wie alle Theile naturgemäss in einander greifen, in schönster Ordnung sich in Reihen stellen, und verwandte zu wohlbegrenzten Gruppen sich vereinigen. Man gelangt auf diese Weise gleichsam in den Besitz der Elemente, von welchen die Natur ausgeht, um mit möglichster Sparsamkeit und auf die einfachste Weise den Figuren unzählig viele Eigenschaften verleihen zu können.

STEINER hat die synthetische Geometrie zu einem ersten Höhepunkt geführt. Er untersuchte vor allem algebraische Kurven und Flächen mit synthetischen Methoden und löste als Erster das isoperimetrische Problem (1838).

d) Den Satz von PASCAL kann man zur Konstruktion der Kurve zweiten Grades durch 5 Punkte verwenden: Aus den Punkten $a, b, c, d, e \in \mathbb{E}$ konstruiert man den Punkt r und erhält dann für jede Gerade durch r die Punkte p, q und f.

Literatur: R. FUETER, *Analytische Geometrie der Ebene und des Raumes*, Birkhäuser, Basel 1945.

E. KÖTTER, *Die Entwickelung der synthetischen Geometrie*, Jahresber. Dtsch. Math.-Ver. **5**, 1–484 (1901).

J. STEINER, *Gesammelte Werke I und II*, Reimer, Berlin 1881–1882.

6. Beschreibung mit Determinanten. Für $a, b, c, d, e, f \in \mathbb{E}$ sei jetzt

$$(1) \qquad \delta_{abcdef} := \det \begin{pmatrix} 1 & 1 & 1 & 1 & 1 & 1 \\ a_1 & b_1 & c_1 & d_1 & e_1 & f_1 \\ a_2 & b_2 & c_2 & d_2 & e_2 & f_2 \\ a_1^2 & b_1^2 & c_1^2 & d_1^2 & e_1^2 & f_1^2 \\ a_1 a_2 & b_1 b_2 & c_1 c_2 & d_1 d_2 & e_1 e_1 & f_1 f_2 \\ a_2^2 & b_2^2 & c_2^2 & d_2^2 & e_2^2 & f_2^2 \end{pmatrix} .$$

Offenbar verschwindet diese Determinante, wenn 2 der 6 Punkte übereinstimmen. Entwickelt man die Determinante nach der letzten Spalte, so erhält man ein Polynom in f_1, f_2,

$$(2) \qquad \delta_{abcdef} = \rho f_1^2 - \sigma f_1 f_2 + \tau f_2^2 + \dots,$$

mit den Koeffizienten

$$\rho := \det \begin{pmatrix} 1 & 1 & 1 & 1 & 1 \\ a_1 & b_1 & c_1 & d_1 & e_1 \\ a_2 & b_2 & c_2 & d_2 & e_2 \\ a_1a_2 & b_1b_2 & c_1c_2 & d_1d_2 & e_1e_2 \\ a_2^2 & b_2^2 & c_2^2 & d_2^2 & e_2^2 \end{pmatrix},$$

$$\sigma := \det \begin{pmatrix} 1 & 1 & 1 & 1 & 1 \\ a_1 & b_1 & c_1 & d_1 & e_1 \\ a_2 & b_2 & c_2 & d_2 & e_2 \\ a_1^2 & b_1^2 & c_1^2 & d_1^2 & e_1^2 \\ a_2^2 & b_2^2 & c_2^2 & d_2^2 & e_2^2 \end{pmatrix},$$

$$\tau := \det \begin{pmatrix} 1 & 1 & 1 & 1 & 1 \\ a_1 & b_1 & c_1 & d_1 & e_1 \\ a_2 & b_2 & c_2 & d_2 & e_2 \\ a_1^2 & b_1^2 & c_1^2 & d_1^2 & e_1^2 \\ a_1a_2 & b_1b_2 & c_1c_2 & d_1d_2 & e_1e_2 \end{pmatrix}.$$

Ist $\varphi(x) = Mx + q$, $M = \begin{pmatrix} \alpha & \beta \\ \gamma & \delta \end{pmatrix} \in GL(2; \mathbb{R})$, $q \in \mathbb{E}$, eine affine Abbildung, so erhält man für $y = \varphi(x)$

$$\begin{pmatrix} 1 \\ y_1 \\ y_2 \\ y_1^2 \\ y_1y_2 \\ y_2 \end{pmatrix} = \begin{pmatrix} 1 & 0 & 0 & 0 & 0 & 0 \\ q_1 & \alpha & \beta & 0 & 0 & 0 \\ q_2 & \gamma & \delta & 0 & 0 & 0 \\ q_1^2 & 2\alpha q_1 & 2\beta q_1 & \alpha^2 & 2\alpha\beta & \beta^2 \\ q_1q_2 & \alpha q_2 + \gamma q_1 & \beta q_2 + \delta q_1 & \alpha\gamma & \alpha\delta + \beta\gamma & \beta\delta \\ q_2^2 & 2\gamma q_2 & 2\delta q_2 & \gamma^2 & 2\gamma\delta & \delta^2 \end{pmatrix} \begin{pmatrix} 1 \\ x_1 \\ x_2 \\ x_1^2 \\ x_1x_2 \\ x_2^2 \end{pmatrix}.$$

Die Determinante der obigen 6×6 Matrix ist $(\det M)^4$. Es folgt

$$\delta_{\varphi(a)\varphi(b)\varphi(c)\varphi(d)\varphi(e)\varphi(f)} = (\det M)^4 \cdot \delta_{abcdef}.$$

Also kann man nach einer affinen Transformation $e = \begin{pmatrix} 0 \\ 0 \end{pmatrix}$, $c = \begin{pmatrix} 1 \\ 0 \end{pmatrix}$, $d = \begin{pmatrix} 0 \\ 1 \end{pmatrix}$ annehmen. Nun verifiziert man wörtlich wie im Beweis von Satz 3, dass $(\rho, \sigma, \tau) \neq (0, 0, 0)$ gilt, falls keine vier der Punkte a, b, c, d, e kollinear sind.

Aus dem Fünf-Punkte-Satz 4 erhält man damit den

Satz. *Sind keine vier der Punkte $a, b, c, d, e \in \mathbb{E}$ kollinear, dann wird die Kurve zweiten Grades durch diese Punkte gegeben durch $\delta_{abcdex} = 0$.*

Aufgaben. a) Für $a \neq 0, e_1, e_2, e_1 + e_2$ beschreibe man die geometrische Gestalt der Kurve 2. Grades durch $0, e_1, e_2, e_1 + e_2, a$.

b) Sind vier der Punkte $a, b, c, d, e \in \mathbb{E}$ kollinear, so gilt $\delta_{abcdex} \equiv 0$.

c) Unter welchen Voraussetzungen kann man durch vier Punkte in $\mathbb{E}$ eine Parabel legen? Ist sie in diesem Fall eindeutig bestimmt?

Kapitel VI

Grundlagen der ebenen projektiven Geometrie

Einleitung. In den bisherigen fünf Kapiteln wurde nur die affine Geometrie, also die Geometrie der Lage behandelt. In diesem Kapitel sollen die Grundzüge der *projektiven Geometrie* erläutert werden. Dabei soll der Zusammenhang mit der affinen Geometrie deutlich herausgestellt werden. Vielfach lassen sich Aussagen und Sätze der affinen Geometrie einfacher im Kontext der projektiven Geometrie formulieren und beweisen. Daher werden in diesem Kapitel auch neue Beweise für eine ganze Reihe von Aussagen in den Kapiteln II bis V gegeben.

Die projektive Geometrie entstand durch die Behandlung von Perspektiv- und Projektionsproblemen. Bereits B. PASCAL (1623–1662) hat die Zentralprojektion verwendet, um sich beim Beweis seines Satzes über Kegelschnitte V.5.5 auf einen Kreis zurückziehen zu können. Von entscheidender Bedeutung ist die Einführung *unendlich ferner Punkte*. Schon G. DESARGUES (1591–1661) hat parallele Geraden als Geraden durch einen unendlich fernen Punkt, den so genannten *Fluchtpunkt*, angesehen. Allerdings besaßen die Methoden lange Zeit den Charakter eines Kunstgriffs.

Die projektive Geometrie als eigenständige Disziplin wurde erst im 19. Jahrhundert von J.V. PONCELET begründet. Jean Victor PONCELET wurde 1788 in Metz geboren und war ein Schüler von G. MONGE (1746–1818). Er nahm als Offizier NAPOLEONs am Russlandfeldzug teil und entwickelte die Grundzüge der projektiven Geometrie 1813 als russischer Kriegsgefangener. Sein fundamentales Werk *Traité des propriétés projectives des figures* wurde 1822 in Paris veröffentlicht. Eine erweiterte Fassung in 2 Bänden erschien 1862/64. PONCELET arbeitete als Professor für Mechanik an der Militärschule in Metz [1815–1835] und an der Sorbonne [1835–1848] sowie als Direktor der École Polytechnique [1848–1850]. Er starb 1867 in Paris.

§1 Projektive Ebenen

1. Die Axiome. Zur Bequemlichkeit des Lesers wiederholen wir kurz die Bezeichnungen aus Kapitel I, soweit sie für die neuen Begriffe eine Rolle spielen. Es sei $\mathbb{P}$ eine nicht-leere Menge, deren Elemente $a, b, \ldots, x, y$ *Punkte* heißen. $\mathbb{G}$ sei eine nicht-leere Menge von Teilmengen von $\mathbb{P}$, deren Elemente $F, G, \ldots$ *Geraden* heißen. Ist $a \in \mathbb{P}$ und $G \in \mathbb{G}$, so sagt man, dass a *auf G liegt* oder dass *G durch a geht*, wenn $a \in G$ gilt. Sind G, H Geraden und liegt $a \in \mathbb{P}$ auf G und H, so nennt man a einen *Schnittpunkt* von G und H. Eine Menge $M \subset \mathbb{P}$, $M \neq \emptyset$, heißt *kollinear*, wenn es eine Gerade G mit $M \subset G$ gibt. Drei Punkte a, b, c heißen *in allgemeiner Lage*, wenn sie nicht kollinear sind.

In Analogie zu den Inzidenz-Axiomen für affine Ebenen in Kapitel I §1 nennt man das Paar $(\mathbb{P}, \mathbb{G})$ eine *projektive Ebene*, wenn die folgenden Axiome erfüllt sind:

(P.1) Auf jeder Geraden liegen mindestens drei verschiedene Punkte.

(P.2) Sind $a, b \in \mathbb{P}$ verschieden, so gibt es genau eine Gerade durch a und b.

(P.3) Je zwei Geraden schneiden sich.

(P.4) Es gibt drei Punkte in allgemeiner Lage.

Der gravierendste Unterschied zur Definition von affinen Ebenen liegt in der Existenz von Schnittpunkten nach (P.3). Die in I, §1 definierte Parallelität ist im Fall von projektiven Ebenen also genau die Gleichheit von Geraden.

Die nach (P.2) eindeutig bestimmte Gerade G durch a und b nennt man die *Verbindungsgerade* von a und b. Man schreibt dafür

$$a \vee b = b \vee a =: G.$$

Die Eindeutigkeit der Verbindungsgeraden ergibt für paarweise verschiedene Punkte $a, b, c \in \mathbb{P}$ die Charakterisierung

(1) $$c \in a \vee b \quad \Longleftrightarrow \quad a \vee b = a \vee c.$$

Lemma. *Sei $(\mathbb{P}, \mathbb{G})$ eine projektive Ebene. Dann gilt:*
a) Sind $a, b \in \mathbb{P}$, $a \neq b$, dann existiert ein $c \in \mathbb{P}$, so dass a, b, c in allgemeiner Lage sind.
b) Sind G und H verschiedene Geraden, so haben G und H einen eindeutigen Schnittpunkt.
c) Durch jeden Punkt gehen mindestens drei Geraden.

Beweis. a) $\mathbb{P}$ ist nach (P.4) keine Gerade. Für die Gerade G durch a und b gilt also $G \subset \mathbb{P}$, $G \neq \mathbb{P}$. Nun wähle man $c \in \mathbb{P} \backslash G$. Nach (1) sind dann a, b, c in allgemeiner Lage.

b) Ein Schnittpunkt von G und H existiert nach (P.3). Wären $a, b \in G \cap H$, $a \neq b$, so wäre sowohl G als auch H nach (P.2) die eindeutig bestimmte Gerade durch a und b, also $G = H$.

c) Sei $a \in \mathbb{P}$. Wegen $\sharp\mathbb{P} \geq 3$ gibt es ein $b \in \mathbb{P}$ mit $b \neq a$ und nach a) ein $c \in \mathbb{P}$, so dass a, b, c in allgemeiner Lage sind. Dann sind die Geraden $F = a \vee b$, $G = a \vee c$ und $H = b \vee c$ paarweise verschieden. Sei $d \in H \backslash \{b, c\}$ gemäß (P.1). Nach b) ist a der Schnittpunkt von F und G, b der Schnittpunkt von H und F und c der Schnittpunkt von G und H. Aus b) folgt dann $d \notin F$ sowie $d \notin G$. Demnach sind F, G und $a \vee d$ drei verschiedene Geraden durch a. □

Den eindeutig bestimmten Schnittpunkt von G und H in b) bezeichnen wir wieder mit $G \wedge H$, also

(2) $$G \cap H = \{G \wedge H\}.$$

Aufgaben. a) Sei $(\mathbb{P}, \mathbb{G})$ eine projektive Ebene. Dann gilt $\sharp\mathbb{P} \geq 7$ und $\sharp\mathbb{G} \geq 7$.
b) Sei $\sharp\mathbb{P} \geq 7$ und $\mathbb{G} := \{G \subset \mathbb{P} : \sharp G = 3\}$. Zeigen Sie, dass $(\mathbb{P}, \mathbb{G})$ keine projektive Ebene ist.
c) Sei $(\mathbb{P}, \mathbb{G})$ eine projektive Ebene. Sind G, H verschiedene Geraden, so existiert ein $c \in \mathbb{P}$ mit $c \notin G$ und $c \notin H$.
d) Je zwei Geraden einer projektiven Ebene können bijektiv aufeinander abgebildet werden.

2. Die projektive Ebene über K ist das Standardbeispiel in diesem Kapitel. Dazu sei K ein Schiefkörper. $\mathbb{P} = \mathbb{P}_K$ bezeichne die Menge der eindimensionalen Unterräume von K^3, also

(1) $$\mathbb{P} := \mathbb{P}_K := \{Kx \ : \ x \in K^3 \backslash \{0\}\}.$$

Ein *Punkt* ist also in diesem Fall ein eindimensionaler Unterraum von K^3. Man nennt $G \subset \mathbb{P}_K$ eine *Gerade*, wenn

(2) $$\overline{G} := \bigcup_{Kx \in G} Kx \subset K^3$$

ein zweidimensionaler Unterraum von K^3 ist. Ist umgekehrt U ein zweidimensionaler Unterraum von K^3, so ist

(3) $$G := \{Kx : x \in K^3 \backslash \{0\}, Kx \subset U\} \quad \text{eine Gerade mit} \quad \overline{G} = U.$$

Also entsprechen die Geraden in $\mathbb{P}_K$ genau den zweidimensionalen Unterräumen von K^3. Mit $\mathbb{G} = \mathbb{G}_K$ bezeichnet man die Menge der Geraden in $\mathbb{P}_K$.

Satz. *Ist K ein Schiefkörper, so ist $\mathbb{P}_2(K) := (\mathbb{P}_K, \mathbb{G}_K)$ eine projektive Ebene.*

Man nennt $\mathbb{P}_2(K)$ die *projektive Koordinatenebene über K*.

Beweis. (P.1) Ist K ein unendlicher Körper, so enthält jede Gerade auch unendlich viele Punkte. Sei daher $q = \sharp K < \infty$. Da jeder zweidimensionale Unterraum von K^3 genau $q^2 - 1$ Elemente von $K^3 \backslash \{0\}$ und damit genau $q + 1 = \frac{q^2-1}{q-1}$ eindimensionale Unterräume enthält, besitzt jede Gerade $q + 1 \geq 3$ Elemente.

(P.2) Sind Kx und Ky verschiedene Punkte in $\mathbb{P}_K$, so existiert genau ein zwei-dimensionaler Unterraum von K^3, der Kx und Ky enthält, nämlich $Kx + Ky$. Also existiert nach (3) auch genau eine Gerade durch Kx und Ky.

(P.3) Seien G, H Geraden, also $\overline{G}$ und $\overline{H}$ zweidimensionale Unterräume von K^3. Ist $G \neq H$, so ist der Durchschnitt $\overline{G} \cap \overline{H}$ aufgrund der Dimensionsformel für Summen (vgl. M. KOECHER (1997), I.8.3) wegen $\dim K^3 = 3$ genau ein eindimensionaler Unterraum von K^3. Es existiert also genau ein $Kx \in \mathbb{P}_K$ mit

$$Kx = \overline{G} \cap \overline{H}, \quad \text{d.h.} \quad Kx \in G \cap H.$$

(P.4) Offenbar sind die drei Punkte $K\begin{pmatrix} 1 \\ 0 \\ 0 \end{pmatrix}, K\begin{pmatrix} 0 \\ 1 \\ 0 \end{pmatrix}, K\begin{pmatrix} 0 \\ 0 \\ 1 \end{pmatrix}$ in allge-

meiner Lage.   □

Die projektive Koordinatenebene über einem Körper wird im nächsten Paragraphen intensiv untersucht. Wählt man im einfachsten Fall $K = \mathbb{Z}/2\mathbb{Z}$, so enthält $\mathbb{P}_K$ genau $2^3 - 1 = 7$ Punkte und $\mathbb{G}_K$ genau $2^3 - 1 = 7$ Geraden. Anschaulich ergibt sich das neben stehende Bild.

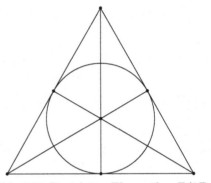

Abb. 107: Projektive Ebene über $\mathbb{Z}/2\mathbb{Z}$

Aufgaben. a) Sei K ein endlicher Körper mit q Elementen. Zeigen Sie

$$\sharp\mathbb{P}_K = \sharp\mathbb{G}_K = q^2 + q + 1, \quad \sharp G = q + 1 \quad \text{für jedes } G \in \mathbb{G}_K.$$

b) Sei K ein Schiefkörper. $\mathbb{P}$ bestehe aus den zweidimensionalen Unterräumen von K^3. Eine Gerade sei definiert durch einen eindimensionalen Unterraum U des K^3 und bestehe aus allen zweidimensionalen Unterräumen, die U enthalten. Zeigen Sie, dass damit ebenfalls eine projektive Ebene definiert wird.

3. Die Konstruktion einer projektiven Ebene aus einer affinen Ebene soll in diesem Abschnitt beschrieben werden. Dazu sei $\mathbb{A} = (\mathbb{P}, \mathbb{G})$ eine affine Ebene. Für eine Gerade $G \in \mathbb{G}$ sei

$$[G] := \{H \in \mathbb{G} : H \| G\}$$

die Richtung von G (vgl. I.1.2) und

$$[\mathbb{G}] := \{[G] \; ; \; G \in \mathbb{G}\}$$

die Menge der Richtungen.

Satz. *Sei* $(\mathbb{P}, \mathbb{G})$ *eine affine Ebene und*

(1) $$\overline{\mathbb{P}} := \mathbb{P} \cup [\mathbb{G}] \quad , \quad \overline{\mathbb{G}} := \{G \cup \{[G]\} : G \in \mathbb{G}\} \cup \{[\mathbb{G}]\}.$$

Dann ist $(\overline{\mathbb{P}}, \overline{\mathbb{G}})$ *eine projektive Ebene.*

Man nennt $(\overline{\mathbb{P}}, \overline{\mathbb{G}})$ den *projektiven Abschluss* von $(\mathbb{P}, \mathbb{G})$, $[G]$ den *unendlich fernen Punkt* von $G \cup \{[G]\}$ und $[\mathbb{G}]$ die *unendlich ferne Gerade* in $(\overline{\mathbb{P}}, \overline{\mathbb{G}})$.

Beweis. (P.1) Nach Satz I.1.3 existiert ein $n \in \mathbb{N} \cup \{\infty\}$, $n \geq 2$, so dass $[\mathbb{G}]$ aus $n + 1$ Richtungen und jedes $G \in \mathbb{G}$ aus n Punkten besteht. Demnach enthält jede Gerade in $\overline{\mathbb{G}}$ genau $n + 1 \geq 3$ Punkte in $\overline{\mathbb{P}}$.
(P.2) Seien zunächst $a, b \in \mathbb{P}$, $a \neq b$. Dann existiert nach (I.2) genau ein $G \in \mathbb{G}$, auf dem a und b liegen. Also ist $G \cup \{[G]\}$ die eindeutig bestimmte Gerade in $\overline{\mathbb{G}}$, die a und b enthält.
Sei nun $a \in \mathbb{P}$ und $[G] \in [\mathbb{G}]$. Nach (I.3) existiert genau eine Parallele H zu G mit $a \in H$. Wegen $[G] = [H]$ ist $H \cup \{[H]\}$ die eindeutig bestimmte Gerade in $\overline{\mathbb{G}}$, die a und $[G]$ enthält.
Sind $[G]$ und $[H]$ verschiedene Richtungen in $\mathbb{G}$, so ist $[\mathbb{G}]$ die einzige Gerade in $\overline{\mathbb{G}}$, die $[G]$ und $[H]$ enthält.
(P.3) Seien $G \cup \{[G]\}$ und $H \cup \{[H]\}$ verschiedene Geraden in $\overline{\mathbb{G}}$. Gilt $G \| H$, so ist $[G] = [H]$ ihr Schnittpunkt. Andernfalls haben G und H einen Schnittpunkt in $\mathbb{P}$, der dann auch der Schnittpunkt der Geraden in $(\overline{\mathbb{P}}, \overline{\mathbb{G}})$ ist. Die Geraden $G \cup \{[G]\}$ und $[\mathbb{G}]$ schneiden sich im Punkt $[G]$.
(P.4) Seien $a, b, c \in \mathbb{P}$ in allgemeiner Lage in $(\mathbb{P}, \mathbb{G})$ gemäß (I.4). Dann existiert keine Gerade in $\mathbb{G}$, die a,b,c enthält, also auch keine Gerade in $\overline{\mathbb{G}}$ mit dieser Eigenschaft. Demnach sind a, b, c auch in $(\overline{\mathbb{P}}, \overline{\mathbb{G}})$ in allgemeiner Lage. $\quad\square$

Nun spezialisieren wir diese Konstruktion für die affine Ebene über einem Schiefkörper K, also

$$\mathbb{P} = K^2, \quad \mathbb{G} = \{a + Ku : a, u \in K^2, u \neq 0\}.$$

Sei $\mathbb{P}_2(K) = (\mathbb{P}', \mathbb{G}')$ die projektive Ebene über K aus 2. Man definiert

$$\varphi : \overline{\mathbb{P}} \to \mathbb{P}', \quad \varphi(x) = K\begin{pmatrix} x \\ 1 \end{pmatrix}, \quad x \in K^2, \quad \varphi([a + Ku]) = K\begin{pmatrix} u \\ 0 \end{pmatrix}.$$

Offenbar ist φ bijektiv. Zunächst ist

$$\varphi([\mathbb{G}]) = \{\varphi([a + Ku]) : u \in K^2, u \neq 0\} = \left\{ K\begin{pmatrix} u \\ 0 \end{pmatrix} : u \in K^2, u \neq 0 \right\}$$

nach 2(2) eine Gerade in $\mathbb{P}_2(K)$. Für $a + Ku \in \mathbb{G}$ gilt

$$\varphi\left((a + Ku) \cup \{[a + Ku]\}\right)$$

$$= \left\{ K\begin{pmatrix} a + \lambda u \\ 1 \end{pmatrix} : \lambda \in K \right\} \cup \left\{ K\begin{pmatrix} u \\ 0 \end{pmatrix} \right\}$$

$$= \left\{ K\left(\alpha \begin{pmatrix} a \\ 1 \end{pmatrix} + \beta \begin{pmatrix} u \\ 0 \end{pmatrix}\right) : \alpha, \beta \in K, (\alpha, \beta) \neq (0, 0) \right\}.$$

Man erhält somit die Gerade durch $K\begin{pmatrix} a \\ 1 \end{pmatrix}$ und $K\begin{pmatrix} u \\ 0 \end{pmatrix}$ in $\mathbb{P}_2(K)$. Auf diese Weise bekommt man alle Geraden in $\mathbb{P}_2(K)$, so dass auch $\varphi : \overline{\mathbb{G}} \to \mathbb{G}'$ bijektiv ist. Ein derartiges φ nennt man natürlich einen *projektiven Isomorphismus* und formuliert das Ergebnis als

Korollar. *Sei K ein Schiefkörper. Dann ist der projektive Abschluss der affinen Koordinatenebene über K projektiv isomorph zur projektiven Koordinatenebene über K.*

Aufgaben. a) Man veranschauliche sich den projektiven Abschluss der affinen Koordinantenebene über $\mathbb{Z}/2\mathbb{Z}$ an einer Skizze. Wie erhält man die Abb. 107.
b) Sind a, b verschiedene Punkte einer affinen Ebene $(\mathbb{P}, \mathbb{G})$ und ist $G \in \mathbb{G}$, so sind $a, b, [G]$ genau dann kollinear im projektiven Abschluss, wenn $[a \vee b] = [G]$.

4. Die Konstruktion einer affinen Ebene aus einer projektiven Ebene soll in diesem Abschnitt beschrieben werden.

Satz. *Sei $\mathbb{A} = (\mathbb{P}, \mathbb{G})$ eine projektive Ebene und $F \in \mathbb{G}$ eine Gerade. Definiert man*

$$\mathbb{P}' := \mathbb{P} \backslash F \quad und \quad \mathbb{G}' := \{G \cap \mathbb{P}' : G \in \mathbb{G}, G \neq F\}$$

so ist $\mathbb{A}_F := (\mathbb{P}', \mathbb{G}')$ eine affine Ebene.

Beweis. Wegen (P.4) gilt $\mathbb{P}' \neq \emptyset$ und aus Lemma 1 folgt

$$(1) \qquad G' := G \cap \mathbb{P}' = G \backslash \{G \wedge F\} \quad \text{für alle } G \in \mathbb{G}, G \neq F.$$

(I.1) Wegen (P.1) und (1) enthält jede Gerade in $\mathbb{G}'$ mindestens 2 Punkte.
(I.2) Seien $a, b \in \mathbb{P}'$, $a \neq b$. Nach (P.2) existiert genau eine Gerade $G \in \mathbb{G}$ mit $a, b \in G$. Also ist $G' = G \cap \mathbb{P}'$ die eindeutig bestimmte Gerade in $\mathbb{G}'$, die a und b enthält.
(I.3) Sei $G' = G \cap \mathbb{P}'$, $G \in \mathbb{G}$, und $a \in \mathbb{P}'$, $a \notin G'$. Es folgt $G \neq F$, $a \notin F$ und

$$H := a \vee (G \wedge F) \in \mathbb{G}.$$

Dann gilt $H \neq F$, $H \neq G$ und $H \wedge G = G \wedge F = H \wedge F$. Für $H' := H \cap \mathbb{P}'$ hat man $a \in H'$ und $H' \cap G' = \emptyset$ nach Lemma 1. Also ist H' eine Parallele zu G' durch den Punkt a.
Sei $K' = K \cap \mathbb{P}'$ eine weitere Parallele zu G' durch a. Dann gilt

$$K = K' \cup \{K \wedge F\}, \quad G = G' \cup \{G \wedge F\}$$

aufgrund von (1). Aus $a \notin G'$ folgt $G' \cap K' = \emptyset$ und $K \neq G$. Daraus erhält man

$$K \wedge F = G \wedge F$$

mit Lemma 1. Wegen $a \in K$ hat man

$$K = a \vee (G \wedge F) = H, \quad \text{also} \quad K' = H'$$

und damit die Eindeutigkeit der Parallele.

(I.4) Angenommen $\mathbb{P}'$ ist eine Gerade, also $G = \mathbb{P}' \cup \{c\} \in \mathbb{G}$, $c = G \wedge F$. Seien $a \in G \backslash \{c\}$, $b \in F \backslash \{c\}$ nach (P.1) und $H = a \vee b$. Dann gilt $H \neq G$ und $H \neq F$. Wegen der Eindeutigkeit des Schnittpunktes nach Lemma 1 hat man $H \wedge G = a$, $H \wedge F = b$. Aus $G \cup F = \mathbb{P}$ folgert man $H = \{a, b\}$ im Widerspruch zu (P.1). Demnach müssen drei Punkte in allgemeiner Lage existieren. $\square$

Sei n die Ordnung der affinen Ebene $\mathbb{A}_F$ gemäß I.1.3.

Korollar. *Ist* $(\mathbb{P}, \mathbb{G})$ *eine projektive Ebene, so existiert ein* $n \in \mathbb{N} \cup \{\infty\}$, $n \geq 2$, *mit der Eigenschaft*

$$\sharp\mathbb{P} = \sharp\mathbb{G} = n^2 + n + 1 \quad und \quad \sharp G = n + 1 \quad f\ddot{u}r \; alle \quad G \in \mathbb{G}.$$

Man nennt n die *Ordnung der projektiven Ebene* $(\mathbb{P}, \mathbb{G})$.

Beweis. Ist $n = \operatorname{ord}\mathbb{A}_F$ im Satz, so folgt

$$\sharp G = \sharp G' + 1 = n + 1 \quad \text{für jedes } G \in \mathbb{G}, G \neq F,$$

aus (1) und I.1.3. Dann ergibt sich

$$\sharp\mathbb{G} = \sharp\mathbb{G}' + 1 = n^2 + n + 1$$

aus Satz I.1.3. Darüber hinaus gilt

$$\sharp\mathbb{P} = \sharp\mathbb{P}' + \sharp F.$$

Wählt man eine andere Gerade F' statt F, so erhält man dasselbe n, da sich $\sharp\mathbb{G}$ nicht ändert. Es folgt $\sharp F = n + 1$ und mit Satz I.1.3

$$\sharp\mathbb{P} = n^2 + n + 1. \qquad \square$$

Wegen $n \geq 2$ hat man natürlich

$$\sharp\mathbb{P} = \sharp\mathbb{G} \geq 7$$

für jede projektive Ebene $(\mathbb{P}, \mathbb{G})$.

Bemerkung. Startet man mit einer affinen Ebene $\mathbb{A} = (\mathbb{P}, \mathbb{G})$, so kann man den projektiven Abschluss $\overline{\mathbb{A}} = (\overline{\mathbb{P}}, \overline{\mathbb{G}})$ mit der unendlich fernen Geraden $[\mathbb{G}]$ gemäß Satz 3 konstruieren. Nun betrachte man in $\overline{\mathbb{A}}$ die obige Konstruktion mit $F = [\mathbb{G}]$. Aus (1) folgt dann sofort

$$\overline{\mathbb{A}}_{[\mathbb{G}]} = \mathbb{A}.$$

Aufgabe. Sei K ein Körper und F eine beliebige Gerade in $\mathbb{P}_2(K)$. Dann ist $\mathbb{P}_2(K)_F$ affin isomorph zur affinen Koordinatenebene über K.

5. Projektive Isomorphismen werden in Analogie zu den affinen Isomorphismen in I.1.5 definiert. Gegeben seien zwei projektive Ebenen $\mathbb{A} = (\mathbb{P}, \mathbb{G})$,

$\mathbf{A}' = (\mathbb{P}', \mathbb{G}')$. Eine bijektive Abbildung $\varphi : \mathbb{P} \to \mathbb{P}'$ heißt ein *projektiver Isomorphismus*, wenn

$$\varphi(G) \in \mathbb{G}' \quad \text{für alle } G \in \mathbb{G}.$$

Man nennt dann $\mathbf{A}$ und $\mathbf{A}'$ *projektiv isomorph* (vgl. Korollar 3). In diesem Fall gilt

(1) $\varphi(a \vee b) = \varphi(a) \vee \varphi(b)$ für alle $a, b \in \mathbb{P}, a \neq b$,

(2) $\varphi(\mathbb{G}) = \{\varphi(G) : G \in \mathbb{G}\} = \mathbb{G}'.$

Ist $\mathbf{A}' = \mathbf{A}$, so spricht man von einem *projektiven Automorphismus*. Aus (2) folgt, dass die Menge Aut $\mathbf{A}$ der projektiven Automorphismen von $\mathbf{A}$ eine Gruppe bezüglich Komposition ist, die so genannte *Automorphismengruppe* von $\mathbf{A}$.

Eine unmittelbare Verifikation ergibt das

Lemma. *Seien* $\mathbf{A} = (\mathbb{P}, \mathbb{G})$, $\mathbf{A}' = (\mathbb{P}', \mathbb{G}')$ *projektive Ebenen,* $\varphi : \mathbb{P} \to \mathbb{P}'$ *ein projektiver Isomorphismus,* $F \in \mathbb{G}$ *und* $F' = \varphi(F) \in \mathbb{G}'$. *Dann ist die Restriktion*

$$\varphi\Big|_{\mathbf{A}_F} : \mathbf{A}_F \to \mathbf{A}'_{F'}$$

ein affiner Isomorphismus.

Im Hinblick auf den projektiven Abschluss haben wir die

Proposition. *Seien* $\mathbf{A} = (\mathbb{P}, \mathbb{G})$, $\mathbf{A}' = (\mathbb{P}', \mathbb{G}')$ *affine Ebenen und* $\varphi : \mathbb{P} \to \mathbb{P}'$ *ein affiner Isomorphismus. Dann existiert genau eine Fortsetzung von* φ *zu einem projektiven Isomorphismus* $\phi : \overline{\mathbb{P}} \to \overline{\mathbb{P}'}$.

Beweis. Weil Geraden auf Geraden abgebildet werden, besteht die einzig mögliche Fortsetzung von φ zu einem projektiven Isomorphismus ϕ nach 3(1) in der Wahl

$$\phi([G]) = [\varphi(G)] \quad \text{für alle } G \in \mathbb{G}.$$

Die so definierte Fortsetzung $\phi : \overline{\mathbb{P}} \to \overline{\mathbb{P}'}$ ist dann bijektiv, da φ ein affiner Isomorphismus ist. Aufgrund von

$$\phi(G \cup \{[G]\}) = \varphi(G) \cup \{[\varphi(G)]\}, \quad \phi([\mathbb{G}]) = [\varphi(\mathbb{G})] = [\mathbb{G}']$$

gemäß (2) ist ϕ ein projektiver Isomorphismus.   □

Wir betrachten nun noch einmal die beiden Konstruktionen in 3 und 4. Das Ergebnis ist der

Satz. *Sei* $\mathbf{A} = (\mathbb{P}, \mathbb{G})$ *eine projektive Ebene und* $F \in \mathbb{G}$. *Dann ist* $\overline{\mathbf{A}_F}$ *projektiv isomorph zu* $\mathbf{A}$.

Beweis. Zu jeder Geraden G' in $\mathbf{A}_F$ gibt es nach 4(1) genau ein $G \in \mathbb{G}, G \neq F$, mit

$$G' = G \backslash \{G \wedge F\}.$$

Dann ist die Abbildung

$$[G'] \mapsto G \wedge F$$

wohldefiniert, wie aus dem Beweis von Satz 4 hervorgeht. Also ist die Abbildung

$$\phi : (\mathbb{P} \backslash F) \cup [\mathbb{G}'] \to \mathbb{P}, \quad x \mapsto x \text{ für } x \in \mathbb{P} \backslash F, \quad [G'] \mapsto G \wedge F,$$

bijektiv. Wegen

$$\phi(G' \cup \{[G']\}) = G \quad \text{und} \quad \phi([\mathbb{G}']) = F$$

ist ϕ ein projektiver Isomorphismus. $\square$

Aufgaben. a) Sei $\mathbf{A} = (\mathbb{P}, \mathbb{G})$ eine projektive Ebene und $F \in \mathbb{G}$. Ist $\varphi \in \operatorname{Aut} \mathbf{A}$ mit $\varphi(x) = x$ für alle $x \in \mathbb{P} \backslash F$, so gilt $\varphi = \operatorname{id}_{\mathbf{A}}$.
b) Sei $\mathbf{A} = (\mathbb{P}, \mathbb{G})$ eine projektive Ebene und $F \in \mathbb{G}$. Dann ist die Menge $\{\varphi \in \operatorname{Aut} \mathbf{A} : \varphi(F) = F\}$ eine Untergruppe von $\operatorname{Aut} \mathbf{A}$, die zur Automorphismengruppe der affinen Ebene $\mathbf{A}_F$ isomorph ist.
c) Eine projektive Ebene der Ordnung 3 ist stets projektiv isomorph zu $\mathbb{P}_2(\mathbb{Z}/2\mathbb{Z})$.

6. Dualität. Der zentrale Vorteil der projektiven Geometrie gegenüber der affinen Geometrie liegt im Dualisieren.

Satz. *Sei* $\mathbf{A} = (\mathbb{P}, \mathbb{G})$ *eine projektive Ebene und*

$$\mathbb{P}^* := \{a^* : a \in \mathbb{P}\} \, , \; a^* := \{G \in \mathbb{G} : a \in G\} \subset \mathbb{G}.$$

Dann ist $\mathbf{A}^* = (\mathbb{G}, \mathbb{P}^*)$ *eine projektive Ebene.*

Man nennt $\mathbf{A}^*$ die zu $\mathbf{A}$ *duale projektive Ebene.*

Beweis. (P.1) Nach Lemma 1 gibt es zu jedem Punkt $a \in \mathbb{P}$ drei verschiedene Geraden F, G, H, die durch a gehen. Es folgt $F, G, H \in a^*$, also $\sharp a^* \geq 3$.
(P.2) Seien G, H Geraden, $G \neq H$. Es gilt $G, H \in a^*$ für $a \in \mathbb{P}$ genau dann, wenn $a \in G$ und $a \in H$. Nach Lemma 1 gilt das nur für $a = G \wedge H$. Also ist a^* die eindeutig bestimmte Verbindungsgerade von G und H in $\mathbb{P}^*$.
(P.3) Seien $a, b \in \mathbb{P}$ mit $a \neq b$ und $G = a \vee b$. Dann ist G der Schnittpunkt von a^* und b^*.
(P.4) Seien $a, b, c \in \mathbb{P}$ in allgemeiner Lage. Dann sind $a \vee b$, $b \vee c$ und $c \vee a$ in $\mathbf{A}^*$ in allgemeiner Lage, da sie andernfalls zu einem x^*, $x \in \mathbb{P}$, gehören. Das bedeutet $x \in a \vee b$, $b \vee c$, $c \vee a$, also auch $x \notin \{a, b, c\}$, da a, b, c nicht kollinear sind. Man erhält

$$a \vee x = a \vee b = b \vee x = b \vee c,$$

also die Kollinearität von a, b, c als Widerspruch. $\square$

Dass der Begriff des Dualraums gerechtfertigt ist, zeigt das

Korollar. *Sei* $\mathbf{A} = (\mathbb{P}, \mathbb{G})$ *eine projektive Ebene und* $\mathbf{A}^{**} = (\mathbb{P}^*, \mathbb{G}^*)$ *das Bidual von* $\mathbf{A}$. *Dann sind* $\mathbf{A}$ *und* $\mathbf{A}^{**}$ *projektiv isomorph.*

Beweis. Die Abbildung $\varphi : \mathbb{P} \to \mathbb{P}^*$, $a \mapsto a^*$, ist offenbar surjektiv. Seien $a, b \in \mathbb{P}$, $a \neq b$. Nach Lemma 1 existiert ein $c \in \mathbb{P}$, so dass a, b, c in allgemeiner Lage sind. Für $G = a \vee c$ gilt dann $b \notin G$, also $G \in a^*$ und $G \notin b^*$. Es folgt $a^* \neq b^*$ und somit die Injektivität von φ.

Für $G \in \mathbb{G}$ gilt

$$G^* = \{a^* \in \mathbb{P}^* : G \in a^*\} = \{a^* : a \in G\} = \varphi(G).$$

Also hat man auch $\varphi(\mathbb{G}) \subset \mathbb{G}^*$ und φ ist ein projektiver Isomorphismus. $\square$

Aufgaben. a) Sind die projektiven Ebenen $\mathbb{A}$ und $\mathbb{A}'$ projektiv isomorph, so sind auch die Dualräume $\mathbb{A}^*$ und $\mathbb{A}'^*$ projektiv isomorph.
b) Ist $\mathbb{A}$ eine projektive Ebene, so sind die Automorphismengruppen von $\mathbb{A}$ und $\mathbb{A}^*$ isomorph.

§2 Die projektive Ebene über einem Körper

In diesem Paragraphen soll die projektive Ebene über einem Körper, die in 1.2 eingeführt wurde, intensiver studiert werden. Insbesondere werden die Sätze von DESARGUES, PAPPUS und PASCAL aus Kapitel II im Rahmen der projektiven Geometrie neu bewiesen.

1. Punkte und Geraden. Sei K ein Körper und $\mathbb{P}_K$ stets die Menge der eindimensionalen Unterräume von K^3, also

(1) $\mathbb{P}_K = \{Kx : x \in K^3 \backslash \{0\}\}.$

Für die *Punkte* $x \in \mathbb{P}_K$ verwenden wir stets die Standardbezeichnungen

(2) Kx , $x = \begin{pmatrix} x_1 \\ x_2 \\ x_3 \end{pmatrix}$, Ky , $y = \begin{pmatrix} y_1 \\ y_2 \\ y_3 \end{pmatrix}$, usw.

Es bezeichne

$$e_1 = \begin{pmatrix} 1 \\ 0 \\ 0 \end{pmatrix}, \ e_2 = \begin{pmatrix} 0 \\ 1 \\ 0 \end{pmatrix}, \ e_3 = \begin{pmatrix} 0 \\ 0 \\ 1 \end{pmatrix}$$

die Standardbasis von K^3.

Man nennt $G \subset \mathbb{P}_K$ eine *Gerade* und schreibt $G \in \mathbb{G}_K$, wenn

(3) $\overline{G} := \bigcup_{Kx \in G} Kx \subset K^3$

ein zweidimensionaler Unterraum von K^3 ist. Umgekehrt definiert jeder zweidimensionale Unterraum U von K^3 vermöge

(4) $G = \{Kx : x \in K^3 \backslash \{0\}, \ Kx \subset U\}$ eine Gerade mit $\overline{G} = U$.

Dann ist $\mathbb{P}_2(K) = (\mathbb{P}_K, \mathbb{G}_K)$ die *projektive Koordinatenebene über K*. Der Einfachheit werden wir im Folgenden eine Gerade G stets als zweidimensionalen Unterraum von K^3 auffassen und schreiben $Kx \subset G$, wenn der Punkt Kx auf der Geraden G liegt.

Mit dem kanonischen Skalarprodukt

(5) $$< x, y > := x^t y = x_1 y_1 + x_2 y_2 + x_3 y_3$$

auf dem K^3 erhält man eine weitere Beschreibung aller Geraden.

Lemma. *Die Abbildung*

$$\varphi : \mathbb{P}_K \to \mathbb{G}_K, \quad Kx \mapsto G_x := \{ y \in K^3 \; : \; < x, y > = 0 \},$$

ist bijektiv.

Beweis. φ ist wohldefiniert, da die Definition von G_x nicht von der Wahl des Vertreters in Kx abhängt. Wegen $x \neq 0$ ist

$$G_x = \{ y \in K^3 : < y, x > = 0 \} = \begin{cases} K \begin{pmatrix} x_3 \\ 0 \\ -x_1 \end{pmatrix} + K \begin{pmatrix} 0 \\ x_3 \\ -x_2 \end{pmatrix}, & \text{falls } x_3 \neq 0, \\[2em] K \begin{pmatrix} x_2 \\ -x_1 \\ 0 \end{pmatrix} + K \begin{pmatrix} 0 \\ 0 \\ 1 \end{pmatrix}, & \text{falls } x_3 = 0, \end{cases}$$

ein zweidimensionaler Unterraum von K^3 und G_x somit eine Gerade. Diese Beschreibung liefert auch $G_x \neq G_{x'}$ für $Kx \neq Kx'$. Darüber hinaus gibt es zu jedem zweidimensionalen Unterraum U von K^3 ein $Kx \in \mathbb{P}_K$ mit

$$U = G_x.$$

Folglich ist φ bijektiv. $\qquad\square$

Wir folgern eine nützliche Beschreibung von Punkten einer Geraden, die das Drei-Punkte-Kriterium und das Drei-Geraden-Kriterium II.1.6 umfasst.

Drei-Punkte- und Drei-Geraden-Kriterium. *Für Punkte* Kx, Ky, Kz *in* $\mathbb{P}_K$ *sind äquivalent:*
(i) Kx, Ky, Kz *sind kollinear.*
(ii) *Die Geraden* G_x, G_y, G_z *gehen durch einen Punkt.*
(iii) $\det(x, y, z) = 0$.

Beweis. (i) $\Longrightarrow$ (iii): Nach Voraussetzung liegen x, y, z in einem zweidimensionalen Unterraum von K^3 und sind somit linear abhängig. Also ist die Determinante gleich 0.
(iii) $\Longrightarrow$ (ii): Es gilt $\det(x, y, z)^t = 0$. Daher können wir $0 \neq a \in K^3$ im Kern dieser Matrix finden, d.h.

$$< x, a > = < y, a > = < z, a > = 0.$$

Somit liegt Ka auf den drei Geraden G_x, G_y, G_z.
(ii) $\Longrightarrow$ (i): Aus $Ka \subset G_x \cap G_y \cap G_z$ für $0 \neq a \in K^3$ folgt

$$< x, a > = < y, a > = < z, a > = 0.$$

Demnach liegen Kx, Ky, Kz auf der Geraden G_a.   □

Nützlich ist weiterhin die folgende Beschreibung kollinearer Punkte.

Korollar. *Seien Kx, Ky, Kz paarweise verschiedene Punkte in $\mathbb{P}_K$. Dann sind äquivalent:*
(i) *Kx, Ky, Kz sind kollinear.*
(ii) *Gilt $Kz = K\overline{z}$, so gibt es $\overline{x}, \overline{y} \in K^3 \backslash \{0\}$ mit $Kx = K\overline{x}$, $Ky = K\overline{y}$ und $\overline{z} = \overline{x} - \overline{y}$.*

Beweis. (ii) $\Longrightarrow$ (i): $\overline{x}, \overline{y}, \overline{z}$ sind nach Voraussetzung linear abhängig, so dass die Kollinearität aus dem Drei-Punkte-Kriterium folgt.
(i) $\Longrightarrow$ (ii): Weil die Punkte paarweise verschieden sind, sind x, y, z paarweise linear unabhängig. Da Kx, Ky, Kz kollinear sind, sind x, y, z nach dem Drei-Punkte-Kriterium linear abhängig. Also existieren $\alpha, \beta \in K \backslash \{0\}$ mit

$$\overline{z} = \alpha x + \beta y.$$

Nun setzt man $\overline{x} = \alpha x$, $\overline{y} = -\beta y$.   □

Bemerkungen. a) In vielen Lehrbüchern werden Punkte und Geraden als Mengen definiert, wobei die Eigenschaft „liegen auf" oder „gehen durch" durch eine so genannte *Inzidenz-Relation* zwischen Punkten und Geraden beschrieben wird. Im bisherigen Vorgehen war die Inzidenz-Relation stets durch $p \in G$ gegeben. Bei der Betrachtung der projektiven Koordinatenebenen ist es allerdings technisch einfacher, die Punkte als ein- und die Geraden als zweidimensionale Unterräume aufzufassen. In diesem Fall wird die Inzidenz-Relation durch die Inklusion gegeben.
b) In diesem Abschnitt wird das in 1.6 beschriebene Dualitätsprinzip der projektiven Geometrie besonders deutlich. Man kann $a_1, a_2, a_3 \in K$, die nicht alle 0 sind, als Koordinaten eines Punktes $a \in K^3$ oder als homogene Koordinaten des Punktes $Ka \in \mathbb{P}_K$ auffassen. Andererseits kann man in a_1, a_2, a_3 auch die Koeffizienten der homogenen Gleichung

$$a_1 x_1 + a_2 x_2 + a_3 x_3 = 0$$

sehen und sie daher mit dem zweidimensionalen Lösungsraum, also mit einer Geraden in $\mathbb{P}_K$, identifizieren.

Aufgaben. a) Seien $Kx, Ky, Kz \in \mathbb{P}_K$ paarweise verschieden und kollinear sowie $\rho, \sigma \in K \backslash \{0\}$. Dann gibt es $\overline{x}, \overline{y} \in K^3 \backslash \{0\}$ mit $Kx = K\overline{x}$, $Ky = K\overline{y}$ und $z = \rho\overline{x} + \sigma\overline{y}$.
b) Sei $S^2 = \{x \in \mathbb{R}^3 : x_1^2 + x_2^2 + x_3^2 = 1\}$ die Sphäre im $\mathbb{R}^3$.
(i) $\pi : S^2 \to \mathbb{P}_\mathbb{R}$, $x \mapsto \mathbb{R}x$, ist surjektiv.

(ii)   Beschreiben Sie $\pi^{-1}(G)$ für Geraden G in $\mathbb{P}_2(\mathbb{R})$.

(iii) Es gibt eine Bijektion zwischen $\mathbb{P}_{\mathbb{R}}$ und $S^2/\{\pm 1\} = \{\{x, -x\} : x \in S^2\}$.

c) Sei $\mathbb{H}$ der Quaternionen-Schiefkörper und $\operatorname{Im}\mathbb{H} = \mathbb{R}i + \mathbb{R}j + \mathbb{R}k$ der Imaginärraum in $\mathbb{H}$. Mit den eindimensionalen $\mathbb{R}$-Unterräumen von $\operatorname{Im}\mathbb{H}$ als Punkten und den zweidimensionalen $\mathbb{R}$-Unterräumen von $\operatorname{Im}\mathbb{H}$ als Geraden erhält man eine projektive Ebene. Zeigen Sie:

(i)   Die Geraden sind genau die Mengen $G_a := \{b \in \operatorname{Im}\mathbb{H} : ab + ba = 0\}$ mit $0 \neq a \in \operatorname{Im}\mathbb{H}$.

(ii)   Sind $a, b \in \operatorname{Im}\mathbb{H}$ linear unabhängig, so gilt

$$\mathbb{R}a \vee \mathbb{R}b = G_c \quad \text{und} \quad G_a \wedge G_b = \mathbb{R}c \quad \text{mit} \quad c = ab - ba.$$

2. Die Automorphismengruppe. Sei wieder K ein Körper und $GL(3; K)$ die Gruppe der invertierbaren 3×3 Matrizen über K.

Lemma. *Für $M \in GL(3; K)$ ist die Abbildung*

$$(1) \qquad\qquad \phi_M : \mathbb{P}_2(K) \to \mathbb{P}_2(K), \quad Kx \mapsto KMx,$$

ein projektiver Automorphismus.

Beweis. Weil die Abbildung $M : K^3 \to K^3, x \mapsto Mx$, bijektiv ist und die Dimension von Unterräumen erhält, ist die Abbildung

$$\phi_M : \mathbb{P}_K \to \mathbb{P}_K, Kx \mapsto KMx,$$

wohldefiniert und bijektiv. Wegen 1(3) und 1(4) werden Geraden auf Geraden abgebildet. Also ist ϕ_M ein projektiver Automorphismus. $\qquad\square$

Mit $< My, (M^t)^{-1}x > \; = \; < y, x >$ folgt explizit für $0 \neq x \in K^3$

$$(2) \qquad\qquad \phi_M(G_x) = G_{x'} \, , \quad x' = (M^t)^{-1}x.$$

Korollar. a) *Sind Kx, Ky, Kz und Kx', Ky', Kz' in $\mathbb{P}_K$ jeweils drei nicht kollineare Punkte, so existiert ein $M \in GL(3; K)$ mit*

$$\phi_M(Kx) = Kx', \quad \phi_M(Ky) = Ky', \quad \phi_M(Kz) = Kz'.$$

b) *Sind F, G, H und F', G', H' in $\mathbb{G}_K$ jeweils drei Geraden, die jeweils nicht alle durch einen Punkt gehen, so existiert ein $M \in GL(3; K)$ mit*

$$\phi_M(F) = F', \quad \phi_M(G) = G', \quad \phi_M(H) = H'.$$

Beweis. a) Mit den Standardbezeichnungen 1(2) sind x, y, z und x', y', z' nach Satz 1 jeweils linear unabhängig. Dann existiert ein $M \in GL(3; K)$ mit der Eigenschaft

$$Mx = x', \; My = y', \; Mz = z', \quad \text{nämlich } M = (x', y', z')(x, y, z)^{-1}.$$

Aufgrund von (1) hat ϕ_M die gesuchte Eigenschaft.

b) Nach Lemma 1 gibt es $x, y, z, x', y', z' \in K^3 \backslash \{0\}$ mit $F = G_x$, $G = G_y$, $H = G_z$, $F' = G_{x'}$, $G' = G_{y'}$, $H' = G_{z'}$. Nun verwende man das Drei-Punkte- und Drei-Geraden-Kriterium 1, (2) und den Teil a). $\qquad\square$

Damit gelingt es uns, die gesamte Automorphismengruppe zu beschreiben.

Satz. *Sei K ein Körper. Die projektiven Automorphismen von $\mathbb{P}_2(K)$ sind genau die Abbildungen*

$$\mathbb{P}_K \to \mathbb{P}_K, \quad Kx \mapsto KM \begin{pmatrix} \sigma(x_1) \\ \sigma(x_2) \\ \sigma(x_3) \end{pmatrix},$$

wobei $M \in GL(3; K)$ und σ die Automorphismen des Körpers K durchläuft.

Beweis. Die angegebenen Abbildungen sind projektive Automorphismen. Ist nun $\phi \in \operatorname{Aut} \mathbb{P}_2(K)$ beliebig, so darf man nach eventueller Abänderung durch ein ϕ_M, $M \in GL(3; K)$, nach dem Korollar

$$(*) \qquad \phi(F) = F, \quad \phi(G) = G, \quad \phi(H) = H \quad \text{für}$$
$$F = Ke_1 \vee Ke_2, \quad G = Ke_2 \vee Ke_3, \quad H = Ke_3 \vee Ke_1$$

annehmen. Wegen $\mathbb{P}_2(K)_F \cong \mathbb{A}_2(K)$ liefert die Restriktion von ϕ auf $\mathbb{A}_F$ einen affinen Automorphismus $\tilde{\phi} : K^2 \to K^2$. Aus $(*)$ folgt

$$\tilde{\phi}\left(\begin{pmatrix} 0 \\ 0 \end{pmatrix} \right) = \begin{pmatrix} 0 \\ 0 \end{pmatrix}, \quad \tilde{\phi}\left(\begin{pmatrix} 1 \\ 0 \end{pmatrix} \right) = \begin{pmatrix} 1 \\ 0 \end{pmatrix}, \quad \tilde{\phi}\left(\begin{pmatrix} 0 \\ 1 \end{pmatrix} \right) = \begin{pmatrix} 0 \\ 1 \end{pmatrix}.$$

Nach Satz I.2.8 existiert ein Automorphismus σ von K, so dass

$$\tilde{\phi}\left(\begin{pmatrix} x_1 \\ x_2 \end{pmatrix} \right) = \begin{pmatrix} \sigma(x_1) \\ \sigma(x_2) \end{pmatrix} \quad \text{für alle } x \in K^2.$$

$\tilde{\phi}$ lässt sich nach Proposition 1.5 und Satz 1.5 eindeutig zu einem projektiven Automorphismus von $\mathbb{P}_2(K)$ fortsetzen, nämlich zu

$$\phi(Kx) = K \begin{pmatrix} \sigma(x_1) \\ \sigma(x_2) \\ \sigma(x_3) \end{pmatrix}, \quad x \in K^3 \backslash \{0\}.$$

Dann hat ϕ die gesuchte Gestalt. $\qquad\square$

Aufgaben. a) $PGL(3; K) := GL(3; K)/(K \backslash \{0\})E$ ist eine Untergruppe von $\operatorname{Aut} \mathbb{P}_2(K)$.

b) Ist K ein Primkörper oder $K = \mathbb{R}$, so ist $PGL(3; K)$ isomorph zur Automorphismengruppe $\operatorname{Aut} \mathbb{P}_2(K)$.

c) Seien Ka, Ka' Punkte und G, G' Geraden in $\mathbb{P}_2(K)$. Unter welchen Bedingungen existiert ein projektiver Automorphismus ϕ von $\mathbb{P}_2(K)$ mit den Eigenschaften $\phi(Ka) = Ka'$ und $\phi(G) = G'$.

d) Jeder projektive Automorphismus von $\mathbb{P}_2(\mathbb{R})$ besitzt einen Fixpunkt.

3. Dualität. In diesem Abschnitt wird die Isomorphie zwischen der projektiven Koordinatenebene über einem Körper und ihrem Dual explizit bestimmt.

Satz. *Sei K ein Körper. Dann ist die Abbildung*

$$\phi : \mathbb{P}_2(K) \to \mathbb{P}_2(K)^* \ , \ Kx \mapsto G_x,$$

ein projektiver Isomorphismus.

Beweis. Nach Lemma 1 ist die Abbildung $\phi : \mathbb{P}_K \to \mathbb{G}_K$, $Kx \mapsto G_x$, bijektiv. Weiterhin gilt für $Kx \in \mathbb{P}_K$ nach Satz 1.6

$$\phi(G_x) = \{G_y : Ky \in \mathbb{P}_K, \ <y,x> = 0\} \ = \{G \in \mathbb{G}_K : Kx \in G\} = (Kx)^*.$$

Also ist ϕ ein projektiver Isomorphismus.   □

4. Der Satz von DESARGUES. In diesem Abschnitt formulieren wir zunächst die projektive Version des Satzes von DESARGUES.

Satz. *Sei K ein Körper. Gegeben seien paarweise verschiedene Punkte Ka, Kb, Kc, Ka', Kb', $Kc' \in \mathbb{P}_K$, so dass die Verbindungsgeraden*

$$Ka \vee Ka', \quad Kb \vee Kb', \quad Kc \vee Kc'$$

paarweise verschieden sind und sich in einem Punkt schneiden. Dann sind die Schnittpunkte

$$Kp := (Ka \vee Kb) \wedge (Ka' \vee Kb'), \quad Kq := (Kb \vee Kc) \wedge (Kb' \vee Kc'),$$

$$Kr := (Kc \vee Ka) \wedge (Kc' \vee Ka')$$

paarweise verschieden und kollinear.

Beweis. Da die Verbindungsgeraden paarweise verschieden sind, sind auch die Geraden $Ka \vee Kb$, $Ka' \vee Kb'$ und $Kb \vee Kc$, $Kb' \vee Kc'$ sowie $Kc \vee Ka$, $Kc' \vee Ka'$ jeweils verschieden. Also existieren Kp, Kq, Kr.
Sei Kz der Schnittpunkt der Geraden $Ka \vee Ka'$, $Kb \vee Kb'$, $Kc \vee Kc'$. Im ersten Fall nehmen wir an, dass $Kz \notin \{Ka, Ka', Kb, Kb', Kc, Kc'\}$ gilt. Dann sind Kz, Ka, Ka' und Kz, Kb, Kb' sowie Kz, Kc, Kc' jeweils paarweise verschieden und kollinear. Nach Korollar 1 kann man die Vertreter so wählen, dass

$$z = a - a' = b - b' = c - c'$$

gilt. Daraus folgt

$$a - b = a' - b' , \quad b - c = b' - c' , \quad c - a = c' - a'.$$

Also folgt für die Schnittpunkte Kp, Kq, Kr, dass man als Vertreter

$$p = a - b, \quad q = b - c, \quad r = c - a.$$

wählen kann. Wegen $p + q + r = 0$ liegen p, q, r in einem zweidimensionalen Unterraum von K^3, so dass Kp, Kq, Kr kollinear sind.

Im zweiten Fall können wir ohne Einschränkung $Kz = Ka$ annehmen. Durch geeignete Wahl der Vertreter folgt wie oben

$$a = b - b' = c - c'$$

und dann

$$p = a - b = -b' \ , \ q = b - c = b' - c' \ , \ r = c - a = c'.$$

Aus $p + q + r = 0$ ergibt sich wieder die Kollinearität von Kp, Kq, Kr. □

Mit der Einbettung von $\mathbb{A}_2(K)$ in $\mathbb{P}_2(K)$ aus 1.3 erhält man die affinen Sätze von DESARGUES aus II.1.7 und II.2.2 zurück. Seien dazu $a, a', b, b', c, c' \in K^2$ paarweise verschieden, so dass die Verbindungsgeraden $a \vee a'$, $b \vee b'$, $c \vee c'$ paarweise verschieden und alle parallel sind (vgl. II.1.7) bzw. alle durch einen Punkt gehen (vgl. II.2.2). Die zugehörigen projektiven Geraden schneiden sich dann in einem Punkt, nämlich im unendlich fernen Punkt im ersten Fall. Aus der Parallelität der affinen Geraden $a \vee b$, $a' \vee b'$ sowie von $b \vee c$, $b' \vee c'$ folgt, dass sie sich im projektiven Abschluss jeweils in den verschiedenen unendlich fernen Punkten schneiden. Die einzige projektive Gerade durch die beiden Schnittpunkte ist dann die unendlich ferne Gerade, auf der nach dem Satz dann auch der dritte Schnittpunkt liegt. Das bedeutet, dass die affinen Geraden $c \vee a$, $c' \vee a'$ ebenfalls parallel sind. Also folgt die Aussage des affinen Satzes von DESARGUES.

Gemäß Satz 3 dürfen wir zur dualen projektiven Ebene übergehen. Dann formuliert sich der Satz als

Korollar. *Sei K ein Körper. Gegeben seien paarweise verschiedene Geraden F, G, H, F', G', H' in $\mathbb{P}_2(K)$, so dass die Schnittpunkte*

$$F \wedge F' \ , \ G \wedge G' \ , \ H \wedge H'$$

paarweise verschieden und kollinear sind. Dann sind die Geraden

$$(F \wedge G) \vee (F' \wedge G') \ , \ (G \wedge H) \vee (G' \wedge H') \ , \ (H \wedge F) \vee (H' \wedge F')$$

paarweise verschieden und gehen durch genau einen Punkt.

Hierbei handelt es sich also genau um die Umkehrung des Satzes. Zusammengefasst ergibt sich der

Satz von DESARGUES. *Sei K ein Körper. Gegeben seien paarweise verschiedene Punkte $Ka, Kb, Kc, Ka', Kb', Kc'$ in $\mathbb{P}_K$, so dass die sechs Verbindungsgeraden $Ka \vee Kb$, $Kb \vee Kc$, $Kc \vee Ka$, $Ka' \vee Kb'$, $Kb' \vee Kc'$, $Kc' \vee Ka'$ paarweise verschieden sind. Dann sind äquivalent:*
(i)   *Die drei Geraden*

$$Ka \vee Ka' \ , \ Kb \vee Kb' \ , \ Kc \vee Kc'$$

sind paarweise verschieden und schneiden sich in einem Punkt.

(ii) *Die drei Schnittpunkte*

$$Kp := (Ka \vee Kb) \wedge (Ka' \vee Kb') \, , \quad Kq := (Kb \vee Kc) \wedge (Kb' \vee Kc'),$$

$$Kr := (Kc \vee Ka) \wedge (Kc' \vee Ka')$$

sind paarweise verschieden und kollinear.

Wie zuvor erhält man den affinen Allgemeinen Satz von DESARGUES II.2.6 zurück.

Aufgaben. a) (Scherensatz) Seien F, G verschiedene Geraden in $\mathbb{P}_2(K)$ und $F \wedge G = Kz$. Seien $Ka, Ka', Kc, Kc' \subset F$, $Kb, Kb', Kd, Kd' \subset G$ paarweise verschiedene Punkte ungleich dem Schnittpunkt Kz. Wenn die Schnittpunkte

$$(Ka \vee Kb) \wedge (Ka' \vee Kb') \, , \ (Kb \vee Kc) \wedge (Kb' \vee Kc') \, , \ (Kc \vee Kd) \wedge (Kc' \vee Kd')$$

auf einer Geraden H liegen, so enthält H auch den Punkt

$$(Kd \vee Ka) \wedge (Kd' \vee Ka').$$

b) Man formuliere den dualen Scherensatz.

5. Der Satz von PAPPUS/PASCAL. In diesem Abschnitt formulieren wir die projektive Version der Sätze von PAPPUS und PASCAL in II §2.

Satz von PAPPUS/PASCAL. *Sei K ein Körper. Gegeben seien zwei verschiedene Geraden F, G in $\mathbb{P}_2(K)$. Sind Ka, Ka', Ka'' Punkte von F und Kb, Kb', Kb'' Punkte von G und paarweise verschieden, dann sind die Schnittpunkte*

$$Kp := (Ka \vee Kb') \wedge (Ka' \vee Kb) \, , \quad Kq := (Ka' \vee Kb'') \wedge (Ka'' \vee Kb'),$$

$$Kr := (Ka'' \vee Kb) \wedge (Ka \vee Kb'')$$

kollinear.

Beweis. Sei $Kz = F \wedge G$. Gilt zum Beispiel $Ka = Kz$, so folgt $Kp = Kr = Kb$, da $Ka \vee Kb'' = Ka \vee Kb' = G$. In diesem Fall ist die Behauptung trivial. Daher dürfen wir $Kz \notin \{Ka, Ka', Ka'', Kb, Kb', Kb''\}$ annehmen. Aus $F \neq G$ folgt dann, dass Kz, Ka, Kb nicht kollinear sind. Nach Lemma 1 können wir nun die Vertreter wählen, so dass

$$z = a - a' = \alpha a - a'' \, , \quad \alpha \in K \backslash \{0, 1\},$$
$$z = b - b' = \beta b - b'' \, , \quad \beta \in K \backslash \{0, 1\}.$$

Daraus ergibt sich

$$a' = a - z, \ a'' = \alpha a - z \ , \quad z = \frac{1}{\alpha - 1} a'' - \frac{\alpha}{\alpha - 1} a',$$

$$b' = b - z, \quad b'' = \beta b - z \ , \quad z = \frac{1}{\beta - 1} b'' - \frac{\beta}{\beta - 1} b'.$$

Daraus erhält man die Schnittpunkte Kp, Kq, Kr mit

$$
\begin{aligned}
p &= a + b' = a' + b = a + b - z, \\
q &= \frac{\alpha}{\alpha - 1}a' + \frac{1}{\beta - 1}b'' = \frac{1}{\alpha - 1}a'' + \frac{\beta}{\beta - 1}b' \\
&= (1 + \frac{1}{\alpha - 1})a + (\frac{1}{\beta - 1})b - (1 + \frac{1}{\alpha - 1} + \frac{1}{\beta - 1})z, \\
r &= a'' + \beta b = \alpha a + b'' = \alpha a + \beta b - z.
\end{aligned}
$$

Nun sind a, b, z linear unabhängig, da Ka, Kb, Kz nicht kollinear sind. Wir betrachten die Matrixdarstellung von p, q, r bezüglich dieser Basis und erhalten

$$
\det \begin{pmatrix}
1 & 1 + \frac{1}{\alpha - 1} & \alpha \\
1 & 1 + \frac{1}{\beta - 1} & \beta \\
-1 & -1 - \frac{1}{\alpha - 1} - \frac{1}{\beta - 1} & -1
\end{pmatrix} = 0.
$$

Demnach sind p, q, r linear abhängig in K^3. Also sind Kp, Kq, Kr nach dem Drei-Punkte-Kriterium in 1 kollinear. □

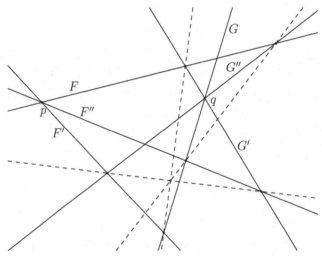

Abb. 108: Affine Version des dualen Satzes von PAPPUS/PASCAL

Wie im letzten Abschnitt erhält man die affine Version des Satzes von PAPPUS II.2.3 und von PASCAL II.2.4 zurück. Gemäß Satz 2 dürfen wir wieder zur dualen projektiven Ebene übergehen. Dann formuliert sich der Satz als

Korollar. *Sei K ein Körper. Gegeben seien zwei verschiedene Punkte Kp, Kq in $\mathbb{P}_K$. Sind F, F', F'' Geraden durch Kp und G, G', G'' Geraden durch Kq und alle paarweise verschieden, dann gehen die Geraden*

$$(F \wedge G') \vee (F' \vee G), \quad (F' \wedge G'') \vee (F'' \vee G'), \quad (F'' \wedge G) \vee (F \wedge G'')$$

durch einen Punkt.

Diese Aussage stammt von C.J. BRIANCHON (1783–1864) und wurde zu Beginn des 19. Jahrhunderts, also ungefähr 1500 Jahre nach dem Satz von PAPPUS bewiesen. Man erhält natürlich auch eine affine Version des Satzes, wenn man voraussetzt, dass die im Korollar angegebenen Schnittpunkte existieren.

Bemerkung. Aus dem Beweis geht hervor, dass die Schnittpunkte Kp, Kq, Kr im Satz von PAPPUS/PASCAL paarweise verschieden sind, wenn Ka, Ka', Ka'', Kb, Kb', Kb'' vom Schnittpunkt $F \wedge G$ verschieden sind.

§ 3 Die reelle projektive Ebene

In diesem Paragraphen sollen die Kegelschnitte aus Kapitel V im Rahmen der projektiven Geometrie behandelt werden.

1. Das Vektorprodukt ist eine Spezialität des $\mathbb{R}^3$, ähnlich wie die Abbildung $x \mapsto x^{\perp}$ eine Besonderheit des $\mathbb{R}^2$ ist. Wir verwenden die Standardbezeichnungen aus §2 und definieren für $a, b \in \mathbb{R}^3$ das *Vektorprodukt* durch

$$(1) \qquad a \times b := \begin{pmatrix} a_2 b_3 - a_3 b_2 \\ a_3 b_1 - a_1 b_3 \\ a_1 b_2 - a_2 b_1 \end{pmatrix} \in \mathbb{R}^3.$$

Wir stellen die wichtigsten wohlbekannten Eigenschaften (vgl. M. KOECHER (1997), VII, §1) zusammen für $a, b, c \in \mathbb{R}^3$:

$$(2) \qquad a \times b = 0 \quad \Longleftrightarrow \quad a \text{ und } b \text{ sind linear abhängig,}$$

$$(3) \qquad \det(a, b, c) = \langle a \times b, c \rangle, \quad \det(a, b, a \times b) = |a \times b|^2,$$

(4) $\{x \in \mathbb{R}^3 : \langle a, x \rangle = \langle b, x \rangle = 0\} = \mathbb{R}(a \times b)$, falls a, b linear unabhängig.

Die letzte Eigenschaft formulieren wir in der projektiven Koordinatenebene $\mathbb{P}_2(\mathbb{R})$ als

Lemma. *Seien* $\mathbb{R}a$, $\mathbb{R}b \in \mathbb{P}_{\mathbb{R}}$ *verschieden und* $q = a \times b$. *Dann gilt*
a) $G_a \wedge G_b = \mathbb{R}q$.
b) $\mathbb{R}a \vee \mathbb{R}b = G_q$.

Aufgaben a) Für alle $a, b, c, d \in \mathbb{R}^3$ gilt
(i) $a \times (b \times c) = \langle a, c \rangle b - \langle a, b \rangle c$,
(ii) $a \times (b \times c) + b \times (c \times a) + c \times (a \times b) = 0$,
(iii) $(a \times b) \times (c \times d) = \det(a, b, d)c - \det(a, b, c)d$.
b) Für alle $a, b \in \mathbb{R}^3$ gilt

$$\langle a, b \rangle^2 + |a \times b|^2 = |a|^2 \cdot |b|^2.$$

c) Sei $F = \mathbb{R}a \vee \mathbb{R}b$ eine Gerade in $\mathbb{P}_\mathbb{R}$. Dann ist die Abbildung

$$\varphi_F : \mathbb{R}^2 \to \mathbb{P}_2(\mathbb{R})_F \ , \ x = \begin{pmatrix} x_1 \\ x_2 \end{pmatrix} \mapsto \mathbb{R}(x_1 a + x_2 b + a \times b),$$

ein affiner Isomorphismus. Beschreiben Sie $\varphi_F^{-1}(G_x \cap (\mathbb{P}_\mathbb{R} \backslash F))$ für eine Gerade G_x in $\mathbb{P}_\mathbb{R}$, $G_x \neq F$.

2. Quadriken. Wir gehen aus von der allgemeinen Gleichung zweiten Grades in V.3.2(1). In der projektiven Geometrie hat man ein homogenes Polynom zu betrachten, also

(1) $a_{11}x_1^2 + a_{22}x_2^2 + a_{33}x_3^2 + 2a_{12}x_1x_2 + 2a_{13}x_1x_3 + 2a_{23}x_2x_3 = 0$

mit $a_{ij} \in \mathbb{R}$. Die auftretenden Koeffizienten kann man als Koeffizienten einer reellen symmetrischen 3×3 Matrix $A = (a_{ij})$ auffassen. Dann hat (1) die Form

(2) $\kappa_A(x) = x^t A x = 0, \quad x \in \mathbb{R}^3.$

Umgekehrt definiert jede solche Matrix A vermöge (2) eine Gleichung der Form (1). Ist $A \neq 0$, so nennt man

(3) $Q_A := \{\mathbb{R}x \in \mathbb{P}_\mathbb{R} : \kappa_A(x) = 0\}$

eine *Quadrik*. Wir werden Q_A auch mit $\overline{Q}_A = \{x \in \mathbb{R}^3 : \kappa_A(x) = 0\}$ identifizieren und als Teilmenge von $\mathbb{R}^3$ auffassen. Die Quadrik Q_A heißt *nicht-ausgeartet*, wenn $\det A \neq 0$. Es gilt offenbar

(4) $Q_{\lambda A} = Q_A \quad$ für $0 \neq \lambda \in \mathbb{R}$,

(5) $\phi_M(Q_A) = Q_{A'} \ , \quad A' = (M^{-1})^t A M^{-1}, \quad$ für $M \in GL(3; \mathbb{R}).$

Lemma. *Sei Q_A eine Quadrik in $\mathbb{P}_2(\mathbb{R})$.*
a) Q_A ist projektiv isomorph zu

$$Q_D, \quad D = [d_1, d_2, d_3] := \begin{pmatrix} d_1 & 0 & 0 \\ 0 & d_2 & 0 \\ 0 & 0 & d_3 \end{pmatrix}, \quad d_i \in \{0, 1, -1\}, \quad i = 1, 2, 3.$$

b) Ist $Q_A \neq \emptyset$ nicht-ausgeartet, so ist Q_A projektiv isomorph zu

$$Q_J, \quad J = [1, 1, -1].$$

Beweis. a) Man verwende (5) und den Trägheits-Satz (vgl. M. KOECHER (1997), 3.5.6).
b) Man hat $\det D \neq 0$ in a). Wegen $Q_E = Q_{-E} = \emptyset$ verbleibt dann nur $Q_J = Q_{-J}$ in a). $\qquad\qquad \square$

Invarianten gegenüber projektiven Automorphismen und Normierung in (5) und (4) sind damit der Rang von A und der Absolutbetrag $\rho := |p - q|$ des Trägheitsindex von A, wobei p die Anzahl der positiven und q die Anzahl der negativen Eigenwerte von A ist.

Wir diskutieren die geometrische Gestalt der Quadriken

(i)   Rang $A = 1$.
Man kann $D = \pm[1, 0, 0]$ annehmen und bekommt eine Gerade

$$Q_D = \mathbb{R}e_2 \vee \mathbb{R}e_3.$$

Aufgrund von Korollar 2.2 erhält man durch Variation von A alle (Doppel-) Geraden in $\mathbb{P}_2(\mathbb{R})$.

(ii)   Rang $A = 2$, $\rho = 2$.
Man kann $D = \pm[1, 1, 0]$ annehmen und bekommt einen Punkt

$$Q_D = \{\mathbb{R}e_3\}.$$

Natürlich erhält man auf diese Weise alle Punkte in $\mathbb{P}_2(\mathbb{R})$.

(iii) Rang $A = 2$, $\rho = 0$.
Man kann $D = \pm[1, -1, 0]$ annehmen und erhält zwei Geraden

$$Q_D = (\mathbb{R}(e_1 + e_2) \vee \mathbb{R}e_3) \cup (\mathbb{R}(e_1 - e_2) \vee \mathbb{R}e_3).$$

Aufgrund von Korollar 2.2 ergeben sich alle Paare zweier verschiedener Geraden in $\mathbb{P}_2(\mathbb{R})$ auf diese Art.

(iv) Rang $A = 3$, $\rho = 3$.
In diesem Fall ist A definit und man erhält $Q_A = \emptyset$.

(v) Rang $A = 3$, $\rho = 1$.
Dieser Fall führt auf $D = J$ und liefert bis auf projektive Automorphismen den einzigen Typ von nicht-leeren, nicht-ausgearteten Quadriken in $\mathbb{P}_2(\mathbb{R})$.

Nun betrachten wir die Einbettung der affinen Ebene $\mathbb{A}_2(\mathbb{R})$ in die projektive Ebene $\mathbb{P}_2(\mathbb{R})$ aus 1.3. Es ist anhand der betrachteten Gleichungen klar, dass man durch die Einschränkung auf $\mathbb{A}_2(\mathbb{R})$ alle Gleichungen zweiten Grades erhält.

Die Durchschnitte der Quadriken mit der affinen Ebene $\mathbb{A}_2(\mathbb{R})$ liefern somit die Kegelschnitte.

Aufgaben. a) Ist $\mathbb{R}x \in \mathbb{P}_\mathbb{R}$, so gilt

$$Q_A = G_x \quad \text{für } A = xx^t.$$

b) Ist $\mathbb{R}x \in \mathbb{P}_\mathbb{R}$, so gilt

$$Q_A = \{\mathbb{R}x\} \quad \text{für } A = |x|^2 E - xx^t.$$

c) Seien G_x, G_y verschiedene Geraden in $\mathbb{P}_2(\mathbb{R})$. Dann gilt

$$Q_A = G_x \cup G_y \quad \text{für } A = xy^t + yx^t.$$

d) Sei F eine Gerade und $\varphi_F : \mathbb{R}^2 \to \mathbb{P}_2(\mathbb{R})_F$ der affine Isomorphismus aus Aufgabe 1c). Zeigen Sie, dass $\varphi_F^{-1}(Q_J \cap (\mathbb{P}_\mathbb{R} \backslash F))$ ein eigentlicher Kegelschnitt ist und dass auf diese Weise alle eigentlichen Kegelschnitte entstehen.

3. Der Fünf-Punkte-Satz kann im Rahmen der projektiven Geometrie neu bewiesen werden.

Lemma. *Sei G eine Gerade und Q_A eine nicht-ausgeartete Quadrik in $\mathbb{P}_2(\mathbb{R})$. Dann gilt*

$$\sharp(G \cap Q_A) \leq 2.$$

Beweis. Angenommen, es gilt $\sharp(G \cap Q_A) \geq 3$. Nach Korollar 2.2 und Korollar 2.1 darf man ohne Einschränkung annehmen, dass

$$\mathbb{R}e_1, \mathbb{R}e_2, \mathbb{R}(e_1 - e_2)$$

auf Q_A liegen. Es folgt

$$e_1^t A e_1 = e_2^t A e_2 = (e_1 - e_2)^t A(e_1 - e_2) = 0, \text{ als auch } e_1^t A e_2 = 0.$$

Daher hat man

$$A = \begin{pmatrix} 0 & 0 & * \\ 0 & 0 & * \\ * & * & * \end{pmatrix}.$$

Man bekommt $\det A = 0$ als Widerspruch. $\square$

Damit formulieren wir den angekündigten

Fünf-Punkte-Satz. *Gegeben seien fünf Punkte in $\mathbb{P}_2(\mathbb{R})$. Dann existiert eine Quadrik, auf der die fünf Punkte liegen. Sind keine vier der fünf Punkte kollinear, so ist die Quadrik eindeutig bestimmt.*

Beweis. 1. Fall: Drei der fünf Punkte sind kollinar.
Dann liegen die fünf Punkte auf einem Geradenpaar, das eindeutig bestimmt ist, wenn keine vier der fünf Punkte kollinear sind. Also folgt die Behauptung aus dem Lemma und aus 2(iii).
2. Fall: Keine drei der fünf Punkte sind kollinar.
Dann kann man nach Korollar 2.2 ohne Einschränkung annehmen, dass $\mathbb{R}e_1$, $\mathbb{R}e_2$, $\mathbb{R}e_3$ und $\mathbb{R}a$, $\mathbb{R}b$ diese Punkte sind. Es folgt $a_1 a_2 a_3 b_1 b_2 b_3 \neq 0$, da keine 3 Punkte kollinar sind. Weiterhin gilt

$$A = \begin{pmatrix} 0 & \alpha & \beta \\ \alpha & 0 & \gamma \\ \beta & \gamma & 0 \end{pmatrix}, \quad \alpha a_1 a_2 + \beta a_1 a_3 + \gamma a_2 a_3 = \alpha b_1 b_2 + \beta b_1 b_3 + \gamma b_2 b_3 = 0,$$

also

$$\mathbb{R}\begin{pmatrix} \alpha \\ \beta \\ \gamma \end{pmatrix} \subset G_{\bar{a}} \cap G_{\bar{b}}, \quad \bar{a} = \begin{pmatrix} a_1 a_2 \\ a_1 a_3 \\ a_2 a_3 \end{pmatrix}, \quad \bar{b} = \begin{pmatrix} b_1 b_2 \\ b_1 b_3 \\ b_2 b_3 \end{pmatrix}.$$

Weil e_i, a, b, für $i = 1, 2, 3$ jeweils linear unabhängig sind, sind alle Komponenten von $x = \bar{a} \times \bar{b}$ ungleich 0. Also ist $\mathbb{R}x$ eindeutig bestimmt und es gilt $\det A = 2\alpha\beta\gamma \neq 0$. $\qquad \square$

Korollar A. *Seien Q_A und $Q_{A'}$ zwei verschiedene Quadriken, von denen eine nicht-ausgeartet ist. Dann gilt*

$$\sharp(Q_A \cap Q_{A'}) \leq 4.$$

Beweis. Von den Schnittpunkten können nach dem Lemma keine drei kollinear sein. Durch fünf Punkte ist die Quadrik dann nach dem Fünf-Punkte-Satz eindeutig bestimmt. $\qquad \square$

Wie in der affinen Geometrie (vgl. Satz V.5.6) bekommt man das

Korollar B. *Sind keine vier der fünf Punkte $\mathbb{R}a$, $\mathbb{R}b$, $\mathbb{R}c$, $\mathbb{R}d$, $\mathbb{R}e$ in $\mathbb{P}_2(\mathbb{R})$ kollinear, dann wird die Quadrik durch diese fünf Punkte gegeben durch die Gleichung*

$$\det \begin{pmatrix} a_1^2 & b_1^2 & c_1^2 & d_1^2 & e_1^2 & x_1^2 \\ a_2^2 & b_2^2 & c_2^2 & d_2^2 & e_2^2 & x_2^2 \\ a_3^2 & b_3^2 & c_3^2 & d_3^2 & e_3^2 & x_3^2 \\ a_1a_2 & b_1b_2 & c_1c_2 & d_1d_2 & e_1e_2 & x_1x_2 \\ a_1a_3 & b_1b_3 & c_1c_3 & d_1d_3 & e_1e_3 & x_1x_3 \\ a_2a_3 & b_2b_3 & c_2c_3 & d_2d_3 & e_2e_3 & x_2x_3 \end{pmatrix} = 0.$$

4. Tangenten. Sei Q_A eine nicht-ausgeartete Quadrik in $\mathbb{P}_2(\mathbb{R})$. Im Hinblick auf Lemma 3 wird man eine Gerade G in $\mathbb{P}_2(\mathbb{R})$ eine *Tangente* an Q_A nennen, wenn $G \cap Q_A$ aus genau einem Punkt besteht.

Satz. *Sei Q_A eine nicht-ausgeartete Quadrik in $\mathbb{P}_2(\mathbb{R})$. Die Tangenten an Q_A sind genau die Geraden*

$$G_{Ap} \quad , \quad \mathbb{R}p \in Q_A.$$

Insbesondere geht durch jeden Punkt von Q_A genau eine Tangente.

Beweis. Wegen $\langle p, Ap \rangle = p^t Ap = 0$ gilt

$$\mathbb{R}p \subset G_{Ap} \cap Q_A.$$

Angenommen, es existiert ein Punkt $\mathbb{R}q \subset G_{Ap} \cap Q_A$, $\mathbb{R}q \neq \mathbb{R}p$. Nach Korollar 2.2 darf man ohne Einschränkung

$$p = e_1, \quad q = e_2$$

annehmen. Wegen $\langle q, Ap \rangle = \langle q, Aq \rangle = \langle p, Ap \rangle = 0$ folgt

$$A = \begin{pmatrix} 0 & 0 & * \\ 0 & 0 & * \\ * & * & * \end{pmatrix}.$$

Man erhält det $A = 0$ als Widerspruch. Also ist G_{Ap} eine Tangente an Q_A.

Angenommen, G wäre eine weitere Tangente durch p an Q_A. Nach Korollar 2.2 darf man ohne Einschränkung

$$p = e_1, \quad G_{Ap} = \mathbb{R}e_1 \vee \mathbb{R}e_2, \quad G = \mathbb{R}e_1 \vee \mathbb{R}e_3$$

annehmen. Dann folgt

$$A = \begin{pmatrix} 0 & 0 & a_{13} \\ 0 & a_{22} & a_{23} \\ a_{13} & a_{23} & a_{33} \end{pmatrix}, \quad \det A = -a_{22}a_{13}^2 \neq 0.$$

Daraus ergibt sich

$$\mathbb{R} \begin{pmatrix} a_{33} \\ 0 \\ -2a_{13} \end{pmatrix} \subset G \cap Q_A,$$

so dass G keine Tangente ist. Demnach ist G_{Ap} die einzige Tangente durch p. □

Aufgaben. a) Wir betrachten die Voraussetzung aus Aufgabe 2d). Sei $\mathbb{R}p \subset Q_J \backslash F$ und die Tangente $G_p \neq F$. Zeigen Sie, dass $\varphi_F^{-1}(G_p \cap (\mathbb{P}_\mathbb{R} \backslash F))$ ebenfalls eine Tangente an den Kegelschnitt $\varphi_F^{-1}(Q_J \cap (\mathbb{P}_\mathbb{R} \backslash F))$ ist.
b) Wie lautet das Ergebnis in a), wenn $\mathbb{R}p \subset Q_J \backslash F$ und die Tangente G_p von F verschieden ist?
c) Im Fall einer affinen Parabel P im $\mathbb{R}^2$ gibt es Geraden, die mit P nur einen Schnittpunkt haben, aber keine Tangenten an P sind. Werden diese Geraden auf Tangenten der Quadrik abgebildet, wenn man zum projektiven Abschluss $\mathbb{P}_2(\mathbb{R})$ übergeht?

5. Satz von PASCAL. *Sind* $\mathbb{R}a, \mathbb{R}b, \mathbb{R}c, \mathbb{R}d, \mathbb{R}e, \mathbb{R}f$ *paarweise verschiedene Punkte einer nicht-ausgearteten Quadrik* Q_A *in* $\mathbb{P}_2(\mathbb{R})$, *so existieren die Schnittpunkte*

(1)
$$\begin{aligned} \mathbb{R}p &:= (\mathbb{R}a \vee \mathbb{R}e) \wedge (\mathbb{R}b \vee \mathbb{R}f), \\ \mathbb{R}q &:= (\mathbb{R}a \vee \mathbb{R}d) \wedge (\mathbb{R}c \vee \mathbb{R}f), \\ \mathbb{R}r &:= (\mathbb{R}b \vee \mathbb{R}d) \wedge (\mathbb{R}c \vee \mathbb{R}e). \end{aligned}$$

$\mathbb{R}p, \mathbb{R}q, \mathbb{R}r$ *sind paarweise verschieden und kollinear.*

Man nennt die Gerade durch $\mathbb{R}p, \mathbb{R}q, \mathbb{R}r$ die PASCAL-*Gerade*.

Beweis. Wegen $\mathbb{R}e \neq \mathbb{R}f$ sind die Tangenten G_{Ae} und G_{Af} nach dem Satz verschieden. Also existiert der Schnittpunkt

$$\mathbb{R}u = G_{Ae} \wedge G_{Af}.$$

Die Geraden durch $\mathbb{R}e$ und $\mathbb{R}u$ bzw. durch $\mathbb{R}f$ und $\mathbb{R}u$ sind Tangenten und haben mit Q_A nur den Punkt $\mathbb{R}e$ bzw. $\mathbb{R}f$ gemeinsam. Also sind $\mathbb{R}e, \mathbb{R}f, \mathbb{R}u$

nicht kollinear. Nach Anwendung eines projektiven Automorphismus kann man aufgrund von Korollar 2.2 ohne Einschränkung

$$e = e_1, \quad f = e_2, \quad u = e_3$$

annehmen. Die Geraden $\mathbb{R}e \vee \mathbb{R}u$ und $\mathbb{R}f \vee \mathbb{R}u$ sind Tangenten an Q_A. Aus dem Satz folgt

$$\mathbb{R}e_1 \vee \mathbb{R}e_3 = G_{Ae} \quad , \quad \mathbb{R}e_2 \vee \mathbb{R}e_3 = G_{Af}.$$

Also erhält man

$$\langle e_1, Ae_1 \rangle = \langle e_2, Ae_2 \rangle = 0, \quad Ae_1 \in \mathbb{R}e_2, \quad Ae_2 \in \mathbb{R}e_1.$$

Weil A symmetrisch ist, ergibt sich daraus mit $\det A \neq 0$

$$A = \begin{pmatrix} 0 & a_{12} & 0 \\ a_{12} & 0 & 0 \\ 0 & 0 & a_{33} \end{pmatrix} = a_{12} \begin{pmatrix} 0 & 1 & 0 \\ 1 & 0 & 0 \\ 0 & 0 & -2\omega \end{pmatrix}, \quad \omega = \frac{-a_{33}}{2a_{11}} \neq 0.$$

Damit hat man

$$Q_A = \{x \in \mathbb{R}^3 : x_1 x_2 = \omega x_3^2\}.$$

Für $\mathbb{R}x \in \mathbb{P}_{\mathbb{R}}$ mit $x_1 = 0$ folgt $x_3 = 0$ und damit $\mathbb{R}x = \mathbb{R}f$. Also haben die übrigen Punkte ohne Einschränkung die Form

$$a = \begin{pmatrix} 1 \\ \omega\alpha^2 \\ \alpha \end{pmatrix}, \quad b = \begin{pmatrix} 1 \\ \omega\beta^2 \\ \beta \end{pmatrix}, \quad c = \begin{pmatrix} 1 \\ \omega\gamma^2 \\ \gamma \end{pmatrix}, \quad d = \begin{pmatrix} 1 \\ \omega\delta^2 \\ \delta \end{pmatrix},$$

wobei $\alpha, \beta, \gamma, \delta \in \mathbb{R}\backslash\{0\}$ paarweise verschieden sind. Nun berechnet man die Schnittpunkte $\mathbb{R}p, \mathbb{R}q, \mathbb{R}r$ mit Lemma 1

$$p = \left(\begin{pmatrix} 1 \\ \omega\alpha^2 \\ \alpha \end{pmatrix} \times \begin{pmatrix} 1 \\ 0 \\ 0 \end{pmatrix} \right) \times \left(\begin{pmatrix} 1 \\ \omega\beta^2 \\ \beta \end{pmatrix} \times \begin{pmatrix} 0 \\ 1 \\ 0 \end{pmatrix} \right) = \alpha \begin{pmatrix} 1 \\ \omega\alpha\beta \\ \beta \end{pmatrix},$$

$$q = \left(\begin{pmatrix} 1 \\ \omega\alpha^2 \\ \alpha \end{pmatrix} \times \begin{pmatrix} 1 \\ \omega\delta^2 \\ \delta \end{pmatrix} \right) \times \left(\begin{pmatrix} 1 \\ \omega\gamma^2 \\ \gamma \end{pmatrix} \times \begin{pmatrix} 0 \\ 1 \\ 0 \end{pmatrix} \right)$$

$$= (\alpha - \delta) \begin{pmatrix} 1 \\ -\omega\alpha\delta + \omega\alpha\gamma + \omega\gamma\delta \\ \gamma \end{pmatrix},$$

$$r = \left(\begin{pmatrix} 1 \\ \omega\beta^2 \\ \beta \end{pmatrix} \times \begin{pmatrix} 1 \\ \omega\delta^2 \\ \delta \end{pmatrix} \right) \times \left(\begin{pmatrix} 1 \\ \omega\gamma^2 \\ \gamma \end{pmatrix} \times \begin{pmatrix} 1 \\ 0 \\ 0 \end{pmatrix} \right)$$

$$= \omega\gamma(\beta - \delta) \begin{pmatrix} \beta - \gamma + \delta \\ \omega\beta\gamma\delta \\ \beta\delta \end{pmatrix}.$$

Weil $\alpha, \beta, \gamma, \delta \in \mathbb{R}\backslash\{0\}$ paarweise verschieden sind, ergibt ein Vergleich der 1. und 3. Koordinate bereits, dass $\mathbb{R}p, \mathbb{R}q, \mathbb{R}r$ paarweise verschieden sind. Nun berechnen wir

$$\det(p, q, r) = \omega^2 \alpha\gamma(\alpha - \delta)(\beta - \delta) \cdot \det \begin{pmatrix} 1 & 1 & \beta - \gamma + \delta \\ \alpha\beta & -\alpha\delta + \alpha\gamma + \gamma\delta & \beta\gamma\delta \\ \beta & \gamma & \beta\delta \end{pmatrix}$$

$$= \omega^2 \alpha\beta\gamma(\alpha - \delta)(\beta - \delta) \det \begin{pmatrix} -\alpha\beta - \alpha\delta + \alpha\gamma + \gamma\delta & -\alpha\beta + \alpha\gamma - \alpha\delta + \gamma\delta \\ \gamma - \beta & -\beta + \gamma \end{pmatrix}$$

$$= 0.$$

Nach dem Drei-Punkte-Kriterium 2.1 sind $\mathbb{R}p, \mathbb{R}q, \mathbb{R}r$ kollinear. □

Statt der Punkte $\mathbb{R}a, \mathbb{R}b, \dots$ betrachte man nun die Geraden $G_{Aa}, G_{Ab}, \dots$, die nach Satz 4 die Tangenten an Q_A im Punkt $a, b, \dots$ sind. Mit dem Drei-Geraden-Kriterium 2.1 ergibt sich unmittelbar der

Satz von BRIANCHON. *Sei Q eine nicht-ausgeartete Quadrik in $\mathbb{P}_2(\mathbb{R})$ mit paarweise verschiedenen Tangenten A, B, C, D, E, F. Dann sind die Geraden*

$$(A \wedge E) \vee (B \wedge F), \quad (A \wedge D) \vee (C \wedge F), \quad (B \wedge D) \vee (C \wedge E)$$

paarweise verschieden und gehen alle durch einen Punkt.

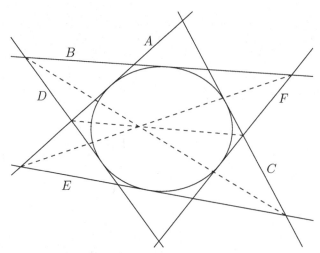

Abb. 109: Affines Bild des Satzes von BRIANCHON

Bemerkungen. a) Im Fall von ausgearteten Quadriken macht der Satz von PASCAL nur für zwei verschiedene Geraden Sinn. Sind keine vier Punkte kollinear, so folgt die analoge Aussage aus dem Satz von PAPPUS/PASCAL 2.5 und der folgenden Bemerkung. Für die Existenz der Schnittpunkte (1) ist aber notwendig, dass höchstens vier der sechs Punkte kollinear sind. Sind aber vier der sechs Punkte kollinear, so liegen $\mathbb{R}p, \mathbb{R}q, \mathbb{R}r$ auf dieser Geraden oder zwei der Punkte stimmen überein, so dass die Behauptung in diesem Fall trivial ist.

b) Die affine Version des Satzes von PASCAL V.5.5 erhält man zurück, indem man $\mathbb{A}_2(\mathbb{R})$ in $\mathbb{P}_2(\mathbb{R})$ einbettet, die Kurve zweiten Grades zu einem homogenen Polynom zweiten Grades macht und den projektiven Satz von PASCAL anwendet. Der Vorteil des projektiven Standpunktes besteht darin, dass man zwei Punkte auf dem projektiven Abschluss einer Parabel frei wählen kann. Dadurch enthalten die übrigen vier Punkte nur noch jeweils einen freien Parameter.

Aufgabe. Seien Q_A eine nicht-ausgeartete Quadrik in $\mathbb{P}_2(\mathbb{R})$, $\mathbb{R}p, \mathbb{R}q \in Q_A$, $\mathbb{R}p \neq \mathbb{R}q$. Zeigen Sie, dass ein projektiver Automorphismus von $\mathbb{P}_2(\mathbb{R})$ existiert, der $\mathbb{R}p$ auf $\mathbb{R}q$ und die Tangente in $\mathbb{R}p$ auf die Tangente in $\mathbb{R}q$ abbildet.

Literaturverzeichnis

ACRICOLA, I., und FRIEDRICH, T.: *Elementargeometrie*, Vieweg, Wiesbaden 2005.

ARTIN, E.: *Geometric algebra*, Interscience Publishers, New York–London 1957; Reprint, Wiley, New York 1988.

ATHEN, H.: *Ebene und sphärische Trigonometrie*, Wolfenbütteler Verlagsanstalt, Wolfenbüttel–Hannover 1948.

BAPTIST, P.: *Die Entwicklung der neueren Dreiecksgeometrie*, BI Wissenschaftsverlag, Mannheim-Leipzig-Wien 1992.

BENZ,W.: *Ebene Geometrie: Einführung in Theorie und Anwendung*, Spektrum Akademischer Verlag, Heidelberg-Berlin 1997.

COXETER, H.S.M.: *Reelle projektive Geometrie der Ebene*, Oldenbourg, München 1955.

COXETER, H.S.M.: *Unvergängliche Geometrie*, 2. Aufl., Birkhäuser, Basel–Boston–Stuttgart 1981.

COXETER, H.S.M., und GREITZER, S.L.: *Zeitlose Geometrie*, Klett, Stuttgart 1983.

DEMBOWSKI, P.: *Finite geometries*, Ergeb. Math. Grenzgeb. **44**, Springer-Verlag, Berlin–Heidelberg–New York 1968.

DÖRRIE, H.: *Triumph der Mathematik*, Wiesbaden 1933; 5. Aufl., Physica-Verlag, Würzburg 1958.

DÖRRIE, H.: *Mathematische Miniaturen*, Wiesbaden 1943; Reprint, Sändig, Wiesbaden 1969.

DONATH, E.: *Die merkwürdigen Punkte und Linien des ebenen Dreiecks*, 2. Aufl., Deutscher Verlag der Wissenchaften, Berlin 1969.

EBBINGHAUS, H.-D., et al.: *Zahlen*, Grundwissen Math. **1**, 3. Aufl., Springer-Verlag, Berlin–Heidelberg–New York 1992.

EHRMANN, M., and MILLER, C.: GEONExT *für Einsteiger*, Erhard Friedrich Verlag, Berlin 2006.

Enzyklopädie der Elementarmathematik IV, Geometrie, Deutscher Verlag der Wissenchaften, Berlin 1969.

EUKLID: *Die Elemente*, übersetzt und herausgegeben von C. THAER, OSTWALD's Klassiker **235, 236, 240–243**, Akademische Verlagsgesellschaft, Leipzig 1933–1937.

FISCHER, G.: *Analytische Geometrie*, 7. Aufl., Vieweg, Wiesbaden 2001.

FISCHER, G., und SACHER, R.: *Einführung in die Algebra*, 3. Aufl., Teubner, Stuttgart 1983.

FREUDENTHAL, H.: *Zur Geschichte der Grundlagen der Geometrie*, Nieuw Arch. Wiskd. (3) **5**, 105–142 (1957).

FRITSCH, R.: *Zum Feuerbachschen Kreis*, Konstanzer Universitätsreden **72**, Konstanz 1975.

GLAESER, G.: *Geometrie und ihre Anwendung in Kunst, Natur und Technik*, 2. Aufl., Spektrum Akademischer Verlag, Heidelberg-Berlin 2007.

HAJÓS, G.: *Einführung in die Geometrie*, Teubner, Leipzig 1970.

HESSENBERG, G., und DILLER, J.: *Grundlagen der Geometrie*, 2. Aufl., de Gruyter, Berlin 1967.

HILBERT, D.: *Grundlagen der Geometrie*, Teubner, Leipzig 1899; 14. Aufl., Stuttgart 1999.

JUSCHKEWITSCH, A.P.: *Geschichte der Mathematik im Mittelalter*, Teubner, Leipzig 1964.

KARZEL, H., und KROLL, H.-J.: *Geschichte der Geometrie seit Hilbert*, Wissenschaftliche Buchgesellschaft, Darmstadt 1988.

KARZEL, H., SÖRENSEN, K., und WINDELBERG, D.: *Einführung in die Geometrie*, UTB **184**, Vandenhoeck & Ruprecht, Göttingen 1973.

KIRSCH, A., und ZECH, F.: *Affine Geometrie der Ebene*, Klett, Stuttgart 1972.

KNÖRRER, H.: *Geometrie*, 2. Aufl. Vieweg, Braunschweig-Wiesbaden 2006.

KOECHER, M.: *Geometrie der Ebene*, Studienbriefe der FernUniversität Hagen, Hagen 1981.

KOECHER, M.: *Lineare Algebra und analytische Geometrie*, 4. Aufl., Springer-Verlag, Berlin–Heidelberg–New York 1997.

KUNZ, E.: *Ebene Geometrie*, Vieweg, Wiesbaden 1976.

LANG, S., und MURROW, G.: *Geometry – a high school course*, Springer-Verlag, New York–Heidelberg–Berlin 1983.

LENZ, H.: *Vorlesungen über projektive Geometrie*, Geest & Portig, Leipzig 1965.

LESTER, J.: *Triangles I. Shapes*, Aequationes Math. **52**, 30-54 (1996).

LINGENBERG, R.: *Grundlagen der Geometrie*, 3. Aufl., Bibliographisches Institut, Mannheim–Wien–Zürich 1978.

MAINZER, K.: *Geschichte der Geometrie*, Bibliographisches Institut, Mannheim–Wien–Zürich 1980.

MEYBERG, K.: *Algebra I*, 2. Aufl., Hanser, München–Wien 1978.

MÜLLER-PHILIPP, S., und GORSKI, H.-J.: *Leitfaden Geometrie*, 3. Aufl., Vieweg, Wiesbaden–Braunschweig 2005.

NEIDHARDT, W., und OETTERER, T.: *GEONET ... und die Geometrie lebt!*, Buchners Verlag, Bamberg 2000.

REES, E.G.: *Notes on geometry*, 2. Aufl., Springer-Verlag, Berlin–Heidelberg–New York 1988.

REID, C.: *Hilbert*, 2. Aufl., Springer-Verlag, Berlin–Heidelberg–New York 1996.

SCHEID, H., und SCHWARZ, W.: *Elemente der Geometrie*, 4. Aufl. Spektrum Akademischer Verlag, Heidelberg-Berlin 2007.

SCHREIBER, P.: *Euklid*, Teubner, Leipzig 1987.

SCHUPP, H.: *Kegelschnitte*, BI Wissenschaftsverlag, Mannheim 1988.

SCRIBA, C.J., und SCHREIBER, P.: *5000 Jahre Geometrie*, 2. Aufl., Springer-Verlag, Berlin–Heidelberg–New York 2005.

TROPFKE, J.: *Geschichte der Elementar-Mathematik*, de Gruyter, Berlin–Leipzig 1903; Band 4: *Ebene Geometrie*, 3. Aufl. 1940.

VAN DER WAERDEN, B.L.: *Geometry and algebra in ancient civilizations*, Springer-Verlag, Berlin–Heidelberg–New York 1983.

Symbolverzeichnis

Sachverzeichnis